普通高等教育“十四五”规划教材

液体燃料性质及应用

主　编　苏　鹏　范林君　杨　鑫
副主编　刘　坪　吴　江　向　硕

中国石化出版社
·北京·

内 容 提 要

本书系统介绍了各种发动机燃料的理化性能和燃烧性能，以及各种燃料的牌号和使用，重点介绍了液体燃料各种性能的概念、意义、影响因素、评价方法和改进措施。本书分上、中、下三篇，上篇介绍液体燃料的各种物理化学性质，中篇介绍了燃烧的基本理论和燃料在各类发动机中的燃烧过程，下篇主要讨论液体燃料的种类、牌号、质量管理和替代燃料。

本书可作为油料相关专业本科生和研究生的教学参考书，也可以作为从事石油生产和储运、油品应用、发动机设计等专业科技人员的参考书。

图书在版编目(CIP)数据

液体燃料性质及应用 / 苏鹏，范林君，杨鑫主编.
北京：中国石化出版社，2025. 2. — ISBN 978-7-5114-7829-0

Ⅰ. TQ517.4

中国国家版本馆 CIP 数据核字第 2025Q3S487 号

未经本社书面授权，本书任何部分不得被复制、抄袭，或者以任何形式或任何方式传播。版权所有，侵权必究。

中国石化出版社出版发行

地址：北京市东城区安定门外大街 58 号
邮编：100011　电话：(010)57512500
发行部电话：(010)57512575
http://www.sinopec-press.com
E-mail:press@sinopec.com
北京艾普海德印刷有限公司印刷
全国各地新华书店经销

*

787 毫米×1092 毫米 16 开本 21 印张 485 千字
2025 年 2 月第 1 版　2025 年 2 月第 1 次印刷
定价：76.00 元

《液体燃料性质及应用》
编委会

主　　编：苏　鹏　范林君　杨　鑫

副 主 编：刘　坪　吴　江　向　硕

技术顾问：许世海　熊　云

编　　委：何　燕　李学彬　韦世豪　陈　凯　潘国莹

前　言

本书主要介绍了以石油产品为主的发动机燃料的性质和应用，其中上篇着重介绍了液体燃料的理化性质，包括蒸发性和雾化性、安定性、腐蚀性、低温性、洁净性、润滑性、静电着火性、清净性等；中篇介绍了燃烧的基本理论，点燃式发动机、柴油机和喷气发动机中的燃烧过程及其对燃料燃烧性的要求；下篇主要介绍液体燃料的种类、牌号、使用和质量与安全管理，并介绍了替代燃料应用。

本书由陆军勤务学院苏鹏、范林君、杨鑫主编，刘坪、吴江、向硕为副主编，何燕、李学彬、韦世豪、陈凯、潘国莹为编委。为了便于学习，本书在叙述各主要理化性质时，对一些基本概念和必要的理论基础给予了适当的提醒，力求做到理论联系实际、说理清楚、通俗易懂。

由于编者水平有限，缺点错误，在所难免，欢迎读者批评指正。

编者

目　录

中篇　燃烧的基本理论

下篇　液体燃料的种类、牌号和使用

绪　论

一、液体燃料的特点

凡能用来燃烧取得能量且具有一定经济价值的物质，都称为燃料，包括常规燃料和核燃料。核燃料分为核裂变燃料和核聚变燃料。常规燃料一般按形态分为固体燃料、液体燃料和气体燃料三大类。固体燃料包括煤炭、木柴、木炭和焦炭等。液体燃料主要包括石油和页岩油产品，如汽油、煤油、柴油和锅炉燃料油等，此外还有甲醇、酒精、动力苯，以及由天然气或煤制取的某些液体产品，它们可以单独用作液体燃料，也可掺在石油产品内混配使用。气体燃料包括天然气、发生炉煤气、沼气，以及石油炼厂和钢铁厂所产生的各种可燃气体。

燃料是当今世界的主要能源。19 世纪以前，人类使用的燃料主要是固体燃料，其中煤炭和木柴占重要地位。自从进入 20 世纪以来，石油和天然气逐步得到广泛开发利用。以石油为主的液体燃料逐渐取代煤成为世界的主要能源。据统计，2018 年全球一次能源消费量 13864. 9 百万吨油当量，全年煤炭消费量占比 27. 2%、石油消费量占比 33. 6%、天然气消费量占比 23. 9%、核能消费量占比 4. 4%、水能消费量占比 6. 8%、其他再生能源消费量占比 4. 1%。石油是当今世界第一大能源，液体燃料是石油作为能源使用的主要形式。各种汽车、船舶、飞机、工程机械、坦克以及部分机车等，都在大量使用液体燃料，这些液体燃料主要为汽油、柴油、喷气燃料及燃料油等石油产品。少数地区还使用少量其他液体燃料，包括页岩油产品、天然气凝析油和甲醇、乙醇等。可见，无论在发展国民经济，还是在实现农业、工业、科学技术和国防现代化或提高军队战斗力方面，液体燃料的使用都具有重要的意义。

为什么液体燃料在国民经济和国防建设中获得如此广泛的应用呢？这是由于液体燃料与固体燃料和气体燃料相比，具有下列优点。

1. 热值较高

热值是燃料重要的指标之一。所有燃料都是利用其燃烧时放出的热能来工作的。因此，燃料的热值越高，发动机在相同条件下的功率也越大。

燃料中能燃烧发热的主要成分是碳和氢。此外，硫在燃烧时也能放出热量，但一般燃料中含硫很少。燃料中的氧和水分、灰分等都不能产生热量。从石油中炼制出来的各种液体燃料，主要由碳和氢两种元素组成，不能燃烧的物质含量极少。而固体燃料如木柴、煤炭等，除含有碳、氢两种元素，还含有较多的氧、水分和灰分。所以液体燃料的热值比固体燃料高得多。一些主要燃料的热值列于表 1。

表 1　主要燃料的热值

类别	燃料名称	净热值①/(kJ/kg)	类别	燃料名称	净热值①/(kJ/kg)
固体燃料	炭(生成二氧化碳时)	33914	液体燃料	航空煤油	43335~43545
	炭(生成一氧化碳时)	10805		柴油	42959~43000
	木柴	18841		渣油	37683~41870
	泥煤	20935~25140		无水乙醇	29728
	褐煤	25122~29309	气体燃料	氢	119568
	烟煤	29309~33544		一氧化碳	10170
	无烟煤	33544~37683		甲烷	50118
液体燃料	原油	43921		乙烯	46664
	车用汽油	43545~43921		乙炔	46681
	航空汽油	43754~44131			

①所列净热值指燃烧产物中水分保持气态而不凝结成水时产生的热量。至于炭及一氧化碳，因不含氢，故所列数值即其燃烧热。

从表 1 中可以看出，要求发出相同的热量时，汽油的需要量只有烟煤的三分之二或木柴的二分之一，这样就大大节省了燃料的消耗，减少了燃料占用的空间，也提高了机械的效率。这对要求高速运行的机械和运输装备来说，显然是极其重要的。

2. 灰分很少

灰分是指燃料中所含不能燃烧的固体物质(如氧化硅、氧化铁等)。固体燃料中往往含有大量的灰分(如煤中可达20%以上)，燃烧时需要复杂且笨重的排渣装置，处理非常困难。液体燃料中几乎不含灰分，即使含有少量灰分，也往往可以随排气一同排出。这就大大简化了燃烧装置，无须处理灰渣，适于在汽车、坦克、飞机或舰艇的发动机上使用，使机械轻便并能提高其速度和机动性。

3. 贮运方便

由于液体燃料可以自由流动，在装卸和运输过程中可以利用泵和管道进行各种距离的运输。在贮存和运输过程中也便于采用机械化、自动化设备，节约劳动力。此外，贮存液体燃料的容器形状不受限制，在汽车、坦克，特别是在飞机和舰艇中，可以充分利用形状复杂而无其他用途的舱室或空隙来贮存，节省了大量有用的空间，使装备更紧凑，从而有利于提高其战斗或运输能力。

4. 使用便利

由于液体燃料具有流动性和易燃性，可以在需要时迅速点燃，随时熄灭，热效率高，而且可以随时调节燃料的供应量，控制产生热量的多少、温度的高低，或功率的大小，以满足各种工作条件的要求。液体燃料的这种起动迅速、操作便利、运用灵活机动的特点对战斗和运输装备具有特别重大的意义。如使用固体燃料便很难满足上述要求。

气体燃料和液体燃料比较，虽然也不含灰分，热值和热效率很高，但无论在贮存方面还是在使用方面，都不如液体燃料安全便利。

由于气体密度很小，产生同样热量所需气体燃料的体积比液体燃料大许多倍，气体燃料需要体积庞大的容器来贮存，而且不能漏气。气体压缩贮存需要特殊的设备，也较笨重。

空气中混有煤气时很易使人中毒，并易引起着火爆炸，造成伤亡事故。

基于上述原因，气体燃料目前多用于一般工业或民用固定设备。近年来，由于石油供应紧张，气体燃料在运输车辆上的使用也逐渐增多，大多采用压缩形式和液化形式，但无论压缩还是液化，都需要特殊设备。这些都在很大程度上限制了气体燃料在运输工具等装备上的应用。

液体燃料虽然在使用上具有许多优点，但是和固体燃料相比，在勘探、开采、加工等方面的技术都比较复杂，因而成本较高。另外，石油的资源有限，远不如煤的储量丰富。

石油中含有许多有价值的化学成分，是制造塑料、合成橡胶、合成纤维以及染料、炸药、医药等多种化工产品的重要原料。将大量宝贵的石油作为液体燃料烧掉以取得热能，从长远来看是不经济的。而且，由于液体燃料易蒸发、易渗漏、易着火和易氧化变质的特性，贮存使用的技术要求也较复杂。随着各种内燃机(包括喷气发动机)的出现和不断改进，它们对所用液体燃料理化性质的要求也越来越高。

因此，深入了解液体燃料的理化性质及其在发动机中的应用，对于保证液体燃料的质量、充分发挥各种发动机的能力、提高其动力性和经济性、延长机械寿命，以及节约能源、减少环境污染、促进我国建设都有十分重大的意义。

二、发动机对液体燃料的质量要求

液体燃料最早都是作为一般家用燃料或锅炉燃料烧掉的，燃烧设备简陋，故对燃料的品质要求不高。随着汽油机和柴油机的出现及石油加工工艺的发展，液体燃料获得越来越广泛的应用，对其质量要求也越来越高。在第二次世界大战末期，涡轮喷气发动机出现。目前，各种喷气发动机已代替活塞式航空发动机成为飞机的主要动力装置。喷气发动机的广泛应用和日益改进对所用液体燃料的质量提出越来越严格的要求。

各种发动机的工作原理和工作条件各不相同，它们对燃料的质量要求也不尽相同。但根据长期使用的经验，各种发动机对液体燃料的品质也有其共同的要求。

1. 适当的蒸发性和良好的雾化性

各种液体燃料的蒸发性好坏与贮存和使用都有密切的关系。就发动机使用而言，蒸发性良好的燃料，较易生成可燃混合气，保证可靠的燃烧，特别在寒区冬季条件下，对保证低温下的迅速起动具有非常重要的意义。但是蒸发性很好的燃料在贮存和运输中蒸发损耗较大，容易着火燃烧，无论在装卸油料作业时还是在发动机燃料系统中，高温条件下都易产生气阻。因此，各种发动机对所用燃料的蒸发性都作了严格的规定，既不宜过低，也不宜过高。

雾化性是与混合气形成质量密切相关的重要性能，雾化性主要决定于燃料的黏度大小。黏度过大，燃料不易雾化，油雾颗粒直径大，蒸发速度慢，对燃烧不利；黏度过小，燃料雾化过细，则喷射距离短，燃料不能充满燃烧室空间，造成混合气局部过浓，对燃烧也不利。

2. 良好的燃烧性

由于发动机工作原理和使用条件不同，对燃料的燃烧性能要求也不同，例如，汽油发动机要求使用的燃料能在点燃条件下正常燃烧，而柴油发动机则要求所用燃料能在压燃条件下正常燃烧。所有发动机都要求燃料燃烧完全而稳定，以保证发动机充分发挥其动力性能和经济性能，同时工作可靠。此外，所有燃料都应具有较高的热值，以保证发动机有较高的效率。

3. 高度的安定性

所有燃料都应性质安定，不易氧化变质，适于贮存和使用。性质不安定的燃料经过较长时间的贮存，往往产生大量胶质，使燃料变色，有时还会产生悬浮物或沉淀，在使用中会堵塞油滤或管道，造成燃料供应不足或中断，燃烧后会生成大量积炭，影响机械的工作和寿命。燃料性质不安定还会在氧化过程中生成较多的酸性物质，对贮存和使用的金属设备造成腐蚀。在近代超音速飞机上，由于气动加热效应较强，燃料的温度升高较多，因此，好的燃料不仅要求在常温贮存条件下性质稳定，在高温使用的条件下也应性质稳定。

4. 无腐蚀性

燃料在贮存、运输和使用过程中，经常要与各种不同的金属接触。因此，要求燃料对发动机燃料系统和贮油金属容器无腐蚀性。燃料对金属的腐蚀不仅会缩短机械设备的使用寿命，而且生成的腐蚀产物往往是有害物质。燃料中含有较多的硫时，燃烧后会产生硫的氧化物，与燃料中的水分结合后，停车时会生成具有强烈腐蚀性的亚硫酸或硫酸，严重腐蚀燃烧室及排气设备，也污染发动机中的润滑油。当硫的氧化物排入大气时，则造成严重的环境污染。因此，液体燃料均应限制其硫含量和其他引起腐蚀的成分，保证对金属无腐蚀性。

5. 良好的低温性

各种燃料均应保证在所使用的低温条件下(包括飞机在高空低温下)具有适当的流动性，以便在发动机中能实现顺利供油，不发生故障。如燃料的低温流动性不好，或在低温下出现烃类和冰晶固体，则会堵塞供油系统，影响工作。同时，低温流动性不好的油料为装卸油料作业带来很大困难。这对军用油料，特别是战斗装备用油尤为重要。为此通常要对喷气燃料、柴油以及锅炉燃料油的凝点(或结晶点)以及低温黏度作严格规定。

6. 良好的洁净性

近代发动机都是由许多精密部件组成，要求使用洁净程度很高的燃料。燃料中如混入固体杂质，不仅容易堵塞油路，影响正常供油，而且会造成油泵等部件的磨损，缩短其使用寿命。燃料中的水分不仅影响正常燃烧，低温下还会结成冰粒，影响供油。贮油容器中含有水分会影响添加剂的效果，降低燃料的安定性，增加对容器的腐蚀。所以，各种燃料在贮存和运输过程中，都要注意保持容器清洁，严防水分和各种杂质混入。

7. 良好的润滑性

柴油发动机和喷气发动机的油泵、喷油器等部件工作压力较高、运动速度快，容易发生磨损，这些部件靠燃料自身进行润滑，因此燃料也应有良好的润滑性，保证燃料系统运动部件正常工作。

8. 良好的抗静电着火性

液体燃料在输送、加注过程中，与过滤器、管道，甚至空气之间发生摩擦，都会产生静电。由于燃料导电性差，产生的静电逐渐积聚可以产生很高的电压，在一定条件下会发生静电放电，从而引起火灾。为了防止发生静电着火，液体燃料应有较高的电导率，以便及时将产生的静电导走。

9. 良好的清净性

燃料贮存中氧化生成的胶质和沉淀，以及燃料在使用中发生的裂解、氧化、聚合反应产物，容易在化油器、喷嘴、进气阀、燃烧室等部位沉积，形成沉积物，影响燃料的供应、雾化和燃烧，从而使发动机油耗增大、功率下降、排放增加，甚至发生故障。为此，现代液体燃料要求具有良好的清净性，以保证发动机进气系统、燃料系统和燃烧系统清洁。

10. 良好的排放特性

汽车发动机排放的污染物是大气污染的主要来源之一，随着环境保护要求不断提高，汽车排放标准日益严格，单靠发动机技术改进已经无法满足排放要求，因此对燃料自身的排放性能也提出了严格的要求。燃料的排放特性除了和清净性密切相关，还和燃料的组成有很大关系。目前，国内外对车用汽油和柴油的硫含量、烯烃含量、芳香烃含量都作了严格规定。

以上是各种发动机对液体燃料品质的总体要求，不同发动机工作原理和工作条件各不相同，对燃料各种性能的具体要求也有差别，在本书在后续各章中，将对这些性质作详细讨论。

除上述各项主要性质，液体燃料还应该毒性小、来源充足、便于大量生产。显然，要同时满足上述全部要求是很困难的，我们只能在现有资源条件下，努力改进燃料的加工工艺过程，不断提高产品的质量，同时加强对燃料的质量管理，使各种机械设备的动力装置使用合格的、质量优良的液体燃料，以保证发挥其最大的技术性能。

三、液体燃料的分类和应用范围

根据使用燃料的发动机的工作原理，一般将液体燃料分为点燃式发动机燃料(汽油)、压燃式发动机燃料(柴油)、喷气发动机燃料和锅炉燃料四大类(见表2)。

表2　液体燃料的分类和应用范围

燃　料	种　类	燃料名称	主要应用范围
点燃式发动机燃料	航空燃料	航空活塞式发动机燃料	活塞式飞机、快速舰艇
	汽车燃料	车用汽油	汽车、摩托车、移动式抽灌油器材、抽水机、轻型舰艇等
压燃式发动机燃料	高速柴油机燃料	车用柴油	各型柴油机汽车、柴油机车、拖拉机及工程机械、牵引车、舰艇、内燃机车
		军用柴油	舰艇、坦克、装甲车
	低速柴油机燃料	船用燃料油	民用船舶
喷气发动机燃料	喷气燃料	航空煤油	喷气式飞机
		宽馏分燃料	喷气式飞机
锅炉燃料	锅炉燃料	馏分燃料油	舰船锅炉
		残渣燃料油	工业固定锅炉、民用船舶

上篇　液体燃料的物理化学性质

第一章　液体燃料的蒸发性和雾化性

蒸发性是液体燃料最重要的特性，它与燃料的贮存、运输和在发动机中的使用都有密切的关系。

在贮存和运输条件相同时，蒸发性好的燃料蒸发损耗较大，着火的危险性也较大。蒸发性好的燃料在夏季泵送时，常易产生气阻(气蚀)现象而影响正常输油，使发动机不能正常工作。

但是，燃料中的轻质成分常常最宝贵，因为各种液体燃料在燃烧前，总是要与空气形成混合气，然后进行燃烧。蒸发性良好的燃料在发动机中容易气化，易于与空气混合形成可燃混合气而正常燃烧，也能更好地保证发动机在低温下的迅速起动，满足在困难条件下发动机正常运转的要求。

液体燃料在发动机中蒸发的快慢，一方面，取决于燃料本身蒸发性的好坏；另一方面，和发动机的构造、使用条件，特别是外部温度、压力等有密切关系。

第一节　液体蒸发的一般概念

一切物质都在不断地运动着，蒸发也是物质运动的一种形式。物质由液态变为气态的过程称为气化。蒸发和沸腾是液体气化的两种方式，蒸发一般指在低于沸点的条件下在液体表面进行的气化，沸腾指液体在高于沸点时的剧烈气化。沸腾时液体的表面和内部同时进行强烈的气化，因而出现翻滚现象。

蒸发是液体表面分子运动的表现。在常温下，一切有自由表面的液体一直都在进行蒸发，不过速度有快有慢。如果将一种液体放进密闭容器中，从液体表面蒸发的分子便会逐渐积聚在容器内的蒸气层中。这些分子中也有少量由于撞击其他分子或器壁而又重新进入液体。在开始阶段，由于从表面逸出的分子多于返回液体的分子，容器内液体的蒸气压逐渐上升。当温度保持不变时，容器内液体蒸气压的上升是有限的。当蒸气压达到某一定值时，单位时间内从液面逸出分子的数量恰好等于返回液面分子的数量，此时液相与气相保持相对的气液平衡(称为动态平衡)，这种现象我们称为饱和状态。此时的蒸气称为饱和蒸气，饱和蒸气产生的压力称为饱和蒸气压，有时也简称蒸气压。一种物质在一定温度下的饱和蒸气压是不变的，例如，水在20℃时的饱和蒸气压为2.33kPa。各种纯物质液体在不同温度下的饱和蒸气压可在相关的手册中查到。

一种液体气化的难易程度称为该液体的蒸发性或挥发性。显然，液体在一定温度下的饱和蒸气压越大，表示该液体的蒸发性越好。

对纯物质来说，饱和蒸气压只取决于液体的性质和温度，与该物质在气相、液相中的数量无关，例如在纯物质的气液平衡系统中抽去若干蒸气，液体将自动蒸发一部分，以恢复原有的压力，达到平衡。反之，如自外界加入一部分该蒸气，则将有部分蒸气凝结，最后仍将恢复到原来的饱和蒸气压。

然而，当系统由不纯物质如石油产品组成时，液体的蒸气压不仅取决于液体的组成和温度，而且还和系统中蒸气和液体的数量比例有关。当平衡的气液相容积比例增大时，由于液体中轻质组分大量蒸发而使液相中轻质组分的浓度降低，蒸气压也随之降低。

温度升高时，分子的平均动能增加，具有逸出液体表面能力的分子数也增加。同时，由于膨胀而使液体分子间的引力减弱，具有较小能量的分子也可能从液体逸出。这两种因素同时作用的结果是单位时间内从单位表面上逸出的分子数大为增加。因此，只有在更高的蒸气压力下，才能达到液体与蒸气的平衡。所以液体的饱和蒸气压总是随着温度的升高而显著增大。几种液体的饱和蒸气压与温度的关系见图 1-1。

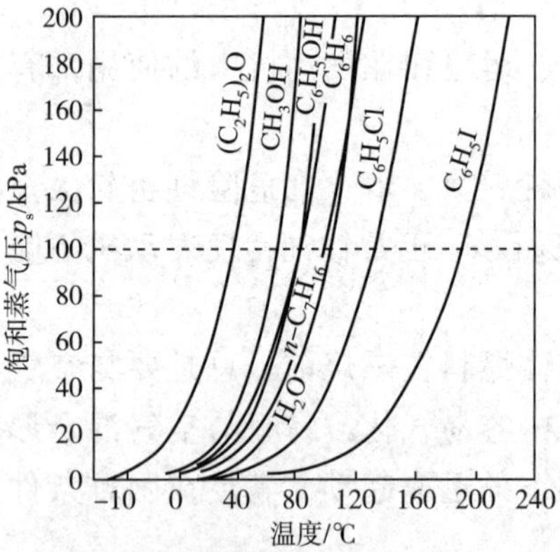

图 1-1　几种液体的饱和蒸气压与温度的关系

从图 1-1 中可以看出，温度升高时，各种液体的蒸气压均增大。但增大的程度不同。当液体的蒸气压等于外界的大气压时，液体开始沸腾，与此相应的液体温度称为该液体的沸点。液体的蒸发能在任何温度下进行，但在外界气压不变时，沸腾却只能在一定的温度下发生。纯物质均有固定的沸点。含有多种组分的液体的沸点随其组成的不同而具有一定范围。

液体的沸点随外界压力的增加而升高，当外压减小，沸点也相应地降低，这一点从图 1-1中很容易看出。当不指明压力时，一般所称沸点均指液体在标准大气压(101. 3kPa)下的沸点。一般在常温下具有较高蒸气压的液体，其沸点较低。由于沸点较蒸气压易于测定，而且与蒸气压常呈有规律的变化，因此人们经常使用沸点代替液体的饱和蒸气压来说明液体的蒸发性高低。显然，沸点越低的液体，其蒸发性越高。

第二节　蒸发的动力学基础

液体的蒸发实际上包括三个过程：

① 气化过程——液体分子从液面逸出成为蒸气分子；

② 扩散过程——逸出的蒸气分子在气相介质中分散开来；

③ 凝结过程——部分逸出的蒸气分子经碰撞后重新被液面吸收。

燃料蒸发的程度，决定于逸出液面的分子数与重新被吸回液面的分子数之差。这个差值越大，燃料蒸发的程度就越大。燃料的蒸发速度(单位时间内单位面积上蒸发的分子数量)不仅取决于该燃料的气化和凝结过程，而且和逸出分子的扩散过程有密切关系。

当液体蒸发时，位于液体表面层的分子由于热运动，克服了相邻分子对它的引力，离开液面，进入周围空间而变为自由蒸气分子。应该看到，不是液体表面所有分子都能自由地变成蒸气分子，只有在某一瞬间具有超过一定速度的那些分子才能顺利地逸出液体表面。这些分子对液面的法向速度分量必须达到一定程度，才能够克服液体内相邻分子的引力。

如以 m 表示液体分子的质量，u_x 表示垂直于液面的 x 轴上分子运动的速度分量(法向分量)，ε 为液体分子逸出表面层所做的功，则可以看出，液体分子蒸发时必须满足下列条件：

$$\frac{mu_x^2}{2} \geqslant \varepsilon \quad u_x \geqslant \sqrt{\frac{2\varepsilon}{m}} \tag{1-1}$$

即分子的动能应等于或大于 ε。

1. 自由蒸发

假定液体在真空条件下蒸发，即气化后不会因碰撞而被吸回液面，此种情况称为自由蒸发。在自由蒸发条件下，根据麦克斯韦尔速度分布公式，可以计算出在 1s 内，表面层 $1cm^3$ 容积内液体分子中具有速度超过 u_x 的分子数目。

舒列依金根据上述原理计算出在自由蒸发时，液体分子蒸发的速度，即每秒内自每平方厘米液面上蒸发出去的分子数 n_0 应为：

$$n_0 = \frac{N}{\gamma'\mu}\left(\frac{RT}{2\pi\mu}\right)^{\frac{1}{2}} e^{-\frac{l_i}{RT}} \tag{1-2}$$

式中 N——阿伏加德罗常数；

γ'——液体的比容(单位质量的体积)；

μ——液体的摩尔质量；

R——气体常数；

l_i——每摩尔液体的蒸发潜热；

T——绝对温度，K。

因此，在自由蒸发时，单位时间内自单位面积上蒸发出的液体质量 w 为：

$$w = n_0 \times \frac{\mu}{N} = \frac{1}{\gamma'}\left(\frac{RT}{2\pi\mu}\right)^{\frac{1}{2}} e^{-\frac{l_i}{RT}} = \rho\left(\frac{RT}{2\pi\mu}\right)^{\frac{1}{2}} e^{-\frac{l_i}{RT}} \tag{1-3}$$

式中 ρ——液体的密度。

如对该式加以修正，考虑蒸气分子本身所占容积时，则所得结果与试验数据极为相符。

自由蒸发只是在理论上具有一定的意义。在实际工作中，液体表面上总是有空气或本身的蒸气分子存在，因而液体分子在蒸发出液面后不得不碰撞其他分子。在多次碰撞之后，有部分分子被撞回液面。由于液体表面结构具有某些类似固体的性质，它的表面也具有一定的“刚性”。不是所有被撞回液面的分子都被吸收，而是只有部分被吸收，其余部分被弹回而仍处于蒸气状态。

2. 实际蒸发

假设在液体表面每立方厘米气相层中有 C_0 个蒸气分子，则单位时间内在单位面积液面上所发生的蒸气分子撞击次数 Z 为：

$$Z = C_0 j \left(\frac{RT}{2\pi\mu}\right)^{\frac{1}{2}} \tag{1-4}$$

式中 j——常数。

假定在每 ζ 次撞击中有一次被吸回液面，则在单位时间内每平方厘米表面上被吸回液面的分子数为：

$$n_0'=\frac{C_0 j}{\zeta}\left(\frac{RT}{2\pi\mu}\right)^{\frac{1}{2}} \tag{1-5}$$

当蒸发继续进行，直到平衡状态，即蒸发出去的分子数等于被吸回液面的分子数，此时蒸气达到饱和状态。饱和状态下的蒸气浓度称为饱和蒸气浓度 C_s，这时的蒸气压力称为饱和蒸气压力 p_s。

在饱和状态下：

$$n_0=n_0'=\frac{C_s j}{\zeta}\left(\frac{RT}{2\pi\mu}\right)^{\frac{1}{2}} \tag{1-6}$$

由式(1-6)及式(1-2)，可以得出：

$$C_s=\frac{N\zeta}{j\gamma'\mu}e^{-\frac{l_i}{RT}} \tag{1-7}$$

或

$$\frac{1}{\zeta}=\frac{N}{C_s j\gamma'\mu}e^{-\frac{l_i}{RT}} \tag{1-8}$$

即由饱和蒸气浓度和蒸发潜热 l_i 可以计算出 $1/\zeta$。

由上述推导也可以计算出在各种情况下，单位时间内在液体表面层每平方厘米表面内蒸发出去的分子数 n，此时：

$$\begin{aligned} n&=n_0-n_0' \\ &=\left(\frac{RT}{2\pi\mu}\right)^{\frac{1}{2}}\left(\frac{N}{\gamma'\mu}e^{-\frac{l_i}{RT}}-\frac{C_0 j}{\zeta}\right) \end{aligned} \tag{1-9}$$

将式(1-8)中$\frac{1}{\zeta}$代入式(1-9)后得出：

$$n=\frac{N}{\gamma'\mu}e^{-\frac{l_i}{RT}}\left(\frac{RT}{2\pi\mu}\right)^{\frac{1}{2}}\left(1-\frac{C_0}{C_s}\right) \tag{1-10}$$

由于蒸气分子的浓度通常可以用它们相应的蒸气压表示，故公式(1-10)可以写成蒸气压形式：

$$n=\frac{N}{\gamma'\mu}e^{-\frac{l_i}{RT}}\left(\frac{RT}{2\pi\mu}\right)^{\frac{1}{2}}\left(1-\frac{p}{p_s}\right) \tag{1-11}$$

如计算成单位时间内单位面积上蒸发出去的液体质量即蒸发速度则为：

$$w=\rho\left(\frac{RT}{2\pi\mu}\right)^{\frac{1}{2}}e^{-\frac{l_i}{RT}}\left(1-\frac{p}{p_s}\right) \tag{1-12}$$

这便是纯液体蒸发的重要公式。从式(1-12)中可以看出，液体的蒸发速度取决于液体的温度、在该温度下液体的密度、摩尔蒸发潜热和液体在气相中的分压与该液体的饱和蒸气压之比。

由式(1-12)可见，不同液体的蒸发速度随液体温度的升高、密度的增大而增大，但随摩尔蒸发潜热的增大而减小。显然，液体的饱和蒸气压越大或气相中的分压(或浓度)越低，液体的蒸发速度也越快。

当液体表面蒸气分子的浓度为零时(即 $p=0$)，式(1-12)即与式(1-3)相同，此时的蒸发速度最大，相当于自由蒸发，与油品新注入密闭容器时的情况类似。当液体表面蒸气分子浓度达到饱和状态($p=p_s$)时 $w=0$，液体的蒸发速度最慢。密封条件下贮油容器内液体表面上空间的情况便与此类似。

在液体温度一定的条件下，公式中 ρ、R、T、μ 及 l_i 均为常数，故式(1-12)可写成：

$$w=w_0\left(1-\frac{p}{p_s}\right)=\frac{w_0}{p_s}(p_s-p) \tag{1-13}$$

由于在一定温度下液体的饱和蒸气压是不变的，故式(1-13)还可写成：

$$w=A(p_s-p)$$

式中　A 及前式中 w_0 均为常数。

以上就是1803年道尔顿从试验中得出的有关液体蒸发的基本定律。从这个定律可以看出，在一定温度下，液体蒸发的速度取决于该液体的饱和蒸气压与液面上该液体蒸气压之差。此差值越大，蒸发的速度也越快。在相同条件下，液体的饱和蒸气压越大，或沸点越低，则液体的蒸发性越好，蒸发越迅速。

第三节　蒸发的类型

液体的蒸发一般可分为静蒸发和动蒸发两种类型。

一、静蒸发

液体在容器中处于静止状态，液面空气不流动时液体的蒸发称为静蒸发。各种液体燃料在容器中贮存时的蒸发现象均属静蒸发，静蒸发的蒸发速度一般较为缓慢。

液体燃料在贮存中，容器基本上都是密封的。在密封条件下，液体静蒸发的规律可以用前述的道尔顿蒸发定律来说明，即单位时间内单位面积上蒸发出的液体质量 w，与液体的饱和蒸气压 p_s 和该液体在容器内气相中的分压 p 之差成正比，即：

$$w=A(p_s-p)$$

在燃料开始注入清洁容器的最初瞬间，液面上燃料蒸气的分压 $p=0$，此时燃料的蒸发速度最快，相当于自由蒸发。随着气相中蒸气浓度的增大，液体蒸发的速度逐渐降低，直到平衡状态，即蒸气压力达到该液体在该温度下的饱和蒸气压为止。此时 $p=p_s$，蒸发的数量与凝结的数量相等，蒸发速度为零($w=0$)，容器的空间为燃料的蒸气所饱和。

但是，如果贮存液体燃料的容器不密封，气化的燃料分子就会通过孔隙不断向外界扩散，容器内空间燃料气化分子的浓度不易达到饱和，燃料便继续蒸发直到全部液体耗尽。

应该注意，上述蒸发规律的基本公式在假定液体表面上无其他气体分子存在时才是正确的。在实际工作中，液体表面总是有或多或少的空气存在。因而，蒸发出来的燃料分子除与自身分子相撞击，还会不时撞击到空气分子而被液面吸收。液体蒸发的速度显然比只有液体分子存在时慢。随着液面上空气压力的增大，撞击的机会增多，液体蒸发的速度也相应降低，据研究，在有空气存在的条件下，上述公式中的常数 A 实际上与外界压力(液面气体总压力)$p_{外}$ 成反比，用公式表示为：

$$w=\frac{A'}{p_{外}}(p_s-p) \tag{1-14}$$

式中　w——单位面积上单位时间内的蒸发质量；

A'——常数，决定于液体的性质，如分子密度、蒸发潜热及该液体的蒸气扩散系数等。

蒸发是在液体表面上进行的。因此，单位时间内的蒸发总量与液体蒸发的表面积成正比，而与液体的质量无关，用公式表示为：

$$\overline{w}=A'S(p_s-p)/p_{外}$$

式中 $\overline{w}$——单位时间内液体蒸发的质量；

S——液体的总表面积。

对于纯物质如苯、异辛烷等，在一定温度下的A'值是固定不变的，可以通过试验计算出来。但是对一般由多种烃类组成的液体燃料如汽油、煤油，A'则不是常数。因为开始蒸发时，首先蒸发出的是燃料中最轻的馏分。随着蒸发的进行，液相和气相中的成分在不断变化，而且各种原油的成分和加工方法不同。即使牌号相同的油品其组成也可能有很大的区别。因而在应用上述公式时应该注意，对于组成不同的液体燃料，只能定性地说明问题。下面列举一组航空活塞式发动机燃料的静蒸发数据(表1-1)，可供参考。

表1-1 航空活塞式发动机燃料的静蒸发数据

空气压力/kPa	4h内汽油蒸发量/%			
	空气温度0℃		空气温度20℃	
	蒸发表面积0.5cm²	蒸发表面积25cm²	蒸发表面积0.5cm²	蒸发表面积25cm²
100.0	0.16	1.48	0.61	3.18
66.7	0.49	1.50	1.03	3.53
33.3	0.66	1.80	1.12	3.65

从表1-1可以看出，当外界压力减小、温度增加或液体表面积增大时，汽油的蒸发量都有增加。

在实际工作中，贮油容器往往不易做到完全密封，容器内的蒸气不断通过阀门或细小孔隙向外界扩散，从而造成蒸发损耗。在油罐等容器中贮存的液体燃料蒸发损耗的原因，除经常的扩散损失，还有容器的小呼吸损失。小呼吸就是贮油容器内的蒸气由于昼夜温差而引起周期性的膨胀和收缩。膨胀时含油蒸气逸出，收缩时新鲜空气进入。昼夜温差越大，小呼吸损失也越大。

由上述可知，要减少液体燃料的蒸发损失，最有效的途径是降低液体的贮存温度，在条件许可时尽量使液体在完全密封条件下贮存。同时，尽量减少液体蒸发的表面积、减少液体液面上部空间的容积、减少小呼吸的次数等也都是减少燃料蒸发损耗的有效措施。

二、动蒸发

液体在流动的气流中分散为细小颗粒的蒸发称为动蒸发。液体燃料在汽油机、柴油机、喷气式发动机或锅炉中燃烧时，都是在强烈的空气流中，被喷散成雾状进行蒸发，然后燃烧。这种在发动机或锅炉中燃料的蒸发现象均属动蒸发。

另外，在往油罐等容器中注油时会有大量燃料蒸气逸出，卸油时会有大量新鲜空气进入，这种现象叫作大呼吸，也属于动蒸发。

液体动蒸发时的蒸发速度远远超过静蒸发时的蒸发速度。这是由于在动蒸发时，和液体表面相邻的空气中液体的蒸气压(或浓度)很难达到饱和状态(表 1-2)。

表 1-2　几种液体燃料的蒸发损失　%

燃料名称	蒸发损失	燃料名称	蒸发损失
异戊烷	15.6	车用汽油	0.60
车用汽油	2.2	苯	0.41
100/130 航空活塞式发动机燃料	1.4	精馏酒精	0.11
直馏汽油	1.3	柴油	0.066
95/115 航空活塞式发动机燃料	1.0		

第四节　影响蒸发的因素

影响蒸发的因素很多，概括起来分为两方面：

① 属于液体本身性质方面的因素，如液体燃料的沸点和蒸气压，蒸气的扩散系数，液体的蒸发潜热、黏度和表面张力等。

② 属于使用条件的因素，如周围空气的温度和压力、空气流动速度、与蒸发表面积有关的燃料雾化程度和分散情况(液体分散的颗粒大小与数量)以及喷嘴的构造和喷油压力等。

一、燃料的沸点和饱和蒸气压

沸点和饱和蒸气压是表示液体燃料蒸发性的基本指标，关于它们的概念前面已经讲过。

应该注意，对任意一种纯物质，例如单体烃，无论是沸点还是各温度下的饱和蒸气压均为定值。正如密度或凝点一样，它们都是物质的结构特性。因此，比较两种单体烃蒸发性高低时，只需比较其沸点即可，沸点越低蒸发性越高。但如要求比较两者在一定温度下的蒸发性高低，则需取二者在该温度下的蒸气压进行比较，蒸气压越大，蒸发性越高。

当碳原子数相同时，各种烃类中芳香烃的沸点最高，环烷烃和正烷烃次之，烯烃和异构烷烃的沸点最低。异构体分支越多，沸点也越低。在同一烃类系列中，沸点随碳原子数增加而升高，参见表 1-3 和图 1-2。

表 1-3　几种烃的沸点和饱和蒸气压比较

名　称	分子式	沸点/℃	60℃时的饱和蒸气压/kPa
甲苯	$C_6H_5CH_3$	110.6	18.5
乙基环戊烷	$C_5H_9C_2H_5$	103.5	24.3
甲基环己烷	$C_6H_{11}CH_3$	100.9	27
正庚烷	C_7H_{16}	98.4	28
正庚烯	C_7H_{14}	93.6	33.2
2-甲基己烷	$C_6H_{13}CH_3$	90.1	37.5
2,2-二甲基戊烷	$C_5H_{10}(CH_3)_2$	79.2	54.7
乙苯	$C_6H_5C_2H_5$	136.2	7.4
乙基环己烷	$C_6H_{11}C_2H_5$	131.8	9.2

名　称	分 子 式	沸点/℃	60℃时的饱和蒸气压/kPa
正辛烷	C_8H_{18}	125.7	10.5
正辛烯-1	C_8H_{16}	121.3	12.4
2,2,4-三甲基戊烷	$C_5H_9(CH_3)_3$	99.2	32.2

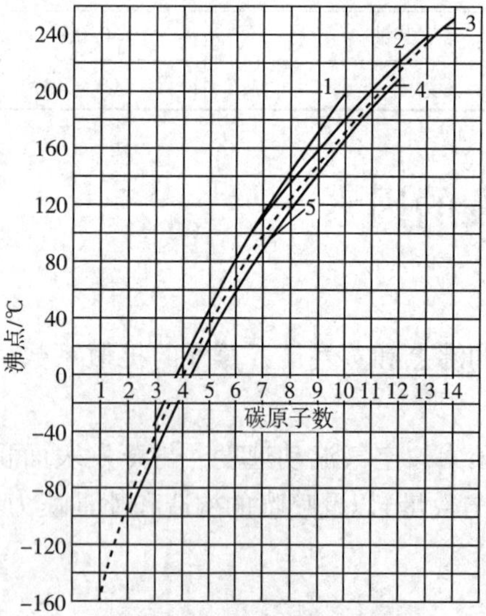

图 1-2　烃的碳原子数和沸点的关系
1—环烷烃；2—芳香烃；3—正烷烃；4—烯烃；5—异构烷烃

从图 1-2 可以看出，同系物中含碳原子数越多，即相对分子质量越大，沸点也越高。这是因为液体蒸发时必须克服分子间的范德华引力。各种烃类的结构不同，分子间的引力也不相同。引力越大的越不易气化，沸点也越高。在有机同系物中，分子的偶极矩相等，电离能也大致相等，所以范德华引力的大小主要取决于极化率的大小，而同系物的极化率有加和性，即相对分子质量越大者(碳原子数越多)极化率也越大，所以沸点也越高。

由石油产品制成的各种液体燃料如汽油、煤油、柴油等，所含烃类的组分，随原油性质及加工过程的不同而变动很大，因而这些燃料的蒸发性通常用沸点范围或馏程来表示，必要时也可以用一定温度下的蒸气压来表示。几种液体燃料的沸点范围列于表 1-4。

表 1-4　几种液体燃料的沸点范围

液 体 燃 料	沸点范围/℃	液 体 燃 料	沸点范围/℃
航空活塞式发动机燃料(75 号、95 号)	40~180	车用柴油	200~365
车用汽油	35~205	车用柴油(直馏)	180~350
航空活塞式发动机燃料(1 号、2 号)	150~250	燃料油(重油)	300 以上
鱼雷燃料	160~250	石油醚 60 号	60~90
灯用煤油	200~310	酒精(工业纯乙醇 95.6%)	78

各种单体烃和液体燃料的蒸气压均随温度的升高而迅速增大。关于纯物质的蒸气压随温度变化的规律，曾经有过许多研究。著名的克劳修斯-克拉珀龙方程，就可用来计算不同温度下物质的蒸气压，该方程为：

$$\frac{dp}{dT}=\frac{\Delta H}{T(V_2-V_1)} \tag{1-15}$$

式中　ΔH——液体的蒸发潜热；

V_1——1mol 该物质的液相容积；

V_2——1mol 该物质的气相容积。

如已知该物质的蒸发潜热，且其蒸气服从理想气体，由于 V_1 远远小于 V_2(即 $V_2-V_1\approx$

V_2)，则上述方程经积分后可得：

$$\ln\frac{p_2}{p_1}=\frac{\Delta H}{R}\left(\frac{1}{T_1}-\frac{1}{T_2}\right) \tag{1-16}$$

式中　R——气体常数；

p_1，p_2——该液体在绝对温度 T_1、T_2 时的饱和蒸气压。

此方程虽较准确可靠，但 ΔH 值不易精确测定，给此方程的使用带来一定困难。

程光钺等在比较了大量有关蒸气压的计算公式后，认为安端(Antoine)方程最适用，该方程形式简单，结果准确可靠，即：

$$\lg p=a-\frac{b}{t+c} \tag{1-17}$$

式中　p——该烃在 t℃时的蒸气压；

a，b，c——常数。

对于每种不同的烃，这些常数均有不同值，它们可以在一些理化手册中查到。也可以用三个实测的蒸气压值来确定三个常数，然后用来计算其他温度下的蒸气压值。例如，在一般压力下的正戊烷，安端方程为：

$$\lg p=5.9862-\frac{1075.8}{t+297.1} \tag{1-18}$$

式中，p 单位为 kPa；t 单位为℃。

上述两个方程也可用来计算不同压力下液体的沸点。

对于汽油、煤油等含有混合烃类的燃料，当温度升高时，其蒸气压也随之增大。从图 1-3 可以看到，对汽油和煤油燃料，温度在 20℃以上时，燃料的蒸气压增长很迅速。当温度在 10℃以下时，各种燃料的蒸气压均较低，而且增长也较缓慢。

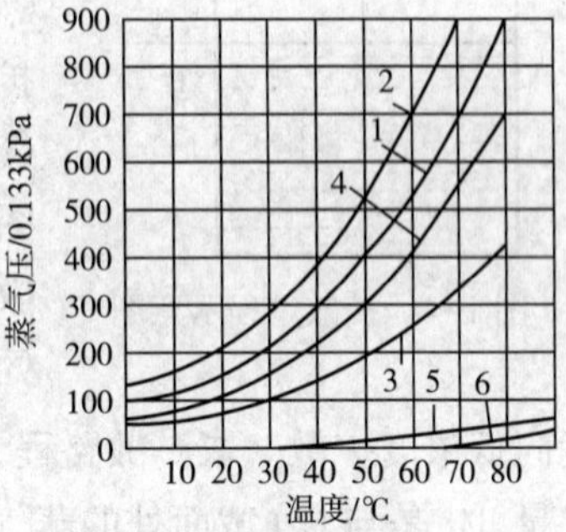

图 1-3　液体燃料的蒸气压与温度的关系

1，2—航空活塞式发动机燃料；3—车用汽油；4—裂化汽油；5—轻煤油；6—重煤油

各种液体燃料因所含组分变化较大，目前还缺乏蒸气压的统一计算公式。在计算不同压力下的沸点时，采用克劳修斯-克拉珀龙公式仍可获得较满意的结果，例如，在大于或小于标准大气压条件下测得燃料的沸点，要换算到标准状况下的沸点时，必须将所测沸点进行修正。此修正值可以用下法求得。

由于燃料的液相体积比气相体积小很多，前述克劳修斯-克拉珀龙方程可写作：

$$\frac{dp}{dT}=\frac{\Delta H}{TV_2} \tag{1-19}$$

根据 $pV_2=RT$ 气体方程，$V_2=\frac{RT}{p}$，代入上式，得出 $\frac{dp}{dT}=\frac{p\Delta H}{RT^2}$

将特鲁东(Trouton)法则 $\frac{\Delta H}{T}=21$，代入上式：

$$\frac{dp}{dT}=\frac{p}{RT}\times 21$$

或

$$dT=\frac{RT}{21p}dp \tag{1-20}$$

设测定时压力为 p，测得的沸点为 t℃，沸点的修正值为 C，则 $R=8.314\text{J}/(\text{mol}\cdot\text{K})$，$p=101.3\text{kPa}$，代入式中，得出：

$$C=\frac{8.314\times(273+t)}{21\times101.3}\Delta p=0.003908(273+t)(101.3-p)$$

因此，标准大气压下的沸点 t_0 应为：$t_0=t+C$

应该看到，上述温度修正值只是近似的数值。

二、扩散系数

在液体蒸发的整个过程中，气化分子在气相中的扩散，对蒸发的速度有很大的影响。如果从液面蒸发出的分子不能迅速扩散，在液体表面很快便会形成一层饱和蒸气层，从而阻止液体的进一步蒸发。事实上由于分子运动的结果，气化的分子总是不断地向周围扩散，液面难以产生饱和蒸气层，促使液体继续蒸发。在开口容器中贮存的液体，由于不断扩散的结果，液体得以迅速蒸发，直至全部蒸发。

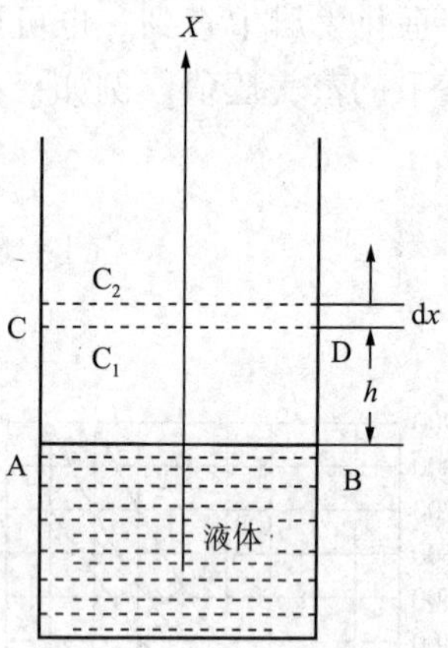

图 1-4　扩散过程示意图

液体燃料在静止的或运动很慢的空气中蒸发时，蒸发的速度在很大程度上取决于蒸气分子在空间内的扩散速度。当液体燃料在空气流速很大或强烈涡流的条件下蒸发时，蒸气分子的扩散速度虽然也有较大影响，但对蒸发速度起决定作用的则是气流的速度以及涡流的强度。扩散是指物质在空间的转移。在图 1-4中所示的开口容器中，设液体蒸气自液面 AB 向空间扩散。靠近液面处的浓度最大，相当于饱和蒸气浓度，而在开口处的蒸气浓度最小，接近空气中的蒸气浓度，蒸气总是由高浓度向低浓度扩散。取扩散路程 h 中任意截面 CD 来看，在 $d\tau$ 瞬间内通过截面 CD 扩散的蒸气量 dM 是与 CD 截面处的蒸气浓度梯度成正比的。用公式表示如下：

$$\frac{dM}{Sd\tau}=-D\frac{dc}{dx} \tag{1-21}$$

式中　S——圆筒的横截面积；

D——蒸气的扩散系数；

$\frac{dc}{dx}$——在扩散途径方向上的蒸气浓度梯度（x 坐标方向系垂直于液面）。

公式中的负号表示浓度是沿 x 轴方向递减的。

单位时间内通过垂直于扩散途径单位截面积的蒸气量称为扩散速率。如用 w 表示蒸气的扩散速率，则上式可写为：

$$w=-D\frac{dc}{dx} \tag{1-22}$$

即蒸气扩散速率的绝对值等于该蒸气的扩散系数与蒸气浓度梯度的乘积。如扩散速率用 $g/(cm^2\cdot s)$ 表示，浓度梯度用每厘米浓度差 $g/(cm^3\cdot cm)$ 表示，则扩散系数的单位为 cm^2/s。

在一定的浓度梯度条件下，扩散系数越大，蒸气的扩散速率也越大。根据马克斯威尔和斯特芬等的研究，扩散系数与蒸气的浓度无关，但随周围介质的温度和压力而改变。

当温度升高时，蒸气分子运动的速度增加，扩散系数也随之增大。当压力升高时，蒸气分子扩散时的自由行程减小、阻力增大，因而扩散系数减小。根据试验，蒸气扩散系数(D)与周围介质的温度(T)和压力(p)有如下关系：

$$D=D_0\left(\frac{T}{T_0}\right)^m\left(\frac{p_0}{p}\right) \tag{1-23}$$

式中，D_0 为在标准状态或已知温度、压力(T_0、p_0)下的蒸气扩散系数；T、T_0 用绝对温度单位表示；p、p_0 用帕(Pa)表示；m 为常数，为 1.75~2.00。

几种液体燃料在不同温度和压力下的蒸气扩散系数见表 1-5 和表 1-6。

表 1-5　液体燃料在不同温度下的蒸气扩散系数

液体燃料	蒸气扩散系数 $D/(\mathrm{cm^2/s})$			
	0℃	15℃	20℃	30℃
正己烷	—	—	0.0755	—
正庚烷	—	—	0.0737	—
苯	0.077	0.085	0.088	0.095
甲苯	0.070	—	0.080	—
邻二甲苯	0.062	—	—	—
间二甲苯	0.059	—	—	—
对二甲苯	0.056	—	—	—
乙苯	0.065	—	—	—
航空活塞式发动机燃料	0.079	0.090	0.093	0.101
裂化汽油	—	0.090	—	0.100

表 1-6　压力对液体燃料蒸气扩散系数的影响

燃　料	15℃时的蒸气扩散系数 $D/(\mathrm{cm^2/s})$	
	101.3kPa	5065kPa
航空活塞式发动机燃料	0.090	0.00198
乙醇	0.110	0.00242
苯	0.085	0.00187

当液体表面的空气流动时，液体燃料蒸气扩散的速率大于在静止空气中的扩散速率。据研究，液体燃料蒸气扩散的速率与液体表面空气流速的平方根成正比，即当气流速度增加到 4 倍时，扩散速率增加为原来的 2 倍，这是因为空气流速增加时，空气的运动把浓度大的蒸气层不断带走，代之以新鲜空气或浓度很低的蒸气，始终保持较高的蒸气浓度梯度。

三、蒸发潜热

在沸点时，单位质量液体变为蒸气所需的热量称为该液体的蒸发潜热，简称蒸发热或气化热，单位为 kJ/kg。

石油产品在常压下的平均蒸发潜热(kJ/kg)分别为：汽油 290~315，煤油 250~275，柴油 190~230，机械油 180~228。

根据特鲁东法则，1mol 液体的蒸发潜热（摩尔蒸发热 H）与该液体的沸点（绝对温度 T）成正比，即：

$$\frac{H}{T}=K(\text{常数}) \tag{1-24}$$

要准确地求得 K 值，可采用下述公式计算：

$$K=8.75+4.57\lg T \tag{1-25}$$

式中 T——液体沸点的绝对温度，K。

克拉哥（Cragoe）曾建议用下列经验公式计算石油产品的蒸发潜热：

$$H=\frac{1}{d}(251-0.376t) \tag{1-26}$$

式中 H——蒸发潜热，kJ/kg；

d——15℃时燃料的密度，kg/m^3；

t——燃料的平均沸点，即平均分子沸点，℃。

石油产品平均沸点的计算方法如下：

先根据馏程测定出该燃料的平均体积沸点 $t_{体}$（℃）：

$$t_{体}=\frac{t_{10}+t_{20}+\cdots+t_{90}}{9}$$

其中 $t_{10}\cdots t_{90}$ 分别表示蒸出体积 10%…90%时的温度（℃），然后利用下式计算出该油品的分馏曲线斜率：

$$\text{分馏曲线斜率}=\frac{t_{90}-t_{10}}{80} \tag{1-27}$$

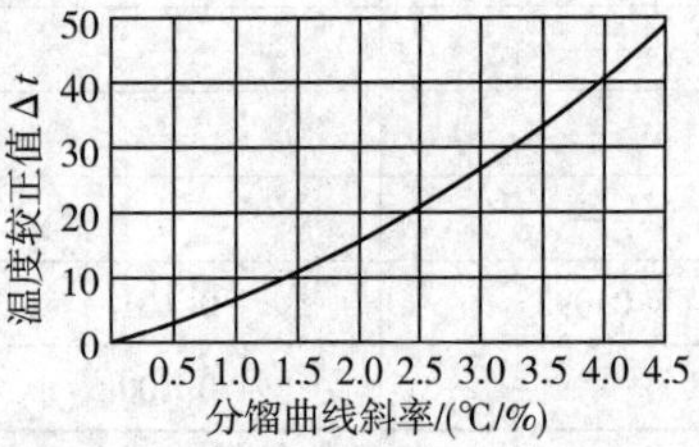

图 1-5 Δt 与分馏曲线斜率的关系

从图 1-5 中找出平均体积沸点与平均分子沸点之差 Δt，然后从平均体积沸点中减去 Δt，即得所求的平均分子沸点，也就是该燃料的平均沸点。

液体燃料的蒸发潜热除取决于燃料的化学组成，还和燃料的温度及外界压力有关。组成燃料的烃类中，以芳香烃的蒸发潜热最高，异构烷烃的蒸发潜热最低。在同系物中，液体的蒸发潜热随相对分子质量的增加而减少。同一产地的石油产品，其蒸发潜热随馏分的加重而减小。当温度及压力升高时，蒸发潜热也随之降低。温度对烃类蒸发潜热的影响可参考表 1-7。

表 1-7 温度对烃类蒸发潜热的影响

燃料	沸点/℃	蒸发潜热/（kJ/kg）					
		0℃	20℃	40℃	60℃	80℃	100℃
正戊烷	36.0	391	368	355	334	316	292
正己烷	68.5	380	367	351	337	325	306
正庚烷	98.3	376	367	358	346	332	316
正辛烷	125.2	374	362	348	337	323	311
苯	80.1	447	434	421	408	394	379

当液体蒸发时，不仅分子的内能增加，而且由于体积的膨胀需对外界做功，因此，必

须消耗热能。如液体不从外界取得热量，本身的温度要降低。

液体的蒸发潜热对蒸发的速度有很大的影响。当外界条件相同时，液体的蒸发潜热越高，则本身由于蒸发而降低的温度越多，因而蒸发的速度也越慢。

从表 1-8 可以看出，苯和乙醇的理化性质很相近。但乙醇的蒸发潜热为苯的 2.2 倍。结果使乙醇的蒸发率约比苯低 30%。当苯蒸发 97%时，温度由 60℃下降到 36℃，而乙醇蒸发 67%时，温度则由 60℃下降到 0℃。

表 1-8 蒸发潜热对苯和乙醇蒸发性的影响

（混合气成分 $\alpha=1$，气流速度 80m/s，进气温度 60℃）

燃料	沸点/℃	60℃时的蒸气压/kPa	60℃时的表面张力/(N/m)	0℃时的扩散系数/(m^2/s)	蒸发潜热/(kJ/kg)	蒸发率/%
苯(化学纯)	80.1	52.5	0.0237	7.7×10^{-6}	403	97
无水乙醇	78.5	46.9	0.0190	1.02×10^{-5}	890	67

四、黏度

黏度是表示液体流动时，两个平行液层之间发生相对运动的摩擦阻力大小的指标，也就是液体的内摩擦系数。因而，黏度和流动性相反，黏度大的液体流动性小，黏度小的液体流动性大。

如用 F 表示两液层做相对运动时摩擦力的大小，S 表示摩擦面的面积，$\frac{dv}{dx}$表示两液层之间的速度梯度，η 表示摩擦系数(黏度)，则有下列关系：

$$F=\eta S\frac{dv}{dx} \tag{1-28}$$

在动蒸发条件下，液体燃料通常先雾化为细小的液体颗粒，然后迅速蒸发。燃料的黏度对燃料雾化的质量有很大的影响。黏度小的燃料雾化时，因为所需克服内摩擦而消耗的力较少，所以雾化时颗粒较细，蒸发表面积增大，结果使燃料的蒸发速度加快。反之，黏度大的燃料雾化较困难，蒸发速度也较慢，在低温时影响尤为显著。

黏度不仅影响燃料雾化时分散的液滴大小，而且也影响雾化的锥角和射程。一般黏度大的液体燃料雾化时的锥角小而射程远，黏度小的燃料雾化时锥角大而射程近。因此，根据燃烧室的形状大小选择适宜的燃料黏度，对保证发动机的正常工作至关重要。

液体燃料的黏度取决于燃料的化学成分和外界的湿度、压力。烃类的黏度与沸点的关系见图 1-6。从图 1-6 中可以看出，组成燃料的各类烃中，以烷烃的黏度最小，多环芳香烃的黏度最高。在同系物中，烃类的相对分子质量越大，分子间引力也越大，因而黏度也越大。

温度升高时，液体分子运动的速度增大，而分子的自由体积(即 $V-b$，V 为液体分子比容，b 为常数，约等于范德华方程中的常数 b)也增加，分子间互相滑动比较容易，且分子间距离增大，分子间引力相对地减弱，所以液体的黏度总是随温度的升高而降低(见图 1-7

和图 1-8)。

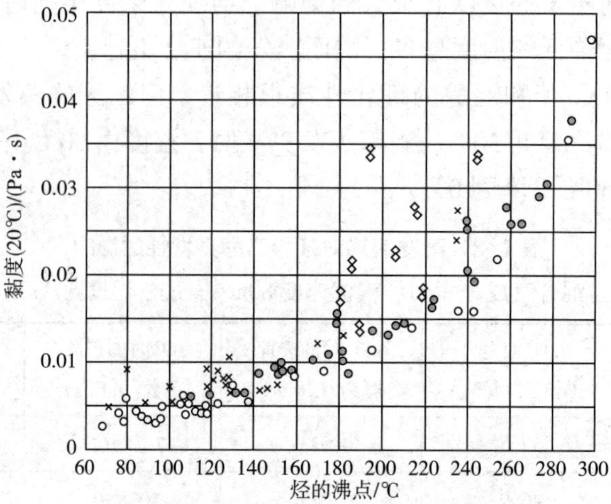

图 1-6 烃类黏度与沸点的关系

×—环烷烃;○—烷烃;●—不饱和烃;◇—多环芳香烃

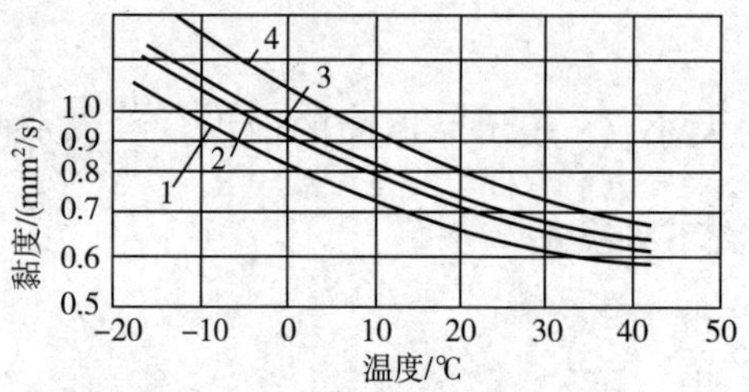

图 1-7 汽油黏度与温度的关系

1,2—直馏汽油;3—直馏与热裂化混合汽油;4—热裂化重质汽油

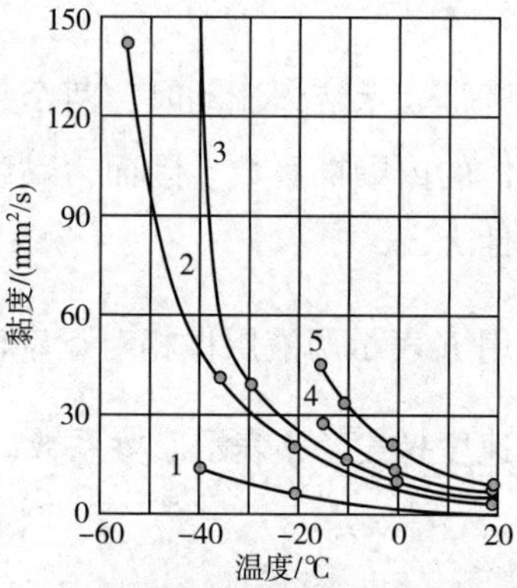

图 1-8 煤油及柴油黏度与温度的关系

1—石蜡基煤油;2—环烷芳香基煤油;3—催化裂化柴油;4—烷基环烷基柴油;5—环烷芳香基柴油

但是液体燃料黏度随温度的变化不是简单的反比关系。从图 1-7 和图 1-8 可以看出,当温度升高时,各种燃料的黏度都逐渐减小而趋于一极限值,这时各种燃料的黏度相差很少。液体黏度和温度的关系一般可用下式表示:

$$\eta = c e^{\frac{E}{RT}} \tag{1-29}$$

式中 η——液体的黏度(动力黏度);

c——常数;

E——每克液体分子的内能;

R——气体常数;

T——液体的绝对温度。

显然,若作 $\lg\eta$ 对 $1/T$ 的图,则所得黏度-温度关系为一直线。如已测得任意两个温度下的黏度,则可利用上式求出 A、B 的值,并计算其他温度下的黏度。

外界压力对燃料黏度的影响不及温度大。压力由常压增加到10.1MPa以前，燃料的黏度变化很小，通常可以忽略不计。但在现代的高速柴油机中，燃料以很高的压力喷入气缸，此时压力对燃料的黏度有一定的影响(如图1-9)。例如，将压力由常压增加到20.2MPa时，车用柴油的黏度比常压下增加60%。

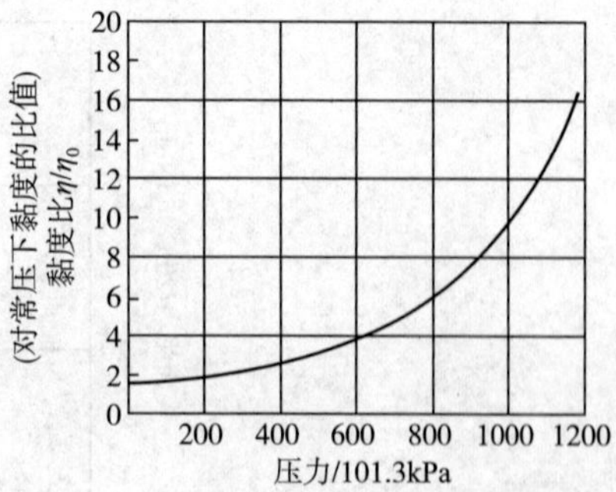

图1-9　车用柴油黏度与压力的关系

如将上式取对数，则公式可简化为：

$$\lg\eta=\frac{A}{T}+B \quad (A、B\text{均为常数})$$

当压力升高不大时，液体的体积变化很小，因此黏度变化不大。当压力进一步升高至较大值时，液体分子的自由体积和分子间的距离才逐渐缩小，分子间引力相对增大，因而导致黏度增加。

五、表面张力

处在液体内部的分子，四周所受其他分子引力作用是均衡的。但处在液体表面的分子，其所受液体分子的引力大于其所受气体分子的引力，结果产生一个合力，垂直指向液体内部，使处于液体表面的分子有拉向液面内的作用，结果使液面缩至最小。作用在液体表面单位长度上的力称为表面张力，它的常用单位是N/m。

不难看出，要使表面扩张，必须做功来克服表面张力。每形成1m^{2}新液面所需的功，也就是该液面的表面张力，所以表面张力有时也用J/m^{2}表示。

当液体燃料被分散为雾状颗粒时，液滴颗粒越细，表面积越大。在相同条件下，表面张力较小的燃料，雾化就容易，喷射时形成的颗粒越细，结果使蒸发表面积大大增加，从而使燃料的蒸发更为完善。

据研究，柴油机燃料的表面张力即使有很小的降低，也能使喷射时雾滴的直径变小很多，这从表1-9可以看出。

表1-9　表面张力对液体燃料雾化时液滴尺寸的影响

燃料名称	表面张力/(N/m)	液滴平均直径/μm
苏拉罕石油产品		
蒸馏油：300~350℃馏分	0.0297	22.55
蒸馏油：宽馏分	0.0289	17.04
比比-埃巴特石油产品		
蒸馏油：宽馏分	0.0295	20.21
精制油：宽馏分	0.0275	16.30

表面张力是液体的结构特性之一。在组成燃料的各类烃中，芳香烃的表面张力最大，环烷烃次之，烷烃最小，它们的比较可参考图1-10，据研究，燃料的馏分越重，相对分子质量越大，表面张力也越高。所有液体的表面张力均随温度的升高而降低。不同温度下烃类和液体燃料的表面张力见表1-10。

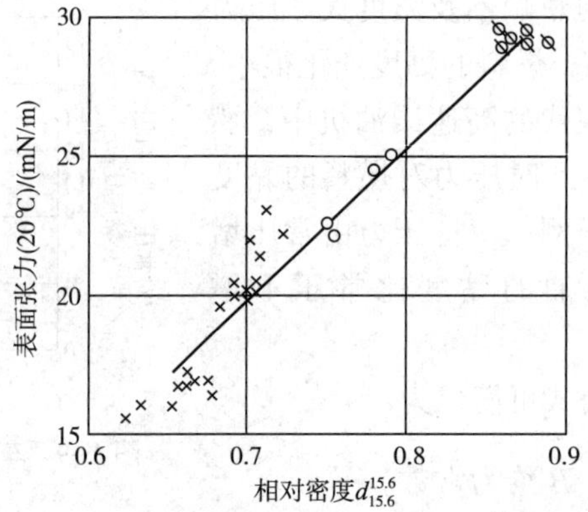

图 1-10　烃类表面张力与相对密度的关系

×—烷烃；○—环烷烃；ȸ—芳香烃

表 1-10　不同温度下烃类和液体燃料的表面张力

名　　称	密度 ρ_{20}	101. 3kPa 时，在下列温度下的表面张力/(N/m)		
		10℃	20℃	40℃
异戊烷	0. 62	0. 0146	0. 0137	0. 0115
正己烷	0. 659	0. 0194	0. 0184	0. 0163
正辛烷	0. 703	0. 0229	0. 0219	0. 0198
环己烷	0. 778	0. 0211	0. 0249	0. 0225
苯	0. 879	0. 0303	0. 0288	0. 0262
甲苯	0. 867	0. 0296	0. 0288	0. 0261
乙苯	0. 867	0. 0302	0. 0292	0. 0262
航空活塞式发动机燃料	0. 713	0. 0213	0. 0205	0. 019
车用汽油	0. 735	0. 0223	0. 0216	0. 0202
喷气燃料	0. 775	0. 024	—	0. 022
车用柴油	0. 907	0. 0316	0. 0308	0. 0292

液体的表面张力是温度的直线函数，即：

$$\sigma_t = \sigma_0(1-\gamma t) \tag{1-30}$$

式中　σ_t，σ_0——液体在 t℃和标准状态下的表面张力；

γ——温度系数。

对各种烃类和燃料，γ 值为 0. 08~0. 10。

燃料表面张力的大小还和燃料中所含表面活性物质的数量多少有关。如果燃料中含有表面活性物质(如沥青质及其他具有极性的化学成分等)较多，则燃料的表面张力增大。如果燃料经过精制已除去这些极性物质，则表面张力降低。

六、空气流速

液体在流动空气中的蒸发现象比在静止时要复杂得多。总体来说，流过液体表面的气流速度越大，液体蒸发的速度也越大。这里有两种情况，一种是液体处于容器中，液体表面是平的；另一种是液体处于细滴状态，表面呈圆球形。

根据许多作者的研究，在平液面情况下，在开口容器中液体蒸发的速度 w 与流过液面

的空气流速 u 之间的关系，可归纳为下面的公式

$$w = ku^n \tag{1-31}$$

式中　k——常数；

　　n——随气流速度的大小而变动，0.3~1.0。

有些人曾对乙醇、丙醇和水在不同流速下的蒸发进行了研究。试验的结果见图1-11。从图1-11可见，乙醇、水和丙醇的蒸发速度都随空气流速的增加而增大。试验证明，当空气流速不高时，气流处于层流状态，这时空气流速对蒸发速度的影响较小，n 约等于1/3，上述公式可写为：

$$w_{层流} = ku^{1/3} \tag{1-32}$$

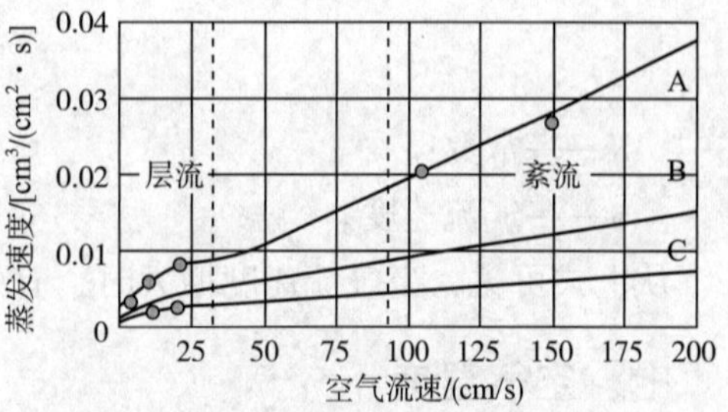

图1-11　空气流速对液体蒸发速度的影响

A—乙醇(20℃)；B—水(20℃)；C—丙醇

当空气流速增大到紊流范围时，蒸发速度则与空气流速成正比关系，即 $n=1$，上式可写为：

$$w_{紊流} = ku \tag{1-33}$$

当空气流速处于层流与紊流的过渡状态时，n 值亦相应地由1/3逐渐增大至1。

在发动机工作时，液体多在雾化成细滴状况下进行蒸发。这时空气流速对蒸发速度的影响较为复杂。据研究，液体细滴在空气流中蒸发时，蒸发速度(单位时间内单位面积上的蒸发量)w 与空气平均流速 u 的关系可用下式表示：

$$w = 2\pi\sqrt{a^3 Du(C_s - C)} \tag{1-34}$$

式中　a——细滴半径；

　　D——液体的扩散系数；

　C_s，C——液体的饱和蒸气浓度和当时在空气中的浓度。

这就是说，在外界条件不变时，液滴的蒸发速度随空气平均流速的平方根而变化，同时也随液滴的半径、扩散系数及浓度差的增大而增大。

在平液面条件下，空气流速增大引起蒸发速度增加的原因有二。首先，当空气流速增大时，蒸气的扩散速度增加，即蒸气分子的移动速度增大。其次，由于空气流速增加，引起液面上空气和蒸气的对流及涡流运动，将靠近液面的饱和蒸气层从液面上迅速移走，这就使液面的蒸发速度迅速增加，接近自由蒸发的条件。当空气流速不大时，扩散是主要的原因。当空气流速很大时，液面蒸气层的对流和涡流运动则起着主要的作用。

液滴在空气流中蒸发加速的原因除上述几点，还和蒸发表面积的增大有关。当液体燃料从喷嘴喷出时，由于空气的动力作用，燃料液流分裂成分离的液滴。这些液滴在空气流的进一步作用下，再继续破裂分散为细小的颗粒，从而大大增加了蒸发的表面积。

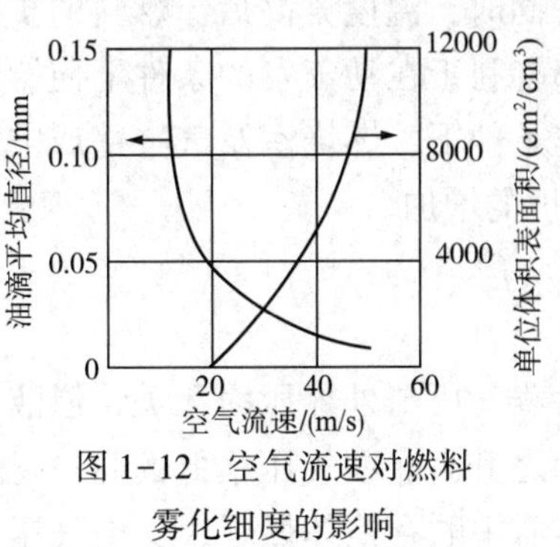

图1-12　空气流速对燃料雾化细度的影响

在空气流中液滴越小，使之进一步破裂为更细颗粒所需的空气流速越大。换句话说，空气的流速越大，破裂后液滴的平均直径也越小，单位体积液滴所形成的表面积则越大。它们之间的关系可用图1-12表示。其他

条件相等时，雾化液滴的大小与空气流速的平方成反比。

应当注意，当气流吹过细滴时，并不是细滴的全部表面都能参与蒸发过程，实际上只是其中有效面积部分参与蒸发。这是因为空气吹过细滴时，在细滴后面形成了充满饱和蒸气的涡流区，在涡流区内燃料不进行蒸发。有效蒸发面积 S' 与总面积 S 有下列关系：

$$S' = S\left(1 - \frac{1}{e^{Ku}}\right) \tag{1-35}$$

式中 K——常数；

u——气流速度。

从上式可见，当气流速度增大时，有效面积也逐渐增大，细滴的蒸发速度也增大。

七、空气温度

温度是影响液体燃料蒸发速度最重要的因素之一。无论在容器中贮存还是在发动机中使用，液体燃料的蒸发速度在很大程度上都取决于空气温度及周围器壁的温度。前面已经讲过，温度越高，液体的蒸发速度越大，因而在炎热地区和夏季气温高的情况下，或发动机已运行一定时间，器壁温度较高，燃料基本上都能很好地蒸发。而在寒冷地区和冬季气温条件下，发动机在起动时，燃料的蒸发性过低，便不易形成良好的可燃混合气，因而不能保证迅速点火。

表 1-11 列出了两种汽油在直接喷注条件下燃料的蒸发程度与空气温度及器壁温度的关系。这些数据是在发动机工作条件下取得的，与起动时的条件不同。从表 1-11 中可以看出，无论空气温度或器壁温度升高都对燃料蒸发程度的提高有很大的影响。

表 1-11　发动机热状态及空气温度对汽油蒸发程度的影响

燃料名称	气缸壁及燃烧室温度/℃	气缸中燃料蒸发量/%			
		$\alpha = 0.7$		$\alpha = 1.0$	
		气温 25℃	气温 50℃	气温 25℃	气温 50℃
航空活塞式发动机燃料	20	61	79	71	88
	50	97	99.7	100	100
车用汽油	20	43	55	46	64
	50	60	70	66	77

温度升高后液体燃料蒸发速度迅速增大的原因，主要是温度升高后分子运动的速度增加，逸出液体表面的分子数增多，增大了燃料的蒸气压。同时，温度升高后，燃料的扩散速度也迅速增大，燃料的表面张力和黏度则降低，这些都有利于在动蒸发的条件下使燃料雾化更细密，蒸发程度也大大增加。此外，在发动机工作条件下，燃烧室及气缸壁或空气的温度提高后，雾化颗粒加热的速度也加快，导致蒸发程度的增加。

八、空气压力

空气压力对液体燃料蒸发性的影响较为复杂。液体的蒸气压与外界压力无关，但液体的沸点却随外界的空气压力而改变。气压越高，沸点也随之升高。在气压很低的高空，油箱中的油料如不采取加压措施，便可很快达到沸腾。在容器中贮存液体燃料时，空气压力增大能降低蒸发速度、减少蒸发损耗。

在动蒸发情况下，空气压力增大会使液体的黏度稍微增加，使表面张力下降，如表 1-12 所示。黏度的增加使雾化困难，但表面张力的下降却能使雾化改善。

表 1-12　压力对石油黏度和表面张力的影响

压力/kPa	黏度/(Pa·s)		表面张力/(N/m)	
	50℃	100℃	20℃	80℃
101.3	0.041	0.008	0.026	0.021
5065	0.045	0.009	0.022	0.018
15195	0.062	0.011	0.017	0.014

在直接喷油的发动机中，当空气的温度不变时，压力的升高将减缓液滴的蒸发。但在实际工作中，如果将发动机的压缩比提高后，空气的压力增加，同时温度也上升，使液滴受热的程度加快、液滴表面温度升高，这样就加速了液体的蒸发。

无论加大喷油压力或增加气缸内空气压力，都将使燃料的雾化得到改善。例如将喷油压力从 5.07MPa 增至 30.3MPa 时，喷油液滴的平均直径由 40μm 降至 4.37μm，几乎只有原来的十分之一。将燃料喷入压力为 101.3kPa 的气缸时，液滴平均直径为 23μm；当气缸中压力为 507kPa 时，液滴平均直径为 17μm；压力增至 1.01MPa 时，液滴平均直径为 13μm。

综上所述，压力对燃料蒸发的影响是复杂的。但在实际工作中，压力的提高总是伴随着温度的升高，而温度对燃料蒸发速度的影响往往超过压力的影响，因而实际上燃料的蒸发速度总是提高的。

九、蒸发表面积

蒸发是在液体表面上进行的气化过程。因此，其他条件相同时，液体的蒸发表面积越大，单位时间内的蒸发量也越大。

静蒸发时的蒸发表面积易于计算，因而蒸发速度也可以根据蒸发的条件来计算。但在动蒸发时，燃料通常在发动机中被分散为许多细滴，各个细滴的直径也不尽相同，因此，准确的总蒸发面积很难估计。可以肯定的是，燃料雾化的程度越好，颗粒直径越小，则单位质量燃料所占有的面积越多，如图 1-13 所示。

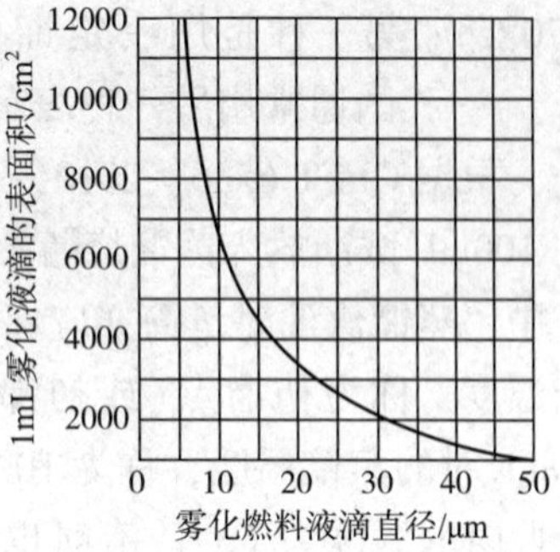

图 1-13　液流中液滴数量与液滴直径的关系

随着细滴半径的减小，它的蒸发速度将增大，而对非常小的细滴，将接近自由蒸发的速率。

在化油器发动机中，燃料液滴的平均直径约为 0.2mm。在直接喷油的发动机中，液滴的尺寸很不一致，平均直径常在 0.015~0.020mm。液滴的大小和分布情况可以用高速摄影机在试验装置上测定。雾化质量的好坏除受燃料本身的性质如黏度、表面张力等影响，还和喷油压力、气流速度和涡流强度、喷嘴的构造等许多因素有关。

第五节　液体燃料蒸发性的评定方法

关于评定液体燃料在发动机工作条件下的蒸发性能，过去曾有人提出过不同的方法。但由于有的方法需要的设备和测定的方法过于复杂、样品需要量大、测定时间长，故无法推广使用。目前在油料应用上，各国普遍采用馏程和蒸气压作为评定液体燃料蒸发性的指标，因为这两个指标的测定方法需用的仪器设备较简单，操作也较简便，而且经实践证明，所获结果能够用来说明发动机实际工作中的操作性能，所以得到了广泛的应用。

一、馏程

1. 测定概述

馏程又称蒸馏试验，它是指将试油在严格规定的条件下进行简单蒸馏，得出的试油蒸馏温度与馏出体积百分数之间的关系。因为不具备精密分馏的条件，燃料中的各种组分不能有效地分离，所以当蒸馏温度逐渐增高时，燃料中的烃类实际上是以多种烃类的混合物形式蒸发出去的。这就是说，在一定温度下蒸发出的物质中，既有少量沸点稍低于该温度的成分，也有少量沸点稍高于该温度的成分。因而蒸馏试验结果，只是概略地表示该燃料的沸点范围和轻重馏分的含量多少，用以表示该燃料的一般蒸发性能。为了提高试验的可重复性，必须对试验的仪器和加热速度等操作手续作详细规定，试验时必须严格遵守这些规定，才能使所得结果具有可比较性(图 1-14)。

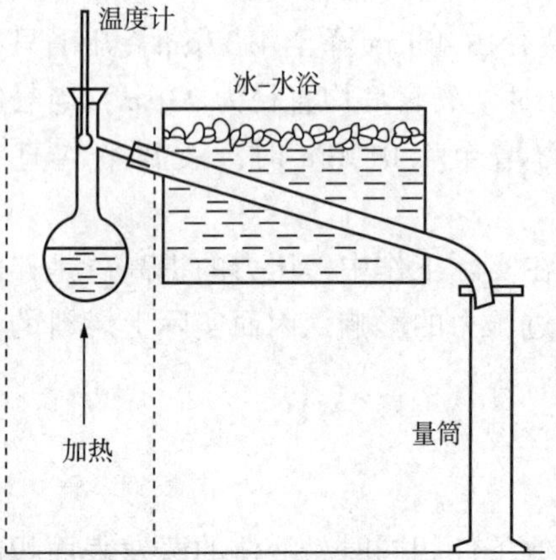

图 1-14　馏程测定装置

馏程有两种表示方法，一种是以一定温度的馏出量来表示，如 70℃时的馏出量记作 $E70$(或 $E_{70℃}$、$E70℃$)；另一种是用一定馏出量时的温度来表示，如 10% 馏出温度记作 $T10$(或 T_{10}、$T_{10\%}$)。我国通常用后一种表示方法。

根据 GB/T 6536—2010《石油产品常压蒸馏特性测定法》，测定馏程时将温度小于 15℃的 100mL 试油放入蒸馏烧瓶中，按规定速度加热，使之沸腾。蒸气经冷凝后收集于刻度量筒中，蒸馏汽油时量筒亦应保持在 18℃以下。记下第一滴馏出液从冷凝管滴入量筒时的蒸馏温度，称为初馏点(或初沸点)。然后依次记下量筒中馏出液达到 10mL、20mL，直到 90mL 时的蒸馏温度，称为 10%、20%…90%馏出温度。继续蒸馏至温度不再上升为止，记录此时的温度为干点。有时也可以根据燃料标准的要求，取 98%或 97.5%时的馏出温度作为蒸馏终点，称终馏点。蒸馏完毕后烧瓶中剩余的物质称为残留物(或残渣)，从 100mL 减去馏出量与残留物的总体积所得之差，称为蒸馏损失。

在大多数液体燃料的规格中，只要求测定具有代表性的 10%、50%和 90%的馏出温度及干点。

如果需要全面比较不同燃料的蒸发性能，可将所测各点在坐标纸上绘成蒸馏曲线。这时可以馏出温度为横坐标，以馏出体积百分数为纵坐标，将试验所测得的各蒸馏点连成曲线。几种液体燃料的蒸馏曲线如图 1-15 所示。从图上可以看出，燃料的组分越纯(馏分越窄)，则曲线的坡度越陡。曲线越靠近纵轴，则燃料的蒸发性越高。

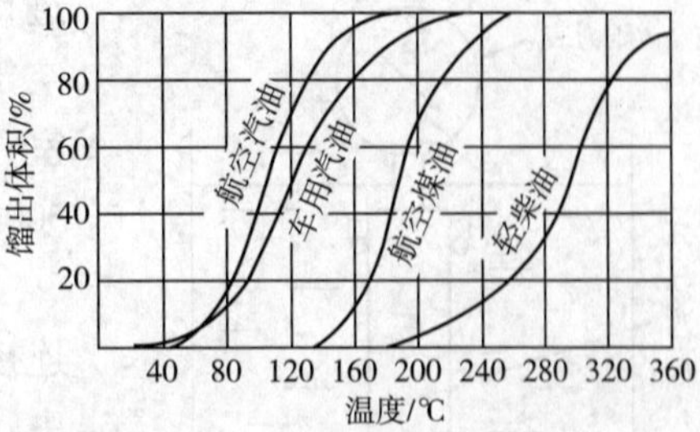

图 1-15 几种液体燃料的蒸馏曲线

如果在蒸馏时采用具有精馏效果的分馏柱进行试验，则可测得燃料较接近实际的沸点范围，所得蒸馏曲线为真沸点曲线。试验表明，用标准方法所测得煤油的初馏点高于燃料的真沸点，燃料的 90%馏出温度则低于其真沸点。只有燃料的 50%馏出温度与其真沸点较为接近。

在实际工作中，轻质燃料(如汽油)的初馏点常不易准确测定，因为在取样和试验操作过程中，轻质馏分很容易蒸发掉。同时，在测定终馏点时，由于蒸馏瓶内只剩下很少量的未气化液体，如加热过快，液体和蒸气的温度将迅速升高，往往会出现过热现象而使结果偏高。

国外类似的测定方法有恩氏蒸馏(ASTM D86)等。现在该方法在装置上进行了一些改进，如用热电偶取代玻璃温度计，以接收量筒中液面光电信号控制加热速度，并且自动绘制蒸馏曲线。此外，国外在 1955 年开始研究关于应用气相色谱法测定石油产品的馏程。1973 年，美国将气相色谱法定为标准方法之一。我国近年来也在研究将气相色谱与计算机联用，该法可以快速自动测出馏程，适于在生产和科研中做在线分析。

2. 馏程的意义

馏程是石油产品蒸发性高低的主要指标，从馏程即可以看到油品的沸点范围，也可以判断油品组成中轻质和重质成分的大体含量。在液体燃料的生产过程中，馏程常作为重要的控制指标之一，用它作为基础来调节炼制操作条件，使产品各项指标既符合规格要求，又能生产出足够数量的产品。

各种液体燃料都对其馏程作了详细的规定，因此，在鉴别未知燃料时，可以测定燃料的馏程，作为主要根据。各种燃料的沸点范围可参考表 1-4 或它们的标准规格。

各馏出温度与使用的关系，以车用汽油为例，大致如下：

初馏点——可以表示燃料中含有的最轻馏分的沸点，但不能判断轻馏分的含量。

10%馏出温度——可以表示燃料中含有轻馏分的大概数量。

50%馏出温度——表示燃料的平均蒸发性能。

90%馏出温度——表示燃料中重质馏分的含量。如该温度过高，说明燃料中含有尾部重质馏分过多，不易保证燃料在使用条件下完全蒸发和完全燃烧，从而影响发动机的工作。

干点(终馏点)——表示燃料中含有的最重馏分的沸点。它和 90%馏出温度一同用来说明燃料中重质馏分的存在，例如汽油中混有其他重质油料等。

二、饱和蒸气压

1. 测定概述(雷德法)

发动机燃料在雷德饱和蒸气压测定器中，燃料蒸气与液体的体积比为 4∶1，温度为 37.8℃(或 100℉)时所测出的最大燃料蒸气压，称为雷德饱和蒸气压(RVP)。

测定雷德饱和蒸气压按国家标准 GB/T 8017—2012《石油产品蒸气压的测定　雷德法》

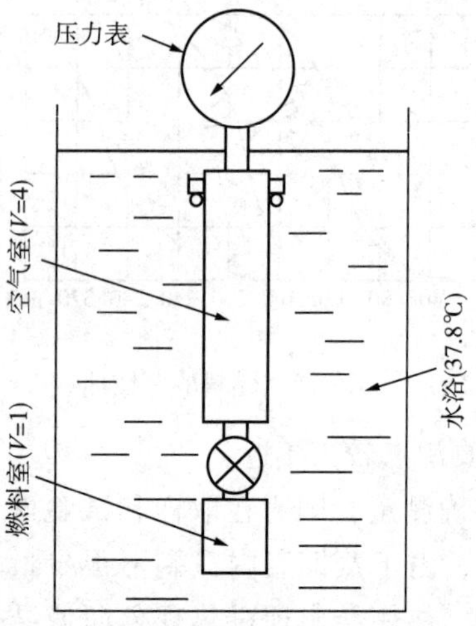

图 1-16　雷德饱和蒸气压测定装置

进行。测定仪器如图 1-16 所示，包括燃料室和空气室，空气室接压力表。仪器的最下部为盛放汽油样品的燃料室，容积为 125mL。与燃料室连接的空气室的容积约 500mL。空气室的容积为燃料室的 4 倍。

测定时将预先冷却至 0~4℃的燃料样品装入燃料室，连接空气室及压力表，并放入温度保持在 37.8℃的水浴中。激烈振荡容器使之迅速蒸发，读取压力表上的最大压力作为该燃料的饱和蒸气压。

2. 气液相容积比对测定蒸气压的影响

纯烃的蒸气压只取决于烃类的结构和测定时的温度。对于石油产品，其组成复杂，不仅组成结构和温度对燃料的饱和蒸气压有影响，而且测定时气液相的容积比也对测定结果有很大影响。根据试验结果，在一定温度下油品的气液相容积比越大，其饱和蒸气压越小。表 1-13 列举了大庆喷气燃料在不同气液相容积比条件下所测定的饱和蒸气压。

表 1-13　大庆喷气燃料在不同气液相容积比时的饱和蒸气压

温度/℃	气液相容积比						
	1/4	1/2	1	2	3	4	5
	饱和蒸气压/kPa						
20	41.7	28.9	16.9	8.7	5.6	4.6	3.8
40	48.7	32.9	19.4	10.4	7.0	5.9	5.0
60	56.2	38.3	23.1	13.0	9.6	8.2	7.2

气液相容积比增大后饱和蒸气压降低的原因主要是油品蒸发时，首先蒸发出去的是那些蒸气压较大、沸点较低的轻质馏分，因而液相中成分相应地越来越重，饱和蒸气压也相应地有所降低。

3. 饱和蒸气压在使用上的意义

饱和蒸气压是液体燃料蒸发性好坏的重要指标，饱和蒸气压越大说明蒸发性越好。

液体燃料中所含各种组分的饱和蒸气压均随温度的下降而迅速减小。在标准测定条件（37.8℃）下，含有 10 个碳原子以上的烃类的饱和蒸气压均接近于 0。发动机燃料中含有的一些烃类的饱和蒸气压曲线参见图 1-17。由此可见，用雷德法测得的饱和蒸气压主要是燃料中轻质组分产生的。

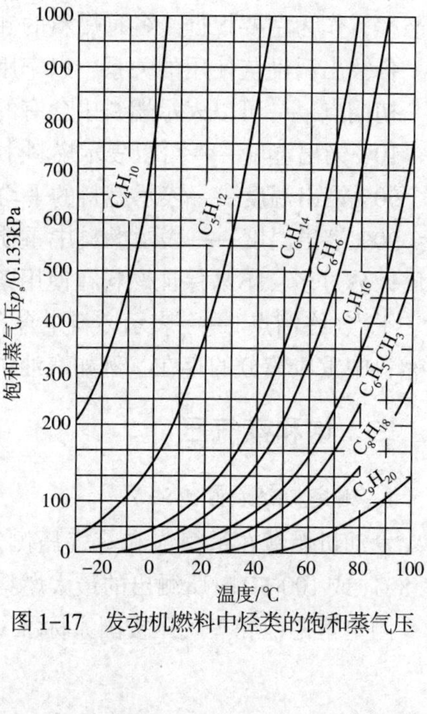

图 1-17　发动机燃料中烃类的饱和蒸气压

三、气液比（V/L）

气液比（V/L）指在任意规定的温度和压力下，

与液体平衡的蒸气体积对装入的液体燃料在0℃的体积比例。

汽油气液比的测定方法为GB/T 6534，测定装置如图1-18所示。图中量管内充满甘油(含水量小于1%)。测定时先用注射器量取一定量(一般为1mL)温度为0~4℃的汽油样品，并借助针头通过胶塞将样品注入量管中，然后将量管移入恒温水浴中。水浴温度保持在固定的试验温度(±0.1℃)。待样品产生蒸气后将液面压力调节成101.3kPa。此后，摇动量管(仍浸没在水面下)，使样品尽量气化，并视需要重新调节压力，使油样蒸气压力为101.3kPa为止。重复以上操作，直到量管中蒸气体积能保持稳定(2min)，并且其压力恰好为101.3kPa为止。从蒸气体积和油样体积(准确到±0.1mL)计算出汽油样品的气液比。该试验可用一定温度、压力下的气液比来表示，也可用在一定压力下，达到某一气液比时的温度来表示。美国ANSI/ASTM D439规定：A、B、C、D、E级汽油，*V/L*不高于20时的温度分别为60℃、56℃、51℃、47℃、41℃。经道路试验证明大多数汽车发生气阻的*V/L*界限都在15~25。因而在ASTM D439中，以*V/L*为20时的温度，将汽油的蒸发性分为上述五个等级。

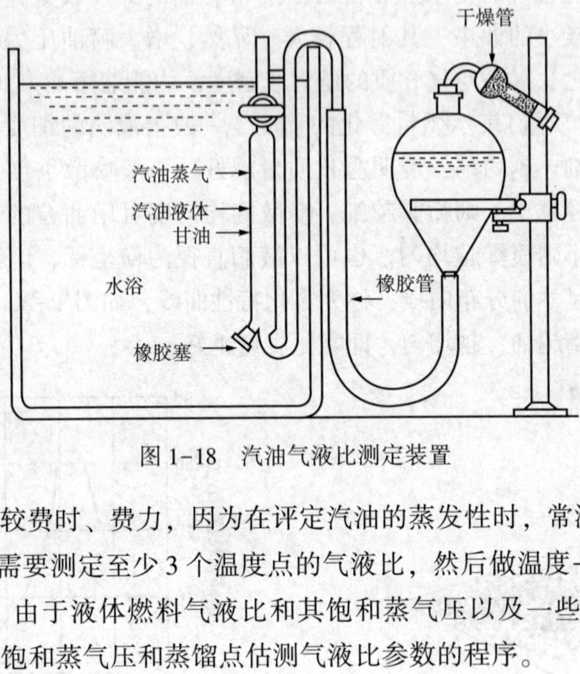

图1-18　汽油气液比测定装置

气液比的测定比较费时、费力，因为在评定汽油的蒸发性时，常测定气液比为20时的温度$T_{V/L=20}$，为此，需要测定至少3个温度点的气液比，然后做温度-气液比曲线，求得气液比为20时的温度。由于液体燃料气液比和其饱和蒸气压以及一些蒸馏点有较好的对应性，国外建立了通过饱和蒸气压和蒸馏点估测气液比参数的程序。

第六节　液体燃料的雾化性

一、雾化的概念

雾化是指液体燃料在发动机中以一定压力(或在负压作用下)从喷油器中喷射出来，形成细小的雾状油滴的过程。雾化性是指液体燃料是否容易被雾化的能力。

雾化对燃料的蒸发、混合气的形成和发动机工作具有重要的意义。首先，雾化可以大大增加燃料的表面积，加快燃料的蒸发，保证混合气的快速形成。例如，135型柴油机单缸功率为 14.7kW，全负荷工作时每次循环供油量约为 130mm³。当形成 1 个油滴时，其表面积约为 124mm²。如果将该油滴喷散为直径 20μm 的油滴，则可形成 3.1×10^7 个油滴，总表面积可达 3.9×10^4mm²，比原面积增加约 314 倍。其次，雾化可以大大增加燃料与氧气接触的机会，加快燃料燃烧前的氧化，这一点对保证柴油机工作尤为重要。

燃料在高压下从喷油器的喷孔射出，在空气阻力及高速流动时所产生的内部扰动作用下，被粉碎成细小的油粒，其形状如圆锥（见图 1-19）。在油束中间部分燃料雾化较差，油粒密集，直径较大。外部油粒分布较散，直径较小。油束的特性用喷雾锥角 β、射程 L 及雾化特性来说明。

喷雾锥角 β 标志油束的紧密程度，β 大说明油束松散、油粒细、雾化质量较好。燃料黏度较小时，β 较大。此外，锥角大小还和喷油器的结构有关。

油束射程 L 即油束贯穿距离的大小对燃料在燃烧室的分布有很大影响。如燃烧室尺寸较小而射程大，就会有较多的燃油喷到燃烧室壁上。反之，如燃烧室尺寸较大而射程小，燃油不能很好地分布到燃烧室空间，也不利于形成良好的混合气。因此，油束射程必须根据燃烧室的形状及对混合气的要求互相配合。通常燃油的黏度较大，射程也较大。其他条件相同时，喷雾锥角较小的油束，其射程较大。显然，增大喷油压力，提高燃油的密度均有利于增大射程；反之，提高空气介质的压力或密度，均能缩短油束的射程。

雾化特性（或雾化质量）表示燃料雾化的程度，一般指液滴的细度和颗粒的均匀度两个方面。燃料喷散得越细、越均匀，说明雾化质量越好。一般喷散细度用油束中油粒的平均直径来表示，平均直径越小，则喷雾越细。喷散的均匀度可用油粒的最大直径与平均直径之差来表示，差值越小则喷雾越均匀。也可以液滴直径为横坐标，以液滴颗粒数的百分数为纵坐标，作出液滴尺寸的分布曲线，称为雾化特性曲线，如图 1-20 所示。曲线越窄、越靠近纵坐标，表示液滴越细、越均匀，即雾化质量越好。

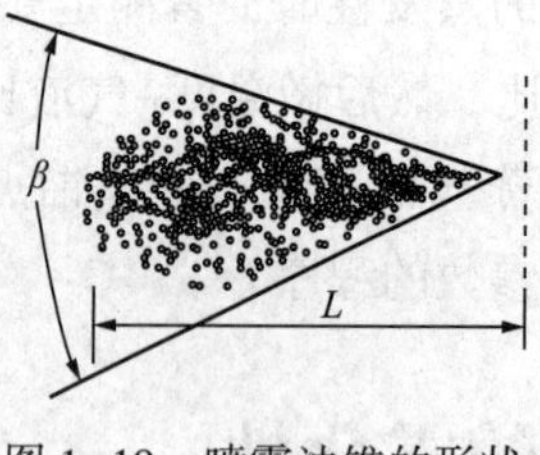

图 1-19　喷雾油锥的形状

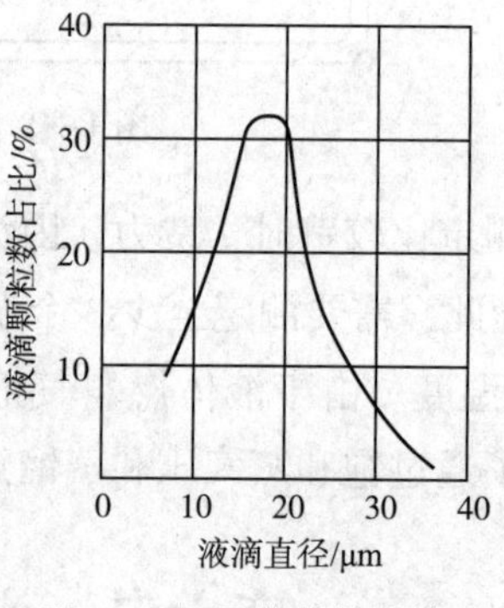

图 1-20　雾化特性曲线

应当注意的是，并不是雾化质量越好对燃烧越有利。因为如果燃料雾化过细，射程必然变小，容易造成喷嘴周围混合气过浓，燃烧不完全。

二、影响燃料雾化的因素

影响燃料雾化的因素很多，有发动机构造方面、操作条件方面的因素，也有燃料性质方面的因素。

1. 发动机结构的影响

(1) 喷油压力

试验证明，喷油压力越大，喷出燃料液流的相对速度也越大，雾化的质量也越好。图 1-21是某种喷油器在不同喷油压力下的雾化特性曲线，可以看出，喷油压力越大，燃料颗粒越细，颗粒直径分布越窄。

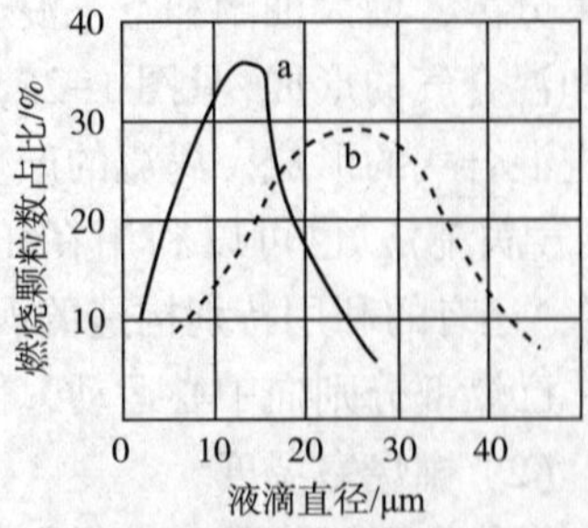

图 1-21　喷油压力对雾化特性的影响

a—35. 4MPa；b—15. 2MPa

喷油压力增加时，油束射程也会增加(见图 1-22)。但随燃烧室内空气的反压力的增大，油束射程有所降低。当燃烧室内空气压力增大时，空气的密度增大，引起作用在油束上的空气阻力增加，因此使油束贯穿距离减小，但雾化细度增加、锥角增大。

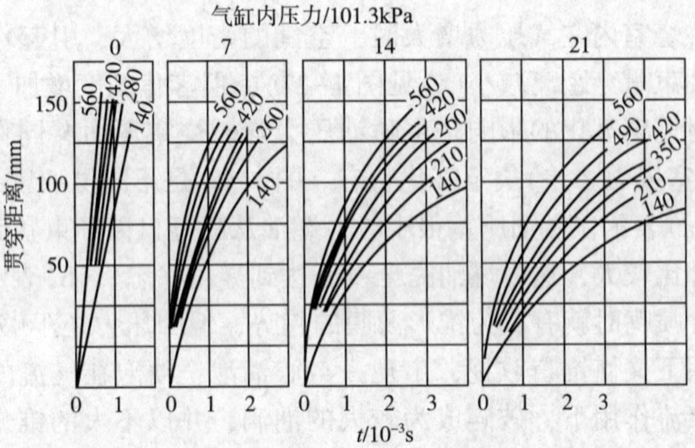

图 1-22　在不同喷油压力和反压力下油束射程随时间变化的曲线

(曲线上的数字表示喷油压力，kPa)

(2) 喷油器结构

喷油器有单孔和多孔之分。采用多孔喷嘴，喷出多股油束可以增加与空气混合的机会(见图 1-23)。但喷嘴喷孔增加，每个喷孔的直径必须减小，这样不仅增加了加工困难，而且喷孔容易被机械杂质或积炭堵塞。

此外，喷气发动机常采用离心式喷嘴，也能大大增加燃料雾化效果(如图 1-24 所示)。

(a)多孔喷嘴　　(b)单孔喷嘴

图 1-23　单孔喷嘴与多孔喷嘴的比较

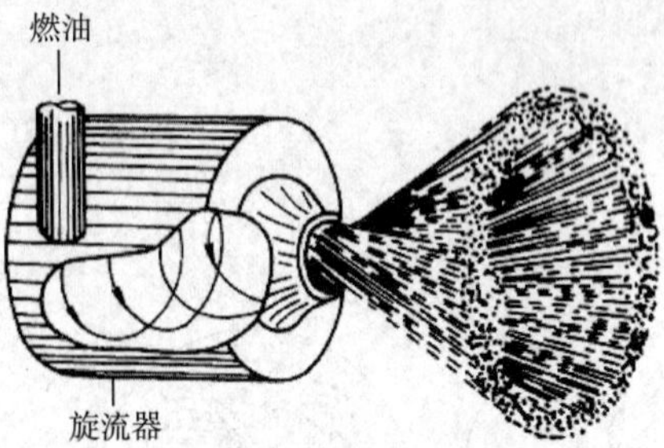

图 1-24　离心式喷嘴形成的油雾锥示意图

2. 发动机操作条件的影响

(1) 涡流强度

燃烧室内空气的涡流强度是影响燃料雾化效果的重要因素。空气的涡流运动可以促使油束分散，增大油滴和空气混合的范围，使油雾更好地充满燃烧室空间，有利于燃料的蒸发和混合气的形成(见图1-25)。因此，在发动机中通常采取使空气产生涡流运动的方法来增进混合气的形成。涡流的产生可以利用在吸气过程中使空气产生绕气缸轴线的旋转运动(吸气涡流)，也可以利用在压缩行程中使空气在燃烧室中产生强烈的旋转运动(压缩涡流)，还有的利用特别构造的涡流室及其他特殊设计。通过涡流运动使未燃油滴向外飞向壁面，已燃部分则向中心运动，促进所谓热力混合使燃烧过程得以改善。

(2) 燃烧室温度

燃烧室温度本身对燃料雾化并没有太大影响，但一方面燃烧室温度高，必然使喷油器中的燃料受热而升高温度，燃油温度升高，黏度和表面张力下降，更容易雾化。另一方面，燃烧时温度高，雾化后的油滴更容易蒸发形成混合气。

(3) 燃烧室压力

如前所述，当燃烧室内空气压力增大时，空气的密度增大，引起作用在油束上的空气阻力增加，因此使油束贯穿距离减小(参见图1-22)，但雾化细度增加、锥角增大。

事实上，压力对燃料雾化的影响是由喷油压力与燃烧室压力共同作用的结果，供油压差(喷油压力与燃烧室压力之差)决定雾化状态。图1-26是不同供油压差对离心式喷嘴雾化情况的影响。图中(a)表示在供油压差很小时，燃油从喷嘴口以细束状脱离，随即略呈散开状，所出现的油滴都比较大，这时燃油完全没有达到雾化状态。(b)表示当供油压差稍提高一些时，燃油在离开喷嘴时就有成为锥形薄膜的趋势，但因压力还不够大、切向分速太小，油膜在表面张力作用下又使锥口收拢，出现一空心油泡，油泡在气流的作用下，特别是在燃烧室的高温强烈紊流作用下，破碎成为较大的油滴，并以不大的锥角散开。此时，在油膜表面出现扰动的波纹。(c)表示随着供油压力进一步提高，例如达到202kPa左右，燃油运动的切向分速明显提高，所产生的惯性力足以克服油膜表面张力的作用，油膜锥不再收拢成泡状而呈现“开式”，随着远离喷口而越变越薄，终于失稳而碎裂，此时有大大小小的油滴从锥缘甩出。(d)表示当供油压力相当高时(0.5MPa以上直至几MPa)，油锥一离开喷口就粉碎成为细小的油滴群。虽然其中油滴仍有大有小，但平均直径已经很小，喷雾锥角增大，同时锥线也很明显。随着压力的增大，燃油雾化越来越细。

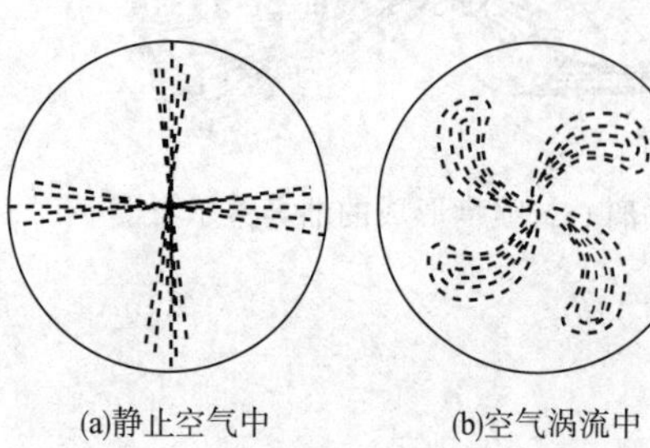

图1-25 多孔喷嘴中混合气的形成

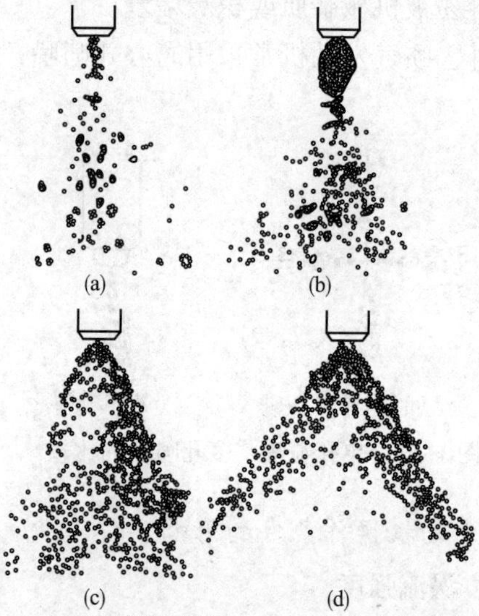

图1-26 不同供油压差下离心式喷嘴的雾化情况

燃油无论由油束碎裂成大小不等的油滴，还是由较大的油滴碎裂成细小的油滴，都是力作用的结果。作用于油流(或油膜锥)上的力可分为两类：一类是使油流保持原有形状或聚集以缩小其表面的力，即燃油内力，包括表面张力和内摩擦力(用黏度表示)；另一类是使油流失去稳定而变形以致破碎的力，其中包括油流离开喷嘴时具有的呈强烈扰动运动的惯性力以及周围介质气体(空气)作用于油流上的气动力。这两类力中如果内力占优势，油流将不会碎裂；如果另一类力占优势，则油流将趋于碎裂。除此之外，介质气体对运动中的油滴还会产生摩擦力，摩擦力也有使油流变形失稳而破碎的作用，但不是主要的。

3. 燃料的雾化性

燃料的雾化性是指燃料本身是否容易雾化的特性。燃料雾化性受黏度、表面张力、馏分轻重等影响，其中黏度是决定燃料雾化性的最重要因素。

(1) 黏度对雾化性的影响

黏度和燃料的雾化有密切的关系。燃料雾化时，喷出的油束要破裂为无数细小的颗粒，就必须克服液体内部分子间的作用力或内聚力，这种内聚力表现为液体的黏度和表面张力。因而黏度越大的燃料，雾化越困难。图 1-27 表示不同黏度的燃料雾化时的情况。从图 1-27中不难看出，黏度越小，喷雾锥角越大，雾化后液滴直径越小，但油束的射程也减小。反之，黏度增大，雾化时喷雾锥角则减小、射程增大、雾化质量降低，导致燃烧不完全，燃料消耗量增加。

黏度不仅对雾化质量有重要影响，还会影响燃油的供应量和燃油泵寿命，特别是柴油机和喷气发动机，喷油压力较高，影响更大。

燃料黏度过高，喷油阻力增大，喷油量会减少，同时由于雾化不良，燃烧性能变差，燃料消耗量增加。但黏度过低，也会使柴油的供油量减少，因为发动机燃油泵柱塞和套筒之间都有一定间隙，如柴油黏度很小，通过间隙而渗漏的油料便会增多，导致供油量随黏度的减小而降低。图 1-28 所示是柴油的黏度与油泵渗漏损失的关系，可以看出，当黏度低于一定值时，渗漏损失迅速增加。

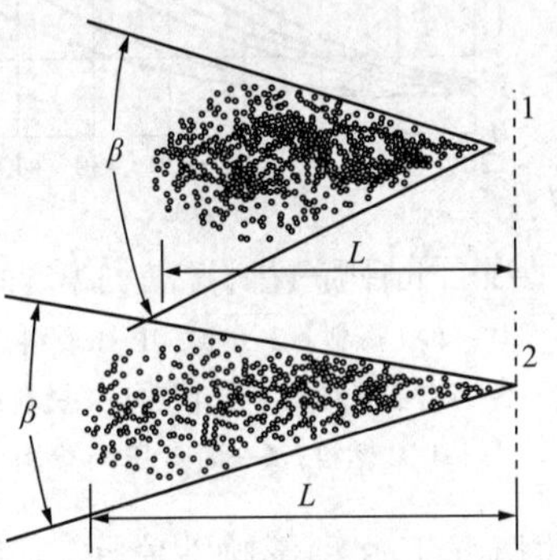

图 1-27　黏度对喷雾的影响

1—黏度较小的燃料；2—黏度较大的燃料

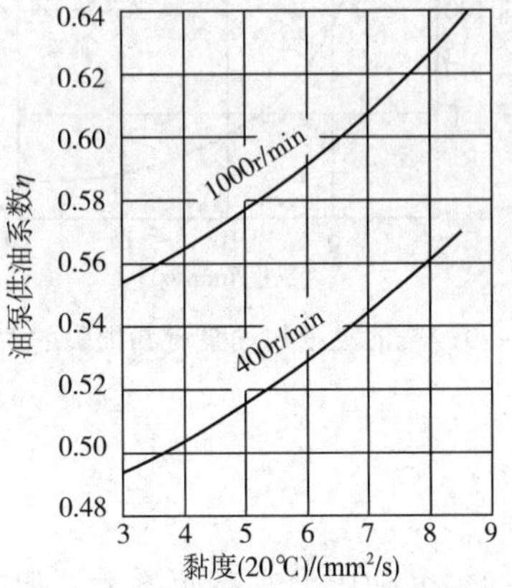

图 1-28　柴油黏度与供油系数的关系

油泵渗漏损失程度可以用供油系数 η 来表示：

$$\eta=\frac{V_{实}}{V_{理}} \tag{1-35}$$

式中　$V_{实}$——油泵实际供油量；

$V_{理}$——油泵理论供油量。

η 值越大，供油效率也越高。

不同转速下油泵渗漏损失与柴油黏度的关系如图 1-29。当黏度降低时，油泵供油系数也减少，结果引起喷油压力降低，发动机功率下降。

燃料黏度大小对燃油泵磨损的影响也很明显。由于柴油机和喷气发动机的高压油泵和喷嘴都是配合紧密的精密部件，它们高速运动中的摩擦面都是利用燃料自身润滑的。如果燃料的黏度过低，不能保证良好的润滑，则磨损增加、油泵寿命缩短。同时由于磨损引起的油泵间隙增大，供油量会进一步减少。反之，如黏度过高，也不利于配合紧密零件之间的润滑，同样也会增加油泵的磨损。

因此，为了保证发动机可靠的工作和较高的经济性，柴油和喷气燃料都必须具有适当的黏度。

燃料的黏度随温度和压力的改变而变化，其中以温度的影响较为显著。

燃料的黏度随温度升高而减小，随温度降低而增大。图 1-30 是几种喷气燃料黏度随温度的变化情况。不同燃料黏度随温度的变化程度也不一样。例如，各种牌号的车用柴油在30℃以上的黏度都很相近，为 2~5mm^2/s。但是当温度下降至-20℃以下时，各种车用柴油黏度出现较大的差异(相差可达几倍)。因此，在选用燃料时，不仅要考虑常温下的黏度，还要考虑低温下的黏度，在寒区冬季低温条件下应使用黏度较小的燃料，以保证燃料在发动机燃料系统中能顺利流动及机件的良好润滑。

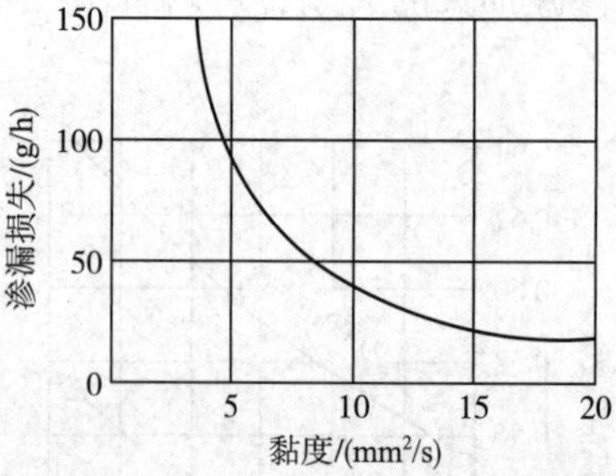

图 1-29　柴油黏度与油泵渗漏损失的关系

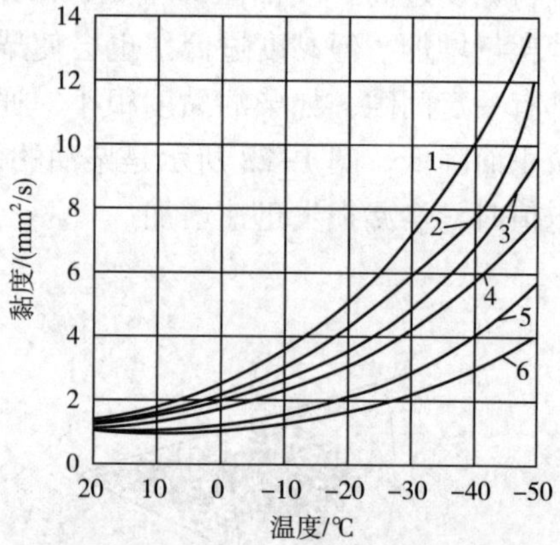

图 1-30　几种喷气燃料黏度与温度的关系

1—T-1 燃料；2—丹麦 JP-1 燃料；

3—英国 JP-1 燃料；4—TC-1 燃料；

5—T-2 燃料；6—瑞典 JP-4 燃料

燃料的黏度随压力升高而增大，但在压力较低的情况下这种影响非常小，只有压力很高时对黏度的影响才比较明显。例如，在压力不超过 50. 70MPa 条件下对柴油的黏度影响很小，但有的柴油在 122MPa 高压下黏度可增大为原来的 16 倍左右。

燃料的黏度大小与化学组成有关。一般来讲，相对分子质量越大或馏分越重，燃料的黏度越大，在分子大小相近的各种烃中，芳香烃黏度最大，其次是环烷烃，烯烃和烷烃较小。例如，环烷芳香基柴油的黏度较大，石蜡环烷基柴油次之，而含烷烃较多的石蜡基柴油黏度较小。由于各种燃料的化学组成不同、特性各异，在温度和压力变化时所表现出的黏度变化也不相同，一般来说，石蜡基柴油随温度升高而产生的黏度变化最小，石蜡环烷基柴油变化稍大，而以环烷芳香基柴油的黏度变化最大。

(2) 表面张力对雾化的影响

燃料的表面张力与燃料的馏分组成有关。馏分越重的燃料，其表面张力也越大。由于馏分较重的燃料黏度也较大，这就使得重质燃料雾化困难，不易迅速蒸发。在各类烃中，芳香烃的表面张力最大，烷烃的表面张力最小，因而含高芳香烃的燃料比含高烷烃的燃料雾化困难。

燃料的表面张力随燃料的密度增大而增大。对于密度为 0.60~0.92 的燃料，其表面张力与密度成直线关系，并可用下式表示：

$$\sigma=10(5\rho_{20}-1.5) \tag{1-36}$$

沸点为 65~300℃ 的各种烃类，20℃ 时表面张力大致如下：烷烃 0.018~0.028N/m；环烷烃 0.029~0.032N/m；芳香烃 0.028~0.032N/m。

燃料的表面张力还随温度的升高而降低。例如一种相对密度为 0.907 的柴油，在 101.3kPa 下 10℃ 时的表面张力为 0.0316N/m，在 20℃ 时降为 0.0308N/m，在 40℃ 时则降为 0.0292N/m。几种喷气燃料的表面张力随温度升高而降低的情况见图 1-31。

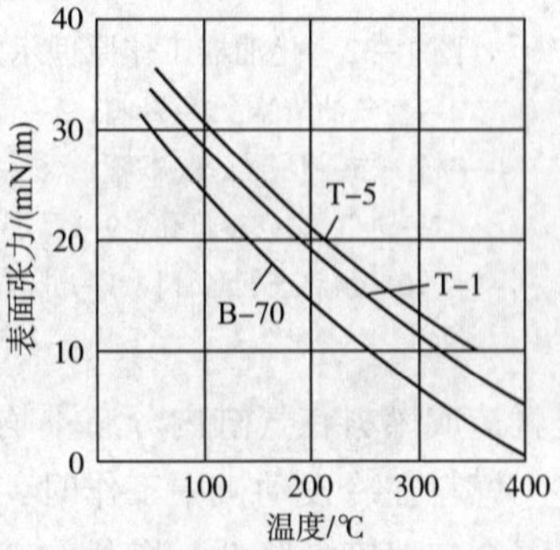

图 1-31　几种喷气燃料表面张力和温度的关系

与黏度对雾化的影响相比，温度对表面张力的影响要小一些。

第七节　发动机中混合气的形成

一、汽油机中混合气的形成

1. 汽油机中混合气的形成方式

汽油机中混合气的形成方式有三种：化油器式、进气道电子喷射式、缸内直喷式。

(1) 化油器式汽油机中混合气的形成

在化油器发动机中，燃料通过化油器在空气流中迅速雾化并蒸发，与空气组成适当的混合气，然后经进气管分配到各气缸进行燃烧。最简单的化油器(见图 1-32)包括浮子室、喷管和混合气室(喉管)三个主要部分。

简单化油器的工作原理近似喷雾器，即利用活塞下行产生的真空度将空气从空气滤清器吸入，空气以 70~120m/s 的速度通过喉管，产生的负压将燃料从浮子室经喷管吸入混合气室。燃料液滴在气流中被分散成雾状。燃料雾化的程度在很大程度上取决于空气的流速。雾化液滴的直径则与空气流速的平方成反比，即流速越大，雾化液滴越细，对蒸发也越有利。雾化液滴在空气流中蒸发并与空气混合，形成混合气，经进气管进入气缸。

节气门(油门)安装在喉管下方进气管的前面，用以控制进入气缸的混合气流量，也就是燃料的消耗量，从而调节发动机的功率。当进气门逐渐打开时，混合气流量增大，喉管

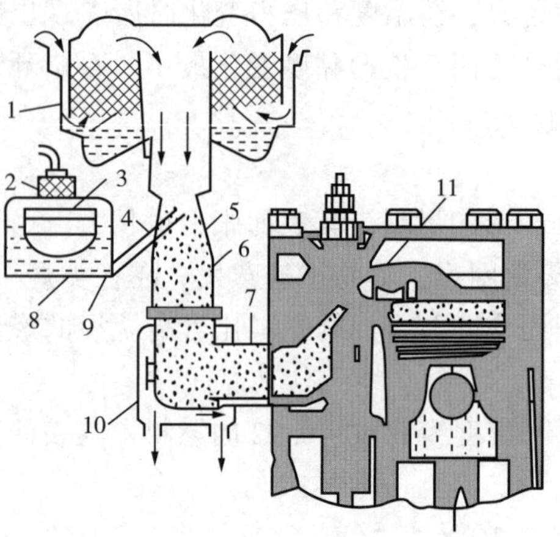

图 1-32　化油器工作原理示意图

1—空气滤清器；2—针阀；3—浮子；4—喷管；5—混合气室(喉管)；6—节气门；7—进气管；8—量孔；9—浮子室；10—预热进气套管；11—进气门

内的真空度随之增大，但节气门部位的真空度则迅速降低。正常工作中混合气在进气管中的流速为 20~40m/s。

现代汽车发动机的转速很高，燃料在发动机中蒸发和形成混合气的时间很短，例如在化油器发动机中，燃料在进气管中停留的时间只有 0.005~0.05s。要在这样短的时间内形成均匀的可燃混合气，除机械结构和操作条件外，燃料蒸发性好坏是决定性的因素。

目前使用的汽油，当发动机进入正常运转时一般较易蒸发并形成均匀混合气。但在气温较低情况下起动、怠速运转或急剧加速时，经过化油器的燃料只有较轻成分才处于气化状态，大部分未蒸发的燃料液滴则从空气中凝聚在进气系统的壁上，还有部分燃料蒸气由于温度降低而凝结在进气管和气缸冷金属壁上，形成燃料液体油膜。这就造成燃料在气缸内分布不均匀和混合气过稀，难以点火。

燃料在冷发动机中工作时，以及当发动机迅速转入高速运行时蒸发性降低的原因还在于混合气温度的降低，燃料在蒸发时必须吸收热量，当发动机未达到正常运转状态前，燃料蒸发所消耗的热能只能取决于混合气本身，因而引起温度下降。温度降低后，燃料的蒸发性便随之降低，产生液膜增多，引起燃料在气缸之间分布不均匀。在冬季低温条件下，如温度降至 0℃以下，则可能造成混合气中的水蒸气结冰，影响发动机的正常进气。

燃料在化油器、进气系统中蒸发时，混合气温度的降低与蒸发的数量及燃料的蒸发潜热成正比，与单位质量混合气的比热容成反比。混合气的比热容与燃料的化学成分关系较小，一般为 1.76~2.30kJ/(kg·℃)。不同液体燃料蒸发时在化油器发动机中混合气温度的降低情况见表 1-14。一般石油产品温度的降低较醇类少。因此，当用石油产品改为用甲醇或酒精工作时，蒸发性能显著降低。对于直接喷油于气缸的发动机，由于气缸内温度很高，蒸发产生的温度降低影响不大。

表 1-14　燃料蒸发时混合气温度的降低情况　℃

燃料名称	温度降低	燃料名称	温度降低
直馏车用汽油	18	热解苯	26
裂化车用汽油	20	苯(煤焦油制)	26
车用汽油	17	酒精	60 左右
拖拉机煤油	16		

试验证明：在化油器和进气管中，只有部分燃料蒸发，形成可燃混合气进入气缸，其余的大部分油滴落附在进气管壁上并形成沿进气管向前流动的液膜，在高速气流的作用下，不断进行蒸发。一部分燃料以液体颗粒状态悬浮在向前流动的混合气中，一同进入气缸(见表 1-15)。

表 1-15　燃料在化油器进气管中的蒸发与气流速度的关系

燃料	管内气流速度/(m/s)	蒸发量/%	未蒸发部分/%	
			液膜	油滴
车用汽油	10	35	62	3
	20	50	45	5
	40	56	35	9
航空活塞式发动机燃料	10	60	39	1
	20	72	26	2
	40	83	14	3

由表 1-15 可见，随着发动机转入正常转速，进气管中气流速度增大，生成液膜的数量相应地减少。同时，燃料的蒸发性提高后，生成液膜的数量比相同转速下要减少将近一半。

附在进气管上的燃料液膜，只有在空气流速比较小时表面才能保持完整。当空气流速为 20m/s 时，在燃料液膜的表面就形成了连续的波纹，波纹的波幅随着空气流速的增加而增大，当空气流速达到 30m/s 时，波纹可以喷散成细滴，使液膜蒸发量大大增加。随着发动机转速的增加和空气流速的增大，燃料液膜数量减少。采用套管预热进气可以减少液膜生成量，提高燃料的蒸发性。

液膜对发动机工作有下列不良影响：

① 由于化油器至各缸的距离不等，生成液膜后会使各缸燃料蒸气数量分布不均匀；

② 液膜的生成使工作混合气变稀；

③ 由于液膜的成分与燃料不同，主要为燃料中的重质馏分，因而会使各缸中燃料性质不一致，还会引起四乙基铅和引出剂分配不均匀，造成各缸工作状况不一致；

④ 液膜进入气缸后会冲掉气缸壁的润滑油，并通过活塞环的间隙流入曲轴箱中，稀释发动机机油，增加发动机磨损。

（2）进气道电子喷射式汽油机中混合气的形成过程

汽油喷射式发动机在 21 世纪初被开发利用，其初衷是解决化油器式航空发动机不能进行曲线飞行和结冰及失火问题。其技术发展经历两个阶段，即机械式燃料喷射技术和电子喷射式技术。现代汽车已全部使用了电子喷射式发动机，因此采用该类发动机的汽车被简称为电喷汽车。

相对于化油器式发动机，燃料喷射式发动机具有以下优点：输出功率增加、耗油率降低、低速时扭矩增大、尾气排放污染物减少、冷热气候条件下驾驶性改善。对于燃料的蒸发性来说，减少了进气管油膜，使多缸发动机中各个气缸混合气均匀，同时对燃料蒸发性的要求降低，这一点对于降低车辆烃类排放污染有利。

燃料喷射式发动机工作原理见图 1-33，由图可知，其工作原理与柴油发动机燃料喷射类似，不同的是喷射部位为靠近进气门的进气管内，汽油的喷射压力低，喷油处于进气行程。燃料在压力作用下从喷嘴喷射出来成为细油粒，雾化的燃料部分与空气混合进入气缸，在缸内较高温度下气化。另一部分在进气管壁形成油膜，由于喷射部位靠近气缸，温度较高，管壁上的油膜蒸发较快。可见，在燃料喷射式发动机中燃料的蒸发条件优于化油器发动机。

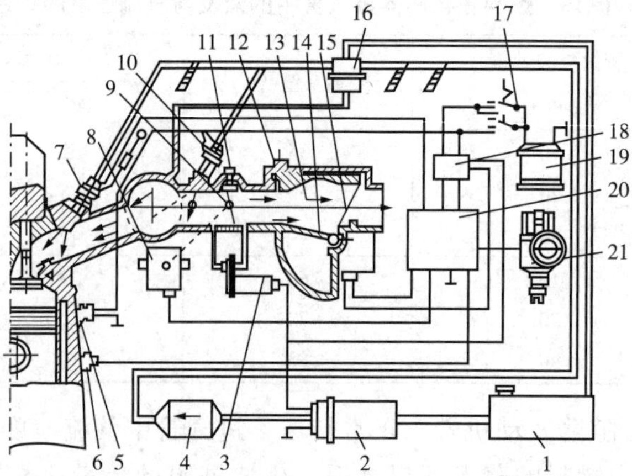

图 1-33　燃料喷射式发动机工作示意图

1—油箱；2—液柱泵；3—回油装置；4—滤清器；5—热敏继电器；6—传感器；7—主电磁喷油器；8—传感器；9—节流阀；10—起动喷油器；11—调整螺钉；12—螺钉；13—空气耗量测量器；14—薄片；15—薄片；16—减压阀；17—点火开关；18—传感器信号转换器；19—蓄电池；20—电子块；21—点火系统断电配电器

(3) 缸内直喷式汽油机中混合气的形成

缸内直喷式汽油机(Gasoline Direct Injection，GDI；Fuel Stratified Injection，FSI)是近年来发展起来的一种汽油机供油技术，它是将汽油直接喷入气缸，在气缸内与空气混合形成混合气(如图 1-34)。

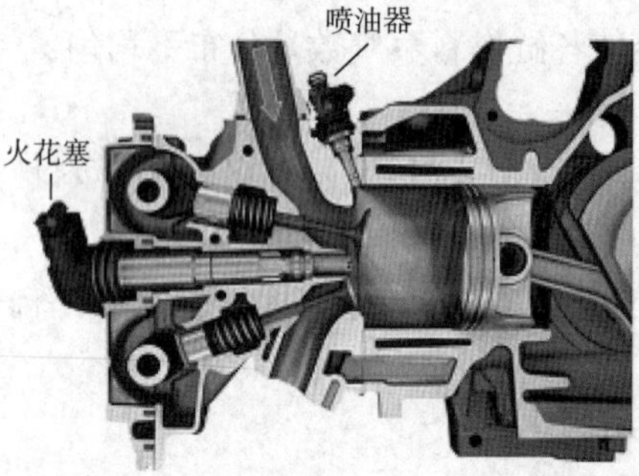

图 1-34　缸内直喷式汽油机示意图

缸内直喷式汽油机燃油喷射可以与进气同步，也可以在压缩行程接近终了时喷油，有些发动机采用两次喷油方式，即在进气时喷入部分燃油，形成均质稀混合气，在压缩行程接近终了时进行二次喷油。缸内直喷式汽油机的燃烧分为均质燃烧和分层燃烧两种方式。均质燃烧是指在燃烧时缸内的混合气是均匀的，与化油器式和进气道电子喷射式汽油机的情况相同。均质燃烧燃油在进气时即喷入气缸。分层燃烧通常用于稀混合气燃烧，因此又称稀混合气分层燃烧，是指燃烧时气缸内的混合气不是处于均匀状态，而是具有一定浓度梯度，靠近火花塞的混合气浓度高，远离火花塞的混合气浓度低，甚至燃烧室边缘部分是纯净空气。

分层燃烧可以在压缩行程接近终了时喷油，也可以采用两次喷油，但只有在压缩行程接近终了时喷油才能形成分层燃烧的条件。分层燃烧可以采用很稀的混合气工作(如 $\alpha=4$)，由于存在一定的浓度梯度，靠近火花塞的混合气浓度接近理论混合气，很容易被火花塞点燃，进而引燃周围较稀的混合气。采用稀混合气分层燃烧技术可以获得良好的燃油经济性和排放特性，而采用缸内直喷式是实现稀混合气分层燃烧的前提。

与化油器式和进气道电子喷射式汽油机相比，缸内直喷式汽油机具有显著的优越性。由于雾化更好，且燃烧室温度较高，喷入的汽油能够迅速气化并与空气混合，因此蒸发更好、不易形成油膜、燃烧更完全、油耗低、排放污染少。燃油在气缸内蒸发还可以降低气缸内的温度，降低爆震倾向。更重要的是，采用缸内直喷有助于实现稀混合气分层燃烧，在部分负荷时采用稀混合气工作，不仅进一步降低了油耗，还大大减少了排放污染物的形成。此外，在采用分层燃烧技术情况下，燃烧室内的温度也存在一定梯度，靠近火花塞温度高，周围温度低，减少了热量向气缸壁的传递，从而减少了热量损失，提升了发动机热效率。

由于缸内直喷发动机的喷嘴非常细，如果汽油洁净性不好，含有机械杂质，很容易堵塞喷嘴。

2. 混合气浓度对汽油机工作的影响

可燃混合气中燃料含量的多少称为混合气的浓度，它和发动机的动力性和经济性有密切的关系。供给发动机以适当浓度的混合气，可以保证燃料在气缸中迅速而完全地燃烧，提高发动机的经济性。混合气浓度的大小也能影响燃料的燃烧速度，从而直接影响发动机功率的大小。

可燃混合气的浓度通常用余气系数(也叫过量空气系数)α 表示。余气系数就是燃烧过程中实际供给的空气质量与燃料完全燃烧所需要的理论空气质量的比值。设 G_a 表示单位时间内供给的实际空气质量(kg/s)，G_f 表示单位时间内供给的燃料质量(kg/s)，L_0 为 1kg 燃料完全燃烧时所需理论空气质量，则：

$$\alpha=\frac{G_a}{G_f L_0} \tag{1-37}$$

如果燃料中碳含量的百分数为 C%，氢含量的百分数为 H%，则根据下列化学反应，可计算出 1kg 燃料完全燃烧时所需氧的质量：

$$C+O_2 \longrightarrow CO_2$$

$$2H_2+O_2 \longrightarrow 2H_2O$$

1kg 燃料完全燃烧时所需氧的质量：

$$O_2=\frac{8}{3}C\%+8H\%$$

根据大气的质量组成，1kg 空气中只含有 0.232kg 氧，于是 1kg 燃料完全燃烧时的理论空气量 L_0(kg/kg)应为

$$L_0=\frac{O_2}{0.232}=4.31\left(\frac{8}{3}C\%+8H\%\right)$$

如果燃料中还含有氧，例如乙醇(C_2H_5OH)，则应在上式的括号内扣除燃料中氧含量的百分数 O%，即

$$L_0=4.31\left(\frac{8}{3}C\%+8H\%-O\%\right)$$

一般汽油中含碳约 85.3%，含氢约 14.7%，含氧很少，可以忽略不计。代入上式，计算得出，$L_0=14.9$，(有时也记作 15kg/kg)。几种不同燃料的理论空气量见表 1-16。

表 1-16　几种不同燃料的理论空气量

燃料	分子式	沸点/℃	元素组成/%			理论空气量 L_0/(kg/kg)
			C	H	O	
甲烷	CH_4	—	74.9	25.1	—	17.3
汽油	—	40~180	85.3	14.7	—	14.9

续表

燃料	分子式	沸点/℃	元素组成/%			理论空气量 L_0/(kg/kg)
			C	H	O	
航空活塞式发动机燃料	—	150~280	86	14	—	14.7
车用柴油	—	195~315			—	14.5
甲醇	CH_3OH	64	37.5	12.5	50	6.5
乙醇	C_2H_5OH	78	52.2	13	34.8	9.0

$\alpha=1$ 的混合气称标准混合气或理论混合气，$\alpha>1$ 的混合气称稀混合气(或贫气)，$\alpha<1$ 的混合气称浓混合气(或富气)。

一方面，一般当混合气稍浓($\alpha=0.88$ 左右)时，发动机可以获得最大的功率。此时混合气的燃烧速度最快，在气缸中能达到的温度和压力最高。当使用 $\alpha=1$ 的混合气时，虽然燃料和空气的数量符合理论值，但由于气缸中废气的存在等，燃烧速度不能达到最大值，发动机的功率较上述稍浓时的最大功率减少约 2%。当 α 值继续增大至约 1.11 时，混合气偏稀，汽油含量较少，燃烧速度进一步降低，发动机功率较最大功率减少约 8%。当使用过稀混合气($\alpha=1.13\sim1.33$)时，发动机功率会显著降低。由于燃烧速度过慢，有时延迟到进气行程仍在燃烧，以致将进气管内的可燃混合气点燃，引起化油器“回火”。如混合气过浓($\alpha=0.043\sim0.87$)，发动机功率也会显著降低，因为这时混合气中空气量严重不足，燃烧速度也会降低，并且产生燃烧不完全的现象，如燃烧室生成积炭，排气管冒黑烟(汽油分解产物包括碳粒)，甚至被其他气缸排出的废气所引燃，使排气管“放炮”。当混合气过稀或过浓，超出上述范围时，混合气不能被点燃。

另一方面，在 $\alpha=1.11$，即混合气稍稀时发动机的经济性最好，因为这时有充足的空气，燃料的燃烧比较充分。当 $\alpha=1$ 时，由于燃烧不完全，耗油率比 $\alpha=1.11$ 约增大 4%。当 α 值达到 0.88 时，耗油率比 $\alpha=1.11$ 时约增大 18%。进一步加浓混合气会使耗油率显著增加。当使用比 $\alpha=1.11$ 更稀的混合气时，耗油率也会增加，因为空气量过大，燃烧缓慢，热能损失增多，发动机的经济性也就降低。

3. 汽油机对可燃混合气质量的要求

汽车在运行时的情况是复杂的，必须随车辆负荷、气候条件以及道路情况的变化等，随时开闭节气门，调节混合气的数量和浓度，以获得必要的动力，同时保证运行的经济性。根据汽车行驶多变的情况，发动机的工作状况一般可分为起动、怠速、中等负荷、最大负荷和加速五种情况。

(1) 起动

发动机起动时处于冷状态，混合气得不到足够的预热，汽油蒸发困难。同时，由于发动机曲轴被带动的转速低(50~100r/min)，因此，被吸入化油器混合室的空气流速较低，难以在喉管产生足够的真空度使汽油喷出。即使从喉管流出部分汽油，也不能受到强烈的气流冲击而迅速雾化蒸发，绝大部分呈液滴存在。当携带这些液滴的混合气进入进气管时，会因与冷金属接触而凝聚在进气管壁上，形成液膜，不能随气流进入气缸，从而使气缸内混合气过稀，无法引起燃烧。因此，在起动时要求供给蒸发性良好的燃料，同时，混合气的浓度应较大(α 为 0.4~0.6)，使进入气缸的混合气中有足够浓度的汽油蒸气。

(2) 怠速

发动机怠速工作时以最低的稳定转速(约为 400r/min)运转，它只要求克服发动机内部摩擦阻力而不对外输出功率。此时节气门开度很小，进入气缸的可燃混合气数量很少，同时，受到气缸内残余废气的冲淡作用，混合气燃烧速度大为降低，发动机动力不足。因此，应供给较浓的可燃混合气(α=0.6~0.8)，使汽油分子增多，提高燃烧速度，以免熄火。

(3) 中等负荷

在汽车运行大部分时间内，发动机都是处在中等负荷状态，相当于节气门在怠速之后的开度为全开的80%左右。随着节气门开度的增大，气缸内的充气量增加，发动机的功率相应增大，温度也随之上升。此时混合气中燃料雾化的条件改善，燃料能较充分地气化并与空气组成均匀混合气，在多缸发动机中各缸分配的混合气比较均匀，这些都会使燃烧良好。此时应供应较稀混合气(α=1.11 左右)以获得发动机的较大功率(约全部功率的 90%)，同时取得最佳的经济性。

(4) 最大负荷

汽车在上陡坡或在艰难道路上满载行驶时，必须将节气门大开或全开，以发出较大或最大功率。此时应供给较浓混合气(α=0.8~0.9)以提高混合气的燃烧速度，使发动机发出最大功率。

(5) 加速

当汽车运行速度由低速急剧增至高速时，节气门迅速开大，发动机转速也随之迅速提高。这时喉管部位的真空度增大，吸入的汽油量也增多。但由于汽油的惯性大于空气的惯性，所以瞬时汽油流量的增加赶不上空气量的增加，结果混合气过稀。这时如果燃料的蒸发性不好，就会导致发动机加速不起来，甚至熄火。

综上所述，化油器发动机为了适应各种变化的工况，需要供应不同数量和浓度的可燃混合气。为了保证发动机在各种条件下迅速可靠地起动和加速，并使发动机获得良好的动力性和经济性，近代的发动机对化油器作了很多改进，如采用双喉管、双混合气室以及利用排气温度加热进气管等，以改善燃料在进气管中的蒸发条件，使混合气能更均匀地分配到各个气缸中。但是，更重要的是所用燃料本身必须具有良好、适当的蒸发性能，才能保证在各种条件下，组成可燃混合气，使发动正常工作。与化油器发动机相比，进气道电子喷射式发动机的供油是由微机模块控制，喷射到进气管或气缸内形成混合气，它能根据发动机不同工况条件精确控制喷油量，保证在任何工况下燃料蒸发性都满足发动机的要求。

二、涡轮喷气发动机中混合气的形成

1. 涡轮喷气发动机中混合气的形成过程

涡轮喷气发动机使用的燃料是喷气燃料。只有当燃料气化并与空气适当混合后才能进行有效的燃烧，所以在喷气发动机中也有一个混合气形成过程，它对燃烧过程有重大影响。

然而，喷气发动机的工作原理与汽油机或柴油机有很大的区别，它们的混合气形成过程也不相同。在喷气发动机中，燃料在 5.07MPa 或更高的压力下，连续喷入高速(30m/s)的空气流中。在一次点燃后，燃料连续喷入燃烧室。整个雾化、蒸发并形成混合气的过程是连续的。在喷气发动机中，决定混合气形成质量的因素主要是燃料雾化质量、燃料本身的蒸发性以及燃烧室内空气流的扰动强度。

燃料浓度必须在一定的范围内时混合气才能燃烧，而在喷气发动机燃烧室中，燃料的燃烧是在高速气流的条件下进行的，燃料随着气流在火焰筒内迅速流动、滞留的时间不过几毫秒。因此，能否在短时间内迅速形成混合良好的可燃混合气，对燃烧过程有很大影响。例如对起动点火，特别是对高空再点火，由于发动机处于冷状态，气流的温度和压力都不高，混合气如果形成不良(燃料蒸发性差)，发动机便不能点火起动，造成事故。因而有的喷气发动机采用汽油作为起动燃料，就是因为汽油的蒸发性较煤油好，有利于混合气的形成。

混合气形成良好与否也影响燃烧效率。如果燃料雾化不良，生成的大颗粒油滴来不及在燃烧室燃尽，便会伸长火焰，往往使油滴尚未燃尽便随废气排出燃烧室，因而降低燃烧效率，增大燃料的消耗量，也影响发动机动力性能。

喷气发动机中混合气形成的好坏取决于燃料的雾化质量和燃料自身的蒸发性好坏。

2. 喷气燃料雾化对混合气形成的影响

在喷气发动机燃烧室中，混合气形成过程的关键在于雾化。雾化颗粒越细，单位体积燃料形成的油滴数量越多，总蒸发表面积就越大，蒸发速度也越大。一般油滴直径减小到原来的1/10时，每个油滴的表面积将减少到原来的1/100，但油滴总数将增加为原来的1000倍，因此，油滴束的总表面积将增大为原来的10倍。

雾化的主要任务是把燃油碎裂为细小的颗粒，扩大蒸发表面积，加速可燃混合气的形成过程。所以，粗看起来，雾化似乎越细密越好，其实并非如此，雾化过细也不行。因为油滴直径极小时，质量很小，其惯性运动的能量也很小，所以在离开喷嘴后在燃烧室中的穿透能力很小(射程短)。同时，受到回流区高温燃气的加热而在极短时间内就蒸发为气态，集中在喷嘴附近形成过于富集的局部富油区域，而在此区域之外，火焰筒头部的其他区域却又偏贫油，不能形成良好的浓度分布。这种情况对于整个燃烧过程是不利的。

理想的雾化是油滴的平均直径相当小(70~100μm)，又大小不等，但不能有直径过大的油滴。同时，喷雾锥角要适当，油滴能散布到整个燃烧室头部空间，以获得良好的浓度分布，这就是雾化的重要任务。

为了保证喷气燃料的良好雾化，在喷气发动机构造和喷气燃料性质方面都有特殊要求。

(1) 发动机构造

目前喷气发动机中广泛采用离心式喷嘴(见图1-26)，这种喷嘴能较好地达到雾化要求。这种喷嘴的构造使高压燃油以一定切向速度进入旋流室，燃油边旋转边由喷嘴喷出。由于喷嘴半径很小，燃油离开喷嘴时速度增大，燃油在压力作用下分散成空心的油雾锥。锥角的大小与燃油在离开喷嘴时的切向速度和轴向速度的分量有关。一般锥角增大，会发生油膜变薄和碎裂较早，距喷嘴位置也较近，既有利于雾化和蒸发，也有利于把油滴分散到较大空间。但锥角过大则易产生局部富油，甚至喷到火焰筒壁上，因此必须避免。

为了保证雾化效果，燃油泵还必须具有适当的喷油压力，以保持适当的喷油压差。

(2) 燃料的雾化性

在发动机构造等雾化条件一定的情况下，雾化质量主要取决于喷气燃料的雾化性，即喷气燃料的黏度和表面张力，其中黏度的影响更为突出。

喷气燃料黏度过大，会降低雾化质量、增大燃料的消耗量。黏度过小、雾化过细，也不利于形成均匀混合气。黏度大小还影响到供油量和油泵磨损。

过去一般认为喷气燃料适当的黏度是在-40℃时不宜超过60mm^2/s。由于飞机速度越来越快，使用的燃料有逐渐加重的倾向。研究资料表明，-40℃时黏度达到200~250mm^2/s的燃料在使用上并不产生太大困难。

我国1号、2号和3号喷气燃料均规定20℃时的黏度不小于1.25mm^2/s，-20℃时黏度不超过8mm^2/s。国外喷气燃料规定-40℃(或-34.4℃)时的黏度应低于16mm^2/s，苏联产T-5喷气燃料则规定不超过60mm^2/s。

表面张力越大的燃料，雾化越困难。经验证明，现代航空发动机广泛使用离心式喷嘴，当采用喷气燃料工作时，在各种情况下，包括温度低达-40℃的情况，燃油的表面张力都能保证燃料有良好的雾化质量。因此，喷气燃料对表面张力大小没有特别要求。

3. 燃料蒸发性对混合气形成的影响

雾化了的燃油滴在燃烧室中一边运动，一边蒸发为蒸气，并与空气混合，这就是燃油的蒸发过程。在燃油蒸发过程中，一方面，由于燃烧室气体温度一般比油滴温度高很多，所以油滴不断受热，油温逐渐升高，而气体与油滴之间的温度差减小，于是油滴升温的速度减慢。另一方面，随着油滴温度升高，蒸发过程加快，蒸发过程中的油滴所吸收的气化潜热也增多，这是油滴温度降低的因素。这样，油滴在不断升温和不断蒸发的过程中最终达到某一平衡温度后，油滴在不变的温度下继续蒸发直到全部气化，这个温度就叫等温蒸发平衡温度。

在喷气发动机中，影响燃料蒸发的因素很多，主要为：①燃料的雾化质量；②燃料本身的蒸发性；③外界气体对油滴的传热过程，包括空气的温度和油滴温度之差、油滴及空气的相对运动速度等；④燃油蒸气向周围环境的扩散过程。由于蒸气不断向外扩散，降低了油滴表面附近燃油蒸气的浓度(或蒸气压)，才能创造继续蒸发的有利条件。扩散过程越迅速，燃油的蒸发速度也就越快。下面着重从燃料的蒸发性方面进行讨论。

在喷气发动机中，除起动情况外，燃料是在压力下通过旋流室，再经喷嘴喷射到已点燃的高温燃烧室中。因为喷嘴的设计使燃油一般能保证良好的雾化质量，所以在剧烈扰动的高温气流中能迅速蒸发。从理论上看，正常工作时点火以后，喷气发动机可以使用从轻质的汽油、煤油以及柴油，直到重质油料作为工作燃料，它们都可以使发动机正常运转。实际上也曾使用过40~350℃的各种馏分的燃料进行试验。不过，当使用重质燃料时，必须携带少量的轻质燃料(如汽油)作为起动点火或高空熄火时再点火之用。这样，使用过重燃料就会给发动机带来不安全的因素。

实践证明，使用轻质馏分燃料有利于发动机的地面和高空起动，不仅能改善燃烧的条件，而且可以增强火焰的稳定性，也可以改善燃料的低温性能。但是馏分过轻会增加供油系统中产生气阻的危险，使燃油泵的磨损增大，同时，还会使燃料的体积发热量降低。如使燃料馏分加重，虽能增加燃料的体积发热量、扩大燃料的来源，但燃烧时容易产生积炭、燃烧不完全，特别是燃料的低温性能会降低。

基于上述考虑，作为喷气发动机的燃料既不宜过重，也不宜过轻。目前各国普遍采用150~300℃范围内的煤油馏分作为标准燃料，但为了扩大油品来源，也使用了部分馏分较宽的燃料(例如60~300℃等)。

使用煤油馏分作为涡轮喷气发动机燃料的另一个主要原因，就是它既可以在工作条件下保证良好的雾化和蒸发，又具有较好的高空性能。喷气燃料的高空性能是指飞机高空飞行时，燃油在燃料系统中不易产生气阻和引起损失的倾向。

喷气燃料高空性能的质量指标通常用燃料的饱和蒸气压表示。蒸气压大，表明燃料中含轻组分多，飞机在高空容易产生气阻，而且燃料的蒸发损失也大。因此，对喷气燃料的饱和蒸气压常加以限制。规格中对1号及2号喷气燃料未加限制，这是因为对该燃料的初馏点及10%馏出温度有严格的限制，含轻组分很少。对含轻质成分较多的4号宽馏分燃料，则规定其38℃时的饱和蒸气压不得超过20kPa。

飞机燃料系统在高空容易产生气阻的原因，除燃料的蒸发性，主要是高空大气压降低。当高度达到15000m时，大气压只有12kPa。由于喷气飞机上升速度很快，到达高空后，燃油箱因有绝缘材料的保护，降温很少，这时燃油在低压下很易蒸发。如蒸气压过大，则可以引起沸腾，燃料中溶解的空气也大量逸出，促使形成气阻，使供油中断，严重影响发动机的工作。同时，大量蒸发也造成了燃料的损失。

由上述可知，燃油的蒸气压实际上限制了飞机飞行的高度。国内曾用几种蒸气压为7.5~10.5kPa的宽馏分喷气燃料(表1-17)在某些国产军用飞机上试验，起飞前油温为38℃，飞行到16000m以上未产生气阻。

表1-17　宽馏分喷气燃料的蒸发性

指　　标	上炼宽馏分喷气燃料	五厂宽馏分喷气燃料	三厂宽馏分喷气燃料
初馏点/℃	70.5	81	89
10%馏出温度/℃	113.0	125	117
50%馏出温度/℃	195.5	180	176
饱和蒸气压(38℃)/kPa	10.5	7.9	7.9

根据试验，当油温达到48℃时，其产生气阻的高度约为14000m。可见，若起飞前油温超过40℃时，使用宽馏分喷气燃料，其飞行高度将受到一定限制。

关于国产喷气燃料高空蒸发损失，也曾用几种喷气燃料按不同机种的条件做过模拟试验。试验结果见表1-18。

表1-18　几种喷气燃料的蒸发损失(模拟10000m高空，17min)

油　　品	蒸发性			蒸发损失/%	
	初馏点/℃	10%馏出温度/℃	蒸气压/kPa	油温(50℃)	油温(70℃)
大庆喷气燃料	145	160	—	0.03	0.05
五厂宽馏分喷气燃料	90	127	7.9	0.22	0.71
上炼宽馏分喷气燃料	70	111	10.5	0.37	1.30

从表1-18中看出，燃料的初馏点与10%馏出温度越低，蒸气压越大，则高空中的蒸发损失越大。蒸发性相同的燃料，油温越高，蒸发损失越大。模拟试验及实践表明，目前我国使用的喷气燃料在现有机种上使用，不会影响高空性能及航程，也不会因燃料的少量损失而影响其他使用性能。至于目前所用燃料具体的保证飞行高度，一般资料认为在油箱不密封或无增压装置的飞机上使用140~280℃馏分的喷气燃料，由于其蒸气压较低(低于13.3kPa)，可保证燃料系统在12000~14000m的高度正常工作。60~280℃宽馏分燃料的蒸气压较高，在油箱不密封或无增压装置情况下，飞行高度达10000~12000m时仍可保证燃料系统正常工作。

为保证飞机高空飞行，目前采用的方法是将飞机油箱增压并采用中介泵或增压油泵，对燃料则限制其蒸气压不得超过20.0kPa。

三、柴油机中混合气的形成

1. 柴油机中混合气的形成过程

现代高速柴油机使用车用柴油为燃料，低速大功率舰船用柴油机除使用车用柴油，还可以使用船用燃料。在各种柴油机中，燃料是在接近压缩行程终了时，利用高压泵以10.1~20.2MPa的高压通过喷嘴直接喷入气缸。柴油通过喷嘴的高压喷射，分散成许多细小油滴，其直径在0.001~0.050mm。这些细小油滴在气缸中激烈扰动条件下，与高温高压下的热空气互相混合，陆续生成可燃混合气，经过一系列的物理化学准备，然后自行着火燃烧。必须注意，在柴油机中，燃料的蒸发与着火燃烧是重叠进行的，即柴油边喷射，边蒸发，边着火燃烧。

为了保证柴油机有良好的效率，燃烧必须在上止点附近迅速完成。为此，要求喷油时间极为短促。一般全负荷的供油持续时间只有15°~35°曲轴转角，对1500r/min的高速柴油机来说，即只有0.0017~0.004s。在这极短的时间里，如果不采取适当的措施来保证及时形成可以迅速燃烧的混合气，要获得良好的燃烧过程是不可能的。所以，柴油机中混合气的形成对燃烧过程有决定性的影响。在柴油机发展过程中，人们提出了各种不同的混合气形成方式，但基本上可以分为两种。

(1) 空间雾化混合

将燃料喷向燃烧室空间，形成雾状液滴并迅速蒸发，与高温高压下的空气形成可燃混合气。为了保证混合均匀，要求喷出的燃油与燃烧室形状相配合，并利用燃烧室中空气的扰动，使油滴在强烈空气涡流中迅速蒸发并混合均匀。

(2) 油膜蒸发混合

将大部分燃油喷到燃烧室壁上，形成一层油膜。油膜受热蒸发，生成的蒸气在燃烧室中强烈的旋转气流作用下，与空气混合形成可燃混合气。

在小型高速柴油机中，燃油或多或少地会喷射到燃烧室壁上，所以两种混合气形成方式都有，只是随燃烧室构造的不同而各有主次。目前多数柴油机仍以空间雾化混合为主，而球型燃烧室柴油机则以油膜蒸发混合为主。

2. 影响柴油机中混合气形成的因素

不论柴油机中混合气形成是以什么方式进行的，都要求燃料能在极短的时间内蒸发，并与空气组成可燃混合气进行燃烧。柴油机中混合气形成速度与许多因素有关，其中最重要的是燃烧室内的温度与压力、燃料液流的相对速度与空气的涡流运动、燃油雾化性与雾化质量、燃料的蒸发性。这些因素又取决于发动机(主要是燃烧室、喷嘴等)的构造设计和燃料的理化性质。

(1) 燃烧室内的温度与压力

燃烧室温度越高，越有利于柴油的蒸发，同时也会加速燃料的氧化和着火。燃烧室温度高，进入喷嘴的柴油温度也会升高，黏度下降，也有利于柴油的雾化。

燃烧室压力升高，为了保证足够的喷油压差，喷油压力也应提高，而喷油压力提高会使柴油的黏度有增大的倾向。但燃烧室压力提高，必然导致燃烧室温度升高，因此，总体来讲，燃烧室压力升高对柴油的雾化和蒸发有利。

柴油机燃烧室内的温度与压力取决于发动机的压缩比和冷却程度，也和发动机的运转操作有关。发动机的压缩比越大、冷却程度越低，燃烧室内的温度与压力越高。发动机负荷大、转速高时，燃烧室内温度与压力也较高。

高速柴油机的压缩比一般为 13~18，比汽油机高出很多。因此，在压缩行程终了时燃烧室内的温度达到600℃以上，压力达到3545kPa 以上(见表 1-19)。在这样的高温、高压下，燃油经过雾化，并受燃烧室内空气涡流运动的影响，就可以在很短时间内迅速蒸发，形成可燃混合气。

表 1-19　高速柴油机燃烧室的温度和压力

测定时间	燃烧室温度/℃	燃烧室压力/kPa
压缩行程终了时	530~730	3545~4052
燃烧终了时	1530~2000	4559~12156
膨胀行程终了时	730~1130	203~405
排气完毕时	330~530	203~405

当发动机转速降到 400r/min 以下时，燃烧室的温度和压力急速降低，燃烧蒸发的条件恶化，混合气形成不良，因而发动机燃烧不完全，排气冒黑烟。

(2) 燃料液流的相对速度和空气的涡流运动

燃油从喷油器喷出时，液流相对速度越大，雾化越细。而液流相对速度取决于喷油压差的大小，即压差越大，雾化越细。在柴油机中燃料在高压下以 100~300m/s 的极高速度喷入燃烧室，燃烧室内的空气则被压缩至 3545~4052kPa。喷油压力越大，喷出燃料液流的相对速度也越大，雾化的质量也越好。喷油压力增加时，喷油压差增大，油束射程也会增加。喷油压力过高，则高压油管容易胀裂，喷油器容易磨损，同时对喷油器的制造要求也越高，因而是不经济的。在实际工作中，一般不要求很高的喷油压力，只要求能保证良好的雾化质量即可。

柴油机燃烧室中的空气具有强烈的涡流运动，燃油喷出后的液流呈紊流状态，除有轴向的运动，还有切向的湍动现象。涡流强度大，既有利于燃料被碎裂为很小的细滴，又有利于油雾充满燃烧室空间，还会加速油滴的表面蒸发，因此对雾化、蒸发和混合气形成都有利。

(3) 燃料的雾化性

黏度是反映柴油雾化性的主要指标。黏度过小，柴油从喷嘴喷出时雾化过细、射程小，柴油主要集中在喷嘴周围，容易造成局部混合气过浓，对燃烧不利。同时，黏度过小还会导致油泵间隙漏油量增大、喷油量减小、油泵磨损增大。反之，如果黏度过高，柴油雾化不良，燃烧不完全，容易产生积炭，油耗增加(见表 1-20)。同时，黏度过大也会因喷油阻力增大而使喷油量减小。因此，柴油必须有适当的黏度，既不能过大，也不能过小。我国柴油标准规定，10 号、5 号、0 号和-10 号柴油 20℃ 黏度为 3.0~8.0mm^2/s，-20 号柴油 20℃ 黏度为 2.5~8.0mm^2/s，-35 号和-50 号柴油 20℃ 黏度为 1.8~7.0mm^2/s。

表 1-20　柴油黏度对燃料消耗量的影响

燃料相对密度	0.8861	0.9052	0.9226	0.9226
50℃黏度/(mm^2/s)	7	15	40	65
燃料消耗率/[g/(kW·h)]	335	336	354	446

除黏度外，表面张力对柴油的雾化也有影响，但影响较小，因此柴油对表面张力没有特别要求。

(4) 燃料的蒸发性

燃烧室结构不同的柴油机对燃料蒸发性的要求也不一致。在有预燃室或涡流室的柴油机中可以使用馏分较重的燃料，而直接喷油到燃烧室的一般柴油机则宜使用馏分较轻的柴油。

馏分较重的燃料燃烧时需要较多的空气。为了充分燃烧，燃料的平均沸点每增加 30℃，单位体积的燃料蒸气约需增加 12%的空气。因此，低沸点的燃料不仅能够容易解决混合气形成的问题，同时还容易解决燃烧速度问题。重质燃料的黏度较大、雾化困难，也使燃烧速度降低。

虽然燃料馏分加重后，相对密度增大，气缸充气量有所增加，对提高发动机功率有所裨益，但是由于重馏分雾化困难和蒸发性很差，结果发动机的燃料消耗仍然增大。试验表明，将 90%馏出温度为 283℃的柴油换用为 355℃的燃料时，燃料消耗量增加达 17%。

车用柴油的蒸发性有时也用 300℃时的馏出量表示，馏出量多，则表示蒸发性较好。实践证明，柴油在 300℃时馏出量的多少，对于发动机耗油率有较大影响。在相同条件下，使用十六烷值都是 47 而馏分组成不同的三种柴油试验，使用 300℃馏出量越大的燃料耗油率越小(见表 1-21)。

表 1-21　柴油 300℃馏出量与耗油率的关系

柴油 300℃馏出量/%	39	34	20
发动机的相对单位耗油率/%	100	114	131

柴油的蒸发性也直接影响发动机的起动性能。表 1-22 列出了柴油 50%馏出温度同发动机起动时间的关系。可以看出，柴油 50%馏出温度越低，发动机越易起动。

表 1-22　柴油 50%馏出温度与起动时间的关系

柴油 50%馏出温度/℃	200	225	250	275	285
发动机起动时间/s	8	10	27	60	90

应该注意，尽管使用轻馏分柴油能给柴油机的工作带来许多有利因素。但并不能认为柴油机燃料就越轻越好。事实上，燃料馏分过轻，如煤油或汽油馏分，黏度减小，会使发动机高压泵供油量减少、机械磨损增大，而且更重要的是较轻的石油馏分的发火性能不好，会导致燃料不正常燃烧，引起发动机工作粗暴，甚至损坏机械。所以，柴油机使用燃料的馏分不宜过重，也不宜过轻，必须保证发动机在低温下易于起动、耗油量少、燃烧良好，同时又不致引起工作粗暴。

第二章　液体燃料的安定性

第一节　燃料安定性的意义

液体燃料在贮存或使用条件下保持原有质量不变的性能，称为燃料的安定性。安定性可以分为物理安定性、化学安定性和热安定性。

燃料的物理安定性指燃料保持其物理性质指标不变的能力。例如，燃料中轻馏分与添加剂的蒸发损失，水分对燃料所含添加剂的萃取作用等所引起燃料质量的变化，均属物理安定性的范围。

燃料的化学安定性也称抗氧化安定性或贮存安定性，是指燃料在常温液相条件下抵抗氧化变质的能力。燃料在长期贮存中，胶质增加，酸度增大，有时还会析出沉淀，这些均属化学安定性的范围。只有化学安定性良好的燃料才适于长期贮存。一般所称安定性多指化学安定性。

燃料在温度较高的使用条件下保持良好质量、不生成沉淀的能力，称为燃料的热安定性或热氧化安定性。热安定性实际上就是在较高温度下的抗氧化安定性。现代飞机作超音速飞行时，由于空气摩擦的加热作用，油箱中燃油的温度急剧升高，对喷气燃料热安定性有较高的要求。

民用燃料贮存的时间一般较短，对燃料安定性的要求相对较低。但对于军用油料，为了满足战备的要求，各种燃料贮存的时间往往很长，有时达 10 年以上，对燃料安定性要求很高。同时，由于动力装置的不断改进，燃料的使用条件越来越苛刻，对燃料安定性的要求也越来越高。

汽油和喷气燃料中含有较多的轻质馏分，容易在长期贮存和装卸过程中蒸发。如果轻质成分损耗过多，不仅会造成燃料数量上的损失，而且质量也会降低。例如，将会使燃料的起动性能变差。各种液体燃料中均含有不同种类的添加剂，这些添加剂虽然在水中的溶解度不大，但在长期贮存中和水分充分接触，总有部分被水溶解，或析出沉淀而遭受损失，燃料的质量也因而降低。

安定性良好的汽油在正常条件下，在油罐、库房内可以保存 3~5 年，喷气燃料甚至可以保存 10 年以上而主要品质变化很小。但是，化学安定性不好的燃料贮存很短时间(几个月)后，就会生成大量的胶质或沉淀，燃料颜色变深，质量下降。

使用因安定性差而质量变坏的燃料会给发动机的工作和使用寿命带来不同程度的危害，具体表现在以下几个方面。

一、生成胶质，影响使用

安定性不好的燃料在长期贮存中往往会生成一些相对分子质量很大的不易挥发的黏稠

物质，称为胶质。可溶性胶质溶解在燃料中使燃料的颜色变黄，含量增多时使燃料呈褐色。当使用胶质含量过多的燃料时，会在发动机燃料系统的金属零件上析出黏稠沉淀，造成危害，例如：

① 在油箱中析出的黏稠沉积物会使新加入的燃料迅速变质。

② 燃料中胶质过多会堵塞燃料滤清器，破坏燃料的正常供给。

③ 聚集在进气管中的黏稠沉积物会减少进入气缸的混合气数量，使发动机功率降低。进气管中生成沉积物的数量随燃料中胶质的增加而增多，混合气温度升高时沉积物的数量也增大(见图 2-1)。

沉积在进气阀上的胶质，受热后形成十分黏稠的胶状物，使进气阀出现黏着现象，甚至使进气阀关闭不严，产生漏气，严重时甚至将进气阀烧坏或将其完全黏住，使发动机无法工作。

二、生成积炭，影响燃烧

胶质的挥发性很低，高温下极易受热分解生成碳质固体，称为积炭。部分聚集在进气阀附近的沉积物生成的积炭，会落入气缸，损坏活塞和进气阀，并使滑油变脏。随燃料雾滴进入气缸内的胶质，则在燃烧室的高温下生成积炭，聚集在气缸壁、活塞顶等零件上。它除了降低导热系数、造成零件局部过热，还会增大气缸压缩比，使燃烧室温度升高，增加爆震倾向，易形成热点，引起早燃。沉积在火花塞上的积炭，会导致点火不良。

根据研究，气缸中生成的积炭量随燃料中胶质含量的增加而增大(见图 2-2)，同时和混合气的工作温度也有密切关系。当混合气温度上升时，积炭量逐渐增加而达到最大值。但当温度升高超过 60℃后，积炭则由于在高温下部分燃烧掉而减少。

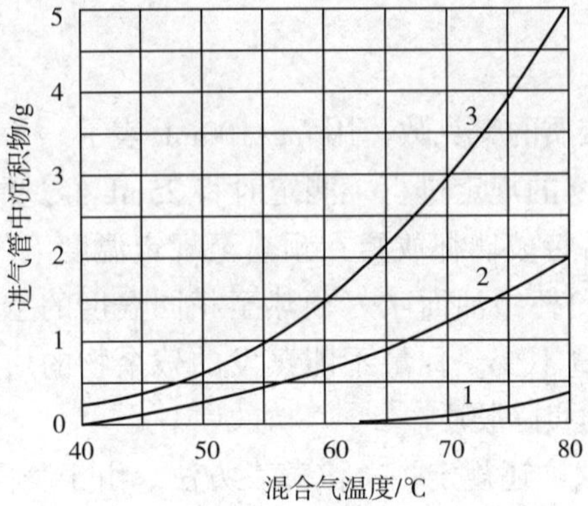

图 2-1　进气管中沉积物数量和汽油中胶质含量及混合气温度的关系

1—汽油含胶质 3mg/100mL；

2—汽油含胶质 18mg/100mL；

3—汽油含胶质 35mg/100mL

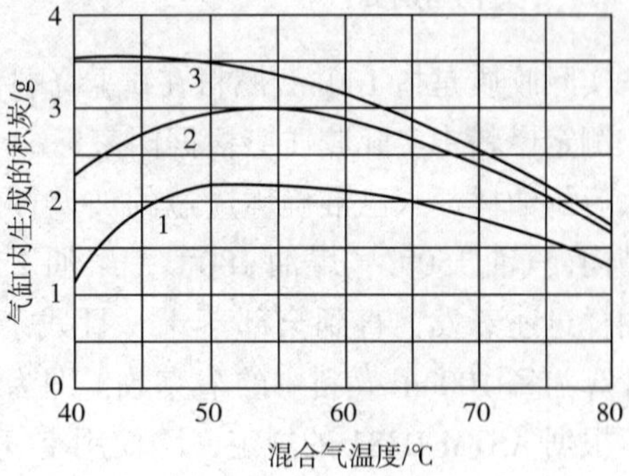

图 2-2　气缸中积炭数量和汽油中胶质含量及混合气温度的关系

1—汽油含胶质 3mg/100mL；

2—汽油含胶质 18mg/100mL；

3—汽油含胶质 35mg/100mL

实践证明，气缸内积炭的生成还和润滑油的使用等有关。

三、生成酸性物质，增强燃料腐蚀性

发动机燃料的化学安定性不良时，在贮存中容易氧化生成部分有机酸，包括低分子有机酸，使燃料酸度增大，对贮存燃料的金属容器及发动机燃料系统的金属产生腐蚀，缩短机械的使用寿命。

在喷气发动机中使用化学安定性不良的燃料时，在长期贮存或在发动机使用条件下，容易氧化变质，生成胶质，使喷气燃料颜色变黄。当胶质增多时便会在燃料中沉淀出来，黏附在容器底部或燃料系统部件表面，阻碍供油，影响雾化。燃烧含有大量胶质的煤油会使燃烧室积炭增加，导致机件局部过热，缩短燃烧室寿命。煤油氧化越深、酸度越大，对金属的腐蚀性也越大。

页岩柴油精制不良时含有较多的不饱和烃及含氮化合物，安定性很差，在贮存和使用中易生成胶质及沉淀。

从石油中炼制的柴油，特别是直馏柴油的安定性很高。裂化柴油的安定性则较低。使用安定性不良的柴油，除在燃料系统中易生成胶质沉淀、堵塞滤清器、影响供油和雾化，还会在喷嘴头部、燃烧室壁及活塞顶等部位生成大量积炭。积炭能堵塞喷嘴，使喷油不均，甚至停止喷油。使用含有大量胶质的柴油还会增加排气阀的结焦，妨碍正常操作。

基于以上原因，各种发动机均要求所用燃料具有良好的物理安定性和化学安定性。

第二节　评定液体燃料安定性的指标

液体燃料的抗氧化安定性，一般用燃料含有的实际胶质、燃料的诱导期和碘值(或溴值)表示。此外，对航空活塞式发动机燃料还规定了安定期试验，对喷气燃料还规定了热安定性试验。这里只就抗氧化安定性的一般指标进行讨论，其他指标在讨论有关问题时再叙述。

一、实际胶质

实际胶质是指100mL燃料在试验条件下所含胶质的毫克数，用mg/100mL表示。

测定燃料中实际胶质应根据国家标准GB/T 509的规定进行。测定时将25mL经过滤及脱水后的油样放入已准确称量过的玻璃杯中，然后将玻璃杯放置在预热至规定温度下的油浴槽内(汽油150℃，煤油180℃，柴油250℃)。向杯中油面吹入预热至相同温度的空气，使油样迅速蒸发，直到全部蒸干，且残余物的质量不变。称量不能蒸发的残余物的质量，并计算为每100mL燃料中的毫克数，即为该燃料的实际胶质。

根据ASTM D381的规定，除使用空气蒸发方法，还规定了蒸汽蒸发方法。由于美国车用汽油中多加有少量不易蒸发的成分或添加剂，故在最后称量前要用正庚烷清洗以除去燃料中的上述物质，取最后不溶于正庚烷的不挥发残余物质作为燃料的实际胶质。国内相似的标准方法是GB/T 8019—2008《燃料胶质含量的测定　喷射蒸发法》。由上述可见，实际胶质只是燃料在试验条件下加速蒸发时所产生的胶质，它包括燃料中实际含有的胶质和试验过程中产生的部分胶质。

实际胶质一般用来说明燃料在使用过程中在进气管道及进气阀上可能生成沉积物的倾向。实际胶质小的燃料在进气系统中很少产生沉淀，能保证发动机的顺利工作。实际胶质越大，发动机能正常行驶的里程就越短。汽车在用高胶质的汽油时，发动机加速性不良，爬坡力小，供油不畅。车辆使用胶质含量超过规定的汽油，应加强车辆的维修保养，特别对燃料的进气系统应及时清除胶质沉淀。

实际胶质是液体燃料在贮存过程中的重要质量控制指标之一。液体燃料在贮存过程中，液体表面和空气中的氧接触，在常温下一些不安定的烃类自动氧化，首先生成过氧化物，经过分解、缩合等反应生成大分子的胶质。

实际胶质也是石油炼制过程中的控制指标之一。经过充分精制的石油产品通常含胶质很少。我们将几种主要产品中胶质含量的规定列于表 2-1。

表 2-1　液体燃料胶质含量的规定

燃料	实际胶质/(mg/100mL)	燃料	实际胶质/(mg/100mL)
航空活塞式发动机燃料	不大于 6(潜在胶质)	车用柴油	—
车用汽油	不大于 5(溶剂洗胶质)	军用柴油	10
喷气燃料	不大于 7		

应当注意的是，实际胶质虽然是燃料的安定性指标，但实际胶质的大小本身并不能反映燃料安定性的好坏，而只能在一定程度上反映燃料的氧化程度。在一定时间内实际胶质的变化则可以反映燃料安定性好坏，实际胶质增加越快，说明燃料氧化安定性越差，贮存中越容易发生氧化。

二、诱导期

将汽油在压力为 709kPa($7kg/cm^2$)的氧气中，温度为 100℃条件下未发生明显氧化的时间称为诱导期，用 min 表示。该试验按国家标准 GB/T 256—1964《汽油诱导期测定法》及 GB/T 8018—2015《汽油氧化安定性的测定　诱导期法》进行。

汽油的化学组成随原料和加工方法的不同而有所差异，有的烃抵抗氧化的能力很强，需要吸收较多热能才会开始氧化；而有些烃抗氧化安定性很弱，与氧接触后很快就能反应。根据这一特性，测定时将定量油样装在规定的氧弹中，充入氧气至 709kPa，然后置于 100℃的水浴中加热。在刚浸入时由于汽油蒸发及气体膨胀，弹内压力略有升高，然后压力保持不变。但汽油在温度升高后，氧化开始，过氧化物逐渐积累到一定程度时，链反应加剧进行，氧化反应从诱导期向加速期转变，在氧压与时间的曲线上呈现拐点，压力开始下降。计算从氧弹放入水浴中开始，到压力出现明显下降时为止的时间，经过修正后，即为燃料的诱导期。诱导期一般由工厂在出厂前测定。GB 17930—2016《车用汽油》规定我国车用汽油的诱导期应不低于 480min。

诱导期是评定车用汽油抗氧化安定性的一个指标，用以表示汽油在贮存期间产生氧化和形成胶质的倾向。诱导期越长，一般表示汽油的抗氧化安定性越好。表 2-2 列举了两种诱导期不同的国产汽油在不同贮存条件下胶质增长情况。可以看出，诱导期较长的汽油在贮存中胶质增长速度较慢，比较适于长期贮存。

表 2-2　车用汽油诱导期与胶质变化的关系

汽　油	Ⅰ	Ⅱ	Ⅰ	Ⅱ	Ⅰ	Ⅱ
诱导期/min	270	360	270	360	270	360
贮存条件	露天 $10m^3$ 罐	露天 $10m^3$ 罐	露天 200L 桶	露天 200L 桶	室内 200L 桶	室内 200L 桶

续表

汽　油		Ⅰ	Ⅱ	Ⅰ	Ⅱ	Ⅰ	Ⅱ
诱导期/min		270	360	270	360	270	360
贮存地点		桂林	株州	桂林	株州	桂林	株州
周围气温/℃		-2.8~43	-9~43	-2.8~43	-9~43	—	0~35
油温/℃		0.6~32	0.6~32				
实际胶质变化/(mg/100mL)	出厂时	0.4	0.4	0.4	0.4	0.4	0.4
	一年后	4.0	1.3	22	4.6	20.8	1.6
	二年后	5.4	2.4	32	8.8	—	1.4
	三年后	4.4	2.2	95.6	10.4	18	0.8
	四年后	9.3	4.2	86.4	26	21	—
	五年后	28.6	3.6	140.6	135	23.6	2.0

根据进一步的研究，燃料中胶质的生成有两种过程，一种是吸氧氧化生成胶质，另一种是通过聚合和缩合生成胶质。通常燃料在氧化过程中，两种生成胶质的方式都会存在，但不同燃料两种方式所占比例不同。对于一些形成胶质过程是以吸氧氧化反应占优势的汽油，诱导期可以代表油品贮存安定性的相对数值。但对于形成胶质的过程是以聚合和缩合反应占优势的汽油，吸氧只占次要地位，诱导期就不能代表油品贮存安定性的相对数值。在这类汽油的氧弹试验中，时间压力曲线上没有明显的转折点，诱导期虽长，但安定性并不好。当然，大多数汽油都是吸氧氧化生成胶质的方式。

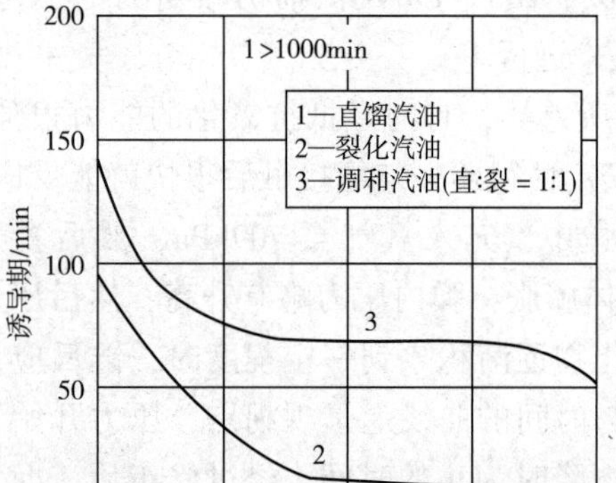

图 2-3　汽油贮存试验中的诱导期

诱导期的长短，随油料的组成、有无抗氧剂以及氧化条件不同而有所差异。油料本身含有易于氧化的烃会使诱导期缩短。反之，如油料中不含不饱和烃或加有抗氧剂则诱导期延长。

不同加工方法所得汽油的诱导期不同。直馏汽油和加氢汽油的诱导期很长，二次加工汽油，特别是热加工汽油（焦化汽油、热裂化汽油）的诱导期很短。某些国产汽油在贮存试验中诱导期的变化见图 2-3。

三、柴油加速安定性总不溶物

柴油加速安定性总不溶物是在规定条件下氧化时，100mL 柴油氧化生成的总不溶物的毫克数，单位为 mg/100mL。

柴油加速安定性总不溶物按照 SH/T 0175—2004《馏分燃料油氧化安定性测定法（加速法）》进行测定。按照该方法，将 350mL 试样装入长 600mm、直径 45mm 的玻璃氧化管中，以 50mL/min 的速度通入氧气，在 95℃ 条件下氧化 16h，测定氧化总不溶物的含量，计算 100mL 柴油氧化生成总不溶物的毫克数。

柴油加速氧化总不溶物包含两部分：一部分是悬浮在试样中的可滤出不溶物，通过过滤，用玻璃纤维滤膜收集后干燥称重得到；另一部分为黏附性不溶物，即黏附在氧化管壁上的不溶物，这部分不溶物用苯-丙酮-甲醇三合剂洗下来，把三合剂蒸发除去得到。

柴油加速安定性总不溶物实际上是用一规定条件下氧化生成不溶物的多少来反映燃料的安定性好坏，生成不溶物越多，说明柴油安定性越差。GB 19147—2016《车用柴油》规定我国车用柴油总不溶物含量不超过 2.5mg/100mL。

四、汽油贮存安定值

针对诱导期试验存在的缺点，提出了 SH/T 0237—1992《汽油贮存安定性测定法》。测定时将装有汽油样品 130mL 的试瓶仔细密封，并装入保护性钢弹中。将钢弹置于 93℃的油浴或烘箱中保持 16h，测定其吸氧量和生成的总胶质(实际胶质和沉渣的总和)，以不安定指数 BZ_{16} 值表示其贮存安定性。BZ_{16} 值越小，则试样贮存安定性越好。BZ_{16} 的值按下式计算：

$$BZ_{16}=\frac{O_0-O_{16}}{O_0}(G_{16}-G_0)$$

式中 O_0——试验前试瓶内预留空间的氧含量(通常为 21.0%体积)；

O_{16}——试验后试瓶内预留空间的氧含量；

G_0——试验前试样的总胶质含量，mg/100mL；

G_{16}——试验后试样的总胶质含量，mg/100mL。

由于此法既考虑了汽油的吸氧数量，也考虑了生成可溶性和不溶性胶质沉淀的多少，故能较全面地反映一般汽油的贮存安定性，所得结果与 43℃及常温贮存试验有一定的对应关系。但是此法需要一些特殊仪器(如钢弹、气相色谱、分光光度计等)，操作过程也较复杂。

五、碘值及溴值

100g 液体燃料所能吸收碘或溴的克数，称为该燃料的碘值或溴值，有时也叫碘价或溴价。碘值或溴值的大小可以表明燃料中不饱和烃含量的多少。燃料的碘值或溴值越高，说明燃料中不饱和烃含量越多，燃料的化学安定性也越差。

我国早期的航空活塞式发动机燃料、喷气燃料均对燃料的碘值作了规定。碘值的测定方法见 SH/T 0234—1992《轻质石油产品碘值和不饱和烃含量测定法(碘-乙醇法)》。测定时先称取定量的试油溶入乙醇，加入过量的碘乙醇溶液及蒸馏水，此时碘与水发生水解反应，生成次碘酸和氢碘酸。

$$I_2+H_2O = HIO+HI$$

次碘酸的反应能力很强，能与试油中的不饱和烃起加成反应：

$$RCH=CH_2+HIO \longrightarrow \underset{\displaystyle I}{RCH}-\underset{\displaystyle OH}{CH_2}$$

从而使部分碘消耗掉。剩余的碘用已知浓度的硫代硫酸钠溶液滴定，至淀粉指示剂的蓝紫色消失为止，反应可用下式表示：

$$2Na_2S_2O_3+I_2 = Na_2S_4O_6+2NaI$$

将空白滴定试验所消耗的硫代硫酸钠体积减去试油所消耗的硫代硫酸钠体积，用已知硫代硫酸钠溶液的滴定度，即可计算出试油的碘值。

$$I=\frac{(V-N)T}{G}$$

式中　I——试样的碘值，gI/100g；

V——空白滴定试验所消耗的硫代硫酸钠体积，mL；

N——试油所消耗的硫代硫酸钠体积，mL；

T——硫代硫酸钠溶液的滴定度，gI/mL；

G——试油质量。

试油中的不饱和烃含量(X)可用下式计算：

$$X=\frac{I \cdot M}{254}$$

式中　M——试油中不饱和烃的平均相对分子质量；

254——碘的相对分子质量。

M 的数值可根据试油 50%馏出温度从 SH/T 0234 标准附表中查得。

溴值有时又称溴价，是英美规格中规定的指标。根据 ASTM D1159 或 IP 130/67 的规定，测定溴值时使用 CCl_4 作为溶剂，将已知滴定度的 $KBr-KBrO_3$ 混合溶液逐步加入试油中，终点用电位滴定。由于溴较碘活泼，对不饱和烃含量很少的油品测定较灵敏。但须注意，溴不但能与不饱和烃起加成反应，而且在适当条件下还能起取代反应，因此测定时必须严格按照规定的条件进行，特别是在滴定时温度不能过高(规定为 0~5℃)。

应该注意，无论碘值还是溴值均只能表示燃料中不饱和烃含量的多少，不能表明不饱和烃的化学结构。如果燃料中的不饱和烃不多，但含有少量的极易变质的二烯烃，则碘值虽不高但安定性将显著降低。因此，碘值或溴值主要用来限制燃料中的不饱和烃含量，与其他指标结合起来可以表明燃料安定性的良好与否。

近年来，国外对喷气燃料广泛采用荧光色谱法测定燃料中的芳香烃含量，同时它还可以测定其烯烃含量，因此，在规格中取消了碘值或溴值的规定。目前，随着 GB 1787—2018《航空活塞式发动机燃料》中取消了对碘值的要求，该指标已很少使用。

第三节　烃类的液相氧化过程

一、氧化历程和初期氧化产物

烃类的液相氧化是指在烃类沸点以下温度进行的氧化反应，通常在常温下进行，也称为自动氧化。

根据研究，烃类在常温液相条件下的氧化过程也是遵循链反应机理进行的。在反应的最初阶段，由于少数烃分子受光、热或催化剂等影响生成自由基或自由原子：

$$RH \longrightarrow \dot{R}+\dot{H} \qquad (2-1)$$

这些最初生成的活性中心与氧作用，生成烃的过氧化物自由基。

$$\dot{R}+O_2 \longrightarrow RO\dot{O} \qquad (2-2)$$

过氧化物自由基可以通过与新的烃分子作用，生成单烃基过氧化物，同时又生成一个自由基使链传播下去：

$$RO\dot{O}+RH \longrightarrow ROOH+\dot{R} \qquad (2-3)$$

烃分子在适当条件下也可以直接与空气中的氧作用生成自由基，例如：

$$RH+O_2 \longrightarrow \dot{R}+H\dot{O}_2 \tag{2-4}$$

$$RH+H\dot{O}_2 \longrightarrow \dot{R}+H_2O_2 \tag{2-5}$$

生成的烃自由基可使反应链继续传播，生成的过氧化氢则能使烃类受到进一步的氧化。

烃类液相氧化的这一最初阶段和气相氧化基本上是相同的，氧首先攻击的是烃分子中的C—H键而不是C—C键，而且在烷烃分子中叔碳原子上的C—H键最易遭受破坏，仲碳原子上的C—H键次之，伯碳原子上的C—H键较为稳定。但是，应该注意，液相氧化时的温度常较气相氧化时的温度低得多，而且液相氧化时空气只和液体的表面接触，氧化反应的进行显然受到限制，而在气相氧化时（特别是在强烈涡流中），空气和烃分子的接触要密切得多，反应速度也要大很多。

随着反应的加深，烃基过氧化物不断分解，并与新的烃分子或自由基作用，进一步氧化生成各种中间产物，首先是醇和酮。

例如：

$$RR'CH—OOH \longrightarrow RR'CH\dot{O}+\dot{O}H \tag{2-6}$$

$$RR'CH\dot{O}+RH \longrightarrow RR'CHOH+\dot{R} \tag{2-7}$$

$$RR'CHOOH+\dot{R} \longrightarrow RR'\dot{C}—OOH+RH \tag{2-8}$$

$$RR'\dot{C}—OOH \longrightarrow RR'C=O+\dot{O}H \tag{2-9}$$

$$RH+\dot{O}H \longrightarrow \dot{R}+H_2O \tag{2-10}$$

叔碳基过氧化物分解时，也生成醇和酮，不过生成酮的碳原子数较少，如：

$$RR'R''COOH \longrightarrow RR'R''C\dot{O}+\dot{O}H \tag{2-11}$$

$$RR'R''C\dot{O}+RH \longrightarrow RR'R''COH+\dot{R} \tag{2-12}$$

$$RR'R''C\dot{O} \longrightarrow RR'C=O+\dot{R}'' \tag{2-13}$$

除醇和酮外，烃基过氧化物也可以分解生成醛与伯醇，例如：

$$\underset{\displaystyle\;\;OOH}{CH_3\underset{|}{C}H}(CH_2)_nCH_3 \longrightarrow HCHO+CH_3(CH_2)_nCH_2OH \tag{2-14}$$

根据对环己烷和癸烷氧化过程的研究，可以认为烃类在液相氧化的初期除生成过氧化物，还会通过烃基过氧化物的分解而生成醇、醛与酮，即：

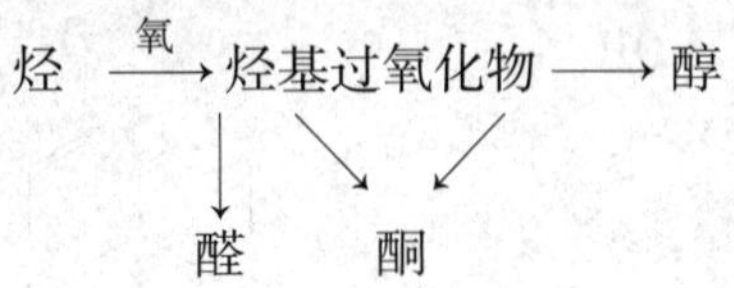

二、深度氧化及其产物

无论醛、醇还是酮进一步氧化便生成有机酸。醛和伯醇氧化后生成碳原子数相同的酸：

$$2RCHO \xrightarrow{O_2} 2RCOOH \tag{2-15}$$

$$RCH_2OH \xrightarrow{O_2} RCOOH+H_2O \tag{2-16}$$

仲醇、叔醇及酮氧化时，同时发生 C—C 键的断裂，生成含碳原子数较原来少的醇。

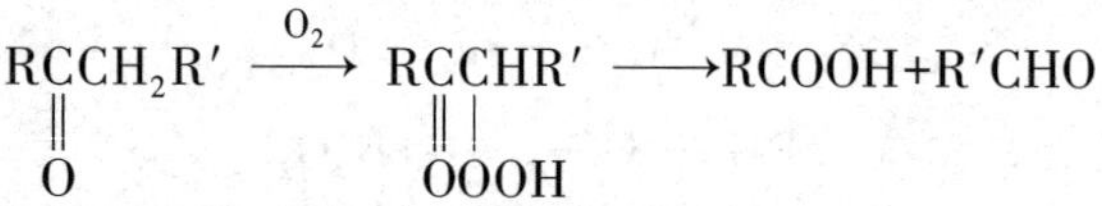
(2-17)

一般氧化程度不太深时，生成酸的碳原子数和原来烃分子相差不大。反应加深后，由于酮和叔醇、仲醇的进一步氧化(伯醇较稳定)，生成酸的碳原子数比原来的烃分子要少得多。

当氧化过程继续加深时，醇、醛、酮和酸进一步氧化，便生成含有两个官能团的氧化产物，如羟基酸(醇酸)、醛酸、酮酸、二羧基酸以及各种酯类。例如，酸进一步氧化为羟基酸：

(2-18)

α 和 β-羟基酸能缩合生成交酯或半交酯：

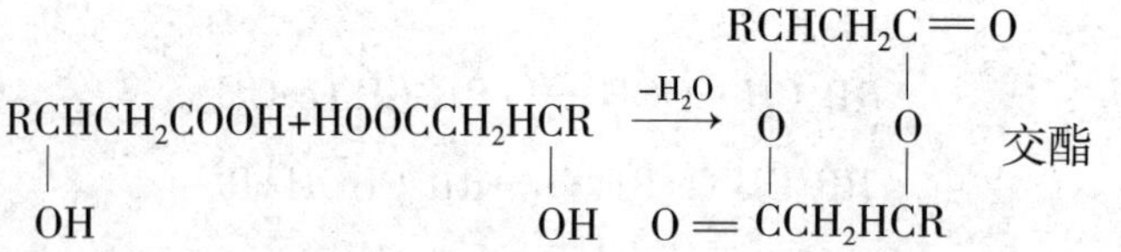
(2-19)

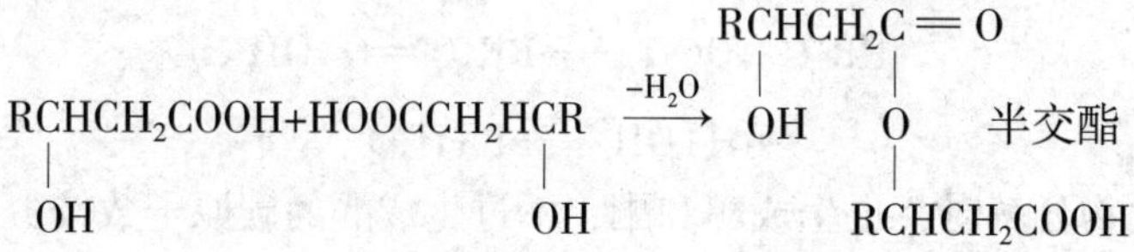
(2-20)

γ 和 δ-羟基酸能生成内酯：

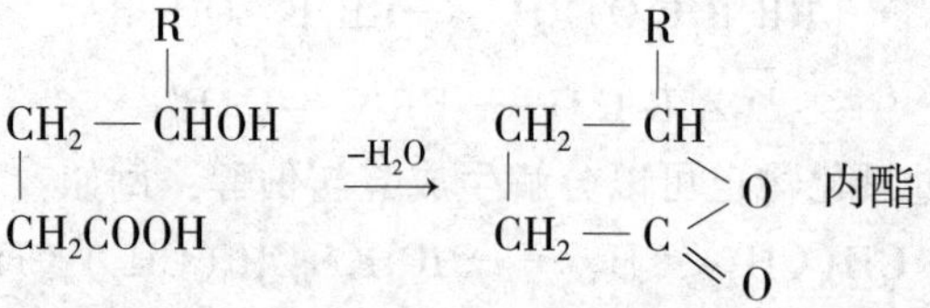

相对分子质量很大的羟基酸、交酯、半交酯及内酯等都是黏稠物质，再进一步氧化缩合便成为结构复杂的胶状物质。燃料中含有硫或硫化合物能促进大分子胶状物质的生成。芳香烃氧化产物中的酚类更易于高度缩合成为胶状或沥青状物质。

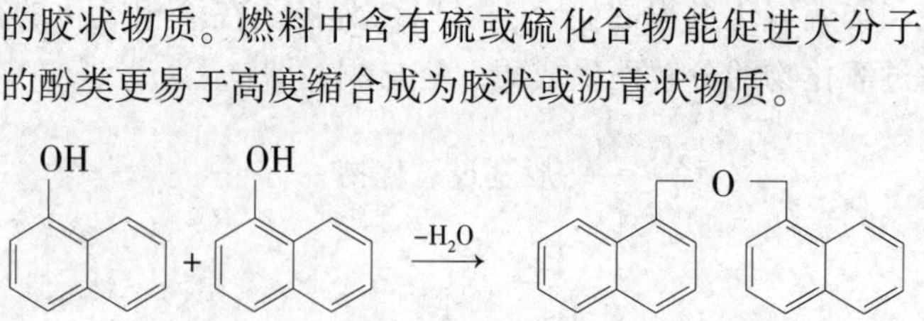

综上所述，烃类(烷烃)液相氧化的过程可以归纳为下面的简单图式：

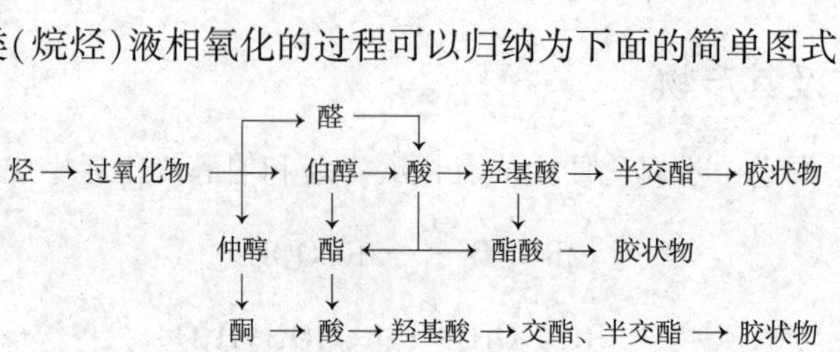

研究表明，喷气燃料中带不饱和侧链单环芳香烃的氧化过程如下图所示：

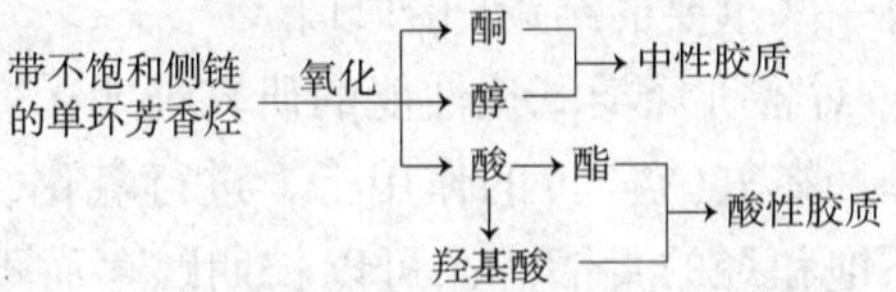

三、烃类液相氧化的动力学曲线

液体燃料的液相氧化过程一般可分为三个阶段。第一阶段叫诱导期，就是燃料与空气或氧接触后没有明显氧化反应的一段时间，如图 2-4 中 0a 所示。在诱导期中氧化反应进行很慢，氧化产物生成较少，但逐渐有所积累。氧化的第二阶段叫加速期，如图 2-4 中 ab 一段曲线所示。在这阶段氧化反应加速进行，氧化产物迅速增加。第三阶段 bc 称为平缓期，在这个阶段中燃料氧化速度趋于平缓或近于终止。

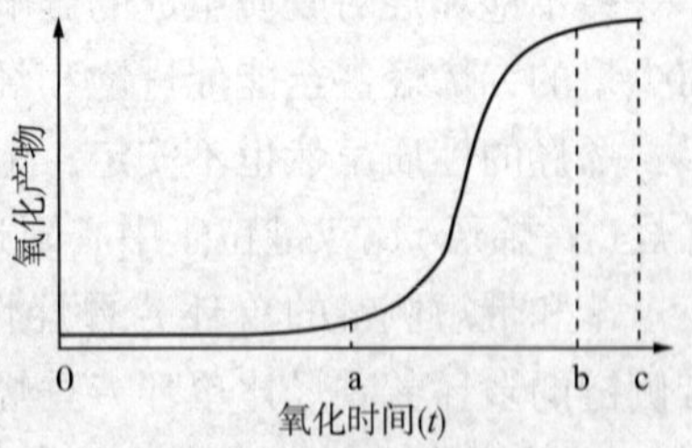

图 2-4 液体燃料液相氧化动力学曲线

燃料氧化出现诱导期的原因有二：

① 从原始烃分子直接分解产生最初的自由基需要足以破坏一个 C—H 键的活化能(334～418kJ/mol)，所以最初产生自由基较少，开始氧化的反应链也就不多，因而氧化缓慢。

② 液体燃料中常存有微量的天然抗氧剂(天然胶质及酚)，或加有抗氧剂。它们能与最初产生的活泼自由基作用，起到破坏链反应的作用。直到抗氧剂消耗完毕，烃类才开始出现明显的氧化，所以出现诱导期。

在诱导期中烃类不是完全不进行氧化反应，只是由于最初生成的自由基很少，或由于反应链的中断，氧化反应的速度才很慢。

当液体中自由基和过氧化物生成量增多到一定程度，或抗氧剂失去作用后，液体燃料的氧化便进入加速期。加速现象是链反应的基本特征。当容器中的氧或燃料中易于氧化的物质消耗殆尽，反应便进入平缓阶段。

某油库贮存一种加有抗氧剂的汽油，12 个月后进行指标化验，胶质仍在 7mg/100mL 以内。可是贮存 15 个月后，胶质就增到 25. 6mg/100mL，贮存 18 个月后，胶质突增到 60mg/100mL。可见实际贮存中胶质的增长是符合上述变化规律的。因此，贮存各种液体燃料，应定期进行实际胶质的化验，掌握油料变质规律，确定燃料是否适于继续贮存。如发现实际胶质增加速度开始加快，应尽快发出使用，避免严重变质。

第四节　影响燃料氧化变质的因素

一、燃料组成对安定性的影响

影响燃料氧化变质最根本的原因是燃料本身的化学组成。石油产品的组成不同，就决定了其氧化变质难易程度各不相同。因此，有的燃料出厂几个月就生成大量的胶质，影响使用，而有的贮存 10 年以上主要性能基本上没有变化。

关于不同烃类的液相氧化过程及其对燃料安定性的影响，属于石油化学研究范围，近年来已有不少研究，下面将一些重要的结论归纳如下。

① 在常温液相条件下，对各种烃类氧化性能的研究证明，燃料中生成胶质，主要是由于燃料中含有的各种不饱和烃在氧(空气)的作用下，进行氧化、分解和聚合、缩合等反应引起的。实践表明，不含不饱和烃的直馏产品可以长期贮存而不产生胶质，而含有大量不饱和烃的裂化产品则在贮存中很易变质而产生胶质。这就说明各种饱和烃包括烷烃和环烷烃的性质都很安定，而燃料中含有的不饱和烃则是燃料性质不安定的主要原因。

② 在各种不饱和烃中，以共轭二烯烃、环二烯烃(例如环戊二烯)和带不饱和侧链的多环芳香烃性质最不安定，燃料中含有少量上述烃类便很容易生成胶质。因此，有人在研究了一些不饱和烃对胶质生成的影响后，认为胶质生成的数量约和分子中的双键数量成正比，而少量的二烯烃甚至能促进饱和烃生成胶质。

烯烃的性质虽然也不安定，但烯烃的氧化远比二烯烃慢。具有直链和双键位于链端的烯烃(α-烯烃)比双键位于中心附近的异构烯烃更不稳定。环烯烃比直链烯烃的安定性差。

苯和带短侧链的单环芳香烃性质安定，侧链增长及带不饱和侧链的芳香烃较易氧化，带侧链的多环芳香烃比单环芳香烃更易氧化。

③ 除不饱和烃外，含硫化合物特别是硫醇，对促进胶质的生成有很大作用。游离硫、二硫化物和多硫化物均能使燃料中的沉淀增加。燃料中的硫、氮和氧是生成固体胶质的原因，这些固体胶质本身则是一种加速胶质生成和缩合的引发剂。因此，燃料容器中残余的胶质如不除净，将促进新装油料中胶质的迅速生成。页岩油产品中含氮较石油产品多，性质不及石油产品安定。燃料中的含氮化合物在空气中氧化后能使燃料变红色或颜色加深，其中吡咯和喹啉都能使石油产品中胶质增多。

④ 石油中存在的天然胶质是一种含氧、硫和氮的带侧链的稠环化合物。石油产品中含有胶质的数量越多，相对分子质量越大，则液体燃料的颜色也越深。根据研究，喷气燃料中的酸性和碱性胶质能引起燃料变色，但中性胶质则不引起变色。应该注意，石油产品中的天然胶质虽然和燃料氧化生成的胶质都是高相对分子质量的黏稠物质，都能溶于燃料而使之变黄，但是天然胶质为复杂的多环及稠环结构，而氧化胶质则多为过氧化物与不饱和烃等生成的聚合或缩合产物。天然胶质中含氧4%~10%，而氧化胶质中含氧多达28%。天然胶质在氧化过程中有一定的抗氧化作用(含有酚)，而氧化胶质中含有过氧化物，因而能促进氧化加速进行。

⑤ 石油的加工过程对燃料的安定性有很大影响。一般直馏产品(汽油、煤油或柴油)中不含不饱和烃或带不饱和侧链的烃，因而性质很安定。催化裂化产品中含有不同数量的烯烃，但很少含二烯烃等很不安定的成分，因而性质较安定。热裂化或延迟焦化产品中含有大量烯烃，性质很不安定，不适于贮存。催化重整产品中含有很少的不饱和烃，性质较安定。在各种加工方法中产品性质最安定的是加氢精制产品。因为通过加氢过程，不仅可以使油品中的各种不饱和烃组分变成饱和烃，而且还可以脱除油品中一些有害的非烃成分。所以经过加氢精制的液体燃料较适于长期贮存。

⑥ 燃料中如含有少量过氧化物或容易产生自由基的其他物质(催化剂)，将加速燃料的氧化过程。例如，在燃料中加入二叔丁基过氧化物$(CH_3)_3CO—OC(CH_3)_3$、二苯甲酚基过氧化物$(C_6H_5)COO—OOC(C_6H_5)$、四乙酸铅$Pb(CH_3COO)_4$等，都能帮助引发反应链，加

快氧化反应速度。这类物质即称为引发剂。汽油中加入四乙基铅，虽然可提高抗爆性，但在贮存中却会起引发剂的作用，加速汽油的氧化过程。此外，在燃料中加入金属盐(如油酸锰)或碱类物质(如碳酸钠)，对油品的氧化也有催化作用。如在燃料中加入抗氧剂或其他能破坏生成自由基的物质，则能延缓燃料的氧化过程。这种抗氧剂实际上是氧化链反应的负催化剂。

二、外界条件对燃料氧化变质的影响

液体燃料在长期贮存中均有不同程度的变质现象。燃料的变质除与其本身的化学组成，包括抗氧剂的使用有密切关系，还和许多外界因素有关，例如气温(燃料的温度)、光辐射、氧的浓度、液体与空气接触面积、金属表面的催化作用、水分的存在等。下面就温度、与空气接触表面、金属表面的催化作用及水分问题进行讨论。

1. 温度

温度对油料的氧化变质有显著的影响。各种化学反应的速度包括氧化反应的速度，都随反应物的温度升高而增大。例如在我国西南亚热带地区做桶装车用汽油的贮存试验，半年以后，在洞库里存放的燃料，胶质由 3.4mg/100mL 增加到 6.2mg/100mL；在树荫下存放的燃料，胶质由 3.4mg/100mL 增加到 8.2mg/100mL；而在露天存放的燃料却由 3.4mg/100mL 增加到 15.8mg/100mL。露天存放的燃料温度较高，胶质增长的速度为洞库存放的数倍。许多试验表明，当贮存温度增高 10℃，汽油胶质生成的速度增加 2.4~2.8 倍。

当燃料受周围气温的影响而温度升高时，燃料分子受热而产生最初的自由基的数量增多，就促使链反应的发生变得容易。同时，温度升高使分子运动的平均速度增大，加速了燃料与氧分子的化合以及过氧化物的分解，因此诱导期缩短、生成胶质的倾向增大。

对烯烃(主要由 2-甲基 2-戊烯及顺反-3-甲基 2-戊烯组成)的氧化进行研究的结果表明，随着反应温度的升高，每摩尔烯烃的氧气吸收量显著升高(见图 2-5)。

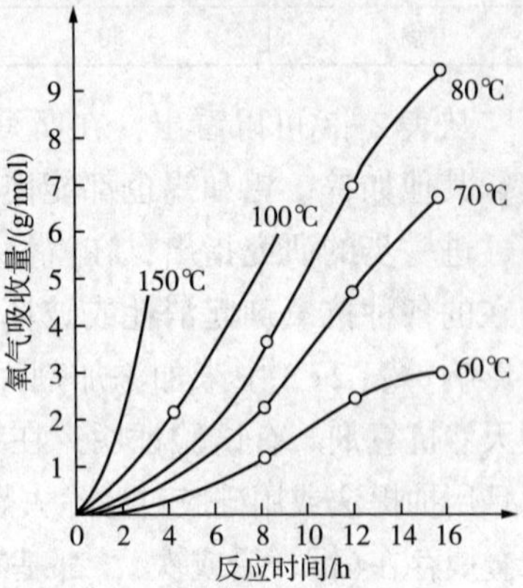

图 2-5 温度对烯烃氧化速度的影响

2. 金属表面的催化作用

液体燃料在贮存、运输和使用过程中常常要和不同的金属表面接触。实践证明，燃料在金属表面的作用下，不仅颜色易发生变化，而且胶质增长也特别快。例如，汽车油箱中有铜滤网和镀铅层时，汽油的变质就加快很多。

古列也夫等研究了不同金属对汽油诱导期缩短的影响，测定了加有和未加抗氧剂的汽油的诱导期，结果列于表 2-3。

表 2-3 金属表面对汽油氧化诱导期的影响

金属	木焦油抗氧剂含量/(mg/100mL)	诱导期/min		占原诱导期/%
		无金属	有金属	
铜	未加	345	85	25
铜	50	560	100	18

续表

金属	木焦油抗氧剂含量/（mg/100mL）	诱导期/min		占原诱导期/%
		无金属	有金属	
铜	100	760	115	15
铜	未加	290	75	26
铜	未加	180	55	31
铜	未加	75	30	40
铜	50	350	70	20
黄铜	未加	340	120	35
黄铜	50	560	150	27
黄铜	未加	240	105	44
铁	未加	340	240	71
铁	50	560	420	75
铁	未加	75	55	73
铅	未加	270	265	98
铅	50	560	370	66
锌	未加	210	165	79
锌	50	560	500	89
铝	未加	230	190	83
铝	50	560	470	84
锡	未加	275	235	85
锡	50	560	490	88

从表 2-3 可以看出，在所列举的各种金属中，铜具有最大的催化活性，其次是铁和铅等。其他如锌、铝和锡也都能使燃料的安定性降低。

进一步的研究指出，在汽油或煤油氧化过程中，金属表面只是对燃料中添加的或天然存在的各种抗氧剂起消耗或破坏作用，而对燃料中的纯烃类包括不饱和烃的氧化实际上没有影响。表 2-3 中未加添加剂而诱导期大量降低的原因，是汽油中总是含有某些数量的酚型天然抗氧剂。有试验证明，在有金属存在的情况下，抗氧剂的消耗比无金属时要快很多，而且用抽提法或用硅胶过滤除去燃料中的天然抗氧剂后，燃料氧化时氧的吸收量无论有或没有金属存在(铜、铅或铁)，都基本相同。表 2-4 列出了几种金属存在下的试验结果。

表 2-4　无抗氧剂燃料的氧化结果

金　属	脱除抗氧剂的方法	氧化时氧吸收量/mL	
		无金属	有金属
黄铜	抽提法	66.1	68.1
铜	抽提法	55.4	59
铁	抽提法	55.4	55.6
铅	抽提法	33.1	34.1
铜	硅胶过滤	10.4	10.9
铁	硅胶过滤	10.4	10.2

此外，还测定了辛烯混合物在有金属铜存在下和无金属时进行氧化（用重铬酸盐）后的过氧化物数量。结果表明，金属的存在并不增加燃料（烃类）氧化产物的数量（见表2-5）。

表2-5　辛烯混合物在无金属和有金属存在下氧化后的过氧化值

氧化时间/h	过氧化值/（mmol/kg）	
	无金属时	有铜时
1	0.97	0.98
2	1.15	1.14
3	1.56	1.49

金属影响抗氧剂效果的根本原因可能是抗氧剂被吸附在金属表面，从而限制了抗氧剂对燃料氧化的抑制作用。由于各种抗氧剂大多是具有一定极性的物质，它们较易被金属表面吸附。被吸附的抗氧剂本身较易氧化，因此消耗较快。例如，酚与具有活性的金属表面原子（M^+）作用分解：

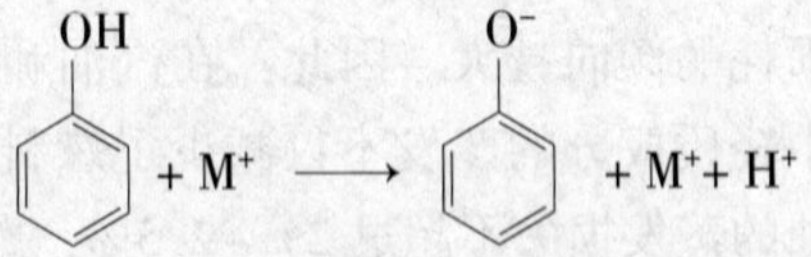

3. 与空气的接触表面

液体燃料的氧化变质或四乙基铅的分解沉淀都开始于液体与空气（氧）接触的表面，然后才逐步向燃料内部扩散。因此，燃料与空气的接触面积越大或大小呼吸次数越多，容器剩余空间越大，均促使燃料与空气接触的机会增多，氧化的倾向也增大。显然，增大燃料液面上空气的对流，搅动或增加与燃料接触的空气中氧的浓度，都会促进燃料的氧化变质。

4. 水分的影响

贮存中水分对燃料的氧化变质有不良影响，如表2-6所示。从表2-6可以看出，汽油在贮存中如有水分存在（如水垫），胶质生成的速度比没有水分时要快很多。

表2-6　水分对汽油生成胶质的影响

贮存条件	贮存中汽油的实际胶质含量/（mg/100mL）			
	开始	1月后	3月后	6月后
无水时	4	4	6	8
有水时	4	6	11	22

燃料中水分促进氧化变质的原因主要是燃料中添加的抗氧剂和燃料中原来含有的天然抗氧化物质大多在水中具有一定的溶解度，因而水分能将它们从燃料中逐渐抽提出来而影响燃料本身的安定性。此外，水分中溶解的氧和杂质对燃料的变质也有一定影响。

三、防止燃料氧化变质的方法

防止燃料在贮存运输中由于蒸发或氧化而引起的变质，是石油工作者重要的任务之一。

防止燃料变质的途径是根据影响燃料变质的各种因素而提出的针对性措施。在实际工作中应根据具体条件，不断总结经验，采取一切可能的办法来保证油品的质量。

防止液体燃料变质的主要方法如下。

1. 了解燃料的来源和特性，便于采取正确的措施

直馏产品不含烯烃，非烃化合物含量亦最低，故安定性良好。热裂化和焦化产品中烯烃和非烃化合物含量高，并且有较多的不稳定双烯烃，故安定性最差。催化裂化产品中芳香烃含量高，低沸点馏分中亦有少量双烯烃存在，故安定性不好。因此，需要长期贮存的燃料应尽可能选择直馏或加氢重整产品。

车用汽油中除含有直馏产品，还有催化裂化及其他加工产品，多数汽油含有少量烯烃。航空活塞式发动机燃料中含有铅，易受光照影响而产生沉淀。喷气燃料及军用柴油多系直馏产品，性质较安定，但和金属接触时易发生变色现象，故贮存中应注意避免光线照射或受热。锅炉燃料油中含有焦化及催化馏分，性质一般不安定。

了解液体燃料的来源和性质，可以针对油料的特性，采取适当的措施，防止其氧化变质。在油料开始出现明显变质时，应及时发出使用。

2. 降低温度，减小温差

燃料的馏分越轻，蒸发损耗的倾向越大。因此，在汽油和喷气燃料贮存中应特别注意降低温度，防止蒸发。燃料中轻质成分的蒸发不仅减少了燃料的数量，而且也降低了燃料的质量。试验表明，如果汽油的蒸发损失不超过2%~2.5%，燃料馏程无明显变化，但蒸发损耗达到3%~4%时，馏出温度将有明显升高，例如10%馏出温度升高6℃，50%馏出温度升高4℃，90%馏出温度升高2℃，同时蒸气压下降13.3kPa左右。

降低贮存温度是减少燃料蒸发和变质最重要、最有效的途径，具体做法是：

① 选择荫蔽地点，防止阳光暴晒。对于易蒸发、易氧化变质的燃料应尽量存于洞库、地下或半地下库的油罐或库房内。长期贮存的液体燃料应尽可能存放在洞库中，不仅温度较低、温差很小，而且隐蔽良好，利于战备。如沈阳地区洞库的温度一般在10~15℃范围内，广州地区洞库温度一般在14~20℃范围内。但地面温度，沈阳地区一般为-20~39℃，广州地区为-3~42℃。

小容器应存放于库房或背光荫蔽的地方，例如地下坑道内。露天油罐涂漆颜色越深，吸热越多，温度亦越高。根据试验，在相同条件下涂成黑色油罐内的油温达30℃，而银白色罐内油温仅11.5℃。

② 利用罐装，减少桶装。油罐容积大，贮油量多，油温受气温变化的影响小，而且单位容积油品与金属表面接触的面积较小，受金属的催化作用也较少，因此，有利于延缓油品的氧化变质。反之，同量油品分装多个容器，则不利于防止油品的变质。

③ 炎热季节，洒水降温。对于贮存于地面的油品，为减少蒸发损耗和氧化变质，应尽量贮存于有降温设备的罐中，或在罐周预装设洒水管道，在气温很高时洒水降温。桶装轻质油则用篷布盖上后，向篷布洒水降温。

油罐洒水应尽可能连续进行，以免油温变化频繁，增加小呼吸次数。

④ 利用时机，通风降温。存放于地面库房的燃料，可利用气温变化或昼夜温度差别，选好时机，气温低时打开门窗通风，气温升高则及时关闭门窗。

3. 尽量装满至安全容量、减小气体空间

贮存燃料时，应根据油温变化，除留出必要的膨胀空间外，尽可能将容器装满，对贮

存期较长而装油不满的容器，要适时合并。零星发油时要发完一个容器再发一个容器，以减少罐内的气体空间。必须注意，气体空间增大，不仅燃料蒸发量加大，而且酸度、胶质增长也越大，见表 2-7。

表 2-7　装满程度对车用汽油质量的影响(贮存时间 1 年)

装满程度	胶质增大/(mg/100mL)	酸度增大/(mgKOH/100mL)
200L 桶满装	8	0.43~0.47
200L 桶半装	13.2~14.2	2.3~2.5

4. 减少与空气接触，尽量密封贮存

密封贮油是我国通过长期实践总结出的一条重要经验。它既能大量降低油品的蒸发损耗，又能有效地防止外来水分、杂质进入容器，保证油料清洁，而且还能杜绝新鲜空气(氧)与燃料表面的接触，延缓燃料变质的速度，同时还可以减轻油品对油罐的腐蚀作用。实践证明，只要充分发挥人的积极性，根据油罐类型、罐位和贮油品种等具体条件，采取相应的措施，不仅可以保证安全，而且可以给油库管理带来很大方便，可以节约人力物力，减少着火危险性。多年来实践证明，去掉笨重的透气阀，卧式罐实行密封贮油不仅安全，而且油罐能承受的压力还有很大潜力。就是 $1000m^3$ 以上的立式油罐去掉液压透气阀，改用弹簧阀调节压力，进行相对密封，也是可行的。南方某库在半地下 $50m^3$ 卧式罐进行了 10 年密封贮油试验：气温为-7~39.6℃，油罐覆土 20~40cm，$50m^3$ 油罐钢板厚 6mm，能承受最大压力为 50.7MPa，装油容量为油罐体积的 95%，每月打开测量口两次进行测量，测得夏季罐内最高压力为表压 253Pa，冬季低温时真空度最大为表压 203Pa。最高油温比最高气温低 7℃，最低油温比最低气温高 15℃左右。经过 298 罐次测量，计算出自然损耗仅为标准的 23%，大量地节约了油料，并显著地延缓了油料质量的变化。

在武汉地区，用未涂漆的 $10m^3$ 罐露天密封贮存喷气燃料，也证明质量无显著变化(参见表 2-8)。

表 2-8　喷气燃料在 $10m^3$ 罐露天密封贮存试验

名称	化验时间	初馏点/℃	10%温度/℃	50%温度/℃	90%温度/℃	98%温度/℃	酸度/(mgKOH/100mL)	胶质/(mg/100mL)
大庆煤油	开始	144.0	160.0	182.0	218.0	238.0	0.200	1.4
	10 个月后	145.5	158.5	182.5	221.0	237.0	0.286	1.0
新疆煤油	开始	132.2	151.0	178.6	215.4	229.1	0.260	1.2
	1 年后	136.0	151.0	178.0	216.0	228.0	0.453	1.2

密封贮存对柴油、润滑油、润滑脂等更为适宜。

密封方法：在密封前应将原有的液压透气阀拆除封死。大的机械透气阀，可以装一个活动盲板堵死，小的机械透气阀装一个开关。油罐口盖和测量孔等应加垫圈，严加密封。适当控制量油时间和测量次数，量油次数太多，影响蒸发损失；次数太少，影响油罐压力平衡。应在保证安全的基础上，尽量延长量油期限，最好能采用密封测量。

不少油库在密封贮油工作中，取得了良好效果。例如，半地下 $1000m^3$ 油罐采取密封贮油后，不论在减少自然损耗方面，还是在延缓燃料变质方面，均有显著的改善：

① 减少自然损耗。由于油罐密封后，将正压控制在 11. 1kPa，是原来 2. 13kPa 的 5 倍。负压控制在 5. 07Pa，大约是原来 223～304Pa 的 1/44，从而减少了油罐呼吸次数。据武汉地区试验统计，油罐密封前，航空活塞式发动机燃料每年每罐平均损耗 1202kg，喷气燃料平均损耗 224kg。密封后，航空活塞式发动机燃料每年每罐平均损耗 216kg，喷气燃料平均损耗 87kg。每年每罐节约航空活塞式发动机燃料 985kg，节约喷气燃料 137kg。

② 延缓燃料变质，减轻油罐锈蚀。由于密封后油罐基本处于密封状态，废除了旧的测量制度，减少了空气对流，避免了水分、杂质进入油料，因此延缓了燃料的氧化变质，延长了贮存期限，同时也减轻了油罐的锈蚀。表 2-9 和表 2-10 列举了航空活塞式发动机燃料和喷气燃料在密封前和密封后酸度和胶质的变化。从表中可以看到，经过密封贮存，胶质基本上未增加，酸度的增加也显著减少。

表 2-9　航空活塞式发动机燃料密封前后质量变化

化验项目	密封前			密封后		
	开始时	半年后	半年增大	开始时	3 年后	3 年增大
酸度/(mgKOH/100mL)	0. 176	0. 24	0. 064	0. 26	0. 317	0. 057
胶质/(mg/100mL)	0. 5	1. 4	0. 9	1. 6	1. 8	0. 2

表 2-10　喷气燃料密封前后质量变化

化验项目	密封前			密封后		
	开始时	1 年后	1 年增大	开始时	3 年后	3 年增大
酸度/(mgKOH/100mL)	0. 38	0. 786	0. 406	0. 786	0. 94	0. 154
胶质/(mg/100mL)	0	2. 8	2. 8	2. 8	2. 8	0

此外，采用密封贮油还有利于改善劳动条件、减轻劳动强度，便于防空、防火，满足安全要求。

5. 容器壁涂防护材料，减少燃料与金属的接触

在燃料容器内壁涂上防护层，可以防止金属对燃料的催化作用和燃料氧化产物对金属的腐蚀作用，同时也减少了金属腐蚀产物对燃料的污染和催化作用。

目前广泛使用生漆或环氧树脂漆涂刷油罐内壁，获得良好效果。表 2-11 列出了涂生漆罐与未涂生漆罐中汽油贮存时酸度的变化。在涂有生漆的罐内汽油酸度的增加显然要慢得多。

表 2-11　金属罐涂生漆防护层对汽油酸度增长的影响

贮存条件	酸度/(mgKOH/100mL)			
	开始	3 个月后	6 个月后	9 个月后
不密封露天涂生漆罐	0. 05	0. 29	0. 34	0. 45
不密封露天未涂生漆罐	0. 05	0. 29	0. 42	0. 72

6. 定期清洗油罐，排除水分、杂质

贮油容器的清洗和防锈，对保证燃料质量也有很大关系。容器(主要是金属容器)长期

不清洗，空气中的水分、灰尘和容器中的铁锈等便会落入油中，使燃料的水分、杂质增加。水分还能降低燃料中添加剂的含量，促进燃料氧化变质。因此，必须按照油罐的维护要求，定期刷洗油罐、清除脏油、擦去铁锈。聚集在容器底部的水分、杂质应经常放出，无底部放水设备的容器，应使用抽底排水的方法排出。

各种贮油容器将油发完后应将残余燃料尽量排出，不仅节约燃料，而且可以延缓新装燃料的氧化过程，因为残余燃料中含有大量胶质和过氧化物，装入新油时将促进新油的氧化。

第五节　提高燃料氧化安定性的添加剂

一、抗氧剂和抗氧防胶剂

1. 抗氧剂的种类和性能

为了延缓液体燃料的氧化变质，在汽油、喷气燃料和柴油中，特别是在含有二次加工产品(如裂化、焦化等)的燃料中，常加有抗氧化的添加剂，称抗氧防胶剂，简称抗氧剂。抗氧剂的作用在于抑制燃料的氧化过程，提高燃料在贮存和使用过程中的安定性。

抗氧剂不仅在液体燃料中使用，在润滑油、润滑脂及液压液体等中也大量使用。该类添加剂种类很多，目前主要使用的抗氧剂列于表2-12。

表2-12　一些主要抗氧剂的类型和用途

类　型	名　　称	商品名(代号)	适用范围
酚型	2,6-二叔丁基对甲酚	T501、氧诺、亚诺氧洛	汽油、喷气燃料
	2,6-二叔丁基酚	T502	汽油、喷气燃料
	2,4-二甲基-6-叔丁基酚		汽油、喷气燃料
	4,4′-亚甲基双(2,6-二叔丁基酚)	T511	
	2,2′-亚甲基双(联)(4-甲基-6-叔丁基酚)		汽油、喷气燃料
胺型	*N*-苯基-*N*′-仲丁基对苯二胺		汽油
	N,*N*′-二叔丁基对苯二胺	UOP No.5、AO-22	汽油
	N,*N*′-二异丙丁基对苯二胺	AO-23	汽油、喷气燃料
胺酚型	对羟基二苯胺		汽油
	N-正丁基对胺基酚	UOP4	汽油、喷气燃料
	2,6-二叔丁基-1-二甲基氨基对甲酚	T521、Hitec 4703	

从表2-14可以看到，用于液体燃料的抗氧剂主要为酚型、胺型及胺酚型。这些抗氧剂的使用温度一般不超过100℃。下面仅就液体燃料使用的几种抗氧剂进行介绍。

（1）酚型抗氧剂

典型的抗氧剂是屏蔽酚，即苯环上羟基的邻位上有叔丁基等较大的基团将羟基遮蔽的一类酚。使用最广泛的屏蔽酚是2,6-二叔丁基对甲酚，我国代号为T501添加剂，系由甲酚与异丁烯进行烷基化制成，其结构为：

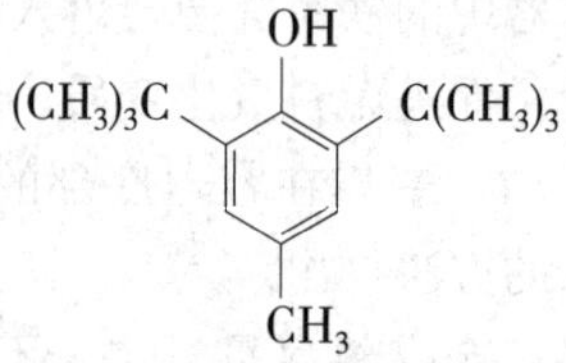

2,6-二叔丁基对甲酚为白色至淡黄色固体结晶，熔点69℃，沸点260℃，闪点127℃，相对密度1.048，油溶性良好，不溶于水和苛性钠。

2,6-二叔丁基对甲酚是多种石油产品的优良抗氧剂，在含有裂化焦化产品的汽油及喷气燃料中广泛使用，效果良好。在汽油中该添加剂的用量一般为0.005%~0.2%。

虽然2,6-二叔丁基对甲酚的抗氧化效果不及对羟基二苯胺，但它在水中的溶解度比对羟基二苯胺小，不易溶于水中，很易溶于油中，在各种航空活塞式发动机燃料中加入0.004%，均能有效地提高燃料的安定期(超过24h)。2,6-二叔丁基对甲酚的特点是无论在开始贮存或在已经氧化后的汽油中加入，均能提高汽油的安定性，减少四乙基铅的分解。例如，在某95号航空活塞式发动机燃料中加入0.005%的2,6-二叔丁基对甲酚，经阳光照射14h后，比未加入抗氧剂的汽油沉淀量和潜在胶质均少约1/3(参见表2-13)。

表2-13　2,6-二叔丁基对甲酚的抗氧化性能

试验燃料	阳光照射14h后	
	沉淀量/%	潜在胶质/(mg/L)
95号航空活塞式发动机燃料，未加抗氧剂	0.06423	2.45
95号航空活塞式发动机燃料+0.005%抗氧剂	0.04462	1.75

在屏蔽酚的基础上后来又发展了屏蔽双酚型化合物，例如2,2′-亚甲基双(联)(4-甲基-6-叔丁基酚)，结构式为：

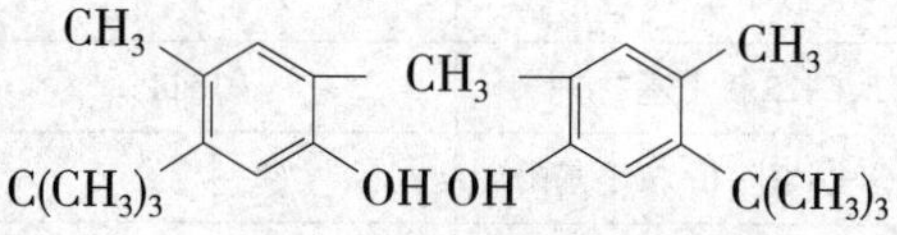

双酚型抗氧剂的分解温度较高，适于在较高温度条件下工作的燃料和润滑油使用。

酚型抗氧剂的凝点一般高于0℃，使用时先溶于汽油或煤油中，降低了其有效成分含量，且在低温下易析出。为此，石井等人研制出了凝点为-13℃的混合酚型抗氧剂，它为2,6-二叔丁基对甲酚与2,6-二叔丁基酚等的混合物。

(2) 胺型抗氧剂

不论脂肪胺、芳香胺还是杂环胺及其衍生物，都可以用作有效的油品抗氧剂。芳香胺型抗氧剂的效果好于酚型抗氧剂，因此实际使用较多。胺类的使用温度较酚类稍高，但也不宜超过120℃。在较高温度下，胺类易被氧化而失去效果。

使用较广泛的胺型抗氧剂有*N*,*N*′-二仲丁基对苯二胺，结构式为：

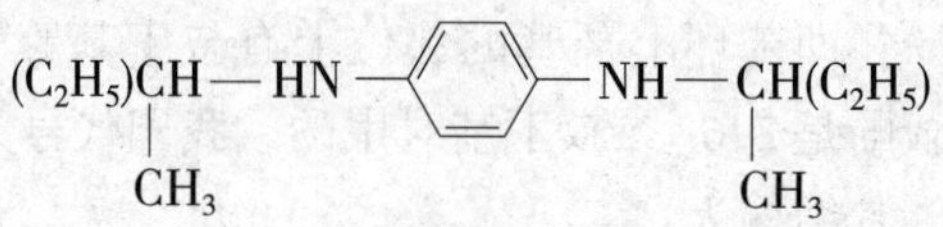

该抗氧剂为红色液体，沸点295~300℃，熔点15℃，相对密度0.95。由于这种添加剂毒性过大，近年来我国已不生产，改为生产*N*-苯基-*N′*-仲丁基对苯二胺：

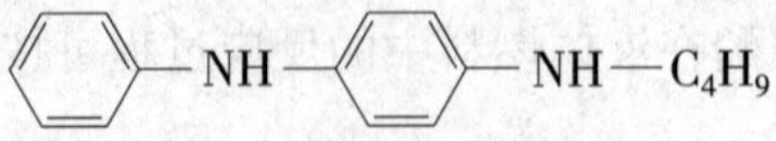

它的毒性稍小，主要用于含烯烃较多的车用汽油中。

胺型抗氧剂虽较酚型使用温度稍高，但生产成本高、毒性较大、油溶性较差、使用中易变色，并有时产生沉淀。

(3) 胺酚型抗氧剂

同时含有胺基和羟基的胺基酚化合物也是很有效的抗氧剂。实践证明，它的抗氧效果比只含有一个官能团的抗氧剂还高。

胺酚型抗氧剂中使用最广泛的是对羟基二苯胺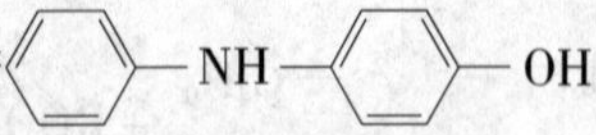以及*N*-正丁基对胺基酚(C_4H_9HNOH，美国商品名UOP4)，均用于提高汽油的抗氧化安定性。此外，还有一些胺酚型抗氧剂用于润滑油，如2,6-二叔丁基-1-二甲基氨基对甲酚。

胺酚型抗氧剂的效率高，可使用的温度也较高，但在燃料中不易溶解，遇水或碱性溶液较易被洗掉，故使用量逐渐减少。

应该注意，抗氧剂在燃料贮存过程中是会逐渐消耗的。当消耗完毕后，燃料还会继续氧化。所以加有抗氧剂的燃料并不能无限期延长贮存期。此外，各种抗氧剂还能微溶于水，例如2,6-二叔丁基对甲酚20℃时在100mL水中能溶解约0.01g。因此，在管理使用中应注意防止水分混入贮油容器，存有航空燃料的油罐中不应使用水垫。

2. 抗氧化剂的作用机理

各种抗氧剂都是通过破坏烃类氧化时的链反应而延缓油品氧化过程的，但是不同的抗氧剂所起的具体作用有所不同。

根据研究，酚型、胺型以及胺酚型抗氧剂均能与烃类氧化反应初期产生的烃自由基或烃过氧化物自由基作用，使之转变为稳定的分子，从而抑制自由基的形成，使链反应中断，因此可称为链反应终止剂。

据研究，酚类、胺类和胺酚类抗氧剂的分子上都有一个较活泼的氢原子，这个氢原子容易与烃类氧化生成的自由基(或过氧化物自由基)结合，生成较稳定的分子，同时生成的抗氧剂自由基由于能量很小，不足以产生新的自由基，或者转变为不活泼的分子而使自由基消失。

以AH表示抗氧剂分子，$\dot{A}$为抗氧剂自由基，则抗氧剂的主要作用可概略地用下式表示：

$$\left.\begin{aligned} &RH \longrightarrow \dot{R}+\dot{H} \\ &\dot{R}+O_2 \longrightarrow RO\dot{O} \end{aligned}\right\}\text{自由基形成}$$

$$\left.\begin{aligned} &AH+\dot{R} \longrightarrow RH+\dot{A} \\ &AH+R\dot{O}O \longrightarrow ROOH+\dot{A} \end{aligned}\right\}\text{自由基转换}$$

$$\left.\begin{array}{l}\dot{A}+\dot{A}\longrightarrow A-A\\ \dot{A}+RO\dot{O}\longrightarrow ROOA\end{array}\right\}\text{自由基消失}$$

例如，2,6-二叔丁基对甲酚在液体燃料中的反应过程可按下列两种方式进行：

①

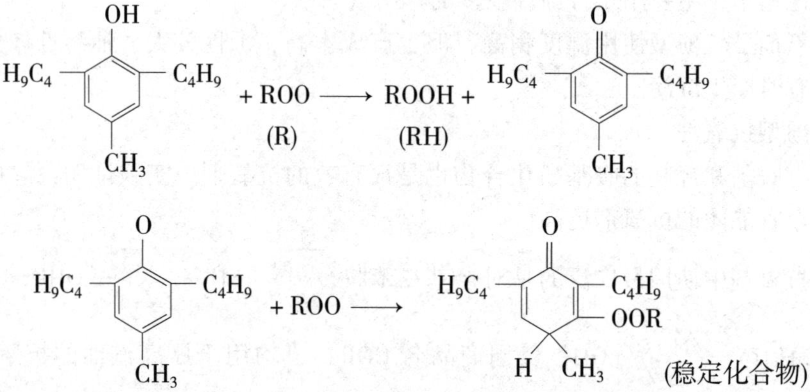

②

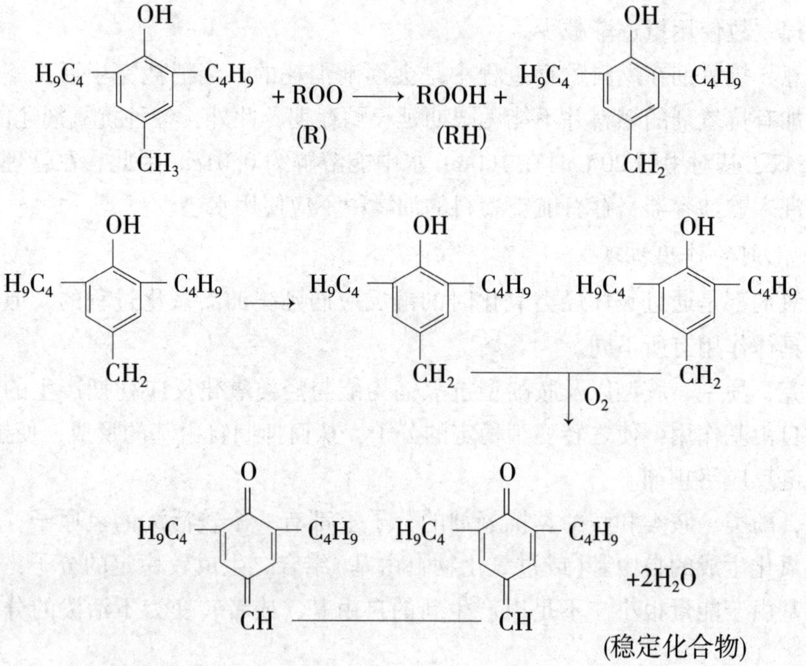

无论按①式还是②式进行，都能使过氧化物自由基消失，并生成稳定的化合物分子，从而终止烃氧化的链反应。

但是常用于内燃机油的含硫和磷抗氧剂的作用机理与酚或胺的作用机理稍有不同。据研究，含硫和磷抗氧剂对过氧化物有分解作用，使之生成较稳定的分子，从而中断烃氧化的链反应。

例如，硫化物 RSR′分解过氧化物的作用：

$$R'SR''+ROOH\longrightarrow R'SOR''+ROH$$

$$R'SOR''+ROOH \longrightarrow R'SO_2R''+ROH$$

二硫化物也能破坏过氧化物，生成较稳定的硫代亚砜，再进一步氧化成硫代砜化物。

$$R'SSR''+ROOH \longrightarrow R'\underset{\displaystyle O}{\underset{\|}{S}}SR'' + ROH$$

$$R'S\underset{\displaystyle O}{\underset{\|}{S}}R'' + ROOH \longrightarrow R'SO_2SR''+ROH$$

所以，硫磷型抗氧剂是作为过氧化物分解剂而起到破坏链反应的效果。

抗氧剂利用其与自由基或过氧化物的作用而抑制烃类氧化物的链反应发展，一个有力的证明便是在燃料中加入极少量的抗氧剂，就能明显地提高燃料的安定性，较大地延长其诱导期。如果只是利用抗氧剂的还原能力，是不可能得到如此好的效果的。例如，在安定期为4h的不含抗氧剂的95号航空活塞式发动机燃料中，加入0.004%对羟基二苯胺后，安定期即增加为55~96h。有的汽油未加抗氧剂，贮存14个月后，在油罐和油桶中均产生大量沉淀，质量降为不合格。但同批汽油加入少量抗氧剂，在相同条件下贮存3年，质量仍符合标准。

二、金属钝化剂

为了克服金属表面的催化作用，在燃料加工过程中应尽量脱除精制过程中残余的金属，特别是铜。然而最有效的方法是在燃料中加入抗氧剂的同时，加入一种能使金属失去活性的添加剂，称为金属钝化剂或金属去活化剂。金属钝化剂在燃料中能与金属离子作用，生成一种螯形络合物，从而使金属遭到屏蔽而失去原有的活性。

金属钝化剂本身不能起抗氧作用，因而总是与抗氧剂一起使用。金属钝化剂不仅能提高抗氧剂的抗氧效果，而且能减少抗氧剂的用量。

目前我国使用的金属钝化剂为*N*,*N′*-二亚水杨-1,2-丙二胺(代号T1201)。这种钝化剂对抑制铜的催化作用很有效，一般与抗氧防胶剂同时使用，常加在车用汽油中，添加量一般为0.0005%。

N,*N′*-二亚水杨-1,2-丙二胺是一种黄色结晶粉末，熔点为49~50℃，溶于汽油，不溶于水。它的结构式如下：

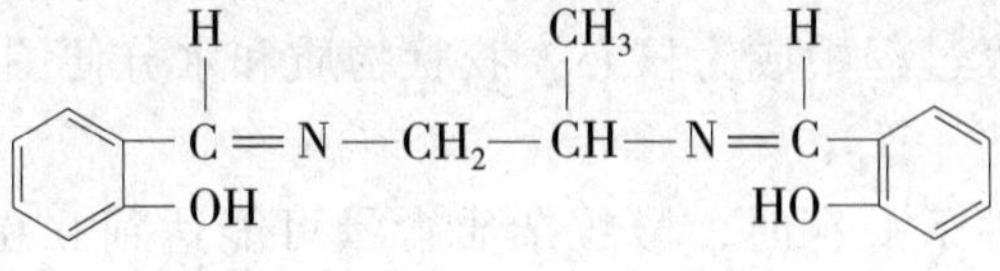

它与金属作用后生成络合物(亦称螯合物)如下式所示：

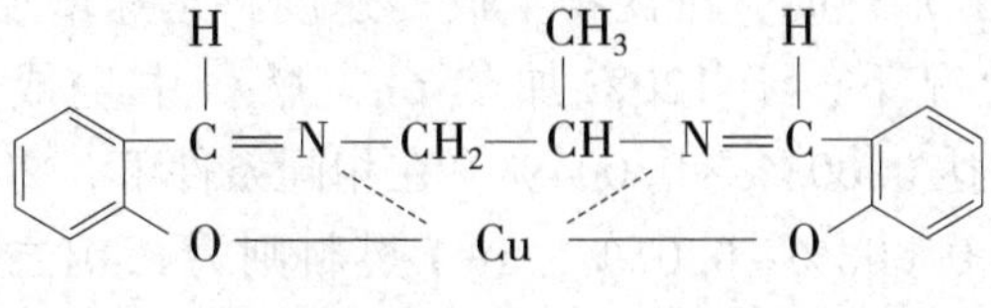

这种内络合物能溶于燃料而不起催化作用。

其他可用作金属钝化剂的物质有*N*,*N′*-二亚水杨乙二胺以及羟基喹啉的衍生物，例如8-羟基喹啉，5,7-二溴-8-羟基喹啉，5,7-二氯羟基喹啉和二羟基二喹啉甲烷等，但效果

不及 N,N'-二亚水杨-1,2-丙二胺。

三、滤光性染色剂

前面已经讲过，光照也是影响燃料氧化的重要因素。为了减少光照对燃料氧化的影响，有时会在燃料中加入染色剂。如我国 95 号航空活塞式发动机燃料中加有二甲基黄或油溶黄，100 号航空活塞式发动机燃料加有苏丹Ⅳ(红色)。

燃料中加染色剂有三个作用：一是提高安定性，即通过染色剂吸收一定波长的光，防止光照引起的添加剂分解和燃料氧化；二是警示作用，如航空活塞式发动机燃料加染色剂，可以直观地提醒人们注意油中加有四乙基铅，有一定毒性；三是区分作用，即根据油的颜色可以区分油的种类。

第六节　液体燃料的热安定性

一、喷气燃料的热安定性

1. 喷气燃料热安定性的意义

当飞行速度超过音速以后，由于空气摩擦加热作用，使飞机蒙皮温度上升，飞机油箱内燃料温度也上升。飞行速度越快，温度上升也越高。例如，飞行速度为 2.2 马赫的运输机，油箱中燃料温度达到 85℃，喷嘴前的燃料温度约 150℃。飞行速度 3 马赫的超音速飞机，油箱中燃料的温度达到 110℃，通过滑油散热器的燃料在飞机降落时最高温度达 260℃。

在飞机发动机中，喷气燃料除受空气摩擦热和滑油热交换器的传导热，还在燃烧室头部受燃烧室辐射热的影响而使温度进一步升高。

在这种高温使用条件下，喷气燃料中各组分发生着不同程度的氧化过程。先参加反应的是那些最不安定的烃类以及含有硫、氮、氧的非烃化合物，例如，四氢萘的性质很不安定，在 76℃就能被氧化，烯烃约在 125℃下开始氧化，而正壬烷则需在 180℃下才开始氧化。有的含硫化合物在室温下就能被氧化，含氮化合物如吡咯在 50℃下开始氧化。最初生成的氧化物在燃料中呈溶解状态，逐渐聚合成为胶质。胶质微粒继续聚积，生成较大的颗粒并呈沉淀从燃料中析出。在胶质的凝聚过程中，水分和机械杂质有加速的作用，因为机械杂质在凝聚过程中成为核心，胶状物质和水分便围绕着这些核心，逐步聚积成大的颗粒。

喷气燃料在一般条件下贮存时，微粒杂质含量可能达到 0.0003%~0.0005%。若燃料与水分、沉淀物经常处于剧烈搅拌的情况下，微粒杂质含量可以达到 0.001%~0.002%。但是当燃料受到加热时，沉淀物生成的速度将迅速增加。例如 TC-1 燃料在与青铜接触并通入空气情况下，于 120℃加热 6h，燃料中生成的沉淀物为 0.002%~0.003%，而 T-1 燃料则达 0.003%~0.004%。在相同条件下，将加热温度提高到 150℃，TC-1 燃料中的沉淀物为 0.008%~0.01%，T-1 燃料则为 0.012%~0.015%。由此可见，高温对燃料产生沉淀的影响非常显著。在常温下贮存多年生成的沉淀物，也赶不上加热几小时所产生的沉淀物多。同时，在这种高温条件下，在燃料系统的金属表面上还将生成漆膜和碳沉积。

热安定性不好的燃料在较高温度下容易生成可溶性及不可溶性胶质，这些胶质沉淀在热交换器表面上，导致冷却效率降低，沉淀在燃料支管、过滤器和喷嘴上，导致过滤器和喷嘴堵塞，并使喷射的燃料分配不均，引起燃烧不完全、发动机导向叶片产生斑点等。因此，长时间超音速飞行的飞机使用的燃料，要求具有良好的热安定性。

2. 评定喷气燃料热安定性的方法

我国评定喷气燃料动态热安定性的方法为 GB/T 9169—2023《喷气燃料热氧化安定性测定法》。该方法使用的装置流程如图 2-6 所示。燃料按规定流量(3. 0mL/min)送入系统，经过滤器及流量计后进入预热器。预热器保持加热温度 150℃。燃料经预热后进入加热过滤器(保持要求的试验温度，如 260℃)。这一预热器和加热过滤器部分代表发动机喷嘴面积和发动机热区燃料小通道。在加热过滤器中有一个精密的不锈钢粉末冶金制成的过滤片，它能捕集试验中燃料变质所生成的产物。经过 2. 5h 试验后，变质物沉积的程度用过滤器前后压差的大小来表示。试验结果以压差的大小和预热器内表面沉积物的颜色等级表示，作为评定喷气燃料热安定性的标准。如果热安定性较低，在不到 2. 5h 时过滤器前后压差已超过某一规定值(例如 33. 3kPa)，也可以记录达到此规定值的时间(分钟数)作为评定热安定性的标准。美国评定喷气燃料的热定安性采用 JFTOT 试验。它和我国采用的 GB/T 9169 动态热安定性试验的意义及原理基本相同。试验时将燃料用泵压送至已加温到一定温度(300℉或 148. 9℃)的预热器，并使之通过一特制的过滤器(温度 400℉或 204. 9℃)测定其压力降。试验结果以一定温度下在一定时间内产生的压力降及预热器金属管表面沉积物的颜色等级表示，作为燃料的热安定性评定指标。

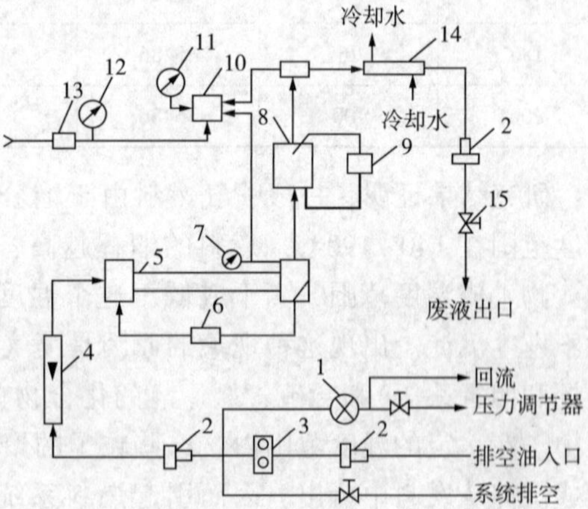

图 2-6　动态法测热安定性流程图

1—压力调节器；2—滤油器；3—齿轮泵；4—转子流量计；5—预热器；6—温度调节器；7—系统压力指示表；8—过滤器；9—温度调节器；10—压差变送器；11—压差指示表；12—气体压力表；13—空气过滤器；14—水冷却器；15—流量调节阀

3. 影响喷气燃料热安定性的因素

喷气燃料热安定性好坏，关键在于喷气燃料的组成。各种烃中，烷烃、环烷烃热安定性都很好。多环芳香烃热安定性最差，环数越多，热安定性越差。烯烃、非烃化合物热安定性也比较差。

温度是影响喷气燃料热安定性的主要外因。表 2-14 列出了大庆 3 号喷气燃料馏分在不同温度下的动态热安定值。从表中看到，当温度为 130℃时，大庆 3 号喷气燃料馏分经过 300min 几乎没有产生压力降，当温度升高到 170℃时，压力降的速度最快，但是当温度升高到 200℃时，压力降的速度反而逐渐降低。这与静态法的测定结果变化的趋势是一致的，即随着温度的逐渐升高，燃料的热安定性开始变差，当达到一定温度时，热安定性降到最低，温度进一步提高，则燃料的热安定性又有所改善。

表 2-14　大庆 3 号喷气燃料馏分在不同温度下的动态热安定值

试验温度/℃	试验时间/min	压力降/Pa	压力降平均速度/(Pa/min)	试验后的燃料性质	
				酸度/(mgKOH/100mL)	胶质/(mg/100mL)
130	300	400	1.3	0.54	无
150	134	45486	339	1	无
160	98	45486	464	1.12	无
170	74	45486	615	1.22	无
180	76	45486	599	1.22	无
200	100	45486	454	1.1	无

研究结果证明，一般喷气燃料由于馏分范围和理化性质不同，引起燃料系统堵塞的温度范围在 140~190℃。燃料的馏程越高，引起堵塞的温度越低。每种燃料都有自己的沉淀物生成温度范围，高于或低于这个温度范围，生成沉淀的过程都将较慢，或者根本就不发生沉淀。出现这种现象的原因是喷气燃料在加热后，不安定的烃类(主要是双环芳香烃和四氢萘等)和含硫、氮、氧的化合物首先被氧化，其氧化产物呈微小粒子分散在燃料中。在一定的温度范围内，这些粒子的聚集作用大于分散作用，则小粒子变成大粒子，形成沉淀从燃料中析出，因而引起燃料系统的堵塞。但随着燃料的温度继续上升，达到一定温度后，由于燃料强烈地蒸发和沸腾，生成的烃蒸气使氧在燃料表面空间的浓度和分压降低，因而不安定组分的氧化过程受到控制，同时，燃料中的微小粒子，在这时的分散作用大于聚集作用，于是大粒子重新被分散为小粒子溶解在燃料中，过滤器不再被沉淀物堵塞。曾经观察到，在开始产生沉淀的时候(温度 150℃左右)，喷气燃料产生沉淀物的颜色是灰色透明的，其大小不超过 50μm，这时沉淀渗透到油滤缝隙中，在油滤表面上不易观察到沉淀物。当温度上升到 200~510℃时，沉淀物变为暗黑色，颗粒大小变为 50~120μm，并且会沉淀在油滤表面。温度继续上升，这些沉淀物又重新溶解在油中，不再堵塞油滤。

空气对动态热安定性的影响和静态法一样，是很大的。在燃料系统中没有氧气存在的情况下，喷气燃料非常安定。用 TC-1 燃料进行试验，当燃料与空气接触时，在 150℃便达到了热安定性的极限值。然而和氮气或全部是燃料蒸气接触时，在 200℃以上还未达到热安定性的极限。所以，飞机油箱最好用氮气增压。

4. 提高喷气燃料热安定性的方法

未经很好精制的直馏喷气燃料，当温度高于 100℃以后热安定性就迅速降低。为了提高燃料的热安定性，通常采用的方法有两种，一是对燃料进行深度精制；二是在燃料中加入提高热安定性的添加剂。

目前加氢技术比较成熟，加氢精制的方法被广泛采用。燃料在加氢时，不饱和烃被饱和，非烃杂质被除去，同时还使部分芳香烃转化为环烷烃，所以燃料的热安定性得到提高。我国曾对几种加氢燃料进行试验，结果列于表 2-15。

表 2-15　几种加氢燃料的热安定性

油样	试验温度/℃	操作指标		试验结果		
		压力(表压)/kPa	流量/(L/h)	压差/kPa	时间/min	平均堵塞速度/(kPa/min)
加氢和直馏馏分混兑	150	304	2.82	0	300	0
	170	304	2.82	45.5	243	0.187
	190	304	2.82	45.5	186	0.239
催化裂化普通柴油加氢	150	304	2.82	0	300	0
	200	304	2.82	0	300	0
	220	304	2.82	0	300	0
浓缩芳香烃深度加氢	150	304	2.82	0	300	0
	200	304	2.82	0	300	0
	250	304	2.82	0	300	0

从表 2-15 中可见，用浓缩芳香烃深度加氢制得的燃料热安定性很好，温度高达 250℃时仍不产生有害沉淀物。催化裂化普通柴油加氢制得的燃料，虽然在 220℃时过滤器未出现压差，但在预热器内壁上已附着许多沉积物，燃料颜色也变得很深。从 20 世纪 60 年代以来，喷气燃料的热安定性添加剂发展很快。因为它在提高一般喷气燃料的热安定性方面效果显著而且成本较低，所以得到广泛应用。这种添加剂不仅热安定性好，而且还具有良好的抗氧化性、分散性、抗腐蚀性、抗磨性等。目前使用的热安定性添加剂主要有以下三种类型：

① 高分子胺类。这类添加剂中最有效的是分子中碳原子总数为 16~32 的脂肪族仲胺。例如，在 JP-4 燃料中加入 0.0018%~0.018%的上述添加剂时，经 4~5h 后压力降才达到 6.65~26.6Pa，当不加添加剂时，在相同条件下经 56min 压力降就达到 8.4kPa。

② 烷基苯酚类。据报道，在 JP-4 燃料中加有 2-甲苯基 6-叔丁基苯酚 0.12%或 2,6-二甲基苯酚 0.2%、2-甲苯基 6-叔胺基苯酚 0.06%等，在 JP-5 中加有 2-甲基 6-异丙基苯酚 0.05%或 2-己基 6-叔丁基苯酚 0.07%。

③ 共聚物。这类添加剂中目前比较广泛使用的是甲基丙烯酸酯共聚物，其中以十二烷甲基丙烯酸脂和二乙胺基甲基丙烯酸酯(90：10)的性能最好，产品名称为 FOA-2。

国内曾对上述热安定性添加剂的性能进行了评选工作。试验用燃料为大庆原油直馏轻馏分与脱蜡重馏分混合而成，相对密度为 0.8。试验结果较好者如表 2-16 所列。将表中所列添加剂加入新疆 1 号喷气燃料进行试验，也证明效果良好。

表 2-16　几种热安定性添加剂的性能试验

添加剂名称	添加剂加入量/%	试验结果/(mg/100mL)		备注(代号)
		沉淀	胶质	
无添加剂燃料	0	5.9	18	空白燃料
2,6-二叔丁基对甲酚	0.05	1.9	3	氧诺
603(80：20)+5%金属钝化剂	0.05	0.9	60	FOA-2
苯基-α-萘胺	0.05	1.6	9	防老剂甲

我国目前使用的喷气燃料热安定性添加剂是由高温分散剂、抗氧剂、金属钝化剂等组成的复合剂。

二、柴油的热安定性

1. 柴油热安定性的意义

柴油机在炎热气候或在密闭舱室中工作时，油箱中柴油温度可达 60~80℃，而且由于油箱不断振荡，柴油在较高温度下与空气剧烈混合，燃料中溶解氧达到饱和的程度。当柴油进入供油系统后，温度继续升高，并且与不同的金属接触。在这种剧烈氧化的条件下，燃料中的不安定成分会急剧氧化而生成各种氧化缩合产物。这种产物在高温条件下便在高压油泵、喷嘴等处形成漆状沉积，造成油针活动失灵，甚至黏死而中断供油。沉积在喷嘴周围的积炭则能使喷雾不良。沉积在燃烧室壁及气阀等部位的积炭则会使金属零件磨损增大，导热不良。

热安定性良好的柴油在发动机中使用时不易生成漆膜、炭质沉淀或积炭。

因为缺乏合适的测定方法，柴油产品规格中目前尚没有对柴油的热安定性作具体规定。规格中 10%蒸余物残炭值在一定程度上可以大致反映柴油在喷嘴和气缸零件上形成积炭的倾向大小，但是，实际行车试验表明，残炭值与发动机中产生积炭或沉积的数量，并无对应关系，不能作为燃料热安定性的指标。

2. 影响柴油热安定性的因素

柴油的热安定性也取决于燃料的烃类组成。在柴油中，热安定性最好的是烷烃和环烷烃，其次是单环芳香烃，再次是环烷芳香烃，而以双环芳香烃和三环芳香烃的热安定性最差。表 2-17 列举了不同结构的芳香烃在加热氧化时所生成的胶质和沉渣数量。由表可知，带取代基的双环芳香烃如三甲基萘，在相同条件下所生成的沉渣为戊基苯的 52 倍，为四氢萘的 4. 33 倍。柴油馏分中的中芳烃，由于其中包含有含硫杂环成分，所以氧化沉渣较三甲基萘更大。柴油馏分中的重芳烃(相当于三环以上的芳香烃)含量为 5%时，氧化生成量在 100mL 燃料中竟超过 0. 1g，对发动机的正常运转将产生严重不良的影响。

表 2-17　不同结构芳香烃的热安定性比较

烃　类	含量/%	200℃下通空气 3h 氧化生成物/(mg/100mL)	
		氧化胶质	氧化沉渣
戊基苯	15	103	0. 5
四氢萘	15	340	6. 0
萘	15	415	1. 4
三甲基萘	15	600	26. 0
柴油馏分中用吸附法分离①			
烷烃环烷烃	100	80	—
轻芳烃	5	470	0. 4
轻芳烃	15	610	1. 9
中芳烃	5	550	8. 0
中芳烃	15	450	53. 0
重芳烃	5	270	104. 0

① 吸附分离时，杂环含硫化合物大部分分布在环数相同的芳香烃中。

如果说在烃类组成中，不饱和烃和环烷芳香烃是引起柴油贮存安定性不良的主要原因，那么，多环芳香烃则是引起柴油热氧化安定性不良的主要原因。在加氢精制的柴油中不含烯烃，但有时含有环烷芳香烃而引起性质不安定，这些环烷芳香烃是由稠环芳香烃经部分加氢生成的。加氢精制的柴油，其热安定性都很好，因为其中多环芳香烃的含量很低。

柴油中的非烃化合物不仅对贮存安定性不利，而且对热安定性也有不良影响，其中以硫化物的危害最显著。在普通柴油规格中要求含硫不大于 0.2%，不仅由于硫化物对发动机零件具有腐蚀作用，而且硫化物将使发动机中积炭和沉积物的数量成倍增长，沉积物有时很坚硬，难以清除，将加剧发动机的磨损。

3. 柴油热安定性的评价方法

我国评价柴油热安定性的方法是 SH/T 0764—2005《柴油机喷嘴结焦试验方法（XUD-9 法）》。另外，柴油 10%蒸余物残炭也是评价热安定性的指标。

第七节　我国液体燃料的安定性

一、汽油的安定性

1. 车用汽油在贮存中的质量变化

汽油在贮存中的安定性取决于油品的化学组成，而油品的化学组成不仅与原油的性质有关，也与加工工艺有密切关系。

直馏汽油和重整汽油（铂重整）都不含烯烃，性质安定。热裂化和催化裂化汽油（移动床较流化床含烯烃少）中均含有较多烯烃和双烯烃，性质不安定。催化裂化汽油中含双烯烃较热裂化汽油少，稳定性较好。加氢产品中不含烯烃和非烃成分，性质非常安定。

车用汽油由于多数含有裂化组分，性质较不安定，在贮存中最容易变化的品质指标是实际胶质、酸度和馏程。某车用汽油在温度 7~48℃范围内，用有透气阀的露天罐贮存试验的结果见表 2-18。

表 2-18　车用汽油在贮存中的质量变化（露天罐）

质　量	贮存时间				
	出厂化验	3 个月	6 个月	8 个月	11 个月
10%馏出温度/℃	65.5	73	74	74	75
胶质/（mg/100mL）	0.4	0.4	10.4	74.0	80.6
酸度/（mgKOH/100mL）	0.28	0.31	0.35	2.80	5.44
蒸气压/kPa	57.6	—	—	—	42.0

可以看出，在不到一年中，燃料的实际胶质和酸度已成倍地增加，10%馏出温度也上升 10℃左右。上述是露天贮存条件下变化较快的例子，在贮存条件较好的情况下，变化比这要慢一些，但变化的项目主要仍是这几项。

目前我国车用汽油主要生产工艺为催化裂化，含有较多烯烃，这是影响我国车用汽油安定性的主要原因。另外，我国一些车用汽油中加有少量 MMT 作抗爆剂，MMT 受光照很容易分解，产生棕色沉淀，并加速胶质的生成和变色。

2. 航空活塞式发动机燃料在贮存中的质量变化

（1）我国航空活塞式发动机燃料安定性状况

我国生产的航空活塞式发动机燃料基础油多系直馏汽油与移动床催化裂化（或流化床）或加氢产品调和而成，含不饱和烃很少。航空活塞式发动机燃料中调和的高辛烷成分，如工业异辛烷、异戊烷、异丙苯等性质都很安定。因此，航空活塞式发动机燃料的性质比车用汽油安定得多。

表 2-19 是 100 号航空活塞式发动机燃料贮存试验的结果。从表 2-19 中可以看出，贮存 2 年半以后，质量上没有显著变化。虽然馏程、酸度和实际胶质均略有升高，但变化较车用汽油小，且均在标准规定的范围内。实践证明，在我国南方如株洲地区，国产航空活塞式发动机燃料在半地下罐密封贮存 5 年以上，质量仍符合要求。

表 2-19　100 号航空活塞式发动机燃料在贮存中的度量变化

质量指标	贮存时间/月					
	0	6	12	18	24	30
初榴点/℃	40	41.5	45	40	47	62
10%馏出温度/℃	61	61.5	65	62	67	64
50%馏出温度/℃	98	98	101	100	100	101
90%馏出温度/℃	138	138	141	140	140	144
97.5%馏出温度/℃	169.5	169	171	170		
干点/℃					166	166
酸度/(mgKOH/100mL)	0.147	0.148	0.190	0.256	0.212	0.266
实际胶质/(mg/100mL)	1.8	2.4	1.6	2.2	2.0	2.0
辛烷值(MON)	—	100	100.3	—	98.6	100

航空活塞式发动机燃料在高原地区贮存时，由于空气稀薄、气候干燥、昼夜温差大等特点，轻质成分蒸发损失大。随着轻质成分的蒸发，馏程升高，四乙基铅含量相对地增加，结果辛烷值和品度不仅不降低，反而升高。在新疆和田及哈密地区和西藏贡嘎地区贮存 95 号航空活塞式发动机燃料的质量变化情况列于表 2-20。

表 2-20　95 号航空活塞式发动机燃料在高原地区贮存中的质量变化

贮存地区	出厂时			贮存 5 年后			自然损耗/%
	四乙基铅含量/(g/kg)	辛烷值(MON)	品度	四乙基铅含量/(g/kg)	辛烷值(MON)	品度	
和田	3.16	96	130	3.48	98	—	9.7
哈密	3.24	96	130	3.81	98	140	13.88
贡嘎	3.24	96	130	3.80	98	—	12.65

（2）铅对航空活塞式发动机燃料安定性的影响

航空活塞式发动机燃料中除调和高辛烷成分，还添加抗爆剂四乙基铅。含铅汽油在贮存中四乙基铅常易氧化分解，产生沉淀，而且分解产物能促进烃类的氧化。因此，含铅汽油的化学安定性比无铅汽油的安定性差，这在高温地区特别显著。将含铅汽油放在玻璃瓶内，在有光线照射条件下贮存 135h，试验结果列于表 2-21。

表 2-21　含铅汽油在有光线照射条件下贮存时的质量变化

汽　油	开始时		16h 后		135h 后	
	四乙基铅含量/%	辛烷值（MON）	四乙基铅含量/%	辛烷值（MON）	四乙基铅含量/%	辛烷值（MON）
无抗氧剂	0.82	79.1	0.61	76.0	0.36	69.0
含抗氧剂氨基乙烷	0.85	79.6	0.68	76.5	0.49	74.1
含抗氧剂对苯二酚	0.79	79.3	0.64	76.3	0.46	74.0

从试验结果可以看到，不论是否在汽油中加入抗氧剂，在贮存 135h 后，汽油中四乙基铅含量几乎降到一半，辛烷值也下降很多。

当含铅汽油受光照射或在贮存中受热时，四乙铅在常温下即可分解为二乙基铅和乙基自由基：

$$Pb(C_2H_5)_4 \xrightarrow{\triangle H} \dot{P}b(C_2H_5)_3+\dot{C}_2H_5$$

生成的自由基能引发燃料中烃类氧化的链反应，例如：

$$\dot{C}_2H_5+RH \longrightarrow C_2H_6+\dot{R}$$

$$\dot{R}+O_2 \longrightarrow RO\dot{O}$$

$$RO\dot{O}+R'H \longrightarrow ROOH+\dot{R}'$$

生成的自由基也能与氧生成过氧化物：

$$\dot{C}_2H_5+O_2 \longrightarrow C_2H_5O\dot{O}$$

$$C_2H_5O\dot{O}+RH \longrightarrow \dot{C}_2H_5OOH+\dot{R}$$

过氧化物与三乙基铅自由基作用，可进一步生成二乙基铅化合物，例如：

$$ROOH+(C_2H_5)_3\dot{P}b \longrightarrow (C_2H_5)_3PbOH+R\dot{O}$$

$$ROOH+(C_2H_5)_3\dot{P}b \longrightarrow (C_2H_5)_3PbOR+\dot{O}H$$

$$(C_2H_5)_3PbOH \longrightarrow (C_2H_5)_2\dot{P}bOH+\dot{C}_2H_5$$

$$ROOH+(C_2H_5)_2\dot{P}bOH \longrightarrow (C_2H_5)_2Pb(OH)_2+R\dot{O}$$

$$ROOH+(C_2H_5)_2\dot{P}bOH \longrightarrow (C_2H_5)_2Pb(OH)(OR)+\dot{O}H$$

通过四乙基铅的分解产物和烃类过氧化物的互相作用，可以生成各种含二乙基铅的化合物，包括：$(C_2H_5)_2Pb(OH)_2$、$(C_2H_5)_2Pb(OR)_2$、$(C_2H_5)_2Pb(OR)(OH)$ 以及最终氧化产物 PbO 等。这些化合物在汽油中均不易溶解，因而沉淀出来，并使汽油呈现混浊。通常这些沉淀呈灰白色，有令人打喷嚏的气味，并具有一定的毒性。为此，在清除贮存含铅汽油（特别是航空活塞式发动机燃料）的油罐底部沉淀物时，必须采取防止中毒的措施。

（3）提高航空活塞式发动机燃料抗氧化安定性的方法

① 加入抗氧剂（防胶剂）。在航空活塞式发动机燃料中加入少量抗氧剂，能明显地提高燃料的化学安定性。目前我国使用的航空活塞式发动机燃料除 75 号外均加有抗氧剂。

② 加入滤光性染料。在航空活塞式发动机燃料中加入滤光性染料如油溶黄、油溶红、二甲基黄等，能减轻光线对四乙基铅的分解作用，提高燃料的安定性。在 95 号航空活塞式

发动机燃料中加入不同染料与未加染料曾进行对比试验，其结果载于表2-22。

表2-22　95号航空活塞式发动机燃料加入不同染料对四乙基铅分解的影响

油名	加入染料名称	加入染料/%(按铅水质量)	出现浑浊时间/min	瓶底出现沉淀时间/min	暴晒7h后沉淀/(mg/100mL)	四乙基铅/(g/kg)		辛烷值	
						试验前	试验后	试验前	试验后
95号	未加	0	15	139	22.0	2.91	2.63	97.6	96.0
	油溶黄	0.4	130	255	7.0	2.91	2.82	98.0	96.0
	油溶红	0.4	155	277	6.0	2.91	2.90	97.6	96.4
	二甲基黄	0.4	162	255	4.9	2.91	2.89	97.6	96.4

从表2-29中可以看出，加有滤光性染料的航空活塞式发动机燃料，出现浑浊与沉淀的时间比未加染料的同一燃料要长得多，而且光照后生成的沉淀量也少得多。目前国产95号航空活塞式发动机燃料系按乙液的质量加入0.6%的油溶性黄，加入后燃料的颜色为淡黄。

③ 降低贮存温度，尽量减少外界因素对燃料氧化的影响。这里最重要的因素是贮存温度。例如，在20℃温度下的乙液航空活塞式发动机燃料贮存1年后才开始出现沉淀，但在30℃温度下，4~5个月便开始出现沉淀。如将贮存温度保持0~10℃，则该汽油可以贮存好几年。这就说明，在实际条件下，汽油的允许贮存期在很大程度上取决于其贮存温度。为此，航空活塞式发动机燃料应尽可能贮存在洞库或半地下库中，在南方炎热夏季应特别注意防止受热。

其他措施包括减少与空气接触(安全满装、密封贮存、减少倒装次数等)，隔绝金属表面与汽油的接触(如油罐涂生漆或环氧树脂等)，防止阳光照射，防止雨雪或水分进入贮油容器等，与汽车燃料相同。

二、柴油的安定性

柴油在贮存和运输过程中抵抗变质的能力称为柴油的贮存安定性。贮存安定性良好的柴油，在贮存和运输过程中能较好地保持其颜色不变深，实际胶质变化不大，基本上不生成沉淀，因而适于较长时间的贮存。

柴油的贮存安定性良好与否，主要取决于燃料的化学组成，而燃料的化学组成又取决于原料的性质和加工方法。我国胜利原油和美国加州原油用不同方法加工所得柴油产品的化学组成列于表2-23。

表2-23　直馏及二次加工柴油馏分的烃组成

烃组成	加利福尼亚原油			胜利原油
	军用柴油	热裂化柴油	催化裂化柴油	加氢催化裂化柴油
馏程/℃	166~304	280~283	221~343	—
饱和烃/%	78	43	52	5.6
烯烃/%	<1	19	6	—
单芳/%	14.5	15	10	39.3
双芳/%	3	6	17	3.7
苯并噻吩/%	1	2.5	3	—

续表

烃组成	加利福尼亚原油			胜利原油
	军用柴油	热裂化柴油	催化裂化柴油	加氢催化裂化柴油
三芳/%	1	<0.1	2	0.4
噻吩/%	微量	2.5	0.2	—
芳烯+NcPA[①]/%	1	9	7	1

① NcPA——非稠环的多环芳香烃(Non-condensed poly-aromatic)。

从表 2-23 所列数据可以看到，几种不同加工方法所得柴油的烃组成差异很大，其特点与相应的汽油产品组成特点相似，即直馏产品和加氢产品基本上不含烯烃，催化裂化产品的芳香烃含量高，而热裂化产品则含有较多的烯烃。随着烃组成的不同，它们的贮存安定性也各不相同，例如，将加州原油三种不同产品在氧气中于 70℃贮存 3 周后，直馏柴油、热裂化柴油及催化裂化柴油的总胶质量分别为 12mg/100mL、80mg/100mL 和 47mg/100mL。可见直馏产品的贮存安定性最好，催化裂化产品次之，而热裂化产品的性质最不安定，不适于长期贮存。加氢产品中不含烯烃，安定性也很好。

使用胶质过大的柴油，会在发动机燃料系统出现黏稠胶状沉淀，堵塞滤清器和喷嘴，妨碍正常喷油，严重时甚至造成喷嘴黏结和堵死现象。性质不安定的柴油，在长期贮存过程中，不仅生成过多的胶质，还会产生不溶性沉淀或沉渣，如果加入发动机油箱，也同样会引起上述的危害。为此，对所有含有二次加工产品的柴油，都规定实际胶质不得超过 70mg/100mL。

我国的普通柴油除少数直馏普通柴油不含烯烃，安定性很好外，多数是直馏与热裂化、催化裂化和焦化等二次加工产品的调和油，含烯烃较多，性质不安定，在贮存中颜色往往变深、胶质增大、颜色变深。

国产军用柴油为直馏产品或加氢精制产品，含烯烃很少、性质安定，适合长期贮存。

由于柴油的蒸发性很差，在贮存过程中，诸如馏程、相对密度、十六烷值、黏度、闪点等很少变化，其他如硫含量等对于直馏柴油也基本不变。但对含有裂化馏分的柴油，由于硫醇易生成胶质沉淀，柴油的硫含量将有所降低。

三、喷气燃料的安定性

喷气燃料一般采用直馏、加氢裂化及加氢精制等工艺，烯烃含量低产品安定性比较好，将喷气燃料贮存于洞库中，贮存 10 年之久安定性指标依旧符合要求。

第三章　液体燃料的腐蚀性

第一节　金属腐蚀的一般概念

一、腐蚀性的意义

液体燃料对金属材料、涂料、橡胶的腐蚀、烧蚀或溶胀等破坏性能，统称为液体燃料的腐蚀性。在贮存运输过程中，液体燃料主要与容器、输油器材或管道直接接触，而这些器材装备大部分由金属构成，因此，燃料的腐蚀性主要指燃料对金属材料的腐蚀能力。

所有使用于各型发动机的液体燃料均要求对金属及其他材料无腐蚀性，这是因为燃料对金属、涂料或橡胶的腐蚀或侵蚀会给燃料的贮存和使用带来一系列危害。

首先，燃料的容器和发动机的燃料系统绝大部分由金属（钢铁、铝、铜、铅等）及其合金制成。在长期贮存和使用过程中，燃料如具有腐蚀性，将使金属遭到破坏，装备器材使用寿命缩短，影响供应，经济上也造成损失。

其次，燃料具有腐蚀性会给发动机的使用带来直接的危害。例如，燃料系统中的金属腐蚀产物多是不溶解于燃料的固体杂质。它们会污染燃料，影响过滤和喷油；喷气发动机中燃烧室和涡轮叶片的腐蚀会影响发动机的正常工作，燃料对橡胶的侵蚀会破坏密封，造成漏油。

最后，燃料对金属的腐蚀产物还会降低燃料的安定性，促进胶质和沉淀物的生成，降低油料的质量。固体腐蚀产物流入精密配合的摩擦部位，例如喷气发动机的柱塞泵、柴油机高压泵等，还会造成机械的磨损，影响使用。实践证明，燃烧产物中的氧化硫不仅腐蚀发动机的燃烧室和排气系统，而且会使燃烧室中的积炭或胶质沉淀变硬，增加活塞环和气缸的磨损，同时引起润滑油的污染。

二、燃料储运和使用中接触的金属及其腐蚀

1. 液体燃料接触的金属

液体燃料在贮存、运输和使用中与许多金属或合金接触，可能引起它们的腐蚀。

在贮存和运输过程中，液体燃料所接触的金属主要是钢，如钢质油罐、油桶、油管、阀门和油泵等。此外，也和铜（滤网）、橡胶等接触。

在汽车发动机中，汽油经油箱、导管、滤清器、油泵而进入化油器，然后通过喉管及进气管进入气缸。在不同型号的车辆上，汽油在燃料系统中接触的金属不完全相同，但大体上除钢铁，还有铜、铝、锌等金属（见表 3-1）。

表 3-1 组成一般汽油机燃料系统的常用金属材料

零件名称	金属材料名称	主要成分
油箱	低碳钢镀锌	铁、锌
油箱盖	钢、橡胶	铁、橡胶
导管	紫铜	铜
空气滤清器	碳钢	铁
油泵	锌合金及钢	锌、铁
化油器：壳体	铸铁及锌合金	铁、锌
量孔、堵头及浮子	黄铜	铜、锌
调整针	不锈钢	铁、镍、铬
进气管	铸铁	铁
进气阀、排气阀	铬钢或铁铝锰合金钢	铁、铬、硅或铁、铝、锰、硅
气缸盖	铸铁或铝合金	铁、铝
气缸套	高磷铸铁等	铁、磷
活塞	铝合金	铝、硅、铜、锰
活塞环	合金钢	铁、铝、锰

柴油机燃料系统的金属与汽油机类似。

在喷气发动机中，燃料接触的金属种类比在汽车发动机中接触的金属种类多。某型涡轮喷气发动机燃料系统的金属材料见表 3-2。在喷气发动机燃料系统中最易遭受腐蚀的零件是油泵的非工作表面，如随动活塞弹簧的端部、油泵过滤器的弹簧、混合比调节器弹簧及燃油滤网等。

表 3-2 某型喷气发动机燃料系统用金属材料

零件名称	金属材料名称	主要成分
燃料油泵壳体 停车开关壳体 油门开关壳体 低压燃料油滤壳体	铝合金	铝、镁、硅、铜
燃料油泵转子	铝铁镍青铜	铝、铜、铁、镍
柱塞头	锑磷青铜	铜、锑、磷
斜盘轴承壳体、限速活门铜壳体	铝铁青铜	铜、铝、铁
燃料油泵进口油滤	黄铜	铜、锌
分油盘卡圈	铍青铜	铜、镍、铍
分配盘	合金钢	铁、铬、镍、锰
进口油滤缓冲活塞式弹簧	铬钒钢(镀镉)	铁、铬、钒、镍、镉
油门开关、油针停车开关	铝铁镍青铜	铜、铁、镍、铝
喷嘴零件	合金钢	铁、铬、镍
漏油活门壳体	铝合金	铝、硅、镁、铜
限速器活门油滤	黄铜	铜、锌

2. 金属的腐蚀

金属表面受周围介质的化学或电化学作用而被破坏，称为金属的腐蚀。通常情况下，腐蚀是金属在周围介质作用下的缓慢氧化现象。

按照腐蚀作用的机理，腐蚀可分为化学腐蚀及电化学腐蚀两类。化学腐蚀是指金属与介质(如干燥空气中的氧、无水石油产品中的硫等)通过直接化学作用而产生的腐蚀，例如铁在高温下的腐蚀，贮油容器受含硫石油产品的腐蚀等。化学腐蚀服从于多相反应纯化学动力学的基本规律，在腐蚀时没有电流产生。电化学腐蚀是指金属在有电解质(如水)存在条件下或与其他物质接触中引起电位差而产生的腐蚀现象，例如管道在潮湿空气中生锈、发动机排气系统在有水分凝结时的腐蚀等。电化学腐蚀服从电化学动力学规律，在腐蚀时通常有电流产生。

根据腐蚀发生的条件，腐蚀也分为气相腐蚀和液相腐蚀。气相腐蚀，又称气体腐蚀，是指金属表面在没有凝结水的情况下受气体作用而产生的腐蚀，例如金属在高温下与燃烧气体接触时引起的腐蚀。液相腐蚀是指金属在液体介质中的腐蚀。所有气相腐蚀都是化学腐蚀。液相腐蚀中，在非电解液中的腐蚀是化学腐蚀，例如无水含硫燃料对贮油容器或燃料系统金属引起的腐蚀，而在水或电解质溶液中的腐蚀则属于电化学腐蚀。

电化学腐蚀可以分为下列几类：

① 在电解液中的腐蚀。这是各种腐蚀中最常见的一种腐蚀现象，水和各种水溶液对金属的腐蚀均属此类。根据溶液性质的不同，又可分为酸腐蚀、碱腐蚀、盐或海水腐蚀等。含水石油产品对金属产生的腐蚀也属此类。

② 土壤腐蚀。土壤的成分不同，导致埋设在地下的金属管线或容器下面部位的电位差，形成微电池而产生腐蚀。电位差不同，腐蚀程度也不相同。

③ 大气腐蚀。由于大气中含有水分及腐蚀性物质(CO_2、SO_2 等)而对大部分金属引起的腐蚀，均属大气腐蚀。

④ 电腐蚀。埋在地下的管线由于外部阳极电流而引起的腐蚀称为电腐蚀，或外部电流腐蚀。

⑤ 接触腐蚀。不同金属接触时由于电位不同而引起微电流所产生的腐蚀为接触腐蚀。

⑥ 应力腐蚀。金属构件在与腐蚀介质接触的同时，又受到应力的作用，这时产生的腐蚀称应力腐蚀，包括固定应力腐蚀、交变应力腐蚀等。

⑦ 细菌腐蚀。当电解质或土壤中含有某些细菌时，腐蚀介质对金属的腐蚀作用会加速进行，这种腐蚀称为细菌腐蚀或微生物腐蚀。液体石油产品中含有细菌的话也会加速金属的腐蚀。

⑧ 腐蚀性磨损。这是指金属在腐蚀性介质冲击作用下，同时产生腐蚀和磨损的现象，例如浸在海水中的推进器轴承所遭受的腐蚀。

此外，根据腐蚀破坏的外形，还可以把腐蚀分为全面腐蚀和局部腐蚀，或分为点腐蚀、晶间腐蚀、穴状腐蚀等。

三、腐蚀过程的热力学和动力学概念

从热力学的观点来看，在大气中大多数工业用金属的状态是不稳定的。换句话说，这些金属在大气中以氧化状态存在较为稳定。

各种金属从金属状态转变为离子状态的倾向是极不相同的，这种倾向可以最精确地用在一定条件下进行反应时自由能的减少来表示。表 3-3 列举了工业上较重要的金属在金属离子化同时析出氢的条件下(当介质的 pH 值等于零时)以及金属离子化同时吸收氧的条件下(当介质的 pH 值等于 7 时)自由能的变化值。负号表示自由能减少，即表示金属转入离子状态在热力学上是可能的。负值越大，这一可能性也越大。正号表示系统的自由能增加，也就是说这一反应不可能自发地进行。

表 3-3　金属在恒温恒压下转变为离子状态时的自由能变化(等压位)

反　应	自由能变化/(kJ/mol)	
	在析出氢的情况下 pH=0	在吸收氧的情况下 pH=7
$K \longrightarrow K^{+}+e$	−282.8	−360.7
$Ca \longrightarrow Ca^{2+}+2e$	−264.8	−356.1
$Na \longrightarrow Na^{+}+e$	−261.5	−340.2
$Mg \longrightarrow Mg^{2+}+2e$	−228.4	−307.1
$Al \longrightarrow Al^{3+}+3e$	−160.7	−239.3
$Mn \longrightarrow Mn^{2+}+2e$	−113.4	−192.0
$Zn \longrightarrow Zn^{2+}+2e$	−74.9	−153.5
$Cr \longrightarrow Cr^{3+}+3e$	−71.5	−150.2
$Fe \longrightarrow Fe^{2+}+2e$	−48.5	−127.2
$Cd \longrightarrow Cd^{2+}+2e$	−38.5	−117.1
$Co \longrightarrow Co^{2+}+2e$	−26.8	−105.4
$Ni \longrightarrow Ni^{2+}+2e$	−23.8	−102.5
$Sn \longrightarrow Sn^{2+}+2e$	−13.1	−91.8
$Pb \longrightarrow Pb^{2+}+2e$	−12.1	−90.8
$H \longrightarrow H^{+}+e$	±0.0	−78.7
$Cu \longrightarrow Cu^{2+}+2e$	32.6	−46.1
$Hg \longrightarrow 1/2Hg_2^{2+}+e$	69.2	−9.4
$Ag \longrightarrow Ag^{+}+e$	70.1	−8.5
$Pd \longrightarrow Pd^{2+}+2e$	95.2	16.5
$Ir \longrightarrow Ir^{3+}+3e$	96.5	17.8
$Pt \longrightarrow Pt^{2+}+2e$	114.6	36.0
$Au \longrightarrow Au^{3+}+3e$	144.3	65.7

从表 3-3 中也可以看到，在大气条件下，即有氧存在并且介质 pH 值等于 7 时，只有金、铂、铱和钯是稳定的，其他金属都或大或小地倾向于转入氧化状态。

从表 3-3 中也可以看出，金属在自然界存在的状态和金属的热力学稳定性有一定的联系。只有少数金属其自由能的变化完全为正值，如金、铂、铱、钯等在自然界中一般多以游离状态存在；离子化反应的自由能变化只有在没有氧的条件下(即在析出氢的情况下)才具有正值的那些金属(Cu、Hg、Ag)，在自然界中有一部分呈游离状态，而另一部分则呈化合状态。其他金属在自然界中则均以盐类或氧化物状态(矿石)存在。

表 3-3 所列金属的顺序表示金属的近似腐蚀特性。表 3-3 的上端列出了那些最不耐腐蚀的金属(如 K、Ca、Na 等)，而表 3-3 的下端则为最耐腐蚀的金属(如 Pt、Au)，即越靠近下端的金属越耐腐蚀。

但是必须注意，在实际工作中，各种金属的腐蚀速度不单纯取决于金属自由能的变化，而且和周围介质的条件有密切的关系。例如，铝在大气条件下比锌更稳定、镁在碱溶液中远较铝或锌稳定等。改变金属周围的条件(或外加一定的电源)能显著地影响金属腐蚀的速度，这是因为有些因素对金属的腐蚀起着程度不同的阻滞作用。

根据研究，热力学上可能的腐蚀过程在进行中所受到的阻滞可以有两种：①由于需要附加较大的活化能而引起的阻滞；②由于腐蚀介质不易扩散而到达金属表面，或腐蚀产物不易从金属表面扩散而引起的阻滞。这两种不同的阻滞作用可以用图 3-1 的能量示意图来说明。

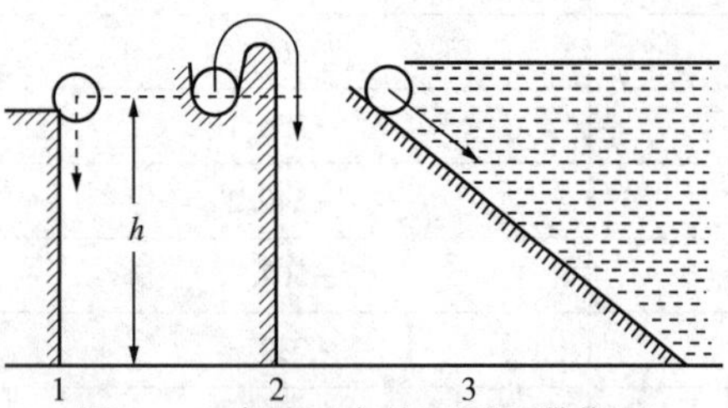

图 3-1　腐蚀反应的不同阻滞作用原理示意图

无阻滞的热力学上可能的腐蚀反应的进行如图中 1 所示，小球可以很快从高处落至底下而使能量降低。图 3-1 中 2 表示小球必须克服某一位垒才能下降。它表示腐蚀反应的某一基本步骤的活化能很高，必须改变此一步骤或外加一定的能量(活化能)，才能顺利进行腐蚀反应。图中 3 表示小球由于倾斜角较小，或介质黏稠度大而下降困难。这表示腐蚀过程虽在进行，但由于扩散困难腐蚀速度变得很小。

第二节　液体燃料中的腐蚀性物质

液体燃料在贮存运输过程中对容器和管道的腐蚀，以及燃料在发动机中蒸发前对燃料系统的腐蚀均属液相腐蚀。

已经知道，液体燃料中的各种烃类对贮运设备和发动机中的金属材料均无腐蚀作用。燃料引起金属腐蚀的原因是燃料中常含有不同数量的非烃物质，它们主要是硫和硫化合物、有机酸(环烷酸)、水分、添加剂(如乙液中的引出剂)以及细菌等。

一般精制良好的液体燃料均不含无机酸碱和水分，有机酸的含量也很低。但是，各种液体燃料中都含有少量的硫化合物，它们无论在液体状态还是在燃烧后呈气体状态都能给许多金属带来严重危害。燃料在长期贮存过程中会逐渐氧化而生成有机酸，它们也能对一些金属引起腐蚀。

一、硫和硫化合物

液体燃料中的含硫物质主要包括元素硫(游离硫)、硫化氢、硫醇、硫醚、二硫化物(二硫醚)、环硫醚(氢化噻吩)和噻吩等。它们在燃料中的数量和种类是由原油的性质和加工工艺决定的，一般馏分越重的燃料硫含量也越多。

各种含硫物质中以元素硫、硫化氢和硫醇的腐蚀作用最强，在常温下能直接腐蚀金属，称为活性硫。其他硫化合物在常温下不直接腐蚀金属，称为非活性硫。所有含硫物质燃烧后均生成二氧化硫和三氧化硫，它们对一些金属有腐蚀作用，特别在遇水冷凝条件下，生成亚硫酸和硫酸，能导致金属的强烈腐蚀。例如，发动机在起动时或低温下熄火再发动，燃烧室温度很低，燃气中的水分很容易凝结而引起气缸和活塞的腐蚀。各型发动机的排气系统在低温下同样容易遭受腐蚀。

元素硫能溶于液体燃料中，在常温下对银、铜及其合金有强烈的直接腐蚀作用。在较高温度下，元素硫也可以直接和铁作用而产生化学腐蚀，生成的产物为 FeS。当温度超过150℃时，元素硫还可以和烷烃或环烷烃作用，生成硫化氢而腐蚀金属。在有水的情况下，硫与金属作用的腐蚀产物还可以与金属形成微电池而进行电化腐蚀，当元素硫含量超过0.02%时，硫能与镍作用，破坏其表面晶体结构。

随着温度的升高和硫含量的增大，硫对金属的腐蚀作用也增强。当燃料中无其他活性硫化物存在时，只要元素硫含量达到 0.005%，就能引起铜片的腐蚀。当燃料中含有0.001%的硫醇，只要有 0.001%的元素硫，就会在铜片上出现腐蚀。

硫与铜作用后生成黑色硫化铜薄膜，覆盖在金属表面。但硫化铜薄膜很不坚固，经过一段时间后便从表面脱落，在燃料中形成不溶解的沉淀，同时使铜或铜合金进一步遭受腐蚀。元素硫与银也能生成黑色硫化银，腐蚀机理与铜相似。

硫化氢是各种硫化合物中腐蚀性最强的物质。它能直接腐蚀锌、铜、黄铜、铁、铝等金属，生成这些金属的硫化物。燃料中只要有 0.0005%的硫化氢，铜片试验即发现有腐蚀现象，因此各种燃料中均不允许含有。硫化氢易溶于水，且易和碱作用，在加工过程中通过碱洗很容易脱除。此外，燃料中的硫化氢与空气接触后易被氧化而生成元素硫。

硫醇主要腐蚀镉和青铜，在常温下不腐蚀钢、铝等合金。有硫化氢存在时，硫醇的腐蚀作用加剧。硫醇腐蚀金属后，生成难溶于燃料的黏稠胶状沉淀物，聚集在燃料系统的金属表面，堵塞喷嘴、过滤器和喷气发动机油泵的调节机构，破坏发动机的正常工作。硫醇还会与某些人造橡胶起作用，破坏橡胶油箱的缝合胶，引起漏油。

硫醇的腐蚀性与本身的结构有关。存在于汽油和宽馏分喷气燃料中的低分子硫醇具有较大的腐蚀性，存在于煤油型喷气燃料中的较高沸点的硫醇次之，而存在于柴油型喷气燃料中的硫醇则一般可认为是不会引起液相腐蚀的中性硫化合物。根据研究，60~130℃馏分中的硫醇，其腐蚀性比 130~240℃馏分中的硫醇腐蚀性大 5~7 倍。200~300℃馏分中的硫醇在 120℃时还不会腐蚀青铜。

烷基硫醇多存在于直馏产品中，其腐蚀性较大，而芳基硫醇多存在于热裂解产品中，其腐蚀性较小。芳基硫醇中的巯基(—SH)直接连在环上的腐蚀性比巯基连在侧链上还要小。

为了防止硫醇产生腐蚀，国内外喷气燃料规格一般将硫醇硫含量限制在 0.001%~0.005%。

所有活性含硫物质在有水分存在时，它们的腐蚀性增强。温度升高后，腐蚀性也增大，如俄罗斯 TC-1 喷气燃料在与青铜接触的情况下，温度从 95℃提高到 120℃后，腐蚀性增大为原来的 1.5~2 倍。

因为铜对活性含硫物质的腐蚀比较敏感，所以经常使用铜片试验来检查汽油、煤油或柴油中的活性含硫物质。我国因喷气发动机的油泵有镀银的部件，虽然燃料的铜片试验合格，但仍出现镀银表面腐蚀现象，故在喷气燃料规格中增添了银片腐蚀试验，以防止燃料对油泵镀银部件产生腐蚀。

液体燃料中的硫化物，除了活性硫常温液相条件下对金属产生腐蚀外，无论活性硫还是非活性硫燃烧后都会转化成 SO_2 和 SO_3，它们也会对发动机产生腐蚀，这些内容将在后面介绍。

出于以上原因，各种液体燃料的规格中都对硫含量作了严格的限制。

二、有机酸

液体燃料中的有机酸主要指从原油加工时带来的环烷酸，但也包括少量燃料在贮存过程中氧化生成的有机酸(羧酸)。

环烷酸一般以环戊烷和环己烷的衍生物出现，主要存在于柴油馏分中，煤油中含量较少，汽油中更少。在精制过程中，燃料中的环烷酸和其他有机酸用碱洗后再用水洗，大部分可以被除去。但由于环烷酸钠盐仍有部分溶于燃料，出厂后遇到水分会按下式再水解而生成少量环烷酸，溶于燃料：

$$C_5H_9(CH_2)_nOONa+H_2O \rightleftharpoons C_5H_9(CH_2)_nCOOH+NaOH$$

如果在燃料碱洗过程中控制不良，残存于燃料中的环烷酸皂，将呈棕色黏稠物质从燃料中析出，严重时会堵塞喷气发动机过滤器，影响操作。环烷酸皂很容易与普通胶质区别开，因为环烷酸皂用热水溶解后，会按上式分解而呈碱性反应，胶质则不能。

环烷酸对铅、锌等有色金属腐蚀性较大，也会腐蚀喷气发动机燃料系统中零件的镀镉层，生成不溶性的腐蚀产物，严重时将破坏燃料系统的正常工作。环烷酸对钢铁的腐蚀性较小，对铝则几乎不腐蚀。几种不同金属片浸泡于环烷酸溶液中于室温下贮存 3 个月后，由于腐蚀而减少的质量见表 3-4。

表 3-4　环烷酸对几种金属的腐蚀

金属	Pb	Zn	Cd	Cu	Sb	Fe	Al
失重/(g/m^2)	6.10	4.68	0.56	0.18	0.11	0.08	0.00

汽油对金属的酸性腐蚀主要是氧化生成的有机酸造成的。随着汽油中胶质的生成而出现的有机酸比环烷酸的腐蚀性强得多，特别是能溶于水的低分子有机酸，其腐蚀性很强。如果容器中有水垫或燃料中混入水分时，水层中聚集的酸可以达到一定的浓度，对金属产生强烈的电化学腐蚀。煤油也有类似情况。因此，在贮存液体燃料时，应尽量避免水分混入燃料。此外，贮油容器或燃料系统中使用不同金属，亦将促进电极电位代数值较小的金属(较活泼的金属)迅速腐蚀。

随着有机酸相对分子质量的增大，它们与金属作用后生成的盐类在燃料中的溶解度越来越小。这些盐类常黏附在容器及燃料系统的金属表面，部分悬浮于燃料中，使用中将会堵塞滤油器、喷嘴或燃油导管，影响燃油的正常流通。车辆长期存放中有时就会出现上述现象。因此，各种液体燃料均对有机酸含量作了严格的限制。

三、水溶性酸或碱

石油产品中的水溶性酸包括硫酸、磺酸、酸性硫酸酯，以及因氧化而生成的低分子有机酸。石油产品中的水溶性碱一般是氢氧化钠。经过正常精制的各种液体燃料都不含有水溶性酸或碱。但是，如果生产中控制不严，或在贮存运输过程中容器清洁不彻底(例如容器用碱洗去油或用硫酸除锈后清洗不够)，均有可能混入少量水溶性酸或碱。低分子有机酸则是燃料长期贮存中氧化变质后生成的产物。

水溶性酸不仅对钢铁，而且对其他金属都有强烈的腐蚀作用，它们与金属作用后生成相应的盐类。水溶性碱主要对铝及铝合金有强烈的腐蚀作用。当燃料中有少量水溶性碱时，它能与铝及铝合金表面的氧化铝薄膜作用生成 $NaAlO_2$，反应如下：

$$Al_2O_3+2NaOH \longrightarrow 2NaAlO_2+H_2O$$

新暴露的金属铝则容易与溶液中的水分作用，生成胶状的 $Al(OH)_3$ 沉淀。这种沉淀能堵塞滤清器的滤网、喷嘴或导管。

由于水溶性酸或碱的危害严重，一般燃料中均严格规定不许含有。

四、水分

燃料中混入的水分对金属的腐蚀表现在两个方面：一是水分能直接引起金属的化学和电化学腐蚀；二是燃料中的某些含硫及酸性腐蚀性物质能溶解在水中，加速金属的腐蚀过程。

燃料中的游离水对金属的危害很大，它能腐蚀各种钢制零件，例如钢油罐、油桶、管道、阀门及其他零件等。水分对低合金钢有较强烈的腐蚀作用，也腐蚀铜和锌等有色金属，对青铜不产生腐蚀。溶解在燃料中的微量水分只引起低合金钢的腐蚀。

在车辆和飞机发动机的燃料中，腐蚀一般容易发生于间歇和慢速运动的滑动部件上，特别是当发动机停放时间过久而又未按规定时间起动试车时，最容易使各种钢制零件发生腐蚀。腐蚀表面往往出现斑点，生成褐色的絮状沉淀(含有氢氧化铁)，堵塞过滤器，有时甚至卡住活门、套筒、活塞等精密机件，从而破坏燃料系统的正常工作。

五、微生物

中国科学院微生物研究所曾对液体燃料中的微生物进行了研究，在国产汽油、喷气燃料、灯用煤油及柴油中分离出细菌 82 株，真菌约 41 株。分离出的细菌有假单孢菌属、棒状杆菌属、节杆菌属和产碱杆菌属等，真菌有树脂芽枝霉、茄病镰刀霉、瓦克青霉、杂色曲霉和构巢曲霉等。有的菌种可在喷气燃料中存活 300 天以上。

喷气燃料中的细菌和真菌约有 100 多种，最常见的是树脂芽枝霉。在有水的环境中，细菌能在一较宽的温度范围内生长，最有利的繁殖温度是 25～35℃。如有铁锈及污渣等存在，繁殖特别迅速。它们主要以直链烃为食物，然后产生出二氧化碳、醇、酯、有机酸等物质。在贮油容器、飞机油箱等长期未清洗，底部积水的湿热情况下，细菌极易繁殖。在油水界面上繁殖出的细菌，有的能产生有机酸，有的能将燃料的硫化物转化为硫及硫化氢等活性含硫物质，容器遭受腐蚀。

为了防止细菌的腐蚀，可以在燃料中加入杀菌剂。这类物质如甲基紫，在每毫升燃料中加入 10×10^{-6}g 即能阻止细菌引起的腐蚀。有的用硼砂、乙二醇硼酸盐或有机硼(加入量 0.05%)。因为硼基杀菌剂对涡轮有影响，不能连续使用，只能周期性地加入。此外，还有脂肪族伯胺的醋酸盐及氯霉素等亦可用作杀菌剂。烃类中的细菌缺乏游离水时，便不会繁殖，所以在贮运及使用过程中，防止水分进入燃料和及时排出油箱中的水分，即可消除细菌繁殖的条件，进而防止细菌引起的腐蚀。

第三节　评定液体燃料腐蚀性的方法

一、腐蚀试验

直接用金属片检查燃料对金属有无腐蚀性的试验称为腐蚀试验。试验目的是判断燃料中有无活性含硫物质(包括元素硫、硫化氢和硫醇)，如果含有则金属片上将呈现腐蚀斑点或变色，可用肉眼观察出来。

我国规定的液体燃料腐蚀试验标准方法有三种：

① GB/T 378—1964《发动机燃料铜片腐蚀试验法》，适用于汽油和柴油等发动机燃料。

② GB/T 5096—2017《石油产品铜片腐蚀试验法》，适用于航空活塞式发动机燃料、喷气燃料、车用汽油、天然汽油或雷德饱和蒸气压不大于 124kPa 的其他烃类、溶剂油、煤油、柴油、馏分燃料油、润滑油和其他石油产品。

③ SH/T 0023—1990《喷气燃料银片腐蚀试验法》，适用于喷气燃料。

三种方法的试验原理都是一样的，均以磨光、洗净、晾干的纯金属片浸入定量的试油中，在规定温度下保持一定时间后，取出金属片与未浸泡金属片(或标准比色板)比较，观察金属片的颜色变化，判断有无腐蚀。如无腐蚀则判为合格，有腐蚀则判为不合格。腐蚀试验不合格表明燃料中有元素硫或其他活性硫化合物存在，三种方法的试验条件和判断方法略有不同，它们的比较列于表 3-5。

表 3-5　三种腐蚀试验的比较

试验方法	发动机燃料铜片腐蚀试验	石油产品铜片腐蚀试验	喷气燃料银片腐蚀试验
标准	GB/T 378—1964	GB/T 5096—2017	SH/T 0023—1990
适用范围	汽油、柴油	汽油、喷气燃料、柴油等	喷气燃料
试验金属	铜片(Cu1 或 Cu2)	纯电解铜或 Cu2	2 号银片
试验温度与保持时间	(50±2)℃，3h±5min	航空活塞式发动机燃料、喷气燃料：(100±1)℃，2h±5min 柴油、燃料油、车用汽油：(50±1)℃，3h±5min 溶剂油、煤油：(100±1)℃，3h±5min 润滑油：(100±1)℃，3h±5min	(50±1)℃，4h
结果判断	出现黑色、深褐色或钢灰色薄层为不合格	1 级：轻度变色；2 级：中度变色；3 级：深度变色；4 级：腐蚀	0 级：不变色；1 级：轻微变色；2 级：中度变色；3 级：轻微发黑；4 级：发黑

发动机燃料铜片腐蚀试验是车用汽油、航空活塞式发动机燃料和柴油的规定检查项目，方法简便有效，应用较广泛。

由于喷气技术的发展，飞机飞行速度不断提高，发动机燃料系统的温度也相应增加。铜片腐蚀试验温度 50℃下合格的喷气燃料在较高温度下仍出现腐蚀。因此，我国将喷气燃料铜片腐蚀试验温度规定为 100℃，试验时间则规定为 2h，所测结果比较符合现代高速喷气机的使用情况，也符合目前国际普遍采用的标准方法。试验证明，燃料中如含有元素硫及硫醇硫，用此法测定比用发动机燃料铜片腐蚀试验更能灵敏地反映出燃料的腐蚀性。

喷气燃料银片腐蚀试验是适应目前国内外一些喷气发动机燃油泵采用了镀银附件，以改善其抗磨性能，延长发动机使用寿命而制定的试验方法。试验表明，银片比铜片对燃料中的活性含硫物质的腐蚀更敏感。

根据标准 SH/T 0023 的规定，进行银片试验时将 250mL 试油倾入 300mL 磨口试管内，如图 3-2 所示。将打磨光的银片安放在玻璃支架上，悬挂于冷凝器下端玻璃钩上，将冷凝器连同试片插入试管中，使金属片全部浸没在试油内。然后将试管放置在保温 50℃ 的水浴中 4h，取出银片，按表 3-5 所列判断结果。

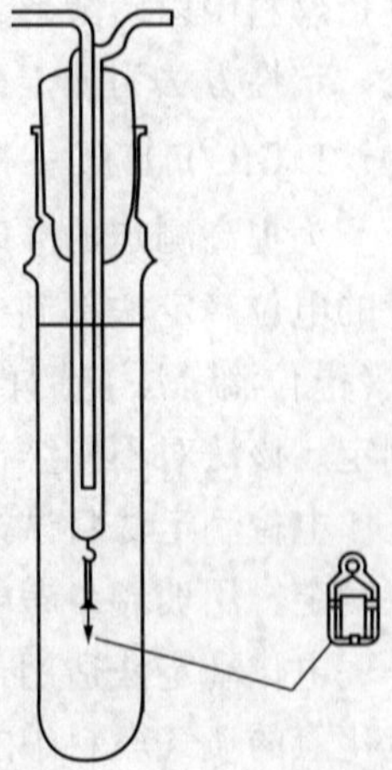

图 3-2　银片试验装置

根据研究，无硫醇时，元素硫含量≤0.0005%，银片腐蚀评为 0 级；而元素硫含量为 0.0007% 时为 1 级，0.0010% 时为 2 级，0.0015%时为 3 级，当有硫醇存在(硫醇含量 0.0010%)，元素硫含量为 0.00005%时银片腐蚀即评为 1 级，元素硫含量为 0.0002%时为 2 级，0.0004%时为 3 级，0.0007%时为 4 级。当有硫醇存在时，在银片试验能明显辨别 1 级、2 级的情况下，铜片试验仍看不出颜色变化，可见银片试验比铜片试验对燃料的腐蚀性更敏感。

银片试验时冷凝器有两个作用：一是密封试样，防止燃料中气体硫化物的逸出，并防止外界腐蚀性气体和空气进入瓶内，既可避免试样被污染，也可减少试样中硫化物(如硫化氢、硫醇)被空气中的氧氧化，因而可以提高试验的准确性；二是通过冷却水的冷却作用，在试样内部形成对流，起到搅拌试样的作用，使燃料中的腐蚀性物质与银片充分接触。

根据我国标准规定，各种喷气燃料的银片腐蚀试验均不应超过 1 级。

二、硫含量

液体燃料中的硫含量是指燃料中元素硫和活性及非活性硫化物的总含硫量，以质量百分数表示。因为正常燃料中一般不允许含有活性含硫物质，所以硫含量实际上是各种非活性含硫物质的总硫量。这些物质主要包括硫醚、二硫醚(二硫化物)，以及噻吩和它的衍生物。

SH/T 0689—2000《轻质烃及发动机燃料和其他油品的总硫含量测定法(紫外荧光法)》适用于测定沸点范围 25~400℃、室温黏度 0.2~10mm^2/s 的馏分燃料油的总硫含量。该方法主要原理是将烃类试样直接注入裂解管或进样器中，由进样器将试样送至高温燃烧管，在富氧条件中，硫被氧化成二氧化硫；试样燃烧生成的气体在除去水后被紫外光照射，二氧化硫吸收紫外光的能量转变为激发态的二氧化硫(SO_2^*)，当激发态的二氧化硫返回到稳定态的二氧化硫时发射荧光，并由光电倍增管检测，由所得信号值计算出试样的硫含量。

GB 11140—1989《石油产品硫含量的测定法(X 射线光谱法)》该方法适用于测定汽油、柴油、喷气燃料、润滑油基础油等油品的总硫含量。主要原理为将样品置于 X 射线光束中，测定 0.5373nm 波长硫 Kα 谱线强度。将最高强度减去在 0.519nm 的推荐波长下测得的背景强度，作为净计数率与预先制定校准的标准曲线进行比较，从而获得质量分数或毫克每千克(mg/kg)表示的硫含量。

三、硫醇含量

我国液体燃料硫醇含量测定分为定量方法和定性方法，定量测定的指标为硫醇硫含量，是指燃料中以硫醇形式存在的硫所占质量百分含量，测定方法包括氨-硫酸铜法和电位滴定法。定性方法为博士试验法。

1. GB/T 1792—1988《馏分燃料中硫醇硫测定法(电位滴定法)》

为提高测定的准确性，并有利于国际互换，我国于1975年建立了喷气燃料中硫醇硫含量的电位滴定法部颁标准，1979年上升为国家标准，1988年改为《馏分燃料中硫醇硫测定法(电位滴定法)》(详见GB/T 1792)，适用于喷气燃料、汽油、煤油和轻柴油中的硫醇硫的测定。该法对不同结构的硫醇均能准确测定。

电位滴定法将试样溶解在乙酸钠的异丙醇溶剂中，用硝酸银的异丙醇标准溶液进行电位滴定，用玻璃参考电极和银-硫化银指示电极之间的电位突跃指示滴定终点。

电位滴定法适用于测定含量在0.0003%~0.01%范围内、元素硫含量小于0.0005%、无硫化氢的喷气燃料中的硫醇硫含量。

2. NB/SH/T 0174—2015《石油产品和烃类溶剂中硫醇和其他硫化物的检测(博士试验法)》

我国石油工业部还制定了轻质石油产品中硫醇硫定性试验法(博士试验法)(NB/SH/T 0174—2015)。该标准根据亚铅酸钠与硫醇反应，生成铅的有机硫化物，再与元素硫反应生成黑色硫化铅，以定性地检查试样中是否含有硫醇。试验的主要反应为：

博士溶液制备：$(CH_3COO)_2Pb+2NaOH \longrightarrow Na_2PbO_2+2CH_3COOH$

博士溶液与硫醇作用：$Na_2PbO_2+2RSH \longrightarrow (RS)_2Pb+2NaOH$

硫醇铅以溶解状态存在于油中，并因硫醇相对分子质量的不同，油样呈黄色或棕色。若加入少量硫黄粉末，便有黑色硫化铅析出，而二硫化物则仍留在油中。

$$(RS)_2Pb+S \longrightarrow RSSR+PbS$$

因此，当试样中含有硫醇硫时，生成的硫化铅沉淀将使博士溶液与试样的界面硫黄粉颜色变深。若硫黄粉颜色不变或浅于桔红色，则判断该试样不含有硫醇硫；若硫黄粉变成桔红色或深于桔红色，则认为有硫醇硫存在。

一般地，当硫醇硫含量低于0.001%时不变色，高于0.001%时变色。

四、水溶性酸或碱

水溶性酸或碱是指燃料中能溶于水的酸或碱，例如硫酸、盐酸、低分子有机酸或氢氧化钠等。

水溶性酸或碱的检查方法按GB/T 259—1988《石油产品水溶性酸及碱测定法》进行。将燃料和蒸馏水各50mL注入同一分液漏斗中，摇荡5min，使燃料中的水溶性酸或碱溶于水中，然后放出水，用甲基橙和酚酞指示剂分别检查水的反应。若滴入甲基橙变红，说明燃料中含有水溶性酸；若滴入酚酞变红，则说明燃料中含有水溶性碱。也可用酸度计测定放出的水的pH值判断燃料的酸碱性。

测定柴油的水溶性酸或碱时，须将油及蒸馏水加热至 50～60℃，以降低燃料的黏度，便于用水抽提其中的水溶性酸或碱。同时，升高温度也有利于防止油料因乳化而不易分离。

五、酸度

燃料中的酸含量，通常用酸度表示。酸度就是中和 100mL 石油产品所需氢氧化钾的毫克数，用 mgKOH/100mL 表示。

虽然酸度表示燃料中无机酸和有机酸的总含量，但燃料中一般不含无机酸，故实际上酸度即表示燃料中有机酸(主要是环烷酸)含量。

汽油、煤油和柴油的酸度按 GB/T 258—1977《汽油、煤油、柴油酸度测定法》的规定进行，即用沸腾的乙醇抽出试样中的酸性物质，然后用氢氧化钾乙醇溶液进行滴定，使用碱性蓝 6B 或甲酚红作滴定指示剂。对于无色石油产品，也可以用酚酞作指示剂。

该法用沸腾过的 95%乙醇而不用水来抽提的原因是燃料中的有机酸易溶于乙醇而不易溶于水，乙醇中含有 5%左右的水则有利于溶解燃料中的无机酸。沸腾的目的在于排除空气中二氧化碳的干扰，同时也能加速燃料中酸性物质的溶解。

喷气燃料的酸含量也可以用总酸值来表示。酸值是指中和 1g 石油产品中的酸所需氢氧化钾的毫克数，用 mgKOH/g 表示。

喷气燃料总酸值的测定按照 GB/T 12574—2023《喷气燃料总酸值测定法》进行。

第四节　防止燃料腐蚀的基本措施

液体燃料中含有腐蚀性物质，不仅对贮存运输器材及发动机燃料系统的金属产生破坏作用，而且对发动机的工作带来严重危害，因而在燃料的生产和使用过程中，都应设法除去这些有害成分，努力减轻或防止燃料对金属的腐蚀。防止液体燃料腐蚀金属的基本措施主要有下列几项。

一、选用原料及加工过程

石油产品中的非烃成分主要来自原油。原油含硫高的，其加工产品中含硫成分亦相应提高。因此，对腐蚀性要求限制严格的燃料应采用低硫原油。首先，我国除个别地区外，一般原油硫含量均较低，为生产低腐蚀性石油产品提供了良好条件。其次，加工工艺过程对燃料中腐蚀性物质含量有很大的关系。采用脱硫工艺或加氢精制均能有效地降低燃料中的硫含量和其他非烃成分。最后，酸碱精制也是脱除燃料中有害成分的有效方法，特别对含硫原油的二次加工产品，采用高压电场下的酸碱精制，能较好地脱除燃料中的硫化氢、硫醇以及有机酸等腐蚀性物质。如硫醇硫含量要求很低，还必须采取进一步脱除硫醇的工艺过程，如氧化剂法(利用亚铅酸钠与硫黄或氧化铜处理)、强化剂法(在苛性钠溶液中加入甲醇或单宁等助溶剂使硫醇溶于碱液而脱去)等。近年来广泛采用了分子筛脱硫醇工艺。

二、加强燃料贮运过程中的质量管理

即使是质量合格的液体燃料，如果在贮运过程中不注意质量管理，燃料也会逐渐产生腐蚀性。例如，贮油容器不清洁，剩余胶质及水分、杂质未除尽，燃料很快氧化产生酸性；

油桶用酸碱洗涤后未洗去残余的酸或碱；贮运过程中水分凝聚未及时排除，引起电化腐蚀等。因此，必须认真做好燃料贮运过程中的质量管理工作，其中主要是①贮存运输燃料的容器必须保持清洁，贮油前必须彻底清除容器内的残余胶质、水分及其他杂质；②用酸或碱洗过的容器应充分用水冲洗，不允许容器中残余任何酸碱性物质；③容器应尽可能密封，防止水分、杂质进入燃料，定期检查容器中的积水并及时排除；④贮存燃料的时间不宜过长，同时对必须长期贮存的燃料应采取一切措施提高燃料的安定性，防止燃料的氧化变质。

三、改善金属结构的防腐蚀性能

为了改善贮油容器的防腐蚀性能，可在金属表面加涂防腐层，例如在油罐内壁涂生漆或环氧树脂，或其他耐油耐腐蚀材料。封存汽车油箱内壁加涂防护层可以大大减少燃料的腐蚀，同时延缓燃料的氧化过程。

为减少发动机燃料系统及燃烧室金属零件的腐蚀，应选用对燃料腐蚀抵抗力强的金属或合金，例如在某些汽油机中使用耐酸能力较强的铸铁作气缸衬套，柴油机中对少数零件采取镀铬工艺等。

四、在燃料中加入防腐蚀添加剂

在燃料中添加少量防腐蚀添加剂，从而大量减轻或防止燃料对金属表面的腐蚀，这是防止燃料对金属腐蚀的重要措施之一。由于世界石油供应日趋紧张，含硫原油的使用日益增多，利用添加剂减轻燃料腐蚀性的问题，越来越受到重视。

燃料抗腐蚀添加剂大致可分为两类，即防止硫腐蚀的添加剂和防止燃料氧化产物腐蚀的添加剂。

1. 防止硫腐蚀的添加剂

使用含硫燃料时，在燃料中添加一种由氨和苯甲酸制成的添加剂，可以在有水分存在的条件下有效地减少钢铁材料的腐蚀。根据在车用汽油及柴油中的试验，用量 0.01%~0.05%即在液相和气相均有良好的防腐蚀效果。

在柴油中加入少量的金属去活化剂，可以减轻柴油机燃料系统中黄铜和青铜零件的腐蚀。

有人试验在使用高硫柴油时，向进气管中直接添加 0.08%~0.15%（对燃料质量）的气态氨，能使活塞环等零件的腐蚀降低到 1/3~1/2，并能防止积炭和漆膜的生成及活塞环的烧毁。经多次试验证明，氨能有效地中和燃料中硫化物燃烧时生成的腐蚀性产物。此外，能降低含硫燃料对铜的腐蚀的物质尚有蒽醌、苯胺、三乙醇胺、α-奈胺以及苯二甲酸酐等物质。

2. 防止燃料氧化产物腐蚀的添加剂

属于这类的添加剂又可分为两类。一类的作用是减少氧化产物的生成量，它们或是降低氧化反应的速度，或是延长氧化的诱导期。属于这一类的有各种抗氧防胶剂，在前面已经讨论过了。另一类则是能被金属表面吸附或与金属作用而生成一层薄膜，覆盖在金属表面，从而限制燃料氧化产物对金属的作用。属于这一类的添加剂，多是具有极性的有机物质，包括长链脂肪酸、酯、双酯、脂肪酸和环烷酸的盐、醇酸、胺等。

根据研究，在 T-1 喷气燃料中加入 0.05%~1.0%的在脂肪族烃和芳香核上有氯、硫和胺的烃类，可以大量降低燃料对金属的腐蚀。属于这类的添加剂有磺化的脂肪酸、氯化石蜡、二苯胺等。

第四章 液体燃料的低温性

第一节 发动机对燃料低温性的要求

液体燃料的低温性是指在低温下，燃料在发动机燃料系统中能否顺利地泵送和通过油滤，从而保证发动机正常供油的性能。如果燃料的低温性能不好，在低温下使用时失去流动性，或产生烃结晶或燃料中的水分结成细小冰粒，就会妨碍燃料在油管和油滤中顺利通过，使供油量减少或中断，严重影响发动机的工作，甚至造成事故。

液体燃料的低温性还和燃料的贮存运输有密切关系。只有低温性良好的燃料才能保证在低温下顺利地装卸和远距离输送，而这对军用油料是极端重要的。

车用汽油的低温性非常良好，一般产生结晶的温度低于-60℃，在各种气候条件下均能保证顺利流动，因而燃料的低温性主要是指喷气燃料和柴油等比汽油重的馏分在低温下的性质。

燃料使用时的最低温度取决于使用地区的地面最低气温。我国东北一些地区的最低气温为沈阳-32.9℃；哈尔滨-41.4℃；齐齐哈尔-39.5℃；海拉尔-49.3℃；免渡河(海拉尔东)-50.1℃。新疆富蕴的最低气温曾达-51.5℃。

贮存在地下罐的油料，温度随地面气温的变化较小。贮存在地面罐或油车中的油料，温度几乎随地面气温的变化而变化。在冬季，加入飞机油箱内的燃料，通常在一天之内它的温度就与地面气温一样。

飞机在高空飞行时，不论冬季或夏季，油箱内燃料的温度还要受到高空低温的影响。在我国南方的福州、海口、广州、昆明等地区的16000～19000m高空，全年平均气温在-76.5～-71.3℃。福建16760m高空气温低达-85.3℃。我国北方高空的气温大都比南方稍高。

为了考察飞行中飞机燃料系统温度变化情况，曾在南方夏季及北方冬季进行过测温工作，结果见表4-1。

表4-1 地面及高空气温对燃料温度的影响

测试温度	地面温度/℃	最低气温层高度/m	最低气温层温度/℃	飞行速度/(km/h)	在最低气温层平飞时间/min	油箱油温/℃		油滤油温/℃		副油箱或金属辅助油箱油温/℃	
						初始	最低	初始	最低	初始	最低
广州	33	15600	-75.5		12	36	22	36	5		
齐齐哈尔	-21.1	10270	-67.2		75	-15	-30	-15	-37		

续表

测试温度	地面温度/℃	最低气温层高度/m	最低气温层温度/℃	飞行速度/（km/h）	在最低气温层平飞时间/min	油箱油温/℃		油滤油温/℃		副油箱或金属辅助油箱油温/℃	
						初始	最低	初始	最低	初始	最低
齐齐哈尔	-21.1	10270	-67.2	700	160	-18	-23	-24	-40	-20	-32
	-23.8	9000	-57.5	700	90	-26	-25	-25	-30.5		-48
海拉尔	-33.4	11000	-69	610	45	-33	-34	-32	-38.5	-27	-50.5
	-40.7	10500	-65	600	36.3	-35.5	-36	-35.5	-37.5	-34.5	-42

从测温结果可以看出以下几点：

① 燃料在飞机燃料系统中出现最低温度的部位是直接与冷空气接触的副油箱，冬季在海拉尔地区，某喷气教练机的副油箱曾达-50.5℃。

② 飞机燃料系统中燃料的最低温度主要取决于地面气温。南方虽然高空气温较低，但因地面油温较高，在飞行中燃料的最低温度仍比在寒区飞行的温度高很多。燃料的低温性主要需考虑寒区的要求。

③ 燃料系统的最低温度与飞行于最低气温层的时间有关，在最低气温层飞行的时间越长，燃料温度下降的幅度越大。

应该指出，上述测温工作是有意在较苛刻条件下进行的，即飞机以低速在最低气温层长时间飞行，这时气动加热的影响很小。燃料冷却的时间则很长。在正常飞行时，燃料的最低温度将比所测结果高。

根据一般情况，喷气燃料的低温性对于亚音速飞机是极为重要的。至于超音速飞机，由于飞行速度大，空气动力加热的程度高，燃料的低温性能应不成问题。但是，超音速飞机还要求能在低速条件下工作，或在高空低温条件下连续飞行较长时间，所以 $M=1.5\sim2$ 的超音速飞机，对于燃料的低温性能，仍不能忽视。

在寒区冬季运行的柴油车辆均要求使用低温性良好的柴油，以保证发动机可靠的工作和在低温下起动。虽然船用柴油机的工作条件较好，舱室温度较高，但要保证发动机能在规定时间内迅速起动及必要时燃料不断补充，故对燃料的低温性仍有较严格的要求。

对于室内工作的固定发动机，其燃料系统有适当预热设备的，所用燃料的低温性能可以放宽。

第二节　影响燃料低温性的因素

影响燃料低温性的因素主要是两个方面：一是燃料的化学组成，二是燃料中的水分。

一、燃料的化学组成对低温性能的影响

燃料的低温性主要取决于它的化学组成。各种烃的结构和分子大小不同，它们的结晶点（在降低温度的过程中，用肉眼观察开始出现结晶的最高温度）也不相同。不同烃族的几种烃的结晶点列于表 4-2。

表 4-2　几种烃的结晶点

烃　族	名　称	分　子　式	结晶点/℃
烷烃	正己烷	C_6H_{14}	-95.32
	正辛烷	C_8H_{18}	-56.8
	正癸烷	$C_{10}H_{22}$	-29.67
	正十二烷	$C_{12}H_{26}$	-9.6
	正十四烷	$C_{14}H_{30}$	5.5
	正十六烷	$C_{16}H_{34}$	16.7
单环芳香烃	苯	C_6H_6	5.5
	邻二甲苯	$C_6H_4(CH_3)_2$	-25.18
	1,2,3,4-四甲苯	$C_6H_2(CH_3)_4$	-4.0
	1,2,3,4-四乙苯	$C_6H_2(C_2H_5)_4$	13.0
双环芳香烃	1-乙基萘	$C_{10}H_7(C_2H_5)$	15
	1-丙基萘	$C_{10}H_7(C_3H_7)$	-12
环烷烃	甲基环戊烷	$C_5H_9CH_3$	-142.45
	乙基环己烷	$C_6H_{11}C_2H_5$	-111.30
	丁基环己烷	$C_6H_{11}C_4H_9$	-74.93
烯烃	1-己烯	C_6H_{12}	-139.8
	1-辛烯	C_8H_{16}	-101.7

从表 4-2 可以看出，大分子正构烷烃和芳香烃的结晶点较高，环烷烃和烯烃的结晶点较低。在同一烃族中，结晶点随相对分子质量的增大而升高。异构烷烃通常具有较低的结晶点。

燃料是由不同烃类组成，因此，当燃料受外界气温影响而降至一定温度时，某些结晶点高的烃将开始结晶，结晶点低的则尚未结晶。只要有少量的烃开始结晶，燃料便会出现浑浊现象；有较多的烃结晶，燃料便出现可见的晶粒；当大部分烃结晶时，燃料便失去流动性。因此，若喷气燃料中含有较多的大分子正构烷烃与芳香烃(特别是支链带有 2~3 个碳原子的双环芳香烃)，燃料的低温性就会变差。

化学组成对低温性的影响除了表现在不同烃的结晶点不同，还表现在不同烃对水的溶解度不同，这一点将在后面谈到。

不同燃料的馏轻重不同，低温性也不一样，馏分越重的燃料，大分子烃含量越高，结晶点也就越高，柴油的结晶点比喷气燃料的高，而喷气燃料的结晶点又比汽油的高。

二、燃料中的溶解水及其对燃料低温性能的影响

1. 燃料中水分的来源

除了燃料的化学组成以外，水分也是影响喷气燃料低温性能的重要因素。喷气燃料是不允许含有水分的，但是在贮运和使用过程中，由于燃料本身的溶水性，雨露冰霜的侵入以及容器中水蒸气的凝结等，往往会含有一些水分。这些水分通常以游离状态、悬浮状态或溶解状态存在。从使用上说，不希望燃料中有任何状态的水分，特别是燃料中不允许有可见的游离水和悬浮水存在。不过，游离水容易用沉降、放底、过滤等方法除去，而溶解水则不易去除。在低温情况下，这些微量的溶解水，从燃料中呈细小的水滴或冰晶析出，引起过滤器和燃料系统其他部位堵塞，影响燃料的正常供给，严重时可能造成飞行事故。

2. 影响燃料中含水量的因素

燃料中出现冰霜主要与燃料对水的溶解性有关。为了弄清冰霜出现的时机，以防止冰霜影响飞行安全，进一步了解哪些因素影响水在燃料中的溶解度或燃料中含水量是完全必要的。根据研究，影响水在燃料中溶解度或燃料中含水量的主要因素是燃料的性质、温度、空气的相对湿度以及大气压等。

(1) 燃料的性质

由于烃类分子均是由共价键结合的非极性化合物，对由氢键缩合的强极性的水分子引力很小，因此各种纯烃物质对水的溶解度都不大。但是各种烃类对水的溶解度各不相同，其中以芳香烃的溶解度最大，不饱和烃次之，环烷烃较小，烷烃最小。图 4-1 显示出几种烃在不同温度下对水的溶解度的比较。

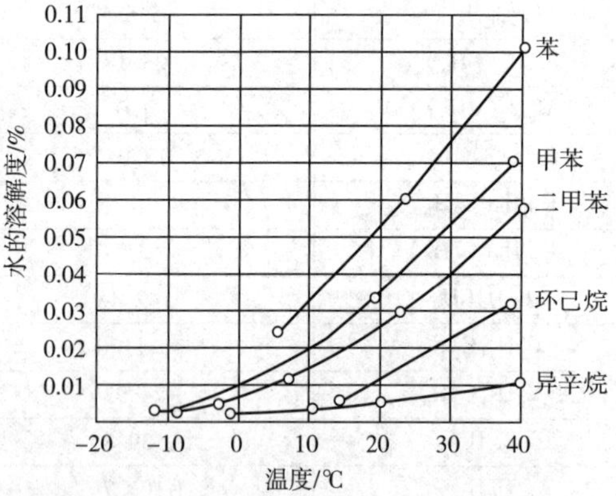

图 4-1　不同烃类对水的溶解度

在同一类烃中，随着烃相对分子质量的增大和黏度增加，水在烃中的溶解度减小。因此，水在汽油中的溶解度最大，煤油中较小，在柴油中的溶解度则更小。同样，相对分子质量较小，含芳香烃较多的喷气燃料的溶水性比相对分子质量较大，含芳香烃较少的喷气燃料的溶水性要高些。但是，由于汽油的密度较小、黏度较低，细微水滴在汽油中较易沉降分离，蒸发时水分在汽油中扩散速度较快，较易蒸发出去。所以在低温情况下，喷气燃料的结冰现象没有喷气燃料严重。

(2) 温度

随着燃料温度的升高，水在燃料中的溶解度也增大。温度降低时，溶解度也随之减小。图 4-2 为国产新疆 3 号和大庆 3 号喷气燃料在不同温度下的溶水性曲线。

俄罗斯生产的燃料中水的溶解度和温度的关系如图 4-3 所示。由图中可见，温度由 40℃降至 0℃时，水的溶解度降低很多。

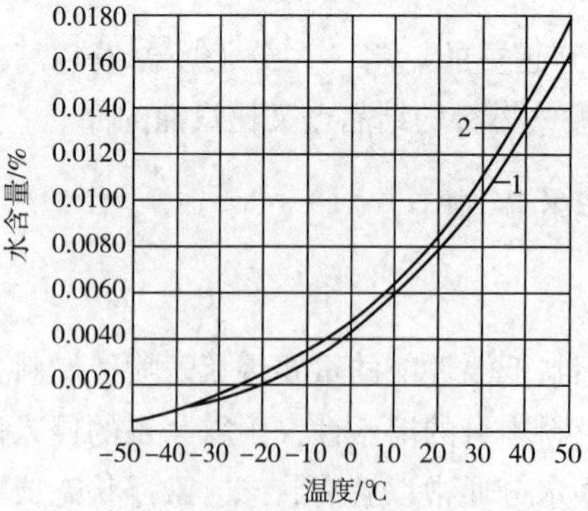

图 4-2　不同温度下水在喷气燃料中的溶解度（100%相对湿度）

1—新疆 3 号喷气燃料；2—大庆 3 号喷气燃料

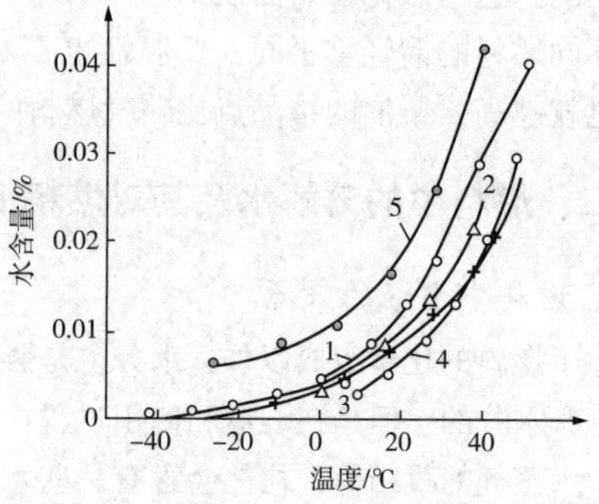

图 4-3　俄罗斯燃料中水的溶解度和温度的关系

1—TC-1（油样 1）；2—T-1（油样 1）；3—T-1（油样 2）；4—TC-1（油样 2）；5—Б-100/130 汽油

出于上述特性，当温度作周期性变化时，就产生了燃料的吸水和放水过程。当温度上升时，由于水的溶解度增大，原来饱和的含水燃料变为不饱和，燃料就在表面从空气中吸收水分，直到饱和；当油温下降时，水在燃料中的溶解度减小，便有少量水分从燃料中析出，逐渐沉积在容器底部。这种过程反复多次，容器底部的水便越聚越多，这就是原来不含水的贮油容器中以后发现水分的原因。

（3）空气的相对湿度

空气的相对湿度越大，燃料中的含水量也越接近于饱和。当燃料中的含水量未达饱和时，如空气的相对湿度大，燃料就从空气中吸入水分。反之，如果空气比较干燥（湿度小），则燃料中的水分也会蒸发到空气中去。换句话说，溶解在燃料中的水分与空气中的水蒸气处于平衡状态。

水在燃料中的溶解度很小，因此，水在燃料中的浓度与水蒸气分压的关系，可用溶解度定律表示，即水在燃料中的浓度 C 与液面上空气中的水蒸气分压 p 成正比：

$$C=kp \tag{4-1}$$

式中 k——常数。

根据试验，在一定温度下，当外界空气的湿度达到饱和时（水的蒸气压为饱和蒸气压 p_s），水在燃料中的浓度达到该温度下的最大值 C_{max}，二者之间的关系为：

$$C_{max}=kP_s \tag{4-2}$$

或

$$k=\frac{C_{max}}{p_s} \tag{4-3}$$

将 k 值代入式（4-1），得：

$$C=\frac{C_{max}}{p_s}p=C_{max}\frac{p}{p_s} \tag{4-4}$$

式中 $\frac{p_s}{p}$——一定温度下的实际水蒸气分压与该温度下水的饱和蒸气压的比值，即等于该温度下的相对湿度。

由公式（4-4）可以看出，在一定温度下燃料中的含水量是与所接触的空气的相对湿度成正比的。

图 4-4 为新疆 3 号和大庆 3 号喷气燃料在不同温度下，燃料中的含水量与相对湿度的关系。可以明显地看出，二者之间呈直线关系。

以图中新疆 3 号喷气燃料为例：当气温为 30℃时，若相对湿度为 64%，则其溶解水的含量为 0.0064%；若相对湿度增大至 100%时，则其溶水量为 0.010%。这就是说，当空气由相对湿度 64%增大至饱和（如下雨）时，在 1t 新疆 3 号喷气燃料中的含水量将从 64g 增加到约 100g。

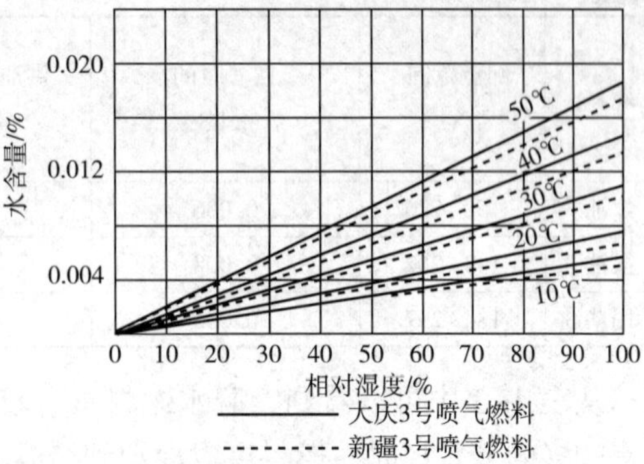

图 4-4 燃料中的含水量与相对湿度的关系

（4）大气压力和容器中空间比例

当大气压力降低时，空气中水蒸气分压相应地减小，水在燃料中的溶解度也减小。飞机在高空飞行时，由于气压降低，燃料中的水分迅速逸出，遇到冷的油箱壁，就会在壁上凝成水珠或一层白霜。

容器中装油多少和容器是否封闭等情况对燃料的吸水也有影响。容器装得不满、空间很大，燃料吸入水分的速度比装满的情况要快。燃料装在开口容器中，吸收水分很快，有的在 20min 的短时间内就能达到饱和状态。

3. 燃料中冰晶的生成

燃料在贮存过程中所含有的溶解水实际上是随着外界的气温、湿度的变化而变化的。当温度或湿度增大时，燃料从空气中吸收水分；当温度或湿度降低时，燃料则将水分蒸发或形成游离水，从燃料中析出。特别是当冬季将燃料从温度较高的洞库送入地面温度很低的油罐中，或飞机由地面飞到高空，燃料中水的溶解度降低以后，水的蒸发性在低温下很低，超过饱和部分的水分便会以微滴状从燃料中游离出来。由于喷气燃料的黏度和密度较大，细小的水滴不易沉降下来，便呈微滴悬浮在油中。如果析出微滴水发生在 0℃ 以下温度，就形成许多细小的冰结晶悬浮在油中，通常又叫冰霜。在我国东北地区冬季，凡是空气湿度大、气温变化也大的地方，燃料中出现冰霜的现象就较多。

如果燃料中含溶解水极少，当温度降低后仍未达到饱和，这时即便温度低于 0℃，燃料中也不会出现冰结晶。此外，燃料有时也可以处于水的过饱和状态，即当温度降低时，水在燃料中的含量已超过其饱和含量，但仍未析出水分，即使温度低于 0℃很多，仍不析出冰霜。但是这种过饱和状态是不稳定的，当进行抽油或搅动时，就会破坏这种状态，大量冰晶会瞬间出现。在严冬季节，由低温油罐向油车加油，或由油车向飞机油箱加油时，有时会发生这种现象。

在气温高于燃料温度加油时，空气中的水分能被燃料冷却而凝结在燃料和容器的表面，使燃料浑浊或出现冰霜。在严寒地区油车从阴冷处开到太阳照射的地方，有时在燃料表面或油罐内壁上出现冰霜，就是这个缘故。

4. 溶解水对燃料低温性能的影响

燃料中含有溶解水在低温下会产生冰晶，阻塞发动机燃料系统的过滤器，减少发动机的供油量，破坏发动机的正常工作，严重时造成飞行事故。燃料中溶解的水分越多，供油量减少的程度越严重。表 4-3 列出了煤油和柴油含水时对低温性能的影响。

表 4-3　燃料中溶解水对低温性能的影响

燃料	沸点范围/℃	18℃时的含水量/%	供油减少 50%时的温度/℃	脱水燃料		
				浊点/℃	失去流动性时温度/℃	供油减少 50%时的温度/℃
煤油	158~276	0.006	−44	−43	−54	−49
煤油	143~262	0.008	−25	−60	−60	−60
车用柴油	184~297	0.003	−42	−60	−60	−60

从表 4-3 中可以看到，脱水燃料具有较好的低温性能。这是因为燃料脱水后，特别是含有较多的芳香烃时，燃料可以冷却到结晶点以下(过冷)而不产生结晶。但如燃料中存在少量水分时，冰晶的产生则易于导致烃结晶的生成。燃料完全脱水只能保持较短时间，当与空气接触时，燃料中仍会产生与大气平衡的溶解水。

燃料中含有少量水分会使低温过滤性能恶化，并不单是冰晶堵塞油滤引起的。例如用 20℃ 含水量为 0.01%的喷气燃料作试验，在−30℃经 35min 后，过滤性便下降 50%。可是按试验条件，即使燃料中的水分全部冻结出来，过滤器上也只能聚集 0.25g 的冰晶。这样少的冰晶是不足以使过滤器的滤油量降低 50%的。含水燃料低温过滤性迅速恶化的原因是燃料中的水经冷冻后，生成的冰晶成了烃类结晶的晶核。有了晶核，低温性不良的烃类便沿晶核迅速生长。正是这些结晶将滤网堵塞，过滤性能才大大降低。

燃料中的溶解水在低温下以游离水析出时，还易与燃料中的胶质作用，在过滤器上形成一层薄膜，使燃料不易通过。

此外，落入燃料中的固体杂质微粒对燃料的低温过滤性也有影响，因为这些固体微粒也能为烃类结晶和冰晶的生成提供晶核，促进结晶的成长。因此，防止水分和杂质落进燃料，保持燃料的洁净，是保证燃料具有良好的低温性能的重要措施之一。

三、不同液体燃料的低温性

不同燃料的组成不同，大分子烃含量和对水的溶解度不同，影响低温性的主要因素也不一样。

1. 柴油的低温性

柴油馏分重，大分子烃(特别是正构烷)含量高，而对水的溶解度很小，因此，影响柴油低温性的主要原因是大分子烃在低温下析出蜡晶。当温度低到一定程度时，大量蜡晶析出并形成网状结构，没有结晶的烃也被固定起来，从而失去流动性。

柴油的低温性能一般用浊点和凝点表示。浊点是指燃料温度降低过程中，燃料开始由透明转为混浊时的最高温度。凝点则为燃料在试验规定条件下开始失去流动性的最高温度。一般石蜡基柴油的浊点高于其凝点 4~10℃(国产车用柴油一般不超过 7℃)，环烷基或环烷芳香基柴油的浊点和凝点都很低，但两者相差较大。从有利于使用的角度来看，柴油的凝点越低，同时浊点与凝点相差越小越好。否则在比凝点高得多的温度下，就会出现石蜡结晶而妨碍使用。

柴油中含有较多的正构烷烃对柴油低温性是不利的。随着正构烷烃碳原子数的增加，柴油的凝点也升高，但同时十六烷值却增大(见图 4-5)。因此，采用脱蜡工艺可以降低柴油的浊点和凝点，改善柴油低温性能。但柴油的十六烷值会相应地降低。

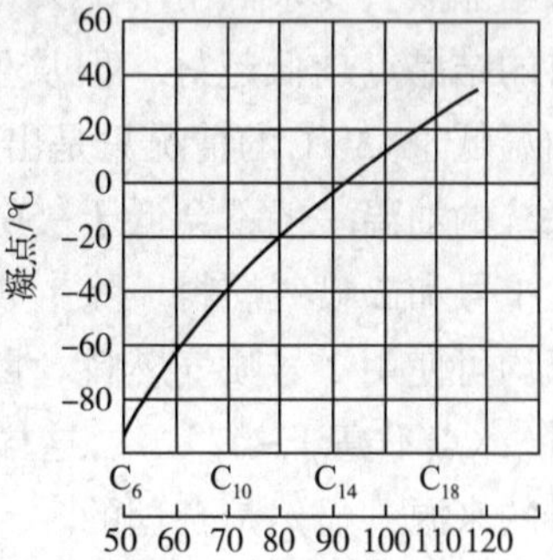

图 4-5　柴油凝点与正烷烃链长的关系

烯烃虽然具有较好的低温性，但是柴油中含有烯烃会降低其安定性，增加胶质和积炭生成。

在各种烃中，环烷烃既具有较高的十六烷值，也具有良好的低温性能，因而是柴油最理想的组分。此外，异构烷烃的凝点比相应的正构烷烃凝点要低得多，但十六烷值则较差，表 4-4 载有几种正构烷烃和异构烷烃凝点的比较。

表 4-4　烷烃异构化对凝点的影响

烷烃	分子式	凝点/℃	十六烷值
正十二烷	$C_{12}H_{26}$	-12	72
2,2,4,6,6-五甲基庚烷	$C_{12}H_{26}$	-70	9

续表

烷烃	分子式	凝点/℃	十六烷值
正十六烷	$C_{16}H_{34}$	20	100
7,8-二甲基十四烷	$C_{16}H_{34}$	-70	40

根据研究，具有分支形状为∏形或T形的异构烷烃同时具有低的凝点和高的十六烷值。例如2，5-二甲基十一烷的凝点为-70℃，十六烷值为66；7-丁基十三烷($C_{17}H_{36}$)的凝点为-70℃，十六烷值达80。

2. 喷气燃料的低温性

与柴油和汽油相比，喷气燃料的馏分居中，其分子大小和对水的溶解度处于中等水平，因此水分和大分子烃都是影响喷气燃料低温性的原因，其中以水分的影响更大，一旦水分析出冰晶，就会促进蜡晶的生成，使一些本来不结晶的烃以冰晶为晶核成长为较大的蜡晶。

在初馏点不低于60℃的宽馏分喷气燃料中可能含有苯，在140~250℃或更重馏分的喷气燃料中可能含有大分子正构烷烃，或带短侧链的双环芳香烃。用大庆含蜡原油炼制的2号喷气燃料，在200~250℃馏分中，正构烷烃含量达40%左右，所以它的结晶点较高。表4-5列出了大庆喷气燃料不同馏分范围与结晶点的关系。

表4-5　大庆喷气燃料的馏分范围与低温性的关系

馏分范围/℃	130~210	130~220	130~230	130~240	130~250
密度 ρ_{20}/(g/L)	0.7679	0.7709	0.7743	0.7763	0.7788
结晶点/℃	-65	-59.5	-56	-52	-47

从表4-5中可以清楚地看到，燃料的尾馏分越宽，燃料的密度越大，其结晶点也相应地升高。如果要从大庆原油获得结晶点低于-60℃的喷气燃料，终馏点必须低于220℃。如果结晶点只要求低于-50℃，那么，终馏点可以放宽到240℃。如单纯从使用角度考虑，燃料的结晶点越低越好，但从生产方面衡量，产率要降低很多。从前面各地测温结果来看，油温低于-50℃的情况只是出现在严寒地区冬季。在我国北方其他季节和南方飞行时，燃料系统的油温一般不会低于-50℃。因此，过去我国生产了结晶点分别为-60℃和-50℃以下的1号和2喷气燃料。除少数冬季地面气温低于-35℃的地区使用1号喷气燃料外，其他地区均可使用2号喷气燃料。目前我国主要生产和使用的是在2号基础上改进的3号喷气燃料(冰点不高于-47℃)。这样按结晶点分牌号使用，既保证了使用要求，又扩大了喷气燃料的来源，显然是合理的。

从国外喷气燃料的使用来看，也都是按结晶点不同分成多种牌号。独联体及东欧国家的喷气燃料的结晶点多为-50℃或-60℃。美国及西欧国家则按结晶点-60~-40℃分成若干牌号。

第三节　评定液体燃料低温性的方法

喷气燃料的低温性用结晶点表示。喷气燃料的低温性一般用结晶点或冰点表示，同时还要求测定低温下的黏度。柴油的低温性用浊点、凝点和冷滤点表示，国外也有用倾点表示的。锅炉燃料油馏分较重、颜色较深，一般只要求测定凝点。

一、喷气燃料和喷气燃料的低温性指标

1. 结晶点/冰点

轻质燃料的结晶点，就是在测定条件下冷却时，能用肉眼观察到燃料中有结晶出现时的最高温度。到达结晶点后，逐渐升高温度，结晶完全消失时的最低温度称为液体燃料的冰点。同一燃料的冰点一般比结晶点高1~3℃。

结晶点的测定方法按SH/T 0179—1992《轻质石油产品浊点和结晶点测定法》进行。测定时将试样分别装入两支清洁干燥的双壁玻璃试管(图4-6)中，其中一支试管中的油样不进行冷却，只作比较用的标准。另一支试管中的油样则须按规定的条件进行冷却。当燃料中开始呈现为肉眼所能看见的晶体时，温度计上所示的温度就是该燃料的结晶点。

纯物质的结晶点(熔点)是该物质的特性，是固定不变的。液体燃料的结晶点随其化学组成而异，含有低温性能不良组分如正构烷烃、某些芳香烃和水较多时，结晶点便升高。

结晶点是喷气燃料的重要使用指标。结晶点过高的燃料在寒区使用中会在低温下堵塞油滤，影响发动机的正常供油。

冰点的测定方法GB/T 2430—1981《喷气燃料冰点测定法》已经被废止，最新的测定冰点的方法还有GB/T 2430—2008《航空燃料冰点测定法》和SH/T 0770—2005《航空燃料冰点测定法(自动相转换法)》。

2. 低温黏度

黏度是表示流体黏性大小的物理量。低温黏度是表示石油产品低温(0℃以下)下流动性大小的指标。黏度越大，流动性越差，泵送越困难。黏度的表示方法分为动力黏度、运动黏度和条件黏度，我国油料工作中主要采用运动黏度来表示油料黏度的大小，单位用m^2/s或mm^2/s。

运动黏度的测定方法按国家标准GB/T 265—1988《石油产品运动黏度测定法和动力黏度计算法》在玻璃毛细管中进行测定。其原理是一定温度下，一定体积的液体通过毛细管所需的时间t(单位：s)与液体的黏度ν_t(单位：mm^2/s)成正比，比例系数C称为毛细管黏度计常数(单位：mm^2/s^2)：

$$\nu_t = Ct$$

运动黏度测定装置如图4-7所示。测定时只需测定液面通过刻线A、B所用时间，就可用黏度计常数计算出液体的黏度。

由于各种液体燃料的黏度均随温度的升高而减小，并随温度的降低而增大，因此，测定燃料的黏度必须规定温度。只有在相同温度下测出的黏度，互相比较才有意义。我国柴油和喷气燃料的黏度规定采用20℃运动黏度，喷气燃料的低温黏度采用-20℃运动黏度。

几种俄罗斯液体燃料的黏度温度曲线如图4-8和图4-9所示。

在液体燃料中规定测定黏度，其意义大致有如下几点：

① 燃料的黏度和喷气燃料或柴油在发动机燃烧室中雾化的形状和质量有密切的关系，

只有黏度适当的燃料才能保证良好的雾化和燃烧，这在蒸发一章已经讲过了。

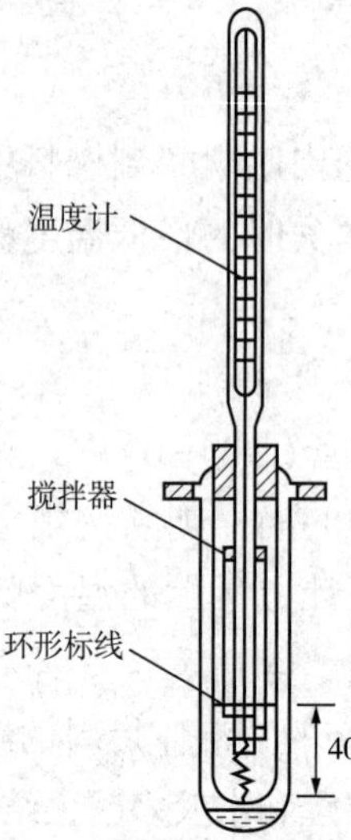

图 4-6　燃料结晶点测定器

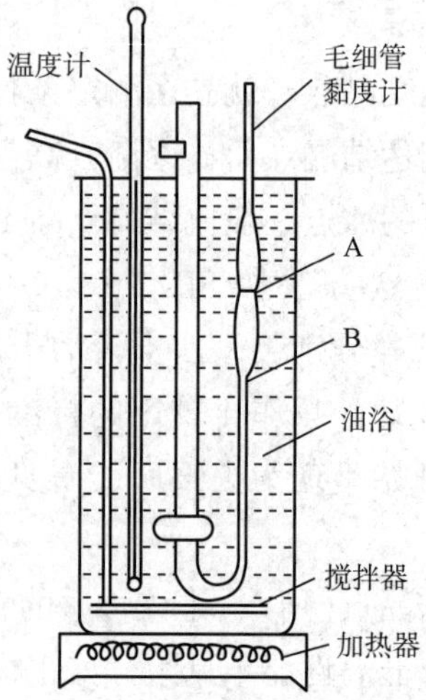

图 4-7　运动黏度测定装置

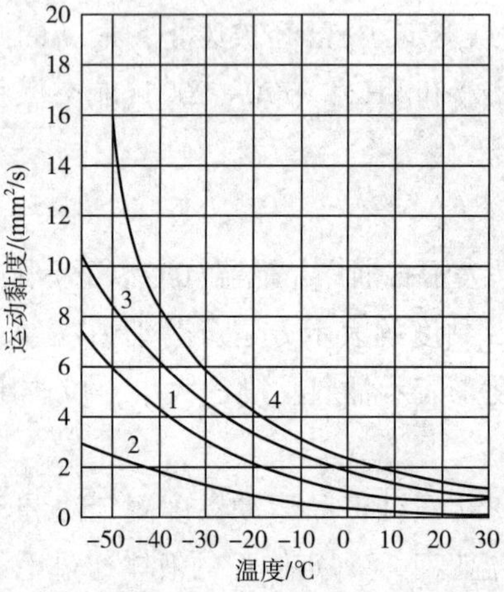

图 4-8　喷气燃料黏度和温度的关系

1—Б-70 喷气燃料；2—Т-2 喷气燃料；

3—ТС-1 喷气燃料；4—Т-1 喷气燃料

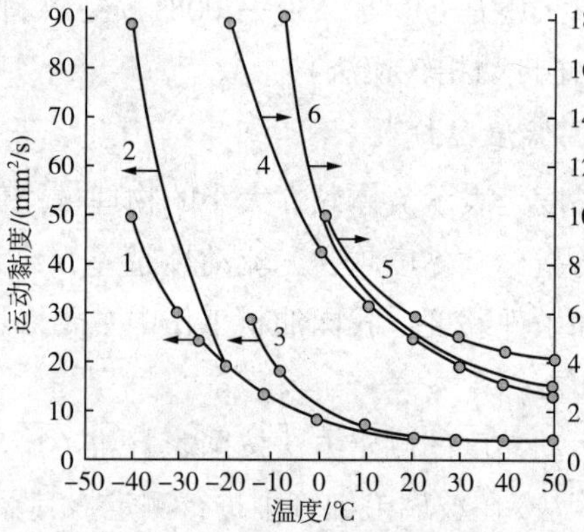

图 4-9　柴油黏度和温度的关系

1，4—ПЗ 冬用柴油；2—ПА 寒区用柴油；

3，6—ПЛ 夏用柴油；5—ПС 专用柴油

② 喷气燃料规定了低温下的黏度限值，目的在于保证燃料在低温下具有良好的流动性，作为低温性能的参考。

③ 燃料的黏度大小和泵输所需能量及燃油泵摩擦部件之间的润滑均有密切联系。黏度较低，虽可减轻燃油泵的输油负荷，但对金属部件的润滑性能也降低。过低的黏度将导致某些部件的磨损增大，缩短其使用寿命。

二、柴油的低温性指标

1. 浊点

浊点是在规定条件下对液体燃料降低温度，当燃料中开始产生蜡晶或冰晶而变浑浊的

最高温度。

测定普通柴油的浊点与测定结晶点的方法一样，也是按照SH/T 0179—1992《轻质石油产品浊点和结晶点测定法》，在与测定结晶点相同的仪器中进行。按规定方法冷却的油样，在预计浊点前5℃，开始与未进行冷却的油样比较。如未发现浑浊，应再进行冷却，每降低1℃观察一次，直到试油出现浑浊。试油开始出现浑浊的温度即为该油的浊点。

在浊点温度下，燃料中只是开始出现很少的微小晶粒，使燃料不再透明，这些晶粒不能用肉眼观察到。因此，测定燃料的浊点后，可以进一步将燃料冷却以测定其结晶点。

柴油中水分的溶解度很小，产生浑浊的原因主要是燃料中的大分子正构烷烃(石蜡)的结晶。含蜡越多的柴油，其浊点也越高。

浊点是柴油的重要使用指标。为了保证发动机低温下燃料的正常供应，柴油的使用温度一般应高于浊点3~5℃。

2. 凝点/倾点

凝点就是石油产品在低温下失去流动性的最高温度。

柴油和更重馏分凝点的测定根据国家标准GB/T 510—2018《石油产品凝点测定法》所规定的条件进行。测定时将试油放在规定的玻璃试管中(见图4-10)，当冷却到预期的温度时，将试管倾斜45°经过1min，观察液面是否移动。反复试验，直至确定某试验温度能使油样液面停留不动而提高2℃又能使液面移动时，即取使液面保持不动的温度作为试油的凝点。

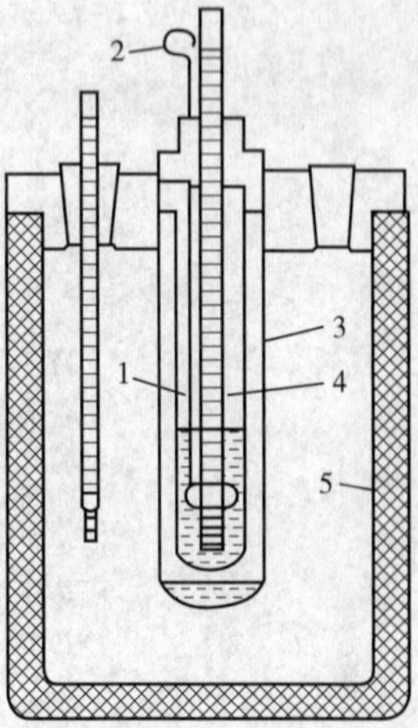

图4-10　凝点测定仪

1—试管；2—搅拌器；3—套管；4—温度计；5—冷却容器

含蜡很少的低黏度油品低温下黏度增大是使油品不能流动的主要原因，而含蜡较多的黏度较大的油品低温下石蜡的结晶是使油品不能流动的主要原因。当温度降低至结晶点以下，燃料中的蜡开始结晶并逐渐生成。随着温度的下降，结晶呈网状发展，燃料中的低凝组分则被吸附在众多的网眼中，终于使液体失去流动性。因此，燃料的馏分越重或含蜡越多，其凝点也越高。

凝点是柴油的重要使用指标。柴油的牌号是根据其凝点确定的。发动机使用凝点过高的燃料，停车后再起动将发生严重困难。事实上，在柴油温度到达凝点之前，就会因流动困难而影响发动机正常供油。因此，室外工作的发动机一般应使用凝点低于周围气温7℃以上的燃料，才能保证发动机的正常工作。

凝点也是燃料在低温换装、发放和贮运中的重要质量指标。在低温下燃料完全失去流动性时，换装、发放都将发生严重困难。在低温下长期静置的燃料，如果温度降至凝点以下，便无法向车辆的油箱加油。但是，应该注意，燃料泵送的最低温度与其凝点之间并没有直接的联系。实践表明，有些凝点为-30℃的燃料在-50℃时还保持流动性和可泵送性。只要保持一定的泵送压力，克服燃料流动中的内摩擦，一般黏油均可在其凝点以下若干度在管道中顺利输送。然而，当长时期停输，燃料在管道静置一段时间以后，燃料仍会凝固而给输油工作带来困难。这是因为在泵送油料时，晶体构造被破坏，使之无法产生网状结构，而停输之后，必须静置若干小时才能恢复其被破坏了的结构。

倾点是石油产品能够流动的最低温度，测定方法为 GB/T 3535—2006《石油产品倾点测定法》。我国液体燃料规格中，除锅炉燃料油和军舰用燃料油外，其他燃料没有要求倾点指标，因此这里不作详细介绍。

3. *冷滤点*

冷滤点是指在规定试验条件下，试油在 1min 内开始不能通过过滤器 20mL 时的最高温度。

冷滤点的测定按 SH/T 0248—2019《柴油和民用取暖油冷滤点测定法》的规定进行，其测定装置如图 4-11 所示。测定时，取 45mL 油样在规定条件下冷却后，在 2kPa 压力下抽吸，使试样通过一个 363 目的过滤器。当试油冷却到一定温度后，以 1~2℃间隔降温，测定 20mL 油通过过滤器的时间。在 1min 内，过滤器滤网不能通过 20mL 油样的开始温度就是柴油的冷滤点。

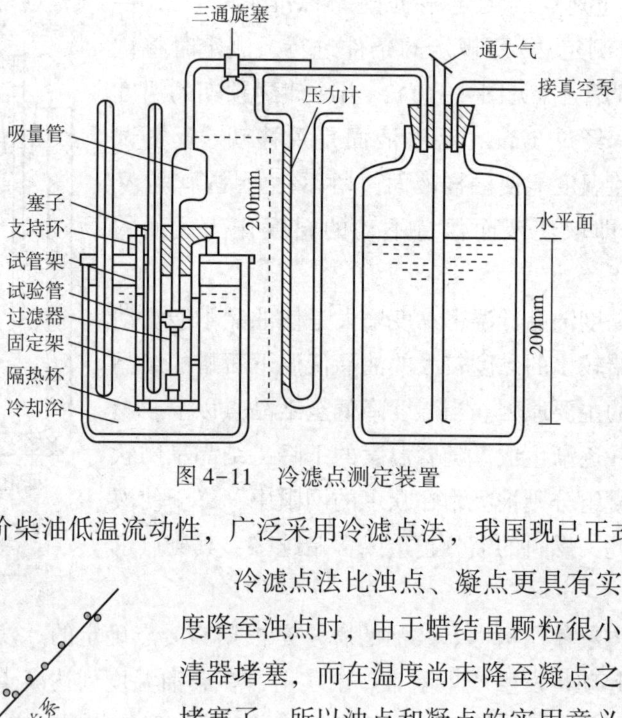

图 4-11　冷滤点测定装置

目前，国外评价柴油低温流动性，广泛采用冷滤点法，我国现已正式采用。

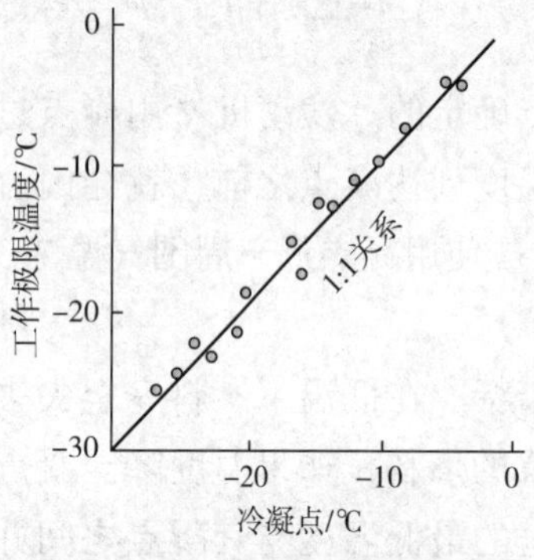

图 4-12　冷滤点和工作极限温度的关系

冷滤点法比浊点、凝点更具有实用性。因为柴油温度降至浊点时，由于蜡结晶颗粒很小，并不一定引起滤清器堵塞，而在温度尚未降至凝点之前，滤清器就已经堵塞了，所以浊点和凝点的实用意义不大，国外许多国家使用冷滤点取代了浊点和凝点。

冷滤点与柴油的实际使用极限温度有良好的对应关系。根据试验证明，冷滤点代表了行车试验中柴油的极限使用温度。这从图 4-12 中冷滤点和工作极限温度是 1∶1的直线关系便可证明。

图 4-12 所示的 1∶1 关系线，是用对石蜡最敏感的奔

驰车作出的。这种车的过滤器裸露在空气中，过滤器与车轮之间无挡板。行驶时，前轮打风，使过滤器急冷，不容易得到发动机的热量所以这种车辆被称为“苛刻型”车辆。而对于一般车辆，实际使用油温往往高于冷滤点，所以对一般车辆，用冷滤点来代表实际使用极限温度还留有一定的余地。

试验证明，冷滤点与工作极限温度的良好对应关系，不受是否加有低温流动性改进剂的影响。

第四节　改善喷气燃料低温性的措施

一、改善柴油低温性的措施

如前所述，影响柴油低温性的原因是大分子烃在低温下析出烃结晶，并形成网状结构。因此改善柴油低温性的根本措施是减少大分子烃的含量，同时防止蜡晶形成网状结构也能使柴油低温性得到改善。

1. 采用脱蜡工艺

脱蜡的目的就是去掉柴油中的大分子烃，降低柴油凝点，改善柴油低温性。生产低凝点的柴油一般需要经过脱蜡工艺。脱蜡程度越深，柴油的低温性就越好。常用的脱蜡工艺有尿素脱蜡和溶剂脱蜡。

但是脱蜡的结果会降低柴油产量、增加成本，因此，确定是否脱蜡以及脱蜡程度必须根据产品使用要求确定。

2. 使用低温流动性改进剂

柴油低温流动性改进剂又称柴油降凝剂，是一类能够降低柴油凝点，改善柴油低温性的添加剂。其作用机理是柴油中加入低温流动性改进剂后，当温度降低，石蜡析出时，低温流动性改进剂附着在蜡晶表面上，阻止蜡晶形成网状结构，从而降低柴油的凝点和冷滤点，改善低温流动性(如图 4-13 所示)。应当注意的是低温流动性改进剂并不能防止蜡晶的析出，只能阻止其形成网状结构，因而只能降低柴油的凝点和冷滤点，而不能降低浊点。

我国生产的低温流动性改进剂主要是乙烯-醋酸乙烯酯共聚物(T1804、T1804A)等。

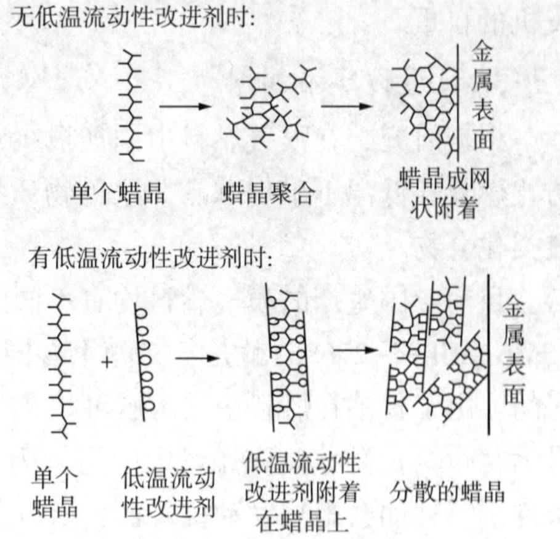

图 4-13　低温流动性改进剂作用机理示意图

二、改善喷气燃料低温性的措施

影响喷气燃料的低温性能的原因主要是水分在低温下形成冰晶，而蜡晶形成，往往是以冰晶为晶核，因此，改善喷气燃料低温性的重点是防止燃料在低温下析出冰晶，其基本途径：一是减少喷气燃料中的水分含量；二是防止水分析出；三是降低水的冰点，避免形成冰晶。通常采取以下措施。

1. 冷冻过滤

冷冻过滤方法是我国通过长期实践，总结出的有效措施。它的主要过程就是将贮存在地下罐或半地下罐的燃料，泵送到容量较小、温度较低的地面罐内，经 24h 以上的冷冻，使之与外界气温达到平衡，析出冰结晶，然后经过滤除去冰晶。除去冰晶后的油料才交付使用。

冷冻过滤除去冰晶的方法简便易行，效果良好。使用经验证明，这一防冰措施应和以下工作结合进行：

① 加强检查和清洗飞机燃料油滤，洗后烘干。

② 装油容器要尽量装满，并严密封闭，减少燃料从空气中吸收水分，防止外界湿气、冰雪侵入，避免容器内壁因气温降低而产生冰霜。

③ 飞行前做好准备工作，加强对冷冻罐、油槽车和飞机油箱的油料检查，放净沉淀、冰霜。

④ 工作完毕，槽车应停放于无保暖设备的库房，防止油温升高，再次从空气中吸收水分。

2. 燃油或油滤加温

根据国外经验，可以从压缩机引来少量热空气加温燃油或油滤，也可以利用滑油的热量通过热交换器来加温燃料，防止冰晶的产生。例如“子爵”号飞机，在低压油滤前就装有燃油加热器。当低压油滤的压差大于 21.6kPa 时，结冰警告灯亮，飞行人员便可打开加温电门，使从压缩机来的压力为 490kPa，温度为 250℃的热空气对燃料进行加温。又如“三叉戟”飞机，利用燃油通过滑油散热器，既为滑油降温，又提高了燃油的温度。如燃油仍低于 5℃，便自动打开燃油加温器，利用高温空气加热。当温度超过 25℃时，加温器会自动关闭。

利用加温燃油或油滤防止冰晶的危害，效果良好，但要增加辅助设备，同时也增加了飞机的自重。

3. 使用防冰添加剂

根据研究，在喷气燃料中添加极少量的既能溶于油又能溶解水的化学物质，可以有效防止燃料在低温下出现冰晶，这种物质被称为防冰添加剂。最常用的防冰添加剂是醇类和醚类化合物。

目前各国生产的喷气燃料均有不同的防冰添加剂。例如，美国使用的防冰添加剂 PFA-55MB(MIL-I-27686)就是乙二醇甲醚同甘油的混合物。甘油是作为缓和的微生物抑制剂加入的。由于甘油在燃料中的溶解度很小，将甘油的成分从 12%降至 0.4%，即乙二醇甲醚含量为 99.6%。防冰剂在燃料中的用量为 0.10%~0.15%(体积)。近年来英国发现在热运转条件下，甘油会影响发动机寿命，所以英国军用防冰剂(DERD2451)和美国军用防冰剂均不加甘油。俄罗斯采用的防冰剂称为“И 液”，其组成为乙二醇乙醚不少于 94%，在燃料中的用量为 0.3%。

我国过去曾试用过“DI”防冰添加剂，成分为二乙二醇乙醚与异丙醇按质量 1∶1 的混合液。近年来开始使用乙二醇甲醚全馏分和乙二醇乙醚全馏分两种。

(1) 国产防冰剂的组成和制法

① 乙二醇甲醚全馏分，代号：T1301，组成：

乙二醇甲醚 $CH_3OCH_2CH_2OH$　　89.7%

二乙二醇甲醚 $CH_3OCH_2CH_2OCH_2CH_2OH$　　9.7%

乙二醇 $HOCH_2CH_2OH$　　0.6%

生产方法，将环氧乙烷与甲醇在常压下用三氟化硼乙醚作催化剂反应而得，反应如下：

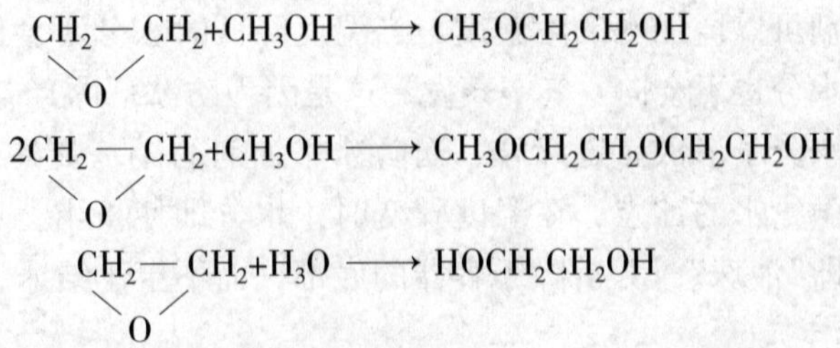

② 乙二醇乙醚全馏分，代号：T1302，组成：

乙二醇乙醚 $C_2H_5OCH_2CH_2OH$　　85.6%

二乙二醇乙醚 $C_2H_5OCH_2CH_2OCH_2CH_2OH$　　9.8%

乙二醇 $HOCH_2CH_2OH$　　4.6%

乙二醇乙醚全馏分的生产方法与乙二醇甲醚全馏分的生产方法相似。

（2）国产防冰剂的性能和理化指标

乙二醇甲醚或乙醚全馏分均为无色透明液体，有毒，密度大于 0.95，易溶于燃料中，并有很强的吸水性。前者的防冰效率较后者高，往燃料中的添加量前者为 0.15%~0.20%，后者为 0.25%~0.30%；两种防冰剂的理化指标见表 4-6。

表 4-6　防冰添加剂的理化指标

项　目	乙二醇甲醚全馏分		乙二醇乙醚全馏分
	规格	分析数据	分析数据
密度 ρ_{20}/(g/cm³)	0.965~0.980	0.9683	0.9545
折射率 n_D^{20}	1.402~1.410	1.4051	1.4113
馏程：初馏点/℃	>118	121.5	129
干点/℃	>205	205	201
残损/%(体积)	<1.5	1.0	1.0
闪点(闭口)/℃		40	46
酸值/(mgKOH/g)	>0.09	0.033	0.069
含水量/%	<0.4	0.114	0.184
冰点，50%水溶液/℃　不高于	-35		
色谱组成/%(体积)			
乙二醇甲醚和二乙二醇甲醚总含量	>99	99.4	
二乙二醇甲醚含量	<15	9.7	
乙二醇乙醚和二乙二醇乙醚总含量			95.4
二乙二醇乙醚含量			9.8
颜色	无色透明	无色透明	
机械杂质	无	无	

(3) 防冰添加剂的作用机理

防冰添加剂的作用主要有两个方面：第一，燃料中加有防冰剂后，增大了燃料对水的溶解度，使燃料对水的溶解性由可逆过程变为不可逆过程，防止水分析出。这就是说，未加防冰剂时，当温度升高或空气中湿度加大，燃料中溶解的水分便增多，反之则减少；但加有防冰剂后，防冰剂可以增加水的溶解度，当温度降低时水分不会因过饱和而析出，湿度减少时，燃料中的水分也不会向空气中蒸发。这是因为防冰剂的羟基具有良好的亲水性，它能与燃料中微量的水分子形成氢键缔合，而防冰添加剂的烃基则具有亲油性。第二，防冰剂可以降低燃料中微量水的冰点，在温度骤变时，水分即使析出，也是呈比例不定的防冰剂与水的混合液，即"液珠"，并沉降于容器的底部，而不至于结冰。生成的"液珠"也可能使油发生混浊。

由于防冰剂具有增大燃料对水的溶解度并降低水的冰点的作用，所以即使在已产生冰霜的燃料中加入防冰剂，也能起到一定的融冰作用。

油料在贮油容器内是通过呼吸维持水分平衡的。如有防冰添加剂的燃料，呼出的是防冰剂与水的混合蒸气。因"混合蒸气"具有低冰点的特性，它在低温下不以冰霜状态存在，而以"液珠"状态凝聚在容器的内壁和呼吸口。

如上所述，无论在容器内还是在使用过程中，当温度急剧下降时，加有防冰剂的燃料均具有较好的防冰效果。

(4) 防冰添加剂在使用和保管中的注意事项

① 燃料在长期贮存中水分会逐渐增加，容易将防冰剂抽提出来，降低防冰效果。因此，防冰剂应由机场现用现加，添加时需将防冰剂与燃料混合均匀，充分溶解，否则影响防冰效果。加入方法可将防冰剂在油泵进口与喷气燃料混合，或者先配成防冰剂的喷气燃料溶液，再将溶液与大量的喷气燃料充分混合，或将防冰剂从油罐口直接加入油罐后，利用油泵循环混合。

② 防冰剂应贮存在密闭金属桶内，并经常检查密封情况，严禁长时间敞口存放。

③ 防冰剂应保管在干燥阴冷的库房中，在敞棚或露天场地上保管时必须用篷布盖好。

④ 盛装加有防冰剂喷气燃料的油罐，应无机械杂质和水分，否则会降低其效果。

⑤ 加有防冰剂的喷气燃料，保管时间较长时，应取样测定燃料中防冰剂的含量。若发现含量降低时，必须补充到规定范围。

⑥ 防冰剂是溶解性很强的溶剂，要防止其与橡胶、塑料或油漆长时间接触，以免影响质量。

⑦ 防冰剂有毒，对人体有害，应禁止口吸燃料。如燃料洒在皮肤上，可用肥皂水洗净。

⑧ 防冰剂为易燃液体，保管和使用中应注意防火。

第五章　液体燃料的洁净性

第一节　液体燃料对洁净性的要求

液体燃料的洁净性是指燃料中含有的灰尘、砂土、铁锈、纤维、水分等外来杂质的多少。用于各种发动机的液体燃料应该都是很洁净的。石油产品经过良好精制也都不含有上述水分、杂质。但是，燃料在生产、运输、贮存和加注过程中，各种原因，可能混入不同数量的上述杂质，使燃料的洁净度下降。

汽油、喷气燃料和柴油规格中均要求不含机械杂质和水分(少数柴油允许含水量不高于0.03%)。特别是用于喷气飞机的燃料，应具有高度的洁净性，因为极少量的固体杂质，可能引起发动机的不正常工作，甚至造成事故。

近代发动机对燃料洁净性要求甚严的原因有以下几点：

① 近代发动机供油系统构造精密，间隙很小，对燃料中含有的固体微粒非常敏感。例如，柴油机高压油泵柱塞间隙和喷嘴孔径都很小(不到1mm)；喷气机燃料分配器油针与油针衬套间隙小至0.005~0.01mm，压力高达8000~9000kPa。因而微小的固体杂质能造成机件的磨损或卡住，破坏燃料系统的正常工作，以致引起发动机故障，甚至停车。固体杂质还会堵塞滤清器的网孔，使燃料的供给不正常，严重时中断供油。

② 燃料系统各机件中零件相互运动时是依靠燃料本身进行润滑的。若燃料中含有游离水，燃料的润滑性能便会降低而使机件的磨损增大。同时，游离水对贮油容器和发动机燃料系统合金钢材料零件容易产生腐蚀，从而使精密部件卡住，或使调节机构失灵，严重时甚至会发生燃料泵柱塞卡死、传动轴折断等事故。游离水还会滋生细菌，在低温下会产生冰晶，堵塞油滤，影响发动机的正常工作。此外，燃料中含有水分还会降低燃料的安定性、影响燃料的质量。

③ 近代发动机燃料为了改善燃料的使用性能而越来越多使用各种添加剂，而各种添加剂在水中常具有一定的溶解度。因此，燃料中混入水分常会使添加剂被水抽提而效率降低，使燃料的使用性能变差。

④ 现代喷气发动机单位时间内耗油量很大，如有的每小时耗油量约为2000kg，比活塞式发动机的耗油量大很多。即使喷气燃料单位质量或体积内含水分与杂质的数量不多，但大量燃料中的水分和杂质聚集起来，数量便很可观，可能引起油管堵塞，从而影响供油，增大机件的磨损与腐蚀，甚至卡死机件，破坏燃料系统的正常工作。

据报道，喷气燃料中固体微粒直径在10~80μm，如其含量大于1mg/L时，就会引起燃料系统故障；即便小于10μm，当其含量大于3mg/L时，也有产生故障的可能。因此，国外有些喷气燃料的标准规定，燃料中的固体微粒不大于1mg/L。

喷气燃料一般要求悬浮水含量在0.003%以下，以保证喷气燃料的正常工作。燃料中不允许含有游离水。

第二节　影响液体燃料洁净性的物质

影响燃料洁净性的物质包括水分、机械杂质、表面活性物质、微生物以及片状、头皮状物质等。

一、水分

精制良好的液体燃料一般不含水分，但在贮存、运输和加注过程中都可能由于各种原因混入水分。例如，油轮的油舱中残余的压舱水未排尽，输油管线中，槽车中以及装油容器中残留水分，或由于贮油容器密封不良，或在加注过程中雨雪冰霜落入，或者因为气温降低使空气中的水分凝结等，均可使燃料中混入水分。

除上述外，烃类燃料本身即具有一定的溶水性。随着燃料馏分的减轻、温度的升高或芳香烃含量的增加，燃料的溶水性也逐渐加大。空气中湿度增大时，燃料中溶水量也相应增加。当温度降低，水在燃料中的溶解度下降时，超过饱和的水分便从燃料中析出。析出的微小水粒悬浮于油中称为悬浮水。如果水粒聚集成较大颗粒从油中沉降下来，便形成游离水。当气温骤降，空气中凝结的水粒落入油中也会产生悬浮水或游离水。

悬浮水的颗粒直径通常在1～100μm。当悬浮水含量低于0.003%时，肉眼不易看见，燃料仍呈透明；超过此含量即出现浑浊现象(见表5-1)。

表5-1　含水喷气燃料的可见度

悬浮水含量/%	外观	悬浮水含量/%	外观
0.1	看不清	0.003	稍有浑浊
0.05	看不清	0.0016	清澈透明
0.025	看不清	0.0008	清澈透明
0.012	看不清	0.0004	清澈透明
0.006	浑浊		

规格中要求燃料不含水分，通常是指不含游离水与悬浮水，因为燃料中的溶解水是很难去掉的。

二、机械杂质

机械杂质是指不溶于油的各种固体杂质，如尘土、砂粒、铁锈、纤维、金属屑等。这些杂质主要通过下列途径进入油料：

① 在贮存、运输、加注等过程中从外界混入。

② 贮运容器、工具和发动机燃料系统未仔细清洗；转动部件如流量表、阀门等因磨损产生杂质；检修和维护加油设备和发动机燃料系统有时也会带入一些杂质。

③ 燃料组分中的一些不饱和烃和少量的含硫、氮、氧化合物，在长期贮存中因氧化而形成部分不溶于燃料的黏稠产物。

④ 油罐、输油管线内涂层或锈渣脱落。

常见的机械杂质及其来源如下：

尘土、砂粒——在贮运装卸过程中从大气中混入。

铁锈、油污——来源于油罐、油槽车、油船、输油管线等内壁的氧化腐蚀产物和油垢，夏、冬季节，管线受气温影响而膨胀或收缩，铁锈更易混入油料。

纤维、漆皮(涂层碎片)、胶粒(橡胶脱落碎末)——来源于过滤介质、容器清洗工具、容器内壁涂层剥落、橡胶油管掉胶等。

金属末——由流量表、管线阀门、油泵等的磨损，或镀锌层被油流冲击，与金属工具相碰撞或拆装螺栓等而产生。

三、表面活性物质

表面活性物质是指分子中既具有亲油基又具有亲水基的一些有机物质，这些物质能使油水界面的液体表面张力急剧降低。燃料中含有表面活性物质，就会增强油水乳化现象，使油中的水分不易分离出去。

喷气燃料中的表面活性物质有的是燃料中原来就含有的，如环烷酸或胺类：

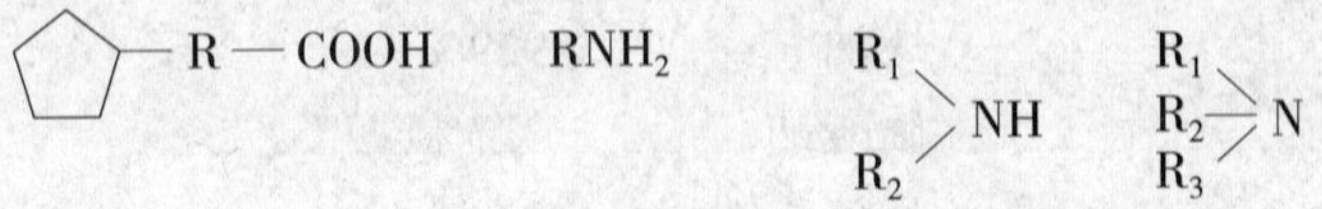

环烷酸　　　伯胺　　　仲胺　　　叔胺

有的是在精制过程中产生的，如燃料经碱洗后残留的环烷酸盐：

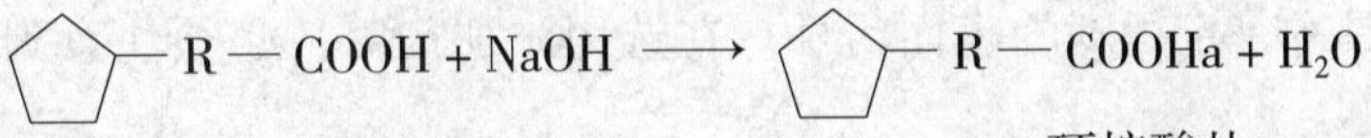

环烷酸盐

燃料经硫酸处理后也会产生表面活性物质，如磺酸及酸性硫酸酯：

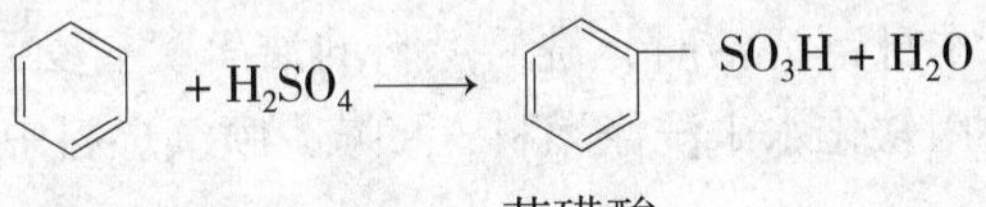

苯磺酸

$$R_1-\overset{H}{C}=\overset{H}{C}-R_2+H_2SO_4\longrightarrow R_1-\underset{H}{\overset{H}{C}}-\underset{O-SO_3H}{\overset{H}{C}}-R_2$$

酸性硫酸酯

酸处理后，燃料再用碱处理，还会生成表面活性物质磺酸盐：

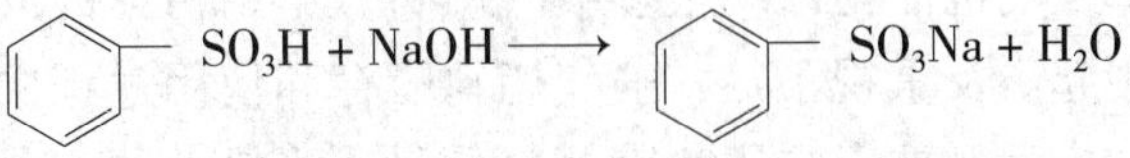

近年来，为了解决炼制含硫原油的设备腐蚀问题，在炼油过程中加入缓蚀剂。缓蚀剂能吸附在金属表面，形成一层保护性薄膜，覆盖着金属表面，使其不与腐蚀性介质接触，从而达到防止腐蚀的目的。各种缓蚀剂大多是一些表面活性剂，如脂肪族酰胺、氯代烷基

吡啶、聚酰胺等。如缓蚀剂选用不当，则会影响燃料的洁净度，使水反应试验不合格。此外，原油开采过程中使用的各种助剂也是表面活性物质的一个来源。

表面活性物质的烃基具有亲油性，极性基团具有亲水性，是较强的乳化剂。如果在最后的水洗过程中清洗不净，则有可能部分残留在燃料中。燃料中表面活性物质的含量只要达到百万分之一，就会使燃料中的水难以分离，这从表 5-2 可以看出。

表 5-2　环烷酸对燃料浑浊时间的影响

喷气燃料	含皂量×10^{-6}	油样处理条件	浑浊温度/℃	放置温度/℃	保持浑浊天数/d
大庆 3 号	0	30℃，湿度 100%，平衡 4h	27	17	2~5
盘锦 3 号	0.59		27	17	>5

燃料中含有表面活性物质，还会促使一些细微的杂质聚集在过滤器上，影响过滤。即使活性物质含量只达到百万分之一，就可以使过滤器的使用周期降低到原来的 1/5。表面活性物质还是会形成黑色或绿色的黏液，有时可从管线放出的燃料中看到。曾在过滤-分离器放出的暗黑色水中分析出下列物质：

水	88.2%
燃油	9.9%
磺酸钠	3.7%
环烷酸钠	0.8%
氯化钠	2.3%
硫酸钠	2.1%

有些添加剂具有一定程度的表面活性。在选用添加剂时，必须注意到不致影响对燃料洁净性的要求。

燃料中出现磺酸钠和环烷酸钠时，可用水洗或白土吸附的办法处理。充分的水洗可使燃料中表面活性物质浓度低于 0.00001%；白土精制能使磺酸盐降到 0.00001% 以下。水洗时必须注意水的质量，水本身不清洁时，洗后燃料的洁净度会受到影响。曾发现将含有较多 Ga^{2+}、Mg^{2+} 离子的水改用软化水来洗涤燃料，可减少喷气燃料中的白色絮状物。

四、微生物

近年来，随着我国航空事业不断建设和发展，喷气燃料的使用量和贮存量逐年增加。油库日常管理中基本上是不可能做到储油设备的绝对清洁以及无水，因此基本上无法避免喷气燃料中微生物的存在。喷气燃料作为一种战略储备燃料，在战略储备油库中常需贮存 15 年乃至更长时间，油库潮湿环境助长了微生物的生长。此外，飞机经常在高温潮湿环境飞行，给了微生物在飞机油箱内温暖潮湿的生存环境，不可避免地造成了微生物的生长繁殖。近年来，全国油库及飞机油箱出现很多喷气燃料微生物污染的问题。由于我国喷气燃料微生物污染检测刚刚起步及重视不足，喷气燃料贮存和使用过程中缺乏对微生物污染的监控，发现时微生物污染已严重影响了喷气燃料质量或飞机上的相关设备，造成了非常严重的后果。

(1) 引起喷气燃料中微生物污染的种类

陆军勤务学院(原后勤工程学院)喷气燃料微生物污染研究课题组从我国东部、南部、西部、北部、中部等地区分别选取油库及飞机场站作为取样点，收集了100多种喷气燃料样品，通过新一代Illumina MiSeq测序技术，对这些喷气燃料微生物多样性进行了分析。多样性分析鉴定出了喷气燃料中的主要污染细菌及真菌种类分别见表5-3及表5-4。

表5-3 污染细菌属层次上相对丰度分析

细菌属名	占比/%	细菌属名	占比/%
芽孢杆菌 *Bacillus*	71.40	类芽孢杆菌 *Paenibacillus*	2.24
假单胞菌 *Pseudomonas*	9.33	泛菌 *Pantoea*	1.68
葡萄球菌 *Staphylococcus*	2.76	肠杆菌 *Enterobacter*	1.11
马赛菌 *Massilia*	2.41	其他菌属合计	6.81
甲基杆菌 *Methylobacterium*	2.26		

表5-4 污染真菌属层次上相对丰度分析

真菌属名	占比/%	真菌属名	占比/%
枝孢霉属 *Amorphotheca*	25.03	丝衣霉菌属 *Byssochlamys*	1.85
链格孢属 *Alternaria*	21.89	附球菌属 *Epicoccum*	1.46
青霉属 *Penicillium*	18.54	黑团孢属 *periconia*	1.18
曲霉属 *Aspergillus*	10.57	其他菌属合计	12.36
毛壳属 *Chaetomium*	7.12		

由表5-3可知，喷气燃料中的污染细菌存在优势菌种，但大部分细菌对喷气燃料的影响不明显。目前认为除硫酸盐还原菌外，微生物对喷气燃料的影响主要源自真菌。

由表5-4可知，前5种污染真菌的占比总和高达83.15%，证明喷气燃料污染真菌中存在优势菌属，最终课题组确定此5种真菌为喷气燃料中主要污染真菌。为进一步确定喷气燃料中主要污染真菌，结合物种相对丰度，课题组又在物种水平上对上述5种主要污染真菌进行分析，各真菌属类中的优势种类见表5-5。

表5-5 污染真菌种层次上相对丰度分析

主要污染真菌属名	优 势 种	占比/%
枝孢霉属 *Amorphotheca*	*Amorphotheca resinae*	100
链格孢属 *Alternaria*	*Alternaria alternata*	99.73
青霉属 *Penicillium*	*Penicillium restrictum*	99.01
曲霉属 *Aspergillus*	*Aspergillus penicillioides*	99.37
毛壳属 *Chaetomium*	*Chaetomium globosum*	99.50

课题组最终确定枝孢霉菌(*Amorphotheca resinae*)、链格孢菌(*Alternaria alternata*)、局限青霉(*Penicillium restrictum*)、帚状曲霉(*Aspergillus penicillioides*)和球毛壳菌(*Chaetomium glo-*

bosum)为 5 种喷气燃料主要污染特征真菌。

(2) 喷气燃料微生物污染引起的问题

喷气燃料中的微生物会对飞机及储油设施产生一定影响：如生成紧密的生物膜会堵塞飞机燃油过滤器，造成发动机故障；生物膜会堵塞油罐底部的排水系统，造成油罐底部水无法排出，加重微生物污染；微生物在精密仪器仪表附近生长繁殖，会使仪表显示错误；微生物的存在会导致飞机油箱和储油油罐金属表面发生腐蚀；飞机油箱的晃动使得微生物悬浮，并在燃油喷嘴处发生团聚，导致喷嘴堵塞、发热乃至结焦，进而损害涡轮发动机等。

喷气燃料中微生物尤其是丝状真菌的生长繁殖会形成紧密的生物膜和底部淤泥，对喷气燃料的质量产生一系列的影响：如真菌在生长繁殖过程中，会使底部喷气燃料颜色变暗，并产生菌膜及乳化物，引起底部喷气燃料外观不符合要求；真菌在生长繁殖过程中，会产生酸性物质，使喷气燃料总酸值显著上升，严重时会使喷气燃料酸值不符合 GB 6537—2018《3 号喷气燃料》要求。虽然真菌会引起喷气燃料酸值超标，但研究发现，真菌污染对喷气燃料银片腐蚀试验无显著影响；真菌在生长繁殖过程中，会产生表面活性物质，使喷气燃料张力下降，但在试验周期内对喷气燃料水反应试验无显著影响；真菌在生长繁殖过程中，能够从水相进入燃料相，形成头皮状悬浮物，增加喷气燃料阻塞趋势，会影响喷气燃料正常供给。此外，通过硫酸盐还原菌对喷气燃料性质影响研究发现，喷气燃料中的硫酸盐还原菌能够引起银片腐蚀，硫酸盐还原菌数量越多，银片的腐蚀速度越快，腐蚀级别越高。

第三节　燃料洁净性的评定方法

一、机械杂质的评定

检查液体燃料机械杂质的方法有外观法和质量法两种。

在我国现行石油产品标准中，一般规定用外观法检查燃料有无机械杂质。检查时将油样注入 100mL 的玻璃量筒中，对光观察，应清洁透明，无悬浮或沉降在筒底的杂质。此法简便易行，在机场和油库加油作业时，通常也采用类似方法。一般说来，目视检查，在较强光线照射下，大致可以看到 10μm 以上大小固体颗粒。

如需定量测定燃料中机械杂质含量，须按标准方法 GB/T 511—2010《石油和石油产品及添加剂机械杂质测定法》进行。测定原理是称取一定量的燃料，用溶剂稀释后过滤，称量出机械杂质的质量，以燃料的质量百分数表示，即为燃料的机械杂质。机械杂质含量低于 0.005%时认为无。

此外，我国 3 号喷气燃料标准中采用了 SH/T 0093《喷气燃料固体颗粒污染物测定法》测定固体颗粒污染物含量，单位为 mg/L，其测定原理与 GB/T 511 类似。

二、水分含量的评定

燃料中水分的评定方法分定性法和定量法两种。

1. 定性法

我国液体燃料规格中规定的定性检查水分含量的方法是观察法，即将油样注入清洁干燥的量筒中，观察汽油或喷气燃料是否透明、有无悬浮水或筒底有无游离水。观察法较简便，使用很广，一般能鉴定出含水量在0.003%以上的悬浮水及游离水。我国汽油及喷气燃料中的水分规定用观察法测定。

在油料工作实践中还经常采用其他一些简易方法定性判断燃料中的水分含量或测定油罐中是否有分层的水及其深度。

利用感水纸、感水膏、重铬酸钾或高锰酸钾等化学试剂，可以在容器和贮罐中发现燃料分层的游离水。

在注射器上装一个塑料制的小元件，内有用化学试剂处理过的滤纸。当用注射器抽取5mL样品时，燃料中的悬浮水便聚结在滤纸纤维上，与试剂作用。当含水量大于0.003%时，滤纸由原来的淡黄色变为绿色或蓝色，以显示不合格；含水量合格，则颜色不变。用这种注射器法可以鉴定燃料中是否含有0.003%以上的悬浮水。

还有一种粉末法，即在100mL油样中加入少量感水粉末，摇动10s。悬浮水大于0.003%时，粉末呈现红色或紫色；含水量合格，颜色不变。

2. 定量法

定量测定液体燃料水分含量的常用方法有两种：GB/T 260—2016《石油产品水含量的测定蒸馏法》和GB/T 11133—2015《石油产品、润滑油和添加剂中水含量的测定(卡尔费休库仑滴定法)》，前者是石油产品水分含量的一般测定法，后者是测定石油产品中微量水的方法。另外，SH/T 0246—1992《轻质石油产品中水含量测定法(电量法)》与GB/T 11133的原理基本一样。

① GB/T 260—2016《石油产品水含量的测定蒸馏法》。测定时将燃料样品放入蒸馏瓶内(见图5-1)，加入无水溶剂(工业溶剂油或直馏汽油80℃以上的馏分)，共同蒸馏，燃料和水分一同蒸馏出来，冷凝后一同收集在特制的水分接收器中，水分沉积在接收管底部。至全部水分蒸出后，读取接收管底部水分的毫升数，计算为燃料的质量百分数，即为燃料的含水量。当含水量少于0.03%时，认为是痕迹。如收集管中没有水分，则认为试油中无水。

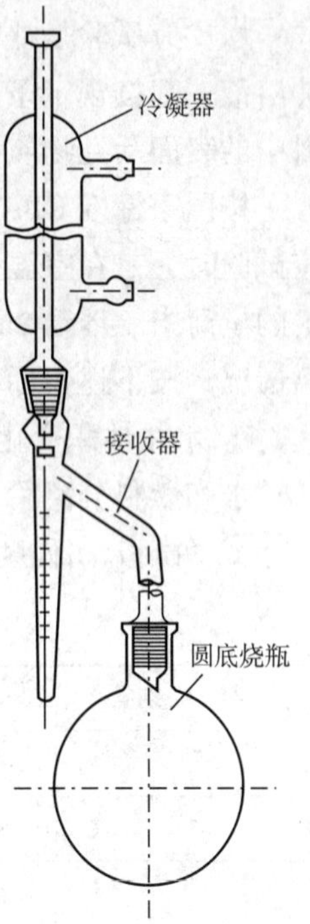

图5-1　水分测定器

重质石油产品如柴油、燃料油以及润滑油规格中的水分，均规定用GB/T 260的定量法测定。

② GB/T 11133—2015《石油产品、润滑油和添加剂中水含量的测定(卡尔费休库仑滴定法)》。GB/T 11133测定微量水的原理系基于有水时，碘被二氧化硫还原，在吡啶和甲醇存在的情况下，生成三氧化硫和氢碘酸，反应式如下：

$$H_2O+I_2+SO_2+3C_5H_5N \longrightarrow 2C_5H_5N\cdot HI+C_5H_5N\cdot SO_3$$

$$C_5H_5N\cdot SO_3+CH_3OH \longrightarrow C_5H_5N\cdot HSO_4CH_3$$

卡尔费休库仑滴定法微量水测定装置如图5-2所示。滴定微量水所用的滴定剂(卡氏试剂)为含有碘、吡啶和二氧化硫的甲醇溶液。测定时，卡氏试剂盛于试瓶(图中3)中，在滴定瓶5中注入甲醇氯仿混合物作为试样溶剂，并注入试样50.0mL(或准确称取30~50g)，然后用卡尔费休库仑滴定试剂滴定至终点。滴定终点用微安表指示。根据事先标定的卡尔费休库仑滴定试剂的水当量，即可计算出燃料试样中的含水量。

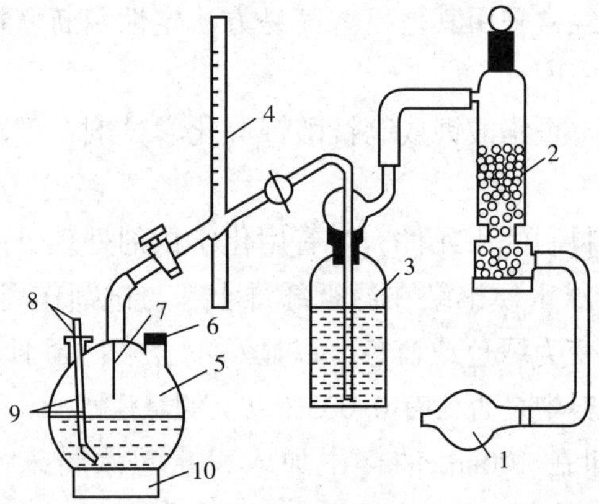

图5-2 卡尔费休库仑滴定法微量水分测定装置

1—鼓气球；2—干燥塔；3—1000mL试剂瓶；4—滴定管；5—滴定瓶；6—进料口；7—聚乙烯管；8—铂电极；9—橡皮；10—电磁搅拌器

三、表面活性物质的评定

1. 水反应试验

水反应试验是评定喷气燃料洁净度的指标之一。它是在室温下将喷气燃料和磷酸盐缓冲溶液一起按规定条件摇动，以其水相体积变化、界面现象和两相分离程度来检查喷气燃料中的表面活性物质(水溶性组分)及其对燃料和水的界面的影响的一种试验方法。

按国家标准GB/T 1793—2008《航空燃料水反应试验法》的规定，进行喷气燃料的水反应试验时，是在室温下将80mL油样和20mL pH值为7的磷酸盐缓冲溶液，注入具有磨口塞的量筒中。摇动2min后再静置5min，然后观测水相体积变化、界面情况和油水两相的分离情况。按下述指标评价燃料的洁净程度：

① 水相体积变化(读准到0.5mL)。

水和燃料分离后，合格燃料的水层体积变化应不大于1mL。

② 两相分离程度按表5-6评级(一般规格未作要求，只供参考)。

表5-6 两相分离程度

级 别	现 象
1	在每一层中或燃料层上，完全不存在乳化物或沉淀物
2	除了在燃料层中有小气泡或小水滴外，其他同1级
3	在每一层中或在燃料层上有乳化物和(或)沉淀物，或者在水层中有小液滴，或者小液滴黏附于量筒壁(不包括燃料层上部的壁面)上

③ 界面情况按表 5-7 标准评定等级，其中以 1 级和 1b 级为合格。

表 5-7　界面情况标准评定等级

级　别	现　象
1	清澈和清洁
1b	小的清澈的气泡遮盖估计不大于 50%的界面，界面处无碎片、带状物或薄膜
2	界面处有碎片、带状物或薄膜
3	有松散的带状物和(或)少量浮沫
4	有紧密的带状物和(或)较多泡沫

上述测定方法是参照 ASTM D1094 制定的。

按照上述方法，曾对我国 12 个炼厂的 13 个样品(1 号及 2 号喷气燃料)进行了水反应试验。试验结果所有样品的水相体积变化均未超过 1mL(0.1~0.7 不等)，界面情况除 4 个为 2 级外，其余均属 1b 级；分离情况仅 2 个样品为 3 级，其余为 1 级。总的来看，有 4 个样品洁净率较差，其中有 3 个是经过酸碱精制的。精制后分离不彻底或水洗沉降不充分，致使部分磺酸盐或环烷酸皂残留在油中，因而导致燃料的水反应试验不合格。

曾在大庆 2 号喷气燃料中加入不同物质进行水反应试验，结果表明①在一定数量的燃料中加入 1~10mL 的苯，水相体积略有减少，界面情况良好，分离情况均属 2 级；②在一定数量的燃料中加入 1~10mL 乙醇，水层体积随乙醇加入量的增加而增大很多，界面情况良好，分离情况 2 级；③缓蚀剂对水反应试验的影响甚大，只要缓蚀剂加入量超过 0.0003%，油水界面便分辨不清，无论界面情况还是分离情况均迅速变差，使水反应试验不合格。

表 5-4 列出了酸碱精制对大庆 2 号喷气燃料水反应的影响。从表中看出，燃料虽经酸碱精制或碱精制，但只要有足够的沉降时间(2h 以上)，水反应试验结果仍然合格。

2. 水分离指数(分水指数)

喷气燃料的水分离指数也是衡量喷气燃料洁净度的一项指标，它是表示喷气燃料通过凝聚过滤介质时分离水的难易程度的数值。它可以反映燃料中是否存在磺酸盐和环烷酸盐等表面活性物质。酸碱精制对大庆喷气燃料水反应试验的影响见表 5-8。

表 5-8　酸碱精制对大庆 3 号喷气燃料水反应试验的影响

油样编号	精制液		等体积精制次数/次	水相体积变化/mL	界面评定/级	分离情况/级	备注
	名称	浓度/%					
349	H_2SO_4	10	3	0	1	2	酸、碱洗后的油样沉降 2h 后试验较好。 分离判断：静置 5min 后，油层仍有小气泡不能消失，60min 后全部消失
351	H_2SO_4	10	3	0	1	2	
349	KOH	10	3	0	1	2	
351	KOH	10	3	0	1	2	
349	H_2SO_4 及 KOH	10	各 3	0	1	2	
351	H_2SO_4 及 KOH	10	各 3	0	1	2	

水分离指数是在规定条件下将喷气燃料和水(2000mL : 5mL)乳化后，定量地通过一个装有标准过滤垫片的凝聚器池，通过光电池测定其通过凝聚器后的浊度，以光电计的读数作为喷气燃料的水分离指数。水分离指数以0~100单位表示，洁净透明的喷气燃料的水分离指数定为100。水分离指数越高，表示燃料的洁净性越好，被表面活性物质污染程度越低，燃料通过过滤性聚合器时脱除悬浮水(乳化水)的能力越强。

水分离指数的测定按照GB/T 11129—1989《喷气燃料水分离指数测定法》在水分离指数测定仪(见图5-3)中进行测定。测定时，向贮罐中加入2000mL燃料，打开乳化阀，向燃料中注入2mL蒸馏水，连续循环乳化5min，产生油包水型乳化液，然后关闭乳化阀，打开计量阀，使乳化后的燃料以150mL/min的流速通过聚合过滤器进入浊度测定系统，从光电计上读出燃料的水分离指数。

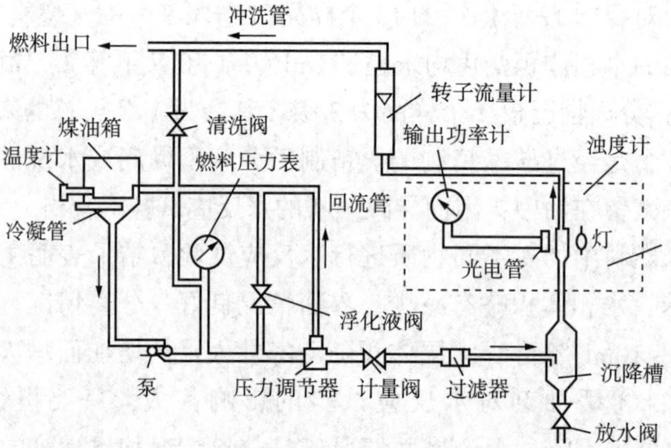

图5-3　喷气燃料水分离指数测定仪原理图

除了燃料本身所含的表面活性物质外，改善喷气燃料性质所使用的各种添加剂，如抗氧剂、防冰剂、抗静电剂或抗磨损添加剂等，大多具有较高的表面活性，它们也会降低燃料的水分离指数。

一般喷气燃料要求水分离指数不小于85，加有添加剂的不小于70。

四、喷气燃料微生物污染的检测方法

喷气燃料中微生物的生长繁殖会严重威胁到飞机的航行安全和油料质量，为防止喷气燃料微生物污染造成严重的飞行事故和人员伤亡严重的后果，需对喷气燃料微生物的生长繁殖情况进行实时监控，在达到预警污染程度之前处置。为此，国际航空运输协会(International Air Transport Association，IATA)从2002年起开始发布《飞机油箱中微生物污染指导材料》(Guidance Material on Microbiological Contamination in Aircraft Fuel Tanks，2015年已更新至第五版)中对微生物的污染现状、检测手段和治理方法进行了较为系统的阐述和介绍。目前国际及国内的微生物检测方法主要有以下几种。

(1) MicrobMonitor2®(英国ECHA Microbiology)

该试剂盒用于定量检测各种燃料和水中的酵母菌、霉菌和细菌。MicrobMonitor2®通过了英国能源研究所的试验验证，该方法是在IP 613和ASTM D7978两个标准上建立起来的，被行业机构(如国际航空运输协会和航空联合检查组织)、原始装备制造商(如波音和空客)所采纳。试剂盒由一瓶培养基凝胶和无菌取样器组成(根据燃料种类的不同取样量有所不同),取样后振荡瓶子使凝胶液化分散,置于 25~35℃环境中生长 1~4 天后即可看到红色的微生物菌落,通过菌落数即可实现样品的定量分析,结果用油相(CFU/L)或水相(CFU/mL)表示。

(2) EasicμLt Combi&EasicμLt® TTC&EasicμLt® M(芬兰 Orion Diaagnostica Oy)

芬兰奥林诊断公司研发的此三种检测试剂盒原理上与 MicrobMonitor2®一样都属于传统培养法,可做到半定量检测水相中的细菌、酵母菌和霉菌,区别在于检测的微生物种类不同:EasicμLt Combi 含有 TTC 琼脂和玫瑰红钠琼脂两种培养基,可分别满足所有好氧细菌和酵母菌及霉菌的生长,因此可用于所有需氧微生物的数量检测;EasicμLt® TTC 仅含有 TTC 琼脂培养基,抑制真菌的生长而促进所有好氧细菌的生长,仅用于喷气燃料中好氧细菌的污染检测;EasicμLt® M 仅含有麦芽汁琼脂培养基,抑制细菌的生长而促进酵母菌和霉菌的生长,适用于喷气燃料真菌污染的检测。

(3) FUELSTAT® resinae PLUS(英国 Conidia Bioscience Ltd)

FUELSTAT® resinae PLUS 采用了横向流动技术和酶联免疫吸附法,可定量检测油相和水相中的枝孢霉菌。样品中未知数量的枝孢霉菌与固定在释放板上的特异性抗体相结合,然后根据特异性抗体是否剩余从而与检测线(Test Line)中已知数量的枝孢霉菌结合来判断阳性/阴性。该检测方法的低度、高度污染的枝孢霉菌浓度界限分别为 1μg/L 和 5μg/L,该方法单次检测时间短,不需要微生物培养的操作基础,但是存在容易出现"假阳性"、受实验室条件限制等缺点。

(4) San-Ai Biochecker®(日本 San-Ai Oil CO. Ltd)

San-Ai Biochecker®是一种可半定量检测燃料水相中的细菌、霉菌和酵母菌的传统培养检测方法,在检测原理、检测步骤和结果对比上与 EasicμLt 基本相同。在检测微生物种类上,除去仅可检测所有细菌的 Biochecker-TTC 和所有真菌的 Biocher-M 试剂盒,日本 San-Ai Oil CO. Ltd 还研发了一种仅可检测硫酸盐还原菌的 Biocheker-S 试剂盒,可对燃料中硫酸盐还原菌的污染情况进行针对性检测。

(5) HY-LITE® JET A1 燃料试验(德国 Merck)

该试验是对油相和水相中的总 ATP 进行定量检测,通过 ATP 生物荧光法估计样品中的菌落数,从而确定微生物的污染情况,与 ASTM D7463—2021《测定燃料、燃料与水混合物与燃料相关的水中的微生物三磷酸腺苷(ATP)含量标准试验方法》一致。该试验是将 1mL 蓝色提取液加入 1L 喷气燃料中并剧烈振荡,将沉降到样品瓶底部含有微生物的提取液吸取至 HY-LITE 检测笔中,使用 HY-LITE 光度仪进行 ATP 生物荧光检测,从而估计喷气燃料中微生物的污染程度,结果以相对发光强度(RLU)表示。HY-LITE® JET A1 燃料试验不受检测环境的限制,可在现地或实验室条件进行试验,整个操作过程不超过 10min,对实验人员操作水平要求不高,无须具备专业的微生物培养技能。

(6) 喷气燃料特征微生物快速检测方法(LAMP-LFD 法)(GJB 10679—2022)

该方法为喷气燃料微生物检测的国家军用标准方法,由陆军勤务学院制定。方法基于环介导等温扩增技术(Loop-mediated isothermal amplification，LAMP)联合横向流动试纸条快速检测技术(Lateral Flow Dipstick，LFD)开发的特异性检测方法，该方法可实现对喷气燃料中五种主要特征真菌枝孢霉菌、互隔交链孢菌、帚状曲霉、局限青霉和球毛壳菌和硫酸盐还原菌的快速特异检测。该方法特异性高、检测限低，灵敏度比 PCR 高 10 倍，可以检测出喷气燃料中的特征微生物和硫酸盐还原菌，整个检测时间在 2h 以内。

该方法的主要原理为：首先确定喷气燃料特征微生物的特异性基因片段，以该特性 DNA 片段为检测对象，借助 *Bst* 大片段 DNA 聚合酶这一更为高效的酶，并在目标序列中的 6 段特异性区域设计了 4 条引物，最终实现了在等温条件下实现核酸扩增的一种技术。LAMP 方法的可视化判定方法中应用较为成熟的横向流动试纸条快速检测技术，其原理为在 FIP 引物的 5′端用生物素和异硫氰酸荧光素(FITC)标记作为特异性引物用于随后的 LFD 测定步骤。生物素标记的 LAMP 引物和 FITC 标记的特异序列靶探针杂交。将试纸条放入扩增后的产物中，它与试纸条上的特异性物质结合为免疫复合物。免疫复合物进一步通过分析膜扩散，当免疫复合物通过试纸条上固定的生物素特异性分子测试带时，试纸条将捕获标记的免疫复合物并产生红色测试带。

(7) 喷气燃料微生物快速检测方法(ATP 法)(GJB 10680—2022)

该方法为喷气燃料微生物检测的国家军用标准方法，由陆军勤务学院制订。该方法基于三磷酸腺苷(ATP)生物荧光原理。ATP 是生命过程中的主要能量来源，存在于所有微生物体内，而无生命的碎屑、机械杂质等物质中则不存在 ATP。利用提取液捕集喷气燃料中的微生物，通过裂解液使微生物释放体内的 ATP，ATP 与荧光素和荧光素酶混合物质反应后会产生 550nm 左右的生物荧光，在适当的 ATP 浓度范围内，发光强度与 ATP 浓度成一定比例关系。根据喷气燃料微生物专用检测仪的相对发光单位 RLU 即可反映喷气燃料中微生物的总量，从而实现对喷气燃料中微生物总量定量测量。喷气燃料微生物快速检测方法(ATP 法)的检测主要包括 4 个步骤：样品微生物的富集提取，微生物的裂解以获得 ATP，ATP 与酶反应体系的发光，仪器测定相对发光强度(RLU)。

(8)《燃油和含水燃油中可繁殖的好氧微生物含量测定-触变凝胶培养法》(MH/T 6119—2018)

该方法为我国民用航空行业标准，与 ASTM D7978、MicrobMonitor2 检测方法类似，使用触变凝胶培养基测定燃油和含水燃油中可繁殖的好氧微生物含量。该方法主要过程为：将一定体积待测样品加入装有触变凝胶培养基的玻璃瓶中，摇晃玻璃瓶，使样品与培养基混合均匀。随后，将培养基在玻璃瓶的其中一个最大面上重新铺成一平面，再将该玻璃瓶放在恒温避光环境中培育。培育一段时间后，培养基中呈现出肉眼可见的红色或紫色菌落斑点。以 CFU 为单位表示微生物的菌落数量，形成菌落的数量与测试样品体积有关，以 CFU/L 为单位表示油样中微生物含量，或者以 CFU/mL 为单位表示水样中微生物含量。

关于以上几种喷气燃料微生物检测方法比较见表 5-9。

表 5-9　喷气燃料微生物检测方法比较

<table>
<tr><th colspan="2" rowspan="2">检测方法</th><th rowspan="2">MicrobMonitor2®/
MH/T 6119—2018</th><th colspan="3">EasicμLt®</th><th rowspan="2">FUELSTAT®
resinae PLUS</th><th colspan="3">San-Ai Biochecker®</th><th rowspan="2">HY-LITE® JET
A1 燃料试验</th><th rowspan="2">喷气燃料微生物
快速检测方法
（ATP 法）</th><th rowspan="2">喷气燃料特征微生
物快速检测方法
（LAMP-LFD 法）</th></tr>
<tr><th>Combi</th><th>TTC</th><th>M</th><th>TTC</th><th>M</th><th>S</th></tr>
<tr><td colspan="2">原理分类</td><td>传统培养法</td><td colspan="3">传统培养法</td><td>分子生物学法</td><td colspan="3">传统培养法</td><td>分子生物学法</td><td>分子生物学法</td><td>分子生物学法</td></tr>
<tr><td colspan="2">检测周期</td><td>1~4 天</td><td colspan="3">2~4 天</td><td>10min</td><td colspan="3">2~5 天</td><td>10min</td><td>10min</td><td>120min</td></tr>
<tr><td colspan="2">是否适用于现地检测</td><td>×</td><td colspan="3">×</td><td>×</td><td colspan="3">×</td><td>√</td><td>√</td><td>×</td></tr>
<tr><td colspan="2">结果定量评估</td><td>定量评估 CFU</td><td colspan="3">半定量评估 CFU</td><td>评估枝孢霉菌</td><td colspan="3">半定量评估 CFU</td><td>定量评估 RLU</td><td>定量评估 RLU</td><td>半定量评估 CFU</td></tr>
<tr><td colspan="2">检测菌种</td><td>细菌和真菌</td><td>好氧细菌和真菌</td><td>好氧细菌</td><td>真菌</td><td>枝孢霉菌</td><td>所有活体微生物</td><td>所有活体微生物</td><td>硫酸盐还原菌</td><td>所有活体微生物</td><td>所有活体微生物</td><td>枝孢霉菌、局限青霉、曲霉、球毛壳菌、硫酸盐还原菌</td></tr>
<tr><td rowspan="2">检测样品
适用范围</td><td>油相</td><td>√</td><td colspan="3">×</td><td>√</td><td colspan="3">×</td><td>√</td><td>√</td><td>√</td></tr>
<tr><td>水相</td><td>√</td><td colspan="3">√</td><td>√</td><td colspan="3">√</td><td>√</td><td>√</td><td>√</td></tr>
<tr><td colspan="2">特殊处理注意事项</td><td>加氯消毒剂或
浸泡在消毒剂中</td><td colspan="3">浸泡在消毒剂中</td><td>无</td><td colspan="3">浸泡在消毒剂中</td><td>无</td><td>无</td><td>无</td></tr>
<tr><td colspan="2">能否作为杀菌剂
效果验证方法</td><td>√</td><td colspan="3">√
有可能低估其杀菌效果</td><td>√</td><td colspan="3">√
有可能低估其杀菌效果</td><td>√</td><td>√</td><td>有可能评估
其杀菌效果</td></tr>
</table>

第四节　保证液体燃料洁净性的措施

为了确保各种发动机的正常和安全工作，所有液体燃料都应具有良好的洁净性，其中特别是喷气燃料更应采取各种措施，严防机械杂质和水分的进入。所有燃料贮运保管人员应具有高度的责任心，认真执行保证燃料质量的各项质量管理规定，加强燃料的质量检查，切实防止燃料的各种污染。

关于保证燃料洁净性的措施，各地总结了许多良好的经验，均可借鉴。下面列举了一些基本措施，以供参考。

一、防止水分和机械杂质的混入

① 重点掌握好燃料入库这一环节，严格检查油料质量，采取沉淀、过滤、分层卸油、分罐组贮存等措施，严防水分、杂质混入。

② 认真做好燃料容器(油罐、油槽车、加油车、飞机及车辆油箱等)、油管和抽注器材的清洁工作，提高清洗质量，并采取暗流作业，防止燃料污染。

③ 燃料在装卸、贮运、抽注等各个环节都要有防尘措施，如罐口及加油管应加设防尘套、通气管增装空气滤清器等。

④ 油罐内壁要涂刷耐油涂料如生漆、环氧树脂等，防止金属腐蚀及腐蚀产物对燃料的污染。

⑤ 采取满装密封贮油(但应适当留出燃料膨胀空间)，尽量将燃料贮存在地库或半地下库内，以减少燃料和空气的接触和外来杂质水分的污染，同时注意尽量减少贮存中空气温度和湿度的变化，以减少燃料从空气中吸收水分，并减少容器内壁水分的凝结。

⑥ 应正确使用和维修油料工具器材和飞机燃料系统。注意检查，防止油泵、流量表、阀门、油枪、螺栓等产生金属屑，防止橡胶油箱油管等掉胶落入油中。

⑦ 对油罐、油槽车、油箱中的水分、杂质，应及时采取放底、倒灌、沉降、过滤、清洗容器及过滤器等办法，予以排除。

二、控制表面活性物质的含量

① 严格控制含有表面活性物质添加剂的用量，例如抗氧防胶剂、降凝剂、防冰剂、缓蚀剂等，使之能有效地改善燃料的某些性质，同时又不致对燃料的洁净性造成较大的危害。

② 在燃料加工过程中，采用固定床白土、硅胶、分子筛等吸附处理是清除表面活性物质的最好方法，其中以新烧白土为最有效的吸附剂。

③ 如采用酸碱精制或碱精制，精制后必须用水充分洗涤，并有足够的沉降时间，使表面活性物质彻底分离。

三、防止细菌微生物的繁殖

① 大多数细菌需要有游离水才能繁殖滋长。因此，消除燃料中的游离水，也就能有效地防止细菌微生物的生长。为此，应加强管理，定期从油罐、油箱排除积水，如发现有褐色黏稠沉积物或涂层有腐蚀等细菌活动迹象，要及时进行清洗或杀菌处理。经验证明，这

是防止细菌微生物生长最有效的方法。

② 在喷气燃料中加入水溶性杀菌剂，如卡松杀菌剂等，或加入油溶性杀菌剂，如乙二醇硼酸盐，也可防止细菌的生长。据报道，国外某些防冰剂也有杀菌作用。

以上便是防止油料污染，保证燃料洁净的主要措施。为了保证燃料质量，一定要在接收、贮存和发出或加注于飞机油箱前进行必要的检验，目视检查必须清澈透明、无水分和杂质。

根据国内外经验，要保证燃料的洁净，沉降和过滤是贮存、运输和加注各个环节中的重要措施。

四、静置沉降

场站油库的油罐通常划分为贮存罐、沉淀罐和使用罐。沉淀罐主要用来盛装铁路油罐车罐底的燃料、从外场退回的燃料和从油槽车、飞机等放出检查的燃料。贮存罐用来贮存从铁路油罐车卸出的、距罐底 15cm 以上的燃料和从沉淀罐经沉淀后输送来的燃料。使用罐用来盛装加注给油槽车或输送给管线加油站直接供应飞机使用的燃料。使用罐内只能从贮存罐中注入经过沉淀、过滤的燃料。

燃料在油罐中经过充足时间的静置，让燃料中的杂质、水分等沉淀到底部，然后从底部的放油(水)阀放出杂质和水分。杂质和水分沉淀到油罐底部的速度与油的黏度、相对密度及杂质颗粒的大小有关，可用下式表示：

$$V=\frac{2}{9}\left(\frac{d_1-d_2}{\eta}\right)gr^2$$

式中 V——水分和杂质沉淀速度；

d_1——水珠或杂质的相对密度；

d_2——油的相对密度；

η——油的黏度；

r——水珠或杂质的半径。

由上式看出影响沉降速度最大的是水珠或杂质的尺寸，尺寸越小的越不容易沉淀下来。直径为 1μm 的水珠在煤油中一天仅下沉约 13mm；直径为 5μm 的，沉淀速度比 1μm 的快 25 倍。铁锈等相对密度较大的杂质比水粒的下降速度快得多。煤油的黏度、相对密度比汽油的大，水分、杂质的沉降时间就长得多，是在汽油中沉降时间的 5~10 倍。当油温下降时，油的黏度增大，也就影响了水分、杂质的沉降速度。在−25.5℃时，喷气燃料中的水分、杂质的沉降时间要比 15.5℃时的长 3 倍。

为了让燃料中的水分、杂质尽可能沉淀到油罐底部，应保证燃料有足够的静置、沉淀时间。有的国家规定，喷气燃料在使用前，静置沉淀的时间每 30cm 燃料高不少于 1h，航空汽油每 30cm 燃料高不少于 15min。我国规定：飞机使用的燃料必须经过 24h 以上的静置沉淀。

为了除去喷气燃料中不易过滤掉和难于沉降的细微杂质，还可采用加凝聚添加剂的办法，使细微杂质聚集成较大颗粒，然后再静置或过滤除去。较新的一种凝聚添加剂是 p-烷代氨基丙酰胺，可使污染物的沉淀时间由 72h 缩短到 3~5min。

五、过滤

为了使喷气燃料的洁净度符合要求，燃料在收发、运输(倒罐)、加注各个环节必须经过严密过滤。油库、加油车等过滤器的过滤介质有金属滤网、过滤分离器等。金属滤网的过滤能力较差，一般都作为粗滤器的过滤介质，最细的金属滤网为230目，筛眼尺寸为62μm。飞机发动机燃料系统部件的间隙较小，如油门开关和分配器的油针与衬套的间隙仅5~10μm。如果燃料中的杂质大于5μm，这些部件就可能被划伤，甚至卡住，影响发动机的正常工作。因此，要求杂质颗粒的大小不能大于5μm。要达到这个要求，只有用过滤分离器过滤。近年来我国军用喷气燃料加油车的过滤器，已将过滤分离器作为过滤装置，以保证燃料的洁净度达到要求。

过滤器和过滤介质要定期清洗。中心油库，每过滤燃料4000~5000t检查清洗一次，场站油库，每过滤燃料1000~1200t检查清洗一次。如过滤数量不足上述规定时，每半年检查清洗一次。燃料加油车的过滤器和过滤介质每过滤15万~20万L(滤纸过滤器50万~60万L)检查清洗一次。如过滤数量不满足上述规定时，则每季度检查清洗一次。发现过滤介质破损时，应设法修补或更换。

根据美国某石油公司的经验，使用过滤分离器消除喷气燃料中残留的水分和固体杂质，取得良好的效果。这种燃油过滤器分为二级：第一级为过滤聚合器，通常由浸渍过树脂的纸和玻璃纤维作过滤介质，其作用主要是破除燃料和水的乳化，使分散在燃料中的悬浮水粒逐渐聚合为较大的水滴，受重力作用和燃料分离而沉降到容器的底部，这一级同时还起滤除固体杂质的作用；第二级为分离器，一般用浸渍过酚醛树脂的纸经硅油处理后作为过滤介质(或用涂有聚四氟乙烯的组件作为介质)，以阻止任何游离水滴通过。这种纸质过滤介质的孔径为5~10μm，因此能将极细的杂质滤除，确保燃料的洁净。

过滤分离器如果不是用不锈钢或铝制件，其内部必须用环氧树脂涂敷；最好还安装一个能直接读数的压差计，以便检查过滤分离器的工作性能。过滤分离器还必须进行经常性的保养和性能鉴定。

第六章　液体燃料的静电着火性

各种石油产品在纯净状态下都是电的不良导体。轻质石油产品如航空活塞式发动机燃料、喷气燃料在加注和输送过程中，常因摩擦产生静电，引起爆炸失火，造成烧毁飞机、加油车、装油台等装备和伤人的严重事故。燃料的静电着火，不仅使国家财产蒙受重大损失，而且严重危及飞行和人身安全，影响油料的及时供应。

航空燃料的静电失火事故，在国内外曾多次发生。有关单位总结了历年发生事故的经验教训，进行了一系列的科学试验，提出了许多有益的安全措施，也取得了较好的效果，因此，近年来静电失火事故已大为减少。但由于燃料的静电失火问题较为复杂，失火事故至今还没有完全杜绝，仍需引起高度重视、严加防范。下面分别就燃料中静电产生的原因和规律，燃料着火的条件，以及防止静电着火的主要措施作一简要介绍。

第一节　液体燃料中静电的产生

一、燃料中静电产生的原因

两个物体互相摩擦就会产生静电，原因是在摩擦过程中，物体中部分电子的动能有所增加，它们可以从一个物体跑到另一个物体上去。这样就破坏了原子的中性状态，失电子的物体带正电荷，获得电子的物体便带负电荷。当摩擦的物质为导体而且接地时，产生的电荷会很快导走而消失；当摩擦的物质为绝缘体时，摩擦产生的电荷不能导走，便会积聚起来，使物体的电势增高。液体燃料流动时与所接触的物质摩擦也会产生带静电的现象。同时，因为液体燃料是电的不良导体，产生的静电不易被导走或散失，从而积累到很高的静电电压。

例如，在泵送燃料时，燃料和管壁、闸门、过滤器等发生强烈摩擦，而燃料的导电性能很低，因而产生并聚集大量的静电荷，其静电势一般能达到数千伏甚至数万伏的高压。

二、静电产生的情况

燃料产生静电的具体情况很多，如燃料中的水分、杂质下沉、雨雪落入燃料中以及空气通过等。但是这些情况产生的静电荷较少，一般不易达到足以造成火灾的程度。在日常遇到能产生大量静电荷的情况有以下几种：

① 加注燃料时：由于燃料和输油管道、容器以及其他注油工具的互相摩擦而产生静电。注油速度越快，产生的静电越多。

② 燃料通过过滤器时：由于燃料通过过滤器时和过滤介质互相摩擦，能产生大量的静电荷。特别是在加油管出口绑扎过滤绸套，则能在很短的时间内产生大量静电荷并达到火花放电的程度。

③ 采用明流加油时：由于油流和空气或油气混合气的互相摩擦以及飞溅的液滴和油气之间的摩擦，都能产生静电荷。油流出口距油面越高，飞溅的油滴越细，则产生的静电越多。

④ 盛有燃料的油车在行驶中：由于燃料在油车中剧烈搅动，燃料和油罐壁的摩擦也能使燃料带上静电荷。道路不平，车行速度快，燃料搅动得越剧烈，则所带的静电荷越多。

⑤ 在用燃料清洗绸毡等各种介质时：由于过滤介质和燃料的剧烈摩擦，产生大量静电荷。静电荷的量和清洗将过滤介质摆动的速度成正比，速度越大，静电荷越多。

此外，在冲洗发动机零件、拆除过滤介质时也能产生大量静电并引起火灾。

三、静电荷的极性和分布

1. 静电荷的极性

在加油的模拟试验中，对加油系统中的管线、闸门、过滤器、油流和容器内油面的电荷极性分布情况做了测量。其结果是：在没有过滤介质的情况下，管线、闸门带负电，油流和受油容器内油面带正电。在有绸过滤介质的情况下，过滤器内绸子上带负电，不仅油流和受油容器油面带正电，而且闸门和管线也带正电。它们的电压，离过滤器越远越低。这里管线闸门的带电极性发生了变化，原因是在没有过滤介质时，燃料仅和管线、闸门摩擦，燃料失去电子而带正电，管线、闸门得到电子而带负电。但是当有过滤介质存在时，由于燃料通过的过滤绸是产生静电的主要因素，油流所带的大量正电荷不仅在过滤器后中和掉管线上因摩擦而产生的负电荷，并把正电荷传导给管壁。虽然这种现象在日常工作中由于管线接地而不易观察到，但是油流和油面带正电荷，并不断向周围传导散失的情况则是存在的。以上情况表明：油流在加油系统与管壁、闸门、过滤介质等摩擦时，因失去电子而带正电，管壁和过滤介质因得到的电子而带负电。油流在通过过滤介质后所带的大量正电荷则不断传与管壁和闸门而逐渐减少。

需要指出，在向燃料中加入某些添加物时，出现过加入后和加入前静电荷极性相反的情况。

2. 油流静电荷的散失

燃料在泵送时经过过滤器，由于和过滤介质摩擦而产生大量静电荷，静电荷随着燃料流动，其中一部分传与管壁而消失，电压逐渐降低。表 6-1 是燃料通过过滤器后的带电油流的管线中静电电压变化情况。

表 6-1　通过过滤器后的带电油流在管线中的电压变化

测量位置	离出口 1/2 处	离出口 1/4 处	出口处燃料液面
静电电压/V	3400	2200	1650

在明流加油时油流流经空间的一定距离，电荷也有向周围散失的表现。表 6-2 是油车加油试验中测出的油流在液面时和液面上静电变化的情况。

表 6-2　油流在液面和液面上的静电电压

相对湿度/%	气温/℃	测量点位置	静电电压/V
39	18.8	液面上 150mm 处油流中心	5500
		液面油流中心	3300

这里必须指出，这仅是油流中静电变化的情况，不能误认为油流流经空间距离越长，静电荷散失越多就越安全。恰恰相反，明流加油，由于油流外缘和空气摩擦、油流和容器及油面冲击以及其他原因，明流加油较暗流加油在面上积聚的静电荷多得多，因而也更为危险。

3. 油面上静电荷的分布

在加油车加油试验中证明，燃料液面上某一点静电电压高低，同该点距加油时油流中心的距离有关：距离越大，静电电压越低。但液面上的电压梯度不大，即靠近容器壁的液面电压和油流中心的液面电压相差不太大，可是容器壁的电压由于电荷散失变为零。表 6-3 是加油车加试验油时，油面电荷分布的情况。

表 6-3　往加油车明流加注 TC-1 喷气燃料时油面的电荷分布

相对湿度/%	气温/℃	测量点位置	静电电压/V
59	2.8	油流中心液面处	>3000
59	2.8	距油流中心 100mm 液面处	2550
59	2.8	距油流中心 200mm 液面处	2100
59	2.8	距油流中心 300mm 液面处	1700
59	2.8	距油流中心 400mm 液面处	1700
59	2.8	距油流中心 500mm 液面处	0

四、影响静电产生和积聚的因素

1. 燃料的电导率

电导率是用来描述物质中电荷流动难易程度的参数。电导率 σ 的标准单位是西门子/米(简写为 S/m)，为电阻率 ρ 的倒数，即 $\sigma=1/\rho$。当 1A 电流通过物体的截面并存在 1V 电压时，物体的电导就是 1S。西门子实际上等效于 1A/V。如果 G 是电导(单位 S)，I 是电流(单位 A)，U 是电压(单位 V)，则：

$$G=I/U$$

电导率 σ 则可以通过电导 G、导体的截面积 A、导体长度 l 来计算：

$$\sigma=Gl/A$$

烃类燃料是电的绝缘介质，电导率都很低。各种不同燃料的电导率不同，航空活塞式发动机燃料的电导率比喷气燃料低，固态烃比液态烃的电导率低。据试验，航空燃料的电导率一般在 0.1~100pS/m[1]，通常在 5pS/m 以下。

燃料越纯净，其电导率也越低。当燃料中含有水分或杂质后，电导率随之上升。在燃料中加入金属盐或其他极性物质后，燃料的电导率迅速提高。

电导率低的燃料，在相同条件下，静电荷消失得很慢，因而积聚很快。反之，电导率高的燃料，静电荷的消失速度快、电荷不易积聚。静电荷消失的速度通常用静电荷的半值期表示，即电荷从初始数值减少至 50%所需的时间。表 6-4 列出了燃料的电导率与半值期的关系。从表 6-4 可以看到，随着燃料电导率的增大，半值期相应地迅速减小。

---

[1] pS/m：皮西门子，电导率单位，也可表示为 CU。西门子(S)即欧姆的倒数，也称姆欧。$1pS/m=1\times10^{-12}\Omega^{-1}m^{-1}=1CU=1$ 皮姆欧/米。

表 6-4　燃料电导率与电荷消失半值期的关系

燃料电导率/(pS/m)	电荷消失半值期/s	燃料电导率/(pS/m)	电荷消失半值期/s
0.1	130.0	100	
1	13.0	1000	0.13
10	1.30	0.013	

燃料的电导率要多大才不致使静电荷积聚到危险的程度呢？根据国外研究，认为当电导率超过 50pS/m 时，就可以保证安全，这在后面讨论抗静电添加剂时还会谈到。

2. 大气湿度

空气的湿度对燃料中静电荷的积聚也有很大影响。这是因为空气中所含水分能将静电导走，因而湿度越大，燃料中由于摩擦而产生的静电荷越不容易积聚。表 6-5 所列就是在不同湿度条件下静电荷积聚的试验结果。

表 6-5　喷气燃料在不同湿度条件下静电荷积聚的情况

相对湿度/%	大气温度/℃	油面静电压/V
32	13.4	>3000
69	12.7	950
74	12.0	600
92	9.1	200

从表 6-5 不难看出大气湿度对静电荷积聚的影响，同时也说明了为什么静电失火多发生在比较干燥的日子里。为了减少静电荷的积聚，天气干燥时，经常向加油场地泼水，人工造成一个湿度较大的环境，是一种简易的防止静电荷积聚的方法。

3. 加油方法

(1) 流速与流量

燃料在加注过程中，燃料的流速和流量均对静电的产生有很大的影响。流速、流量越大，产生静电越多。表 6-6 和表 6-7 是流速、流量的小型试验情况。

表 6-6　流 速 试 验

相对湿度/%	大气温度/℃	流速/(m/s)	油面静电压/V
56	10	1.2	300
56	10	2.0	1050
56	10	2.6	1370

注：试验未装过滤器，试验燃料为 TC-1 煤油。

表 6-7　流 量 试 验

相对湿度/%	大气温度/℃	流量/(L/min)	过滤器电压/V	油面静电压/V
45	10	28	17000	870
45	10	49	22000	1370
45	10	60	25000	1600
45	10	78	26000①	2130

注：试验燃料为喷气燃料。

①因导线耐压低，有放电现象，故数值偏低。

从以上试验结果可以明显看出：燃料在泵送过程中，流速、流量对油面静电积聚有直接影响。流速、流量越大，电压越高；燃料在通过过滤介质的情况下，流量变化引起过滤器和油面的电压变化均近似直线关系，以一定的比例增减，而过滤器和油面两者的电压也近似直线关系，其增减亦互成比例。了解这些关系的目的在于正确选用加油的速度，以减少静电的产生。

(2) 明流加油和暗流加油

试验证明，明流加油比暗流加油产生的静电多得多。表 6-8 是明流加油和暗流加油的对比试验。

表 6-8　明流加油和暗流加油时油面静电荷积聚情况

相对湿度/%	大气温度/℃	加油方法	油面静电压/V	备　注
69	12.7	明流 暗流	650 100	出口绑有过滤绸套
—	—	明流 暗流	7200 2600	出口绑有过滤绸套
65	11.7	明流 暗流(液面下 100mm) 暗流(液面下 200mm)	950 550 250	通过绸毡过滤器
62	3.8	明流 暗流	>3000 2100	通过绸毡过滤器
62	3.8	明流 暗流	>3000 >3000	通过绸毡过滤器

从表中试验结果可以看出：①明流加油比暗流加油油面电压高。②暗流加油出口插到液下越深，油面电压越低。③当燃料因摩擦产生较多的静电荷时，暗流加油防止产生静电荷的效果降低。总之，明流加油比暗流加油产生的静电多，具有更大的危险性。实践证明，明流加油即使用手摇泵，同样发生过静电失火。必须指出，明流加油的缺点不仅能产生较多的静电，还由于明流加油时加油管悬空，易于形成可燃混合气；加之加油管晃动得厉害，油面或罐体容易发生静电放电，增加失火的危险性。虽然如此，也不能得出结论认为暗流加油就可以保证安全。从试验中也可以看出，暗流加油在一定的情况下，仍然会积聚相当多的静电荷，造成静电失火的可能性是完全存在的。

(3) 过滤介质

在燃料的加注过程中，过滤介质对产生静电具有最明显的影响。过滤介质使油流通过广阔的表面，由于摩擦面积增大而产生大量的静电荷。因为摩擦面积增大，产生静电的效果超过了油流速度降低的效果，所以过滤介质成为燃料在加注过程中产生静电的主要因素和来源。这可以从表 6-9 和表 6-10 列出的加油车加油试验中得到证明。

表 6-9　有无过滤器对比试验

是否通过绸毡过滤器	相对湿度/%	大气温度/℃	油面静电压/V
通过 不通过	62	6.8	>3000 320
通过 不通过	67	16.8	400 0

注：明流加油，试验燃料为 TC-1 煤油。

表 6-10　出口是否绑有绸套对比试验(明流加油)

燃　　料	出口是否绑有绸套	相对湿度/%	大气温度/℃	油面静电压/V
95 号航空活塞发动机燃料	有 无	87	14.5	250 0
3 号喷气燃料	有 无	51	8.5	>3000 200
3 号喷气燃料	有 无	36	18.8	>3000 0

上面试验充分证明了过滤介质对产生静电的巨大影响。这里须特别指出的是，管口绑有过滤绸套明流加油，是以往发生静电失火的主要特点，所以规定禁止使用。

要保证燃料质量，燃料在加入加油车或飞机前还是要进行过滤，这就不可避免会产生大量静电。为了尽可能减少静电的产生，曾探讨使用其他过滤介质以减少静电产生的可能性。试验选用了玻璃布、亚麻布以及滤纸三种过滤介质和绸子进行了对比试验。

试验结果表明：在相同条件下，亚麻布、滤纸和绸子产生的静电相类似，而玻璃布则比绸子更高。因此，从防静电的观点来看，这些过滤介质不做其他改进，均不能减少静电的产生。试验还证明，即使是细密的铜丝网一类导电性能良好的金属制成的过滤介质，也能产生大量的静电。因此，可以认为，在目前情况下燃料只要通过过滤器，就会产生大量静电。即使是采用暗流加油，若不采取其他措施，静电失火的可能性仍然是存在的。

（4）油枪加油

从加油车通过油枪向贮油容器加油(模拟向飞机油箱加油的情况)的试验表明，受油容器油面能积聚大量静电，其电压的高低和加油压力、流量、有无绸套等有关。压力、流量越大，或带有绸套均能产生较高的电压。同样，暗流加油比明流加油能大大减少油面静电荷的积聚。试验的结果见表 6-11 和表 6-12。由于试验不是直接在飞机油箱中进行，所得结果只能说明一般的倾向。

表 6-11　油枪加油对比试验(一)

流量/(L/min)	压力/$\times10^5$Pa	油面静电压/V	油枪情况
320	19.6	>3000	带油枪绸套
300	19.6	2300	不带油枪绸套
250	13.7	1400	不带油枪绸套

注：试验条件为气温 4℃，湿度 55%，试验燃料为 TC-1 煤油，明流加油。

表 6-12　油枪加油对比试验(二)

流量/(L/min)	压力/$\times10^5$Pa	油面静电压/V	加油方法
232	20.6	1500	明流(出口在油面上 500mm)
239	21.6	750	暗流(出口在油面下 500mm)

注：试验条件为气温 1℃，湿度 56%，试验燃料为 TC-1 煤油。

上面就是影响燃料中静电荷产生的主要因素。此外，还有一些其他因素，例如设备的接地状况(接地良好，产生的静电荷易于导走)；燃料的温度(温度升高，燃料的电导率增大)；容器的形状和结构；甚至周围有无高压电场和磁场等均能在一定程度上影响静电荷的积聚。但是，所有这些因素，在正常情况下其影响远不如上述几种因素大。

第二节 液体燃料静电着火的条件和发生的规律

一、液体燃料静电着火的条件

燃料在加注过程中因摩擦能产生并积聚大量的静电荷，但是这些静电荷能否引起火灾，还要看当时的一些具体情况。工作人员在夜间加油作业时，曾遇到这样的情况，发现加油车油罐内静电放电，蓝色的电火花虽跳动多次，但并未因此而引起加油车着火。在给飞机加油时，也同样遇到过类似的现象。这些情况说明燃料在加注过程中积聚的静电荷能否引起静电起火，还必须具备一些条件。这些条件就是静电火花的能量以及燃料蒸气的着火浓度和温度。

(1) 静电火花能量

在加油系统中一切有电位差的两物体(包括带一定静电荷的物体与接地物之间，或两者带有静电荷而极性相反，或两者极性相同但有一定电位差)互相靠近至适当的距离时，就会产生静电放电现象。但是产生静电放电的能量能否点燃周围的可燃混合气，还要看静电火花的能量。根据资料报道，火花的最低能量要达到 0.25mJ，才能点着可燃混合气。除了形成间隙放电，还由于加油车油罐内油面带有大量静电荷，其电场强度达到一定数值时，就会使燃料蒸气离子化并具有导电性能，从而造成电晕放电和火花放电。这就是当电场强度达到 3000V/mm 的击穿数值时，同样会由于静电放电而点着可燃混合气。但在正常的加油作业中，一般是不易达到这样大的电场强度的，然而在电场畸变时却是有可能达到的。这种畸变的来源可能是由于油罐内的设备不规则、高速注油时燃料的波动和油面浮有导电物体等。这样，就有可能使场强达到足够的电压梯度，造成放电着火的危险。

(2) 燃料蒸气的着火浓度和温度

燃料静电着火除了上述的静电放电的能量条件，还需要有合适的着火浓度和温度。没有后一条件，即使连续发生强烈的静电放电，也不会将燃料点燃而引起火灾。燃料蒸气的着火浓度是指燃料和空气混合后能被火点燃的浓度。不同燃料有不同的着火浓度极限，表 6-13 是几种不同喷气燃料的着火浓度极限。

表 6-13 几种不同喷气燃料的着火浓度极限 %(V)

着火浓度极限	大庆 3 号喷气燃料	新疆 3 号喷气燃料	胜利 3 号喷气燃料	TC-1 喷气燃料
着火浓度上限	7.2	6.4	7.8	7.3
着火浓度下限	0.5	0.5	0.5	0.5

燃料点燃需要有适当的混合气浓度。和这个浓度密切相关的还有一个温度问题，因为在罐内燃料和空气的可燃混合气只能在一定的温度范围内形成。燃料在某一温度下，蒸气压升到一定程度，这时液面上形成的混合气恰好达到可点燃的界限。若低于这个温度，则混合气不可燃，这个温度称为着火温度的下限。温度继续增高至混合气保持可燃性的最高温度时，则由于混合气过浓也不可燃，此时的温度称为着火温度的上限。不同燃料有不同的着火温度极限。在常压下航空燃料的着火温度极限见表 6-14。

表 6-14　航空燃料的着火温度极限　℃

着火温度极限	75 号航空活塞式发动机燃料	大庆 3 号喷气燃料	新疆 3 号喷气燃料	胜利 3 号喷气燃料	TC-1 喷气燃料
着火温度上限	-3	61	56	58	56
着火温度下限	-35	36	28	29	56
着火温宽	32	25	28	29	28

注：汽油是用玻璃瓶法，喷气燃料是用钢弹法测出的结果。

了解这些着火条件，并不等于在日常工作中就可以思想麻痹。因为有些情况我们是不容易掌握的。比如大气温度虽不在着火温度范围内，但并不等于加油车油罐内，在加油过程时的温度不在着火范围内。因此不能主观臆断不可能着火而掉以轻心，给工作带来不应有的损失。

二、航空燃料发生静电失火的规律

航空燃料发生静电失火的事故，主要有下列三种情况：①向加油车和铁路油槽车加油；②向飞机加油；③拆洗过滤绸。至于向油罐注油时的静电失火事故，则在某些地方曾发生过。从事故的比例来看，绝大部分是在向加油车加注燃料过程中发生的。

静电失火事故尽管原因很复杂，每次发生的具体情况也各不相同，但都有一些共同点。归纳起来这些特点是：静电失火主要发生于干燥、炎热季节，向加油车加油，并且大多数是在采用管口绑扎绸套明流加注喷气燃料的过程中。下面，对这些特点加以简要的说明。

① 事故多发生在气候干燥的地区和炎热的季节。据统计，历次事故多发生在我国华北和西北地区，其他地区也有发生，但次数较少。这些事故大多发生于气温达 37℃以上、大气湿度在 15%左右，当然也有少数例外。大气湿度低，燃料所带的静电不易消失，给静电荷大量积聚放电造成有利条件。气温高，燃料易于形成可燃混合气。必须指出，航空汽油静电失火的气温较喷气燃料低，甚至出现过在冬季静电失火的情况。

② 静电失火多发生于加注喷气燃料的作业中，航空汽油则较少，而且航空汽油发生静电事故的后果一般也较喷气燃料轻。航空汽油发生静电事故时，往往随着爆炸声及闪光的出现，加油车罐口冒出一股很浓的青烟，火苗便自行熄灭。而喷气燃料发生静电事故时，情况则不同，除发生爆炸声及闪光外，随即出现熊熊烈火，而且火势很快蔓延。这种现象可能是因为航空汽油组分较轻，静电失火的瞬间大量蒸发，致使空气不足而自行窒息。但在冬季或气温较低的地区，航空汽油发生静电失火的情况则和喷气燃料相同。例如 1959 年西北某地航空汽油静电失火，着火后持续燃烧，抢救后才扑灭，不但加油车部分被烧坏，保管员亦被烧伤。因此千万不要认为航空汽油一般情况下造成事故轻，不会像喷气燃料那样造成人员死亡和设备损坏的严重后果。至于航空汽油发生静电失火事故较少的原因还有待探讨，但航空汽油的用量较喷气燃料少以及着火后易于自行窒息应该是其中一些因素。

③ 大多发生在向加油车加注燃料时，且往往发生在加油的初始阶段，大约在开始加油后的 1min 内。这是因为加油车在外场经过长时间的太阳照射，油温升高，加上车内罐底剩余的少量燃料在返回油库加油的途中，由于行车振荡，在罐内形成了大量的可燃混合气，碰到静电火花很易点燃。至于在油库收油时，为什么不容易发生静电失火呢？根据实测结果表明，燃料在输入库内大罐时，由于管线长、暗流输油、油罐容量大，往往分几次装油，

大部分静电荷自然散失掉，因而在油面上积聚的静电荷很少，其电压一般只有一二百伏，加上库内油罐多是地下罐或土埋罐，温度较低，缺乏形成可燃混合气的条件，所以不易发生静电失火。

④ 明流加油，管口绑有过滤绸套，这是历次静电失火的主要特点。因为明流加油，产生和积聚静电荷多，易于形成可燃混合气；油管悬空摇晃，有利于产生静电放电；管口绑上过滤绸套，在加油过程中绸套本身很快便带上大量静电，往往可达数万伏，并能够频繁连续放电。在这种情况下，极易造成火花放电而失火。根据这些特点，对历次静电失火的原因进行分析，很容易得出明流加油、出口绑扎绸套是主要根源的这个结论。那么，失火的原因是油面静电和罐体放电还是绸套本身放电呢？从事故的实例和试验结果来分析，后者的可能性较大，因为：1)燃料通过绸套后，在加油车油罐内的油面静电荷积聚至最大值的时间一般要 2min，而在绸套上则只要 10s 左右即可达最大值，半值期只需要 6s 左右。2)绸套上的静电压一般是几万伏，而油面电压由于自然散失，往往只有绸套的十分之一。3)在加油的初始阶段，由于加油车油罐内的燃料不多、绸套外形不规则部分所带电荷，较之油面所带电荷易于和罐壁形成火花放电。在管口绑有绸套的情况下的静电失火可能有两种情况：一是开始加油后，由于管线或其他原因带高压电的绸套摆动，当与罐壁形成火花放电间隙时，在合适的油气浓度下引起火花放电；二是在开始加油后，带有高压电的绸套和逐渐上升带有相反电荷的油面靠近后，引起火花放电而点燃可燃混合气。这两种情况，都是由绸套直接放电而引起的，但前者的可能性较后者大。这就是过去历次静电失火多发生在管口绑有过滤绸套而又在加油初始阶段的主要原因。这些分析的目的是进一步了解管口绑绸套带来的危险性，以便采取适当的措施防止失火。当然对油面静电和气体放电也应注意，尤其是在大速度、大流量加油时，有较大的危险性。

根据燃料在加注过程中静电失火的特点，各有关单位在总结历次静电失火的经验中，提出了尽量采用暗流加油代替原来的明流加油，并取消了出口绑扎绸套的方法。这个方法在 1959 年有关部门做了明文规定，以后又重申了多次，作为安全工作规则的一项内容。实践证明这项规定是完全正确的。实施结果是静电事故逐渐减少，但是由于静电失火问题比较复杂，至今还有所发生，因此，还必须采取其他措施。

关于拆洗过滤绸套引起静电失火有两种情况：一是脱开过滤笼绸套时因摩擦产生静电而起火；二是用洗涤油洗涤绸套时引起静电失火。洗涤绸套时引起静电荷的积聚情况，通过实测结果表明：绸套在油中洗涤由于摆动摩擦能产生大量静电荷。绸套在汽油中每秒摆动 1 次，绸套上静电压 30V；每秒摆动 2 次，电压为 900V；若每秒摆动 3 次，电压为 3200V；当绸套洗涤后提离油面，绸套上静电压高达 3500V。而洗涤油的油面上的静电荷由于散失，积聚较少。这是在相对湿度为 62%的情况下测出的结果，若天气干燥，静电荷积聚可能更多。这就表明，洗涤绸套时，由于绸套和洗涤油的摩擦，绸套上产生大量静电，其电压的高低取决于绸子和洗涤油的摩擦速度；速度越大，电压越高。当绸套从油内提离容器时，极易和容器壁形成火花放电间隙，在适当的油气浓度下，就会引起火灾。但是试验证明，若用手在油面或油内揉搓，挤捏后提离油面，则绸套上的静电荷通过人体导入地下，此时绸套上的静电电压为零。因此拆洗绸套静电失火问题，可以从改善操作方法来消除静电荷的积聚加以解决。

在向飞机加油时的静电失火问题，因发生的次数少，对其失火的特点还不够了解。南方某地静电失火是在飞机油箱将要加满时发生的，这个特点的原因还有待探讨，从做过的油枪加油试验结果表明，油面上可以积聚大量的静电荷，在以高压、高速加油时，同样有产生静电失火的危险。因此，若能设法将现在采用明流加油的方法改为暗流加油或用其他方法降低油面电荷的积聚，就可以减少飞机加油时的静电失火危险。

第三节　防止燃料静电着火的措施

从液体燃料静电着火发生的原因和条件不难看出，防止静电着火的基本途径不外乎减少静电荷的产生、将产生的电荷迅速导走、避免形成可燃混合气，以及消除火花放电几个方面。国内外对轻质石油产品静电着火问题均进行了许多试验研究工作，提出了不少防止静电着火的方法。这些方法总体来说有三类：一是改善操作方法；二是改装加油设备；三是在燃料中加入微量添加剂，提高燃料本身的电导率。实践证明，单独采用一种方法是不够的，只有将上述三种方法结合使用，效果才最好。

在本节中着重讨论改进操作和装备问题。关于抗静电添加剂的使用，实践证明是防止燃料静电着火最有效的措施，国内外都已广泛采用，将在下一节中专门叙述。

一、改善操作方法

静电荷的产生和积聚，以及可燃混合气的形成与火花放电的产生无不与操作方法有密切关系。多年来根据以往发生的静电失火规律，制定了许多行之有效的防止静电着火的措施，归纳起来，主要有以下几点：

① 加注燃料时，油管出口处严禁绑扎过滤绸套或其他过滤介质。

② 灌装燃料时，尽可能采用暗流加油，严禁悬空灌注油料。

③ 加注燃料时，流速不宜过大，尤其是开始时，一定要降低流速。根据实践，含水燃料最大线速不应超过 1m/s，无水燃料最大线速不超过 7m/s。

④ 尽可能减少燃料的搅动，加油车往返途中应行车平稳，车速不宜过快。禁止向刚停下或刚注完油的加油车、油槽车、油罐取样，以及用油尺测量油料。

⑤ 向加油车灌油前，应先打开罐口 2~3min，才可插入油管进行作业。

⑥ 当天气炎热干燥，加油时应先向加油场地洒水，以降低温度和增加湿度。

⑦ 加油作业前，应按规定连接地线，并检查是否处于良好状态，地线不应与地下油管搭接。

⑧ 洗涤绸套时，应在油面下搓揉，洗涤完用手挤捏后提离容器。

⑨ 适当增加输油时过滤器后(下游)管子的长度。

二、改装加油设备

改装加油设备，采用消除静电的装置，也可以降低油面电场强度，减少燃料静电着火的危险性。目前使用的设备主要有：缓冲箱——燃料在注入受油容器前，先在缓冲箱里停留一段时间，使燃料里的静电荷大部分通过箱壁接地而导走；高压电场消电管——在输出油管中心装一电极，通过高压，迫使燃料中的静电荷趋向管壁或中心电极而消失；钨针消电管——在过滤器后，燃料出口前装一段直径稍粗的金属管，管壁以塑料衬里绝缘，在管壁上装有十多根钨合金制的针，流过消电管的燃料在接地的钨针上获得负电荷，从而使燃料的正电荷得到中和；缓冲帽——在加油车底部进油的管口处加装一个缓冲帽，从而减少了向加油车注油时的静电荷聚集。缓冲帽是一个用白铁制成的伞形物，伞尖下焊一根杆，杆下接一个薄的法兰。此外还有消电板等。

三、设备接地问题

设备接地的作用在于把设备上的静电导走，减少燃料的静电荷积聚，同时也可避免因设备带电而在某种情况下发生放电的情况，在加注燃料时燃料因摩擦而产生的静电荷，随着油流进入加油车油罐，逐渐传到罐壁，然后通过罐壁的接地而导走。这样经一定时间后，燃料中的静电荷便会全部被导入地下。所以接地对减少静电荷的积聚是有一定作用的。但是，由于航空燃料具有高绝缘能力，它因摩擦而产生的大量静电荷，只有在长时间内才能导走。关于接地的一些作用，分别从下面几个方面进行探讨。

1. 加油过程中静电荷积聚和消失的时间

实践证明，在比较干燥的天气里，加油过程中燃料静电荷产生和积聚很快，一般只要半分钟左右油面静电电压就可达数千伏，而且电压达到最大值也只不过 2min 左右，而油面电压通过地线和大气消失的半值期则往往需要几十秒，而全部静电荷的消失需要的时间则长得多，有时竟长达十几分钟或更多一些时间。这说明通过接地导走静电的效率很低，加油过程中静电荷产生和积聚的速度远远大于通过接地导走的速度。

2. 燃料传导静电荷的情况

由于燃料的导电系数很小，因而很难把燃料的静电荷传给接地的罐壁。在试验中测出加油车油罐燃料的液面静电电压为 3000V 时，距罐壁只有 100mm 处的静电电压却高达 1700V，这说明高绝缘的燃料很难把静电荷传给接地的罐壁而导走。

3. 接地对油面静电荷积聚的影响

在小型加油试验中，对比金属加油管绝缘和接地对油面电荷积聚的影响，结果见表 6-15。

表 6-15　接地对小型油罐油面静电压的影响

流量/(L/min)	管线静电压/V	油面静电压(管线不接地)/V	油面静电压(管线接地)/V
74	3000	1750	1750
54	2000	1650	1650

在加油现场测量，油车接地的对比试验结果见表 6-16。

表 6-16　接地对油车油面静电压的影响

相对湿度/%	大气温度/℃	油车接地情况	油面静电压/V
69	12.7	油车接地	650
		油车不接地	650
32	17.4	油车接地	>3000
		油车不接地	>3000

以上试验结果表明，加油车、管线接地与否，对燃料液面静电荷的积聚无明显的影响。

4. 加油车接地电阻

加油车在加油时，在不接地线的情况下，由于和加油管线接触，一般接地电阻不太大。据测量一般最大也只有数 MΩ，这对于只有微安电流的高压静电来说，导走不是很大的困难，在加油试验中不同条件下曾多次测量加油车罐壁对地的电压，尽管油面电压为数千伏，但罐壁的电压却仍然为零。试验证明，对于数千伏乃至数万伏的静电，汽车轮胎、橡胶制品等均不能阻止静电荷的导走。

以上情况说明，设备接地对导走燃料的静电作用不大，因此不能把接地与否作为能否保证安全的依据。但是由于接地不仅能导走设备上的静电，不致引起彼此之间电位不同而放电，同时还有利于燃料中的静电荷趋向罐壁而减少积聚，所以不能随意不用。地线的接地电阻，倒不必非在 10Ω 或 10Ω 以下，根据当时当地的客观条件，适当大一些也同样可以达到导走静电的目的。但是加油时的接地线和油车上的铁链地线作用不同，铁链地线的作用在于导走加油车在行驶时由于轮胎与路面摩擦在汽车底盘上积聚的静电荷，因此不应互相代替。至于在燃料静电压较高的情况下，接地对减少燃料静电荷积聚的作用是否会大一些，这在理论上推导是合乎逻辑的，但目前尚缺少试验数据，有待进一步通过试验加以证明。

第四节　液体燃料的抗静电添加剂

一、抗静电添加剂的发展

为了提高燃料的导电性能，防止燃料在运输和加注过程中由于静电而发生着火事故，在航空汽油和喷气燃料中加入抗静电添加剂。

加拿大早在 1964 年就开始使用壳牌公司的 ASA-3 抗静电添加剂，以保证航空汽油及喷气燃料的安全使用。此后，英、美、西欧各国也相继采用了 ASA-3 作为航空燃料的抗静电添加剂。ASA-3 是一种有机铬盐与钙盐和含氮共聚物组成的三组分添加剂。

国内于 1964 年，中国科学院大连化学物理研究所也研制成一种抗静电添加剂，其主要成分为二烃基水杨酸铬的螯合物及丁二酸二(2-乙基己基)酯磺酸钙盐(Ca-Aeosol OT)。1965—1966 年初曾对这种添加剂先后进行了贮存试验和现场加油试验。该添加剂加入燃料中露天贮存半年后未发现燃料质量有明显变化。现场加油试验表明，在气温为 9℃，湿度为 34%，暗流输油，流量约 450L/min，加入量为 0.0045%的条件下，用 TC-1 煤油加注于加油车中，油面最高电压平均值由 1500V(未加添加剂)降为 0V，抗静电效果良好。但由于该添加剂的用量较大，影响洁净性，未能推广。20 世纪 70 年代，我国石油科研部门进一步研制和改善了抗静电添加剂，生产出了国产抗静电添加剂(T1501)。该抗静电添加剂由烷基水杨酸铬、丁二酸二异辛酯磺酸钙和“603”添加剂三种主要成分，并加有少量稀释剂二甲苯配制而成，其性能与 ASA-3 接近。

烷基水杨酸铬可以是单烷基和二烷基水杨酸铬盐的混合物，结构式为：

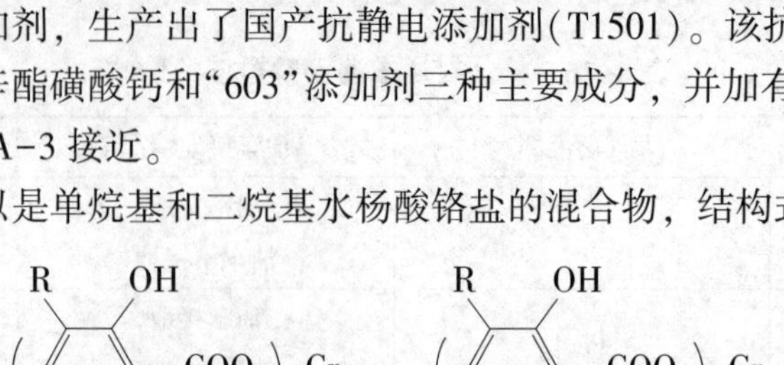

式中　*R*——含有 14~18 个碳原子的烷基。

丁二酸二异辛酯磺酸钙的结构式为：

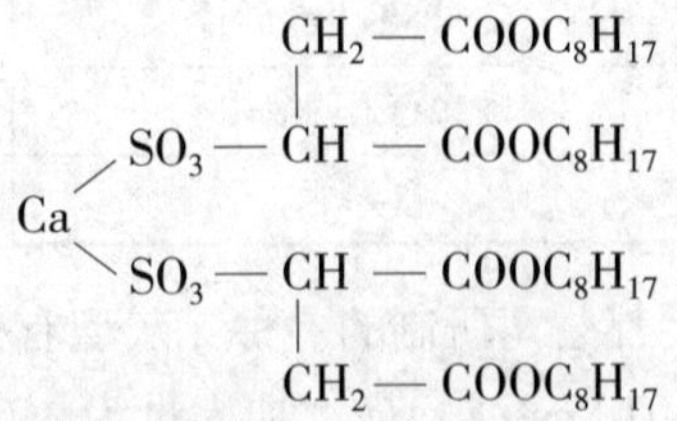

“603”添加剂是一种淡黄色半透明的无灰清净分散剂，其成分为含氮聚合物，由上海炼油厂生产。在抗静电添加剂中，它可以使上述两种金属盐更好地分散在油中，提高抗静电的效率，起稳定和增效的作用。

无论是国外的 ASA-3 还是国内的 T1501，都是含金属的抗静电添加剂，称为有灰型抗静电添加剂。这类抗静电添加剂的特点是提高燃料电导率的效果很好，很小的添加量就能使燃料电导率明显提高。但是有灰型抗静电添加剂在使用中也存在明显的不足，即加有抗静电添加剂的燃料在贮存或运输中电导率衰减较快：燃料在出厂后贮存 1 年，电导率即下降一大半；贮存 3 年后，电导率就低于安全使用指标。如果再次向电导率不合格的油料中加入添加剂，可能导致其他指标不正常。造成这种现象的原因可能是这类抗静电添加剂容易在油罐和管道壁上吸附。此外，含铬抗静电添加剂燃烧后尾气中含有的六价铬，严重污染环境。1991 年，世界卫生组织宣布不允许使用有灰型铬盐添加剂，因此含铬抗静电添加剂现在已很少使用。

为了克服有灰型抗静电添加剂的不足，国内外研究了不含金属的无灰型抗静电添加剂，如乙基公司的 Hitec 4199，杜邦公司的 Stadis 425、Stadis 450 等，其中 Hitec 4199 为聚铵盐型化合物，Stadis 450 为聚胺和聚砜复合物。国产抗静电添加剂目前主要是 T1502，该型添加剂也属于无灰型添加剂，燃烧后无污染，可替代 T1501 添加剂及 Stadis 450 产品使用。目前，GB 6537—2018《3 号喷气燃料》中对抗静电添加剂的要求为：T1502 或 Stadis 450，初始加入量不大于 3mg/L，累计加入量不大于 5mg/L。

二、抗静电添加剂的主要性能和效果

T1502 型添加剂由聚胺、聚砜等高分子化合物与溶剂复配而成，不含金属类离子，是一种无灰型抗静电添加剂。具有用量少、电导性好、抗衰减和水分离性好的特点，可进行多次补充添加。是基于克服 T1501 添加剂的缺点而研制的，2000 年通过鉴定并在我国获得广泛应用。T1502 抗静电添加剂对费-托合成燃料馏分也具有良好的抗静电性能。T15021 抗静电添加剂的主要性能见表 6-17。

表 6-17　T1502 抗静电添加剂的主要性能

项　　目	主要性质	试验方法
灰分	≤0.10	GB/T 580
水分离指数	≥70	SH/T 0616
电导率/(pS/m)	≥220	GB/T 6539

续表

项　目	主要性质	试验方法
密度/(kg/m^3)	880~910	GB/T 1884
外观	琥珀色透明液体	目测
闪点/℃	8~15	GB/T 3536

Stadis 450抗静电添加剂是杜邦公司研制的一种无灰型有机添加剂，依托有机极性聚合物发挥导电性，通常加入量为0.5~0.8mg/L，最大加入量为3.0mg/L。Stadis 450抗静电添加剂是在全球获得认证的可用于碳氢燃料的抗静电添加剂，目前在国际范围内广泛使用。研究者认为Stadis 450抗静电添加剂之所以能够提高电导率，是因为其中的聚砜类物质的螺旋结构使得分子链上存在首尾相连的偶极离子。Stadis 450抗静电添加剂的相关质量标准见表6-18。

表6-18　Stadis 450抗静电添加剂的相关质量标准

项　目	主要性质	试验方法
灰分	≤0.10	GB/T 580
电导率/(pS/m)	420~540	GB/T 6539
密度/(kg/m^3)	910~930	GB/T 1884
外观	琥珀色透明液体	目测

T1502、Stadis 450两种类型的抗静电添加剂，添加量与电导率之间关系见表6-19。

表6-19　抗静电添加剂添加量与电导率关系

添加量/(μg/g)	0	0.8	1.0	1.2	1.5	1.8	2.0
T1502电导率/(pS/m)	4	100	125	173	200	266	302
Stadis 450电导率/(pS/m)	4	195	284	318	435	520	645

目前，以Stadis 450为代表的无灰型抗静电添加剂已经全面取代有灰型抗静电添加剂，我国自主研制的T1502抗静电添加剂在国内获得广泛应用，并在某些方面性能优于Stadis 450。添加抗静电添加剂后的喷气燃料，其电导率及其稳定性受多种因素的影响，如温度、贮存时间、油品中的硫氮化合物等。2种以上的抗静电添加剂同时添加一般会产生协同作用，多种类型添加剂的共同使用，对抗静电添加剂作用效果的发挥有不同的影响规律。开发不影响或尽量减少对水分离指数造成影响的抗静电添加剂是未来的研究方向。

三、抗静电添加剂的作用机理

轻质石油产品在输送或加注过程中产生静电着火的原因主要是燃料的电导率低，摩擦产生很高的电压。纯净喷气燃料的电导率一般只有3~5pS/m，产生的电荷不易导走，因而油面电场强度很大。实践证明，当燃料的电导率达到20~50pS/m时，电场强度就会变得很小。50pS/m被认为是安全值，可使油面静电电压减少90%以上。当燃料电导率达到100pS/m时，油面静电电压达极低水平。

抗静电添加剂的作用就是提高燃料的电导率，使燃料的电导率始终保持在安全值以上，防止静电荷积聚而产生火花放电。某些有机酸的金属盐可以提高燃料的电导率，也能较好地溶解于油品中。经研究，油酸锰等均能提高油品的电导率，它们的烃基一端可以使之较易溶解于油中。

四、电导率的测定方法

轻质石油产品如航空汽油、喷气燃料等的电导率可按 GB/T 6539—1997《航空燃料与馏分燃料电导率测定法》的规定，用浸没电导池法进行测定。

测定时可采用 EMCEE 1153 型电导率测定仪，它由电导池、带电缆滚筒的指示器部件和耐油电缆三部分组成。

进行测定时，将清洁干燥的电导池浸入欲测的燃料中(注意不要与容器底部的水接触，否则要重新清洗干燥电导池)。燃料通过电导池下部和上部的小孔，在两电极之间循环流动。当电导池完全浸没并达到静止时，按下测量按钮，就接通了电源和通往电导池的测量电压，此时所产生的电流即在仪表上以电导率的数字表示。在按钮压紧以后，所读出的最大指针偏转值，即为所需读数。按钮按下时间不宜超过 1s，否则指示值将随时间而下降，这是由于极化效应和离子衰减所造成的复杂电化学过程。

对于油罐、油槽车、加油车等，一般宜在现场测量。如需采样，应在采样后立即测定其电导率，最迟不宜超过 24h，以避免样品在转运中发生变化。

第七章　燃料的润滑性

喷气发动机、柴油机、汽油机燃料系统的活动部件，如柴油机高压油泵、喷气发动机的主油泵、加力油泵的润滑是靠燃料自身的润滑性能来完成的，当燃料的润滑性不能满足要求时，油泵的磨损加大、寿命缩短，甚至出现故障。因此，润滑性是燃料的重要使用性能之一。

各种发动机中，柴油机高压油泵和喷气发动机的燃油泵负荷较大，容易出现磨损，对燃料的润滑性要求较高；汽油机油泵工作条件较缓和，对燃料润滑性要求相对较低。因此，燃料的润滑性主要是指柴油和喷气燃料的润滑性。

第一节　喷气燃料的润滑性

一、喷气燃料润滑性的意义

喷气燃料是军用和民用飞机发动机的主要燃料。2017 年我国仅民用喷气燃料的消耗量就达到了 30Mt，且随着航空业的蓬勃发展及航空领域的进一步开放，喷气燃料的需求量还在以 10%以上的速度继续增长。3 号喷气燃料主要用于航空燃气涡轮发动机和冲压发动机。发动机的燃油系统，尤其是它的喷油泵、旋转部件、摆动部件，只能依靠喷气燃料自身的润滑性进行润滑，所以喷气燃料的润滑性直接影响到发动机使用状况。随着飞机和涡轮发动机技术的发展与革新，发动机要求的喷油压力、喷油过程的灵活性、喷油过程的复杂性都有所提高，这就对喷气燃料的润滑性提出了新的要求。喷气燃料生产过程中易把油品中自身存在的抗磨组分，如有机酸、硫、氮等极性化合物去除，从而使喷气燃料的润滑性能变差。

在喷气发动机中，燃油泵的润滑是依靠燃料自身的润滑性能来完成的。当燃料的润滑性能不足时，燃油泵的磨损便增大，不仅缩短油泵的使用寿命，而且影响油泵的正常工作，引起发动机慢车转速降低甚至停车等故障。

欧洲各国 20 世纪 60 年代发现使用加氢燃料的喷气发动机燃油泵严重磨损，从而开始了对喷气燃料润滑性的研究。我国于 1967 年试用大庆加氢裂解生产的 1 号喷气燃料，其理化指标完全符合标准规定，20℃黏度为 1.52mm^2/s。但在试用过程中发现涡轮惯性时间(关闭油门后至涡轮完全停止运转的时间)缩短，转动涡轮时有响声。用一台新燃油泵分别注入大庆加氢 1 号和大庆 2 号喷气燃料，转动扳手，前者阻力较大，且有杂音，而后者没有，在大庆加氢 1 号燃料中滴入数滴 8 号航空润滑油，再转动扳手，则与大庆加氢 2 号燃料相同，证明加氢燃料的润滑性能较差。

自 1969 年开始，对胜利原油经酸碱和电化学精制的 1 号喷气燃料进行试用。该燃料理化指标亦均符合标准，20℃黏度为 $1.33mm^2/s$，酸度为 0.05mgKOH/100mL。但在使用中发现主燃油泵的故障较多，油泵柱塞严重磨损，头部球面有的已磨平，边缘产生毛刺，并掉下金属丝和金属屑，卡住起动回油活门，导致慢车转速突然下降，影响飞行安全。

从 1975 年开始，我国石油化工科学研究院、航空工业部及空军有关研究单位对国产喷气燃料的润滑性能进行了一系列的研究，并取得较好的效果。研究表明，无论大庆加氢 1 号还是胜利 1 号喷气燃料，虽然理化指标符合规定，但润滑性能不能满足要求，必须加以改进。否则，不仅会缩短燃油泵寿命，而且磨损产物可能堵塞活门，引起操作故障，影响飞行安全。

二、喷气燃料润滑性的评定方法

关于喷气燃料润滑性的评定，目前国内外还没有统一的方法和标准。同一燃料在不同设备上进行评定，所得结果往往差别很大。

我国评定喷气燃料抗磨性的方法有两种，一种是用环块试验测定抗磨指数，另一种是用球柱法测磨斑直径。

1. 磨痕直径

依据 GB/T 6537—2018《3 号喷气燃料》产品标准规定，喷气燃料的润滑性评定方法为 SH/T 0687—2000《航空涡轮燃料润滑性测定法(球柱润滑性评定仪法)》，军用 3 号喷气燃料(简称军用航煤)的磨痕直径指标为不大于 0.65mm，民用 3 号喷气燃料(简称民用航煤)的磨痕直径指标为不大于 0.85mm。

测试方法为：把待测试样放入试验油池中，一个不能转动的钢球被固定在垂直安装的卡盘中，使之正对一个轴向安装的钢环并加上负荷。试验的柱体部分浸入油池内并以固定速度旋转。这样就可以保持柱体处于润湿条件并连续不断地把试样输送到球/环界面上。在试球上产生的磨痕直径是试样润滑性的量度，磨痕直径越小，燃料的润滑性能就越好；反之，燃料的润滑性能越差。

2. 抗磨指数测定

喷气燃料抗磨指数采用 SH/T 0073—1991《喷气燃料抗磨指数测定法(环块法)》测定。在室温和 1kg 负荷条件下，使试环以 200r/min 的速度与试块发生滑动摩擦，同时使试油连续流过试环与试块之间进行润滑。运行 10min，测定试油所产生的试块磨痕宽($b_{试}$)；然后，对同一个环用二甲苯进行试验，得出二甲苯所产生的试块磨痕宽($b_{标}$)，则抗磨指数 K_m 可按公式算出：

$$k_m=\frac{b_{标}}{b_{试}}\times 100\%$$

因此，抗磨指数越大，表明试油的润滑性能越好。

三、影响喷气燃料润滑性的因素

液体燃料的润滑性能是由燃料的化学组成决定的，但也受外界条件的影响。一般燃料的沸点越高，组成燃料的相对分子质量越大，其黏度也较大，润滑性能也较好。例如，柴油的润滑性能高于煤油，煤油的润滑性能高于汽油。摩擦部位的发热大，温度高，燃料的黏度随之降低，润滑性能也会有所降低。但是，燃料黏度的大小及其受温度变化的影响大小也是由燃料的组成决定的。

1. 单体烃的润滑性能

为了研究燃料的烃组成对润滑性的影响，人们曾经对各种单体烃的润滑性进行了考察。试验用的单体烃均为分析纯。烷烃、环烷烃和芳香烃的抗磨性能见表 7-1。表中烷烃在 1kg 负荷条件下，只有十一烷以上的烷烃才不发生尖叫卡咬，低分子烷烃都发生尖叫卡咬。为区别其抗磨性，在其他条件不变的情况下将试验的负荷降为 0.1kg，结果正己烷、正庚烷仍发生尖叫卡咬，而正辛烷、异辛烷未发生尖叫卡咬。从烷烃看，随着碳原子数的增加，抗磨性也变好；碳原子数在 11 以上的烷烃抗磨性才比较好。

表 7-1　各单体烃的抗磨性

烃类	磨痕宽(1kg 负荷)/mm	抗磨指数	0.1kg 负荷时磨痕宽/mm
正己烷	不加负荷，起动后尖叫卡咬		
正庚烷	不加负荷，起动后尖叫卡咬		
正辛烷	尖叫卡咬		0.914
异辛烷	尖叫卡咬		0.923
正十一烷	0.659	107	
正十二烷	0.655	107	
正十三烷	0.529	133	
正十六烷	0.349	201	
环己烷	0.948	74	
甲基环己烷	0.943	75	
十氢萘	0.725	97	
苯	0.625	112	
甲苯	0.702	99	
二甲苯	0.698	100	
β-甲基萘	0.471	148	

在环烷烃中，环己烷的抗磨性并不理想，引入一个甲基后，抗磨性略有提高，双环的环烷烃抗磨性优于单环的环烷烃。

在芳香烃中，单环芳香烃无取代基的苯比甲苯、二甲苯的抗磨性好，双环芳香烃比单环芳香烃抗磨性好。

烷烃、环烷烃和芳香烃抗磨性比较，碳原子数相同时，烷烃的抗磨性最差，芳香烃抗磨性最好，环烷烃居中。

2. 单体烃混配后的润滑性能

在抗磨性差的单体烃中加入抗磨性好的单体烃后，抗磨性得到改善。单体烃混配后的抗磨性见表 7-2。从表中可以看出：①将抗磨性好的烃加入抗磨性差的烃中，可改善抗磨性，加入量越多，抗磨性越好；②加入抗磨性好的烃 30%时可使混配烃的抗磨指数合格。不论是抗磨性差的正己烷还是异辛烷，当苯加入量为 30%时，混配烃的抗磨指数都在 90 以上。③混配烃抗磨性的好坏与组成混配烃的成分有关，各成分自身的抗磨性好，混配后的抗磨性也好。如环己烷的抗磨性比正己烷、异辛烷好，加入的苯都是 30%时，环己烷-苯的抗磨指数(101)比正己烷-苯(95)、异辛烷-苯(97)好。

表 7-2 单体烃混配后的抗磨性

试样	正己烷：苯			异辛烷：苯			环己烷：苯		
比例	7：3	1：1	3：7	7：3	1：1	3：7	7：3	1：1	3：7
磨痕宽/mm	0.732	0.710	0.674	0.723	0.710	0.665	0.693	0.688	0.637
抗磨指数	95	98	104	97	98	105	101	101	110

3. 喷气燃料的润滑性其他影响因素

根据试验，组成液体燃料的物质的润滑性能按带极性的某些非烃化合物、多环芳香烃、单环芳香烃、环烷烃、烷烃的顺序而依次降低。所谓带极性的某些非烃化合物是指环烷酸、酚类化合物以及某些含硫和氮的极性化合物。这些物质具有较强的极性，易被金属吸附在表面，形成牢固的油膜，能有效地降低金属间的摩擦和磨损。一般烃类极性很小，远不如燃料中的这些非烃杂质。所以，燃料的润滑性能实际上取决于这些具有极性的非烃物质含量的多少。

燃料中的非烃物质含量和燃料的生产工艺过程有密切的关系。在加氢或深度精制过程中，燃料中的有机酸、酚类、多环芳香烃以及少量的杂环硫化物，例如噻氢萘，被部分或全部除去。这些强极性物质的脱除，虽然能提高燃料的热安定性，但也使燃料的润滑性能显著降低。所以，燃料的精制程度越深，其润滑性能往往越差。

3 号喷气燃料调油组分分别取自喷气燃料加氢精制装置、直馏柴油裂化装置和高压加氢裂化装置。按照表 7-1 中的标准操作条件分别对取自不同装置的喷气燃料样品进行磨痕直径分析，用于考察不同调油组分对喷气燃料润滑性的影响。结果见表 7-3。

表 7-3 调油组分对喷气燃料润滑性的影响

组分来源	磨痕直径/mm				硫醇硫质量分数平均值/%
	1	2	3	平均值	
喷气燃料加氢精制装置	0.67	0.68	0.68	0.68	0.0011
直馏柴油裂化装置	0.80	0.78	0.79	0.79	<0.0003
高压加氢裂化装置	0.90	0.89	0.89	0.89	<0.0003

从表 7-3 可以看出，采用不同工艺生产的喷气燃料磨痕直径大小的关系为：高压加氢裂化装置>直馏柴油裂化装置>喷气燃料加氢精制装置。这是由于作为提高喷气燃料质量的必要手段，加氢精制工艺和加氢裂化工艺在生产过程中，会脱除燃料中的极性物质，反应深度越高，脱除能力就越强(这一点从表中不同组分的硫醇硫分析数据中也得到了一定的验证)，喷气燃料中极性物质越少，其润滑性就越差。因此，在实际采样、贮存、分析过程中，必须确保样品的清洁，试验过程用到的所有容器和部件都必须清洗干净，任何极性物质的混入都可能会导致喷气燃料磨痕直径测定结果偏小。

抗静电剂会对喷气燃料润滑性产生一定影响，中国石化研究人员通过改变抗静电剂 Stadis 450 的用量，考察对喷气燃料磨痕直径的影响。研究发现，未加抗静电剂 Stadis 450 时，喷气燃料磨痕直径为 0.65mm，加入少量的抗静电剂 Stadis 450，不会对喷气燃料的润滑性有明显影响。但随着抗静电剂用量的增大，喷气燃料磨痕直径有所下降，当抗静电剂

Stadis 450 用量达到 1.5mg/L 时，磨痕直径减小到 0.62mm。这是由于抗静电剂也具有一定的表面活性，加入较多的抗静电剂有助于喷气燃料吸附在金属表面形成油膜，从而减小磨痕直径。

抗磨剂会对喷气燃料润滑性产生一定影响，中国石化研究人员通过改变抗磨剂 T1602 的用量，考察对喷气燃料磨痕直径的影响。研究发现，未加抗磨剂 T1602 时喷气燃料的磨痕直径为 0.89mm，随着抗磨剂用量增加，喷气燃料的磨痕直径呈减小趋势。当抗磨剂 T1602 用量达到 20mg/L 时，喷气燃料磨痕直径减小到 0.63mm。这是因为，未加抗磨剂的燃料黏度小，在金属间形成的油膜比较薄，且稳定性、机械强度均较差，无法有效减少金属间的磨损。虽然在喷气燃料中添加抗磨剂 T1602 能有效地提升喷气燃料的润滑性，但是，添加过多的抗磨剂，会影响到喷气燃料的水分离指数、腐蚀性、总酸值等分析项目。因此，在产品标准 GB/T 6537—2018《3 号喷气燃料》中规定了抗磨剂的用量不大于 20mg/L。

燃料的精制程度常用酸度反映，即精制程度越深，酸度越小。实践证明，燃料的润滑性能与酸度有一定的对应关系，即酸度较大时燃料的润滑性能改善，抗磨指数增大(见表 7-4)。

表 7-4　燃料的润滑性能与酸度的关系

产品参数	喷气燃料			
	1 号	2 号	3 号	4 号
酸度/(mgKOH/100mL)	0.06	0.25	0.41	0.65
抗磨指数	67	87	109	129

根据对不同生产厂的产品所作的抗磨性比较，酸度达到 0.30~0.40mgKOH/100mL 的喷气燃料的润滑性能良好，抗磨指数可达 90 以上。当然，酸度过大是不允许的，因为它会引起金属的腐蚀。

此外，燃料中如含有少量固体杂质或金属末均可加速柱塞泵的磨损，严重时可使油泵遭受破坏。燃料中如含有水分也会降低燃料的润滑性能。燃料中溶解的氧(空气)在有水分存在时，会引起油泵的腐蚀磨损。

四、改善喷气燃料润滑性的方法

改善喷气燃料润滑性有下列几种方法：①掺兑一定量的润滑性好的喷气燃料或直馏组分；②加入少量的抗磨添加剂；③加入适量的 8 号航空润滑油；④改进航空燃料的精制工艺。

据国外资料报道，在润滑性差的加氢精制的喷气燃料中渗入 30%具有良好抗磨性的未经碱洗的直馏组分，就可以把抗磨性提高到直馏馏分的水平。我国曾用大庆喷气燃料与润滑性差的胜利精制喷气燃料按 1∶1 掺兑。混合后燃料的润滑性与大庆燃料相当，经实际使用证明，发动机不再发生慢车转速下降的故障，油泵磨损也得到控制，效果令人满意。但掺兑大量润滑性高的燃料，需要长途运输时，于经济上不利。

喷气燃料的精制目的是脱除燃料中的胶质、多环芳香烃以及酸性物质和非烃成分，以提高燃料的安定性。为了提高燃料的润滑性而保留上述物质则不能满足安定性的要求。因此，改进加工工艺过程困难较多。

在精制喷气燃料中添加少量抗磨添加剂是提高燃料润滑性能最有效的途径。添加剂提高润滑性的效率比掺入 8 号航空润滑油高得多。

近年来，我国研制了 T1601 抗磨剂和 T1602 防锈抗磨剂。实践证明，该两种添加剂效果良好，已鉴定定型，加入量一般为 0.001%~0.002%。其中 T1602 添加剂效果更好，兼有防锈作用。如只作防锈剂使用时，加入 0.0005%即能满足防锈要求。

T1601 添加剂为精制的 1 号或 2 号石油酸，其技术规格见表 7-5。

表 7-5　T1601 添加剂的技术规格

项　目		T1601	项　目		T1601
外观(铁钴比色液)/号	不大于	18	水分/%	不大于	2
石油酸含量/%	不小于	85	脂肪酸		实测
纯酸值/(mgKOH/g)	不小于	220	馏程：初馏点/℃	不低于	170
粗酸值/(mgKOH/g)	不小于	200	终馏点/℃	不高于	325

T1602 添加剂系由精馏二聚酸、二(2-乙基己基)磷酸酯和氧诺组成，其技术规格见表 7-6。

表 7-6　T1602 添加剂的技术规格

项　目	T1602	项　目		T1602
外观	棕色液体	磷含量/%		0.3~0.6
密度 20℃/(g/mL)	0.90~0.95	机械杂质/%	不大于	0.1
运动黏度 100℃/(mm^2/s)	18~30	碘值/(gI/100g)		实测
酸值/(mgKOH/g)	140~150			

在胜利 3 号和江汉加氢 3 号喷气燃料中，分别加入一定量的 T1601 和 T1602 添加剂，在国产 MHK-500 型环块试验机上进行抗磨性能对比试验的结果列于表 7-7。试验条件为：试环转速 200r/min，负荷 1kg，时间 5min，室温。

表 7-7　T1601 和 T1602 添加剂抗磨性能比较

喷气燃料	添加剂加入量/10^{-6}		磨痕宽/mm	抗磨指数
	T1601	T1602		
大庆 3 号	无	无	0.725	100
胜利 3 号	无	无	1.069	68
胜利 3 号	5	—	0.985	74
胜利 3 号	—	5	0.808	90
胜利 3 号	10	—	0.868	84
胜利 3 号	—	10	0.649	112
胜利 3 号	15	—	0.781	93
胜利 3 号	—	15	0.546	133
江汉加氢 3 号	无	无	—	84.8
江汉加氢 3 号	16	—	—	102.0

从表 7-7 中可以看出，无论润滑性差的胜利 3 号还是江汉加氢喷气燃料，加入 T1601 或 T1602 添加剂后，其抗磨性均有提高。从胜利燃料来看，T1602 添加剂的效果比 T1601 好。例如，加入 T1602 添加剂 0.001%后，胜利 3 号燃料的抗磨指数即超过了大庆 3 号燃料。

实践表明，T1601和T1602添加剂是喷气燃料的良好抗磨添加剂，它们能有效地提高燃料的润滑性能、减少燃料油的磨损、减少操作中的故障。近年来发现T1601对喷气燃料质量有影响，准备研究新的抗磨添加剂。目前GB/T 6537—2018《3号喷气燃料》产品标准规定，抗磨剂的名称为环烷酸型T1602，加入量不大于20mg/L。

应该注意，喷气燃料中添加剂的选用应十分慎重。选用适当的抗磨剂不仅应有效地提高燃料的润滑性能，而且必须对燃料的主要理化性质无不良影响，首先应保证燃料有良好的氧化安定性和热安定性，其次要保证水分离指数符合要求。因为燃料中的水分不能排除将严重影响发动机的正常操作。此外，由于燃料系统中燃料要与钢、铁、铜及银等金属接触，含添加剂燃料在燃烧前和燃烧后都不应腐蚀金属。基于这些考虑，在添加剂中引进金属化合物、卤素化合物或硫化合物都是有害的，因为它们不是本身有腐蚀性便是燃烧产物具有严重的腐蚀性。因此，从元素组成上看，选择含氧的烃类化合物较为有利，其次是含磷和含氮的化合物。此外，从保证水分离指数合格出发，所选添加剂中最好少用表面活性物质，因为这些物质的存在容易降低燃料的水分离指数。

还应当指出，燃油泵的磨损不仅和燃料的润滑性有关，还和燃料中带有的机械杂质及燃油泵的金属材料有密切的关系。因此，保证燃料的高度洁净具有重要意义。同时，不断改进燃油泵和柱塞材料的性能，使之对燃油的润滑性不敏感，也是解决燃油泵磨损的一种途径。

第二节　柴油的润滑性

一、柴油润滑性的意义

柴油润滑性是从20世纪90年代开始提出的。之前的柴油在生产过程中精制程度较低，极性物质含量较高，加之柴油黏度较大，其润滑性能够满足高压泵润滑需要，因此并未对柴油润滑性作特别要求。20世纪90年代以来，由于环保法规日益严格，标准规定的柴油硫含量越来越低。为了满足更低的硫含量指标，柴油生产普遍采用加氢精制工艺。由于加氢精制脱除了大部分极性物质，柴油的润滑性明显下降。

由于润滑性下降，引起燃料喷射泵的磨损问题，使发动机发生不稳定空转，功率和加速性能下降。日本曾对硫含量在0.2%以下的市售柴油进行试验，发现硫含量较低的柴油，磨损程度较严重。

二、影响柴油润滑性的因素

日本有关研究人员曾选用29种柴油样品进行研究，发现柴油密度、90%馏出温度、黏度、柴油中的所含氮化物、芳香烃及硫含量等均与柴油润滑性相关，其中柴油组成对柴油的润滑性影响较大，尤以硫和多环芳香烃含量与柴油的润滑性关系更密切。柴油中硫含量越低，润滑性越差，多环芳香烃含量越高，柴油的润滑性越好。

柴油脱硫度超过一定程度，柴油中具有润滑性的物质将随硫一同被除去，同时，多环芳香烃被裂解，因而导致柴油润滑性能降低。

三、柴油润滑性评价试验方法

评价柴油润滑性试验方法主要有 BOCLE(ASTM)、BOCLE(SWR)、HFRR、BOTD 和 TAPLE 等几种，高频往复试验(High frequency reciprocating rig，HFRR)和球柱试验(Ball on cylinder lubricity evaluator，BOCLE)使用较广泛，其中 HFRR 试验法因其操作简便、能重复实际发动机柴油润滑性而被作为标准试验法。几种评价柴油润滑性试验方法及其测试条件见表 7-8。

表 7-8　几种评价柴油润滑性试验方法及其测试条件

方　法	BOCLE (ASTM)	BOCLE (SWRI)	HFRR	BOTD	TAFLE
测定项目	磨痕直径	烧结负荷	磨痕直烃	磨痕直径	烧结负荷
负荷/N	5	10→50	2	30	100→2000
转速/(r/min)	240	525	(50Hz)	60	(0.79m/s)
试验时间/min	30	1(每负荷)	75	30	4(每负荷)
试验时相对湿度/%	10	50	48~58	—	—
试验温度/℃	25	25	25	30	室温

在欧洲，柴油在炼厂出厂时，HFRR 磨痕直径控制在 400μm 左右不会发生磨损问题。

我国 GB 19147—2016《车用柴油》国家标准规定，采用 SH/T 0765—2021《柴油润滑性的评定　高频往复试验机法》进行评价，磨痕直径不大于 460μm。HFRR 试验法通过往复运动的试验球和静止试验片在相互运动的过程，在严格控制温湿度、载荷、频率等条件下，能够产生清晰的磨痕，观察磨痕直径来评价柴油润滑性能的优劣，有效控制柴油质量，因此准确测定磨痕直径对柴油润滑性判定有很重要的意义。

四、提高柴油润滑性的添加剂

结合现有技术发展来看，人们所采取的提升柴油润滑性的措施主要有以下几种：其一，使用质量更好、硫含量更低的柴油组分；其二，通过优化加氢工艺实现对柴油组分中润滑性物质浓度的有效控制，始终保持在较高的水准；其三，在柴油中使用具有润滑性的添加剂。在上述三种方法中，使用添加剂是最有效且经济的方法。

对于深度脱硫、润滑性低的柴油，可以使用添加剂改进柴油的润滑性。当前阶段，比较常用的柴油润滑性添加剂包括脂肪胺、醇、脂肪酸、脂肪酸酯等化合物，这些添加剂都属于油性剂的范畴，其中包含的氧或氮会附着在金属表面形成一层保护膜，避免金属之间直接接触，这样就可以有效地缓解磨损问题。柴油中的添加剂加入量，根据添加剂及柴油的种类不同而异，一般在 50~300μg/g。不同种类的添加剂在柴油中的使用量也存在差异性，一般情况下，使用添加剂之后柴油的酸度不宜过高。

第八章　液体燃料的清净性

液体燃料的清净性是指液体燃料保持燃料系统、进气系统及燃烧系统清洁，避免形成沉积物的能力。发动机沉积物是指发动机工作过程中，在燃料系统、进气系统、燃烧系统和润滑系统生成的各种胶状物或固体沉积物的总称。截至目前，人们研究较多的是汽油机的沉积物和汽油的清净性，因此，本章着重介绍汽油机的沉积物和汽油的清净性问题。

第一节　汽油机沉积物及其危害

一、汽油机沉积物研究的历史发展

汽油机沉积物的研究是紧紧围绕着人们对燃料的两大要求——经济性和环保性而展开的。之所以在不同的历史时期人们对沉积物研究的重点不同，是因为在不同的历史时期人们所关注的主要问题不同。例如：汽油机沉积物最早引起人们注意的原因是它使发动机压缩比增加而造成的发动机所要求的辛烷值提高的问题，因为那时由于石油加工及燃料添加剂研究的水平不高，导致高辛烷值汽油的获得较为困难。而后来当四乙基铅等烷基铅类作为汽油抗爆剂使用后，可以简单地通过在汽油中添加便宜的铅类添加剂而使汽油的辛烷值提高，因此汽油机沉积物造成的发动机要求辛烷值的问题一度被人们忽略。现在之所以沉积物问题又引起人们的注意无非是因为两点：①现代汽车普遍地采用电子喷射系统，由于其精密性，极少的沉积物也会导致发动机的工作变差；②在环保法规日益严格的今天，仅仅通过改变发动机的设计而控制排放的技术已经近似于达到极限，通过控制汽油机沉积物而降低排放的方法又成为必然。

汽油机沉积物问题是伴随着汽油发动机的技术进步而产生的。人们对汽油机沉积物的研究分为四个阶段：汽油机沉积物的早期研究、对含铅汽油的研究、对无铅汽油的研究及对燃料喷射式汽油机沉积物的研究。

1. 汽油机沉积物的早期研究

汽油机沉积物问题最早引起人们注意是在第一次世界大战时期，人们发现发动机工作一段时间后，在气缸头和活塞等部位生成沉积物，从而引起发动机辛烷值要求提高。进一步研究发现，这个时期的发动机沉积物主要来源于润滑油，因为那时发动机技术还比较落后，发动机消耗润滑油的量很大，进入燃烧室的机油在高温条件下产生沉积物。发动机生成的沉积物与润滑油的康氏残炭值之间有关联关系，残炭值越高，越容易生成沉积物。为保证发动机的正常运转应该使润滑油的康氏残炭值不大于1.5%。

2. 对含铅汽油沉积物的研究

在四乙基铅、四甲基铅及甲乙基铅等烷基铅被作为抗爆剂广泛应用以后，发动机沉积物引起的辛烷值要求提高问题不再像过去那样受到重视。开始的时候，人们根据以前的经验，认为沉积物中的含碳物质取决于由曲轴箱进入燃烧室表面的机油类型及数量。但随着放射跟踪器引入发动机研究，这种理论受到了挑战。几乎所有的放射性跟踪试验都表明燃烧室沉积物来自于燃料。事实上，随着发动机技术改进和发动机润滑油中清净分散剂的使用，润滑油已不再是燃烧室沉积物的主要来源，而这个时期使用的汽油主要是直馏汽油，芳香烃和烯烃含量很少，因此，燃烧室沉积物主要有两个来源，一是抗爆剂燃烧后形成的铅的氧化物，二是汽油中的重质成分裂解生成的碳状物。

3. 对无铅汽油沉积物的研究

20 世纪 70 年代以来，随着汽油无铅化的逐步实施，人们开始利用炼厂的二次加工能力及使用无灰添加剂来提高汽油的辛烷值。因为铅的取消使辛烷值的提高变得非常困难，虽然铅的取消使沉积物的生成大大减少，但却使沉积物造成的发动机辛烷值要求提高问题凸显出来。当时认为不论是从经济的角度还是从能量平衡的角度来说，把无铅汽油的辛烷值提高到 91(MON)以上都是不合算的，于是就面临着这样的问题：如果汽油发动机是按照辛烷值 91 设计的话，发动机燃烧室沉积物的生成会导致发动机在运行一段时间后要求的辛烷值提高，而市场上又不提供辛烷值 91 以上的汽油，则爆震的问题就不可避免了。

4. 对燃料喷射式汽油机沉积物的研究

从 20 世纪 80 年代起，为了适应更为严格的环保法规，汽车工业开始把电子喷射系统引入汽油发动机，电子喷射系统通过电子反馈控制系统来监测发动机的实际工作状况以控制喷嘴的燃料流量。燃料是通过喷嘴直接喷射在进气道或多缸发动机的每个进气门之前。其优点是可使发动机各个缸的燃料分布均匀，及可使喷入气缸的燃料及混合气浓度都达到最佳状态，从而可提高发动机的功率、扭矩及使发动机冷起动及暖机时的操作性更好，还可更好地控制发动机的尾气排放。据估计，在美国，1990 年 75%~90%的新出厂汽车使用电子喷射系统。

电子喷射系统引入汽车后，分布在燃料喷射系统上的沉积物引起了人们的注意。由于燃料喷射系统的高精密性，积累在该系统之上的少量沉积物都会导致发动机的操作改变，尤其重要的是沉积物对排气的影响极易使汽车满足不了日益严格的环保要求。

在 20 世纪 80 年代中期，在美国就产生了由沉积物产生的电子喷射系统的问题。其问题主要是由喷嘴尖部狭窄的环区(~50μm 宽)、驱轴阀及流量孔板上的沉积物造成的，使燃料的流量下降，燃料分散性变差。因此，许多国家都要求在汽油中加入可以控制沉积物生成的清净剂。

二、汽油机沉积物的种类和性质

根据沉积物生成位置的不同，汽油机沉积物主要分为燃料系统沉积物、进气系统沉积物及燃烧室沉积物。对于燃料喷射式发动机来说，主要是燃料喷嘴上的沉积物(PFID)、进气阀沉积物(IVD)和燃烧室沉积物(CCD)。

1. 燃料系统沉积物

燃料系统沉积物即分布在进气系统之前燃料系统上的沉积物。对于传统的化油器式发动机，燃料系统沉积物主要指分布在化油器上的沉积物，而对于燃料喷射式发动机来说，燃料系统沉积物指的是分布在燃料喷嘴上的沉积物(PFID)。

喷嘴沉积物的质量很小(10~50μg)，但由于喷嘴的流量孔很小，因此很少的沉积物也会导致燃料流量的显著下降。例如，6μm 厚的沉积物可使喷嘴的燃料流量下降26%。

喷嘴沉积物的内层是细的、含碳(60%~85%)的光洁层，外层是含金属的无机易碎的瘤状层。沉积物中的有机物一般是烃的氧化物，可能由燃料氧化而来。无机物由硫酸盐及金属氧化物组成，可能来源于润滑油。

2. 进气系统沉积物

进气系统沉积物主要是指分布在进气系统表面上的沉积物，通常是指分布在进气管、进气门及进气阀的表面上的沉积物。对于电喷发动机来讲，进气系统沉积物主要是进气阀沉积物(IVD)。IVD 主要发生在进气阀的弯曲面上(如图 8-1)。

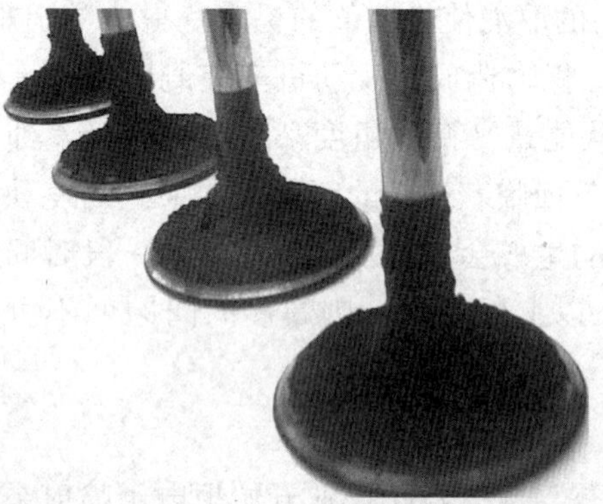

图 8-1　汽油机进气阀沉积物

进气阀沉积物的质量在几分之一克到十几克之间。不同条件下生成的进气阀沉积物的状态有很大的不同，可以是软的油状物、黏的漆状物，或是硬的焦状物。

一般来说，进气阀沉积物都含有碳、氧、氮。沉积物中氧含量(10%~15%)及氮含量(2%~4%)比燃料及润滑油高。沉积物中还含有 Ca、Zn、P。无铅汽油生成的进气阀沉积物含有四种重要组分：单体烃、炭黑、金属盐及氧化物和聚合组分。

3. 燃烧室沉积物(CCD)

CCD 主要是指分布在活塞顶、发动机头、排气阀上的沉积物。

无铅汽油生成的 CCD 的元素组成主要是碳、氢、氧、氮及少量的 Zn、Ca、P。含量分别是氧 16%~25%，氮 1%~2.5%，碳 60%~70%，Zn、Ca、P 的总量在 2%~4%。CCD 的氢/碳摩尔比为 0.6~1.0。燃烧室沉积物的密度取决于其所含金属元素的含量，无铅汽油沉积物的密度约为 1530kg/m^3。CCD 的比热容为 0.84~1.84kJ/(kg·℃)。CCD 中还含有相当多的挥发性组分，当加热沉积物到 500℃时，大约 35%的沉积物将会损失。不同层的沉积物的性质不同，靠近缸壁的是低熔点的挥发分，主要是高浓度的碳；越向外的层中的沉积物的熔点越高，沉积物表面含高浓度的无机物如 Ca、Zn(可能来自发动机机油)。

通常认为燃烧室沉积物的基本生成机理是燃料及润滑油组分中的极性物质或重组分首先凝聚在燃烧室的表面，然后进行缩聚、氧化、聚合、热解等反应，生成相应的氧化物。

三、沉积物对发动机的影响

沉积物的存在严重干扰了发动机的正常工作，会导致一系列的问题。

1. 减少供油量和混合气形成

喷嘴沉积物会堵塞喷油孔，使喷油量下降，并使汽油雾化变差(如图 8-2)。进气阀沉积物可以吸附汽油，使汽油不能很好地蒸发，这些都会造成混合气质量变差，影响发动机的工作状态。

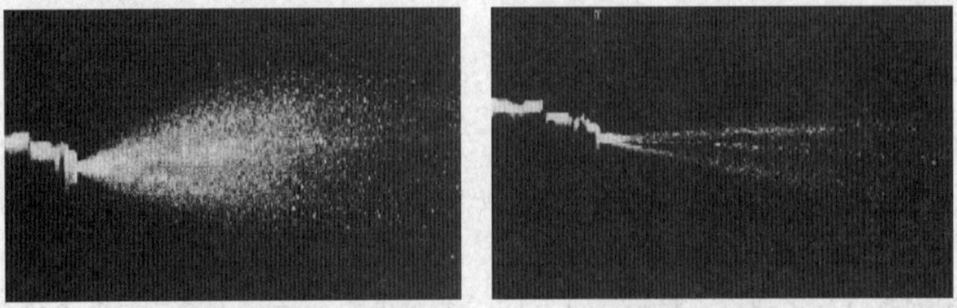

(a)正常情况　　(b)喷油嘴部分堵塞的情况

图 8-2　汽油机喷嘴沉积物对供油的影响

2. 发动机要求辛烷值提高

通常发动机在工作一段时间后，要求的辛烷值会提高。这个问题的产生主要是燃烧室沉积物的生成。沉积物的生成可以减少发动机燃烧室的容积，从而使发动机的压缩比提高，导致发动机的爆震倾向增大。此外，由于沉积物的比热容很大，燃烧室表面的沉积物的温度很高，可以点燃混合气，导致爆震。另外，还有人认为，沉积物可能会起催化剂的作用，使燃料的氧化反应加速进行，这样，在火焰前锋到达之前，燃料由于氧化发生自燃，导致爆震。

3. 爆震和积炭敲击

燃烧室沉积物的生成，使得发动机压缩比升高，对汽油辛烷值要求提高。燃烧室沉积物还会使发动机散热性能下降，燃烧时温度升高。这些都可能导致发动机产生爆震。

在现代的发动机设计中，发动机活塞顶和气缸盖之间的距离通常很小(到几毫米)，因为发动机高度越大，发动机的 CH 排放量越大。燃烧室沉积物的存在可以导致活塞顶和气缸盖的间隙更小，当沉积物的厚度大于活塞顶和气缸盖之间的间隙时，在发动机的压缩行程时，活塞顶和气缸盖会发生碰撞，产生噪声，即积炭敲击。积炭敲击会影响发动机的寿命，严重时会导致发动机的损坏。

4. 排放增加

沉积物的存在会导致发动机的 NO_x 排放增加。进气阀和燃烧室沉积物的存在会使进气温度升高，混合气的燃烧加速，导致燃烧室的温度升高，使 NO_x 的排放增加；而且，沉积物会吸收部分燃料，使混合气成为贫气，也会导致 NO_x 的排放增加。

此外，喷嘴沉积物和进气阀沉积物引起燃料雾化不良、混合气浓度变化等，也可能导致 CH 和 CO 排放增加。

5. 最大输出功率下降

沉积物的存在导致发动机最大输出功率下降。这主要是因为进气阀沉积物的存在会严重扰乱进气的涡流，使混合气分布不均匀，从而导致发动机最大输出功率降低。

此外，进气阀形成过多的沉积物，容易使进气门关闭不严、气缸压力降低，导致发动机功率下降。

第二节　汽油机沉积物的生成机制与影响因素

一、汽油机沉积物的生成机制

汽油机沉积物的生成过程是十分复杂的，不同部位沉积物的生成过程也各不相同，但总的来讲，汽油机沉积物的生成过程不外乎以下四种。

1. 胶质和颗粒物的沉积

燃料中的胶质在化油器、喷嘴、进气阀等部位沉积下来，在较高温度下进一步氧化、聚合，形成沉积物。胶质进入燃烧室后，在高温下发生裂解，可以形成积炭。与此同时，燃料中的机械杂质，来自空气的灰尘，废气再循环尾气和曲轴箱强制通风带入的固体颗粒物等与胶质一起沉积在喷嘴、进气阀和燃烧室中，形成相应的沉积物。

2. 燃料中不安定成分的氧化聚合

在发动机连续工作时，由于不断有新的燃料冲洗，即使是燃料中的不安定成分也很难形成沉积物。但是，在发动机工作一段时间后的停车时期，喷嘴尖端和进气阀等部位仍有少量未蒸发的燃料，其中的烯烃、硫醇等不稳定化合物在较高的温度条件下会发生氧化、聚合反应，生成沉积物，这是形成喷嘴和进气阀沉积物的主要原因。

3. 燃料中某些成分的高温裂解

燃料中的多环芳香烃、大分子正构烷烃等热安定性差，在燃烧室的高温条件下会发生裂解，产生炭状物沉积物。这是形成燃烧室沉积物的主要原因。

4. 润滑油的氧化与裂解

润滑油与沉积物生成之间的关系比较复杂：一方面，由于发动机中含有清净分散剂，对燃烧室积炭和进气阀杆上的沉积物有清洗作用；另一方面，如果发动机密封性不好，进入气缸中的润滑油较多时会发生裂解，增加燃烧室积炭，而进气阀杆上的润滑油如果滞留时间过长，也会因氧化、聚合生成沉积物。

以上四个方面在沉积物生成过程中并不是各自独立的，而是相互影响、共同作用的。

从汽油机沉积物的生成过程也可以看出，汽油的清净性好坏，或者说汽油使用过程中在发动机中生成沉积物的倾向大小，与汽油的氧化安定性和热安定性有着密切的关系，在一定程度上可以把清净性好坏看作氧化安定性和热安定性好坏的结果，就是说汽油的氧化安定性和热安定性好，使用中就不容易生成沉积物，也就意味着汽油有较好的清净性。

二、燃料系统沉积物的影响因素

不同部位的沉积物生成机制不同，相应的影响因素也不完全一样。但总的来讲，各种沉积物的生成都和发动机的构造与工作条件、燃料组成及性质有关。

1. 化油器沉积物的影响因素

（1）发动机操作因素的影响

发动机转速及负荷对化油器沉积物生成的影响最大。在高速及高负荷条件下，曲轴箱强制通风气体、EGR 气体、空气以及燃料由于流速高而在化油器中的停留时间较短，因此生成的化油器沉积物较少。

随着进气温度、喉管温度、试验时间及强制通风流速的增加，化油器沉积物的生成也增多。

（2）燃料的影响

燃料中烯烃的含量越高，化油器沉积物越多。酚及胺类抗氧剂可使沉积物增加，因为它们可在金属表面降解生成黑褐色沉积物。高芳香烃含量燃料不易生成化油器沉积物，因为芳香烃具有较高的溶解性，对沉积物具有清洗作用。

2. 燃料喷嘴沉积物的影响因素

（1）发动机操作的影响

若发动机连续操作，不管是高速还是怠速，则 PFID 沉积物不会生成。一段时间的热浸泡以使喷嘴温度高达 100℃ 以上是沉积物生成的充分条件。生成最多沉积物的操作周期包括：短时间(约 15min)的匀速行驶阶段，而后是长时间(45min)的热浸泡泡阶段。当匀速行驶时间与热浸泡时间之比不论是由于增加匀速行驶时间还是减少热浸时间而上升时，沉积物都会显著减少。在前一种情况下，沉积物有更多的机会被燃料清洗；在后一种情况下，由于热浸泡时间短，沉积物不能有效生成。

（2）燃料的影响

高烯烃含量会使 PFID 沉积物的生成增加。在烯烃的存在下，共轭二烯烃如 1,3-戊二烯、1,3-丁二烯以低浓度存在于燃料中即可引发沉积物的生成。

3. 进气系统沉积物的影响因素

（1）发动机工作条件的影响

进气阀表面温度是决定沉积物生成的重要因素。通常，表面温度上升，沉积物增加，在到达一个临界值以上时，随着表面温度的升高，沉积物减少。临界温度的变化范围为 230~350℃。

高发动机负荷及高转速会使进气阀沉积物增加，这是因为高转速及高负荷可造成进气阀温度升高。降低冷却液的温度会使进气阀的温度降低，从而导致进气阀沉积物的减少。

（2）燃料的影响

燃料的高烯烃含量可增加沉积物的生成。燃料中的乙醇及催化裂化组分可增加进气阀沉积物。汽油组分的热稳定性对进气系统沉积物的生成也很重要。起清洁化油器或其他作用的添加剂若热不稳定，可大量增加进气阀沉积物。

（3）发动机机油的影响

发动机机油对沉积物生成的影响很复杂，如果机油的流量太大，那么由于机油停留在进气阀表面的时间很短，润滑油没有足够的时间进行反应生成沉积物，此时，由于润滑油对沉积物的溶解作用，结果会导致沉积物的生成减少。而如果机油的流量小，机油可较长时间地停留在进气阀上，如果停留在进气阀上的机油有足够的时间进行反应生成沉积物，那么此时润滑油的存在会导致沉积物的生成增加。

4. 燃烧室沉积物(CCD)的影响因素

（1）发动机构造和操作条件的影响

一般来说，燃烧室沉积物的生成有一个临界温度，在临界温度以上，由于燃料或润滑油不会凝聚在燃烧室的表面，因此沉积物不会生成。对燃料而言，通常生成燃烧室沉积物的临界温度为325℃。润滑油由于沸点比燃料高，生成燃烧室沉积物的临界温度应比燃料高出60℃左右。随着燃烧室表面温度的提高，燃烧室沉积物的生成下降。因此，凡是影响燃烧时表面温度的因素都会影响到燃烧室沉积物的生成。

压缩比增大可提高发动机的壁温而使燃烧室沉积物的生成量下降。增加点火提前角可升高金属表面温度而使燃烧室沉积物的生成减少。发动机的转速或负荷增加会提高表面温度而使燃烧室沉积物减少。提高进气温度可以减少混合气的液相，可使燃烧室沉积物下降。随着过量空气系数的增加，沉积物的生成量增加，达到一个最高值后，随过剩空气系数的增加，沉积物的生成量减少。

(2) 燃料对燃烧室沉积物的影响

燃料对燃烧室沉积物生成的影响因素主要有两个。第一，燃料的沸点越高，生成沉积物的趋势越大。因为沸点高的燃料在燃烧室中不易气化，更容易凝聚在燃烧室的表面，如果有足够的时间，这些液态燃料会由于氧化、热解、聚合、缩聚等反应生成固体的沉积物。第二，燃料组成与燃烧室沉积物生成有密切关系。燃料中热安定性差的组分，如芳香烃(尤其是多环芳香烃)、大分子正构烷烃、烯烃(尤其是二烯烃或多烯烃)，在高温下都容易发生裂解，增加燃烧室沉积物的生成量。

表8-1概括了沉积物生成的影响因素。

表8-1　沉积物生成的影响因素

影响因素	化油器沉积物	燃料喷嘴沉积物	进气系统沉积物	燃烧室沉积物
燃料性质				
烯烃含量	增加	增加	增加	
硫含量	轻微减少	不重要	改变沉积物的性质	增加
氮含量	增加	增加		增加
高沸点				增加
平均相对分子质量			增加	增加
极性组分		增加		
醇			增加	
燃料添加剂				
抗氧剂	增加		在有些试验增加	
清净分散剂	减少	减少	取决于清净分散剂性质，通常增加	增加
PCV	增加			
EGR	增加		没有影响	
反吹气			增加	
进气温度	增加		增加	减少
表面温度	增加	增加	有限增加	减少
怠速	影响很小	连续运转时不生成沉积物，需要热浸泡阶段		
大功率操作条件	减少	减少	增加	增加

续表

影响因素	化油器沉积物	燃料喷嘴沉积物	进气系统沉积物	燃烧室沉积物
阀径机油速率			增加或减少取决于机油速率	随机油消耗的增加而增加
载体油			减少	增加
铅				大大增加
润滑油性质				
深脱芳香烃组分				增加
添加剂			黏度指数改进剂存在时增加	
硫灰				增加
发动机操作特性				
过量空气系数	无显著影响			

第三节 沉积物的控制技术

控制发动机沉积物的方法主要有两种：一是改善燃料质量，减少容易生成沉积物的组成；二是在燃料中添加清净剂。两种方法归根结底就是提高燃料的清净性。

一、改善燃料品质

由于烯烃和二烯烃是生成喷嘴和进气阀沉积物的主要组分，芳香烃是生成燃烧室沉积物的主要组分，因此，为了控制沉积物的生成，应当尽可能地选用含烯烃和芳香烃较少的燃料。为此，石油炼厂应当增加成品油中的加氢组分、叠合组分以及烷基化组分，减少成品油中的催化裂化组分和重整组分，以减少燃料中的烯烃和芳香烃含量。同时利用各种二次加工能力，减少燃料中的非烃化合物含量，降低燃料中的硫、氮含量，也有利于减少沉积物的生成。

二、使用燃料清净剂

通常控制沉积物生成最有效和最经济的方法是在燃料中加入控制沉积物生成的添加剂。通常的沉积物控制添加剂是清净分散剂，也称为清净剂。

1. 清净剂种类和作用机理

化油器、燃料喷嘴、进气阀和燃烧室的沉积物导致燃烧过程恶化，排放增加。汽油清净剂是控制发动机沉积物生成的有效手段。目前世界各国汽油中普遍添加汽油清净剂。美国空气清洁法案(Clean Air Act)规定从1995年1月起新配方汽油必须使用汽油清净剂。我国国家环境保护局1999年6月1日发布GWKB 1.1—2011《车用汽油有害物质控制标准(第四、五阶段)》中规定汽油中应加入清净剂。

典型的汽油清净剂组分是氨基酰胺、聚乙醚及聚丁烯胺、烷基及聚丁烯丁二酸酰胺，以及羟基聚氨基甲酸酯等。它们都是表面活性剂，极性基通常含氮或氧杂原子，这使之可吸附于金属表面及沉积物表面，而烃基部分可吸附于燃料中。

清净分散剂既可以清洗已经形成的沉积物，又可以保持金属表面清洁，防止沉积物沉积，因此具有清洗和保洁双重作用。清净分散剂的清洗作用缘于其表面活性剂的结构特征，清净剂的极性端很容易与同样具有一定极性的沉积物结合，而非极性端使其在燃料中有很好的溶解性，因此很容易将沉积物清洗下来，并通过增溶和分散作用，使沉积物随燃料流走，并在燃烧室中燃烧掉。清净剂的保洁作用体现在两个方面：清净剂可以吸附在金属表面，生成薄薄一层有机膜，以阻止颗粒凝聚/吸附于金属表面；清净剂还可与可生成沉积物的物质反应，以防止其凝聚。清净分散剂的作用和相对分子质量有一定关系，高相对分子质量(500~1000)的清净分散剂在分散可生成沉积物的物质方面的功能要好一些，因为长的碳链可使其更易溶于燃料，而低相对分子质量(<500)的清净分散剂会更好地吸附在金属表面。

2. 清净剂的性能要求和评定方法

根据GB 19592—2019《车用汽油清净剂》(见表8-2)和GB/T 19230.1~GB/T 19230.6《评价汽油清净剂使用效果的试验方法》系列标准，汽油清净剂的性能主要包括防锈性、破乳化性以及清净性等方面。

表8-2　车用汽油清净剂技术要求和试验方法(GB 19592—2019)

项　目		技术指标	试验方法
外观		透明，无悬浮和沉降杂质	目测①
倾点/℃	不高于	-20	GB/T 3535
闪点(闭口)/℃	不低于	60	GB/T 261
氮含量/%		报告	SH/T 0224
硫含量/%		50	SH/T 0689
氯含量/%		10	SH/T 1757
防锈性/锈蚀程度		中间锈蚀	GB/T 19230.1
破乳性/级			GB/T 19230.2
界面	不大于	1b	
相分离	不大于	2	
喷嘴质量流量损失率/%		不大于	GB/T 19230.3
模拟进气阀沉积物质量/mg		不大于2.0	GB/T 37322—2019
平均进气阀沉积物质量(满足下列之一)/mg			
方法1	不大于	30	GB/T 19230.6
方法2	不大于	50	GB/T 19230.5
总燃烧沉积物增加量(满足下列之一)/%			
方法1	不大于	30	GB/T 19230.6
方法2	不大于	30	GB/T 19230.5
汽油清净剂必须与发动机机油相容(不能增加发动机的油泥/漆膜)。按规定剂量加入符合GB 17930的汽油中，含清净剂的汽油仍然符合GB 17930的规定要求。			
汽油清净剂不得含有可能形成灰分的组分，并可按所规定的比例完全溶解在汽油中。			

① 将试样注入100mL玻璃量筒中，在室温(20±5)℃下观察，应当透明，无浑浊、分层，没有悬浮和沉降的水分及机械杂质。

(1) 防锈性能

汽油在储运和使用过程中不可避免地会有水分存在，加入清净剂后，汽油对水分的溶解能力会有所增大，给储运设备和车辆油路系统造成腐蚀。清净剂中含防锈成分可防止车辆油路系统的腐蚀。GB/T 19230.1—2003《评价汽油清净剂使用效果的试验方法　第1部分：汽油清净剂防锈性能试验方法》是参照 ASTM D665 试验方法和 AAMA 要求的汽油在水存在下防锈性能试验方法而确定的。按照该方法，将磨光的不锈钢棒浸入 38℃的、加有清净剂汽油与蒸馏水的混合物（300mL 汽油+30mL 蒸馏水）中，在不断搅拌条件下保持 4h，不锈钢棒表面不应有任何可见的锈斑或锈痕。

（2）破乳性能

由于清净剂为表面活性剂，如没有适当破乳剂加入就容易在汽油输送和贮存、使用过程中遇水而引起油层乳化及油水界面形成乳化浮渣。乳化浮渣容易导致滤网堵塞，而油层乳化易将水分带入进气系统及燃烧室中造成腐蚀和影响发动机的正常运转。清净剂的破乳效果按照 GB/T 19230.2《评价汽油清净剂使用效果的试验方法　第2部分：汽油清净剂破乳性能试验方法》进行检测，该方法与 ASTM D1094 类似。按照该方法，将含清净剂的试验汽油 80mL 与 20mL 磷酸盐缓冲溶液在具塞量筒中混合，振荡 2min，静置 5min 后，观察水相体积变化、两相分离程度和界面情况。

（3）清净性

清净性包括防止喷嘴、进气阀和燃烧室沉积物生成的能力。评价汽油清净剂清净能力的方法有四个：

GB/T 19230.3《评价汽油清净剂使用效果的试验方法　第3部分：汽油清净剂对电子孔式燃油喷嘴（PFI）堵塞倾向影响的试验方法》。该试验是在电子孔式燃油喷嘴（PFI）试验仪上进行的。该仪器由供给系统、铝加热基板和控制系统组成，试验温度为 160℃，整个试验过程包括 2 个阶段各 22 个循环组成，每个试验循环由脉冲时间（喷油，15s）、保温时间（50min）和冷却时间（10min）组成。用喷嘴堵塞率评价汽油清净剂对喷嘴沉积物的影响：

$$F_0=\frac{F_1-F_2}{F_1}\times 100\%$$

式中　F_0——喷嘴堵塞率，%；

F_1——清洁喷嘴 12s 初始流量，g；

F_2——22 循环或 44 循环结束时喷嘴 12s 流量，g。

GB/T 19230.4《评价汽油清净剂使用效果的试验方法　第4部分：汽油清净剂对汽油机进气系统沉积物（ISD）生成倾向影响的试验方法》。该方法采用的装置由喷油系统、沉积管、空气系统、加热系统和测温系统等组成，汽油以 2.0mL/min 的速度由喷嘴喷出，通过空气将雾化的汽油喷射到铝质沉积管上，沉积管温度为 190℃，100mL 汽油喷完后保温 10min，然后停止加热，使沉积管冷却，通过测定试验前后沉积管的质量可以计算沉积物的质量，用加清净剂汽油生成沉积物对不加清净剂的基础汽油生成沉积物数量的变化率来评价清净剂对进气阀沉积物生成倾向的影响。

GB/T 19230.5《评价汽油清净剂使用效果的试验方法　第5部分：汽油清净剂对汽油机进气阀和燃烧室沉积物生成倾向影响的发动机台架试验方法（Ford 2.3L 方法）》。该试验是在专用发动机上进行的，所用发动机为福特公司 1994 年 2.3L 直列四缸、满足美国 49 个州排放标准的 Ranger 轻型卡车发动机。发动机试验工作循环由两个工况组成：第一个工况为转速 2000r/min，绝对进气压力 30.6kPa，运转时间 4min；第二个工况为转速 2800r/min，绝对进气压力 71.2kPa，运转时间 8min。两个工况的过渡时间为 30s。两个工况交替进行，整个试验时间为 100h。试验结果从以下几个方面评定：

① 进气阀沉积物质量：由试验前后进气阀质量计算。

② 进气系统评分：按 CRC 手册 No.20 对进气阀、进气道和进气口进行评分。

③ 燃烧室沉积物总量：包括活塞顶部沉积物质量和燃烧室沉积物质量两部分。这两部分沉积物都需要用专用工具将沉积物刮下来后称量。

GB/T 19230.6《评价汽油清净剂使用效果的试验方法　第 6 部分：汽油清净剂对汽油机进气阀和燃烧室沉积物生成倾向影响的发动机台架试验方法(M111 法)》。该试验所用发动机为戴姆勒·克莱斯勒生产的四缸四冲程、每缸四阀、带电控点火和汽油喷射系统、排量 2.0L 的 M111 发动机。试验由 5 个工况组成(见表 8-3)，整个试验时间为 60h(800 循环)。结果评价有总燃烧室沉积物和进气阀沉积物两项。总燃烧室沉积物包括气缸盖沉积物和活塞顶部沉积物两部分组成，需用专用工具刮下后称量，单位为 mg。进气阀沉积物由试验前后进气阀质量计算得到。

表 8-3　M111 法发动机运行工况

阶段	时间/min	转速/(r/min)	扭矩/(N·M)	排气背压/kPa	进气温度/℃	冷却液出口温度/℃	机油温度/℃	汽油温度/℃	ECU 设定值(上止点前)/(°)
1	0.5	750±50(怠速)	闭合节流阀	测量并记录	30±5	105±3	90±5	27±5	3.7
2	1	1500±25	40±2		30±5	105±3	90±5	27±5	21.6
3	2	2500±25	40±2		30±5	105±3	90±5	27±5	31.8
4	1	3800±25	40±2	3±1	30±5	105±3	90±5	27±5	32.2

上述系列试验方法中，试验汽油由基础汽油加清净剂组成，基础汽油是能代表我国市售汽油特点(烯烃含量高)的汽油，其组成和性能有严格规定。清净剂的添加量为所测清净剂的规定用量。

清净剂作为清洗燃油进气系统沉积物的添加剂，除了具有上述性能，还应满足以下要求：不含铅、铁、锰等金属物质(无灰)，以免未来汽车使用催化转化器时造成催化剂中毒；不能含有苯等有害成分，以免加重尾气排放的负担；清净剂本身要具有良好的组成和热稳定性，不可在汽车燃油进气系统各部位的高温下自氧化生成沉积物，增加尾气排放污染物。

中篇　燃烧的基本理论

第九章　燃烧的基本知识

第一节　燃烧的基本化学反应

本书所讨论的液体燃料均指石油产品，其主要化学成分为碳和氢。因此，研究液体燃料的燃烧过程，本质上就是研究碳和氢的高温氧化反应过程。

碳和氧的氧化反应都是放热反应。在反应完全时，反应式可表述如下：

$$C+O_2 = CO_2+395672\text{kJ/mol 碳}$$

$$H_2+\frac{1}{2}O_2 = H_2O(\text{蒸汽})+242124\text{kJ/mol 氧}$$

如以每千克碳和氧完全燃烧计算，则上式可写成：

$$1\text{kg}(C)+\frac{8}{3}\text{kg}(O_2) = \frac{11}{3}\text{kg}(CO_2)+32993\text{kJ}$$

$$1\text{kg}(H_2)+8\text{kg}(O_2) = 9\text{kg}(H_2O)(\text{蒸汽})+121004\text{kJ}$$

即完全燃烧 1kg 的碳，需要 8/3 即 2.67kg 的氧，生成 11/3 即 3.67kg 的 CO_2，同时放出 32993kJ 的热量，这就是碳的热值。燃烧 1kg 的氢则需要 8kg 氧，生成 9kg 的水蒸气，同时放出 121004kJ 的热量，这就是氢的热值(低热值)。不难看出，氢的热值比碳的热值要高很多，这正是烃类燃料的热值随碳氢原子比 C/H 递增而递减的原因，即馏分越重，热值越低。

碳燃烧时，如氧供应不足，则进行不完全燃烧，产物为一氧化碳而不是二氧化碳，反应如下：

$$C+\frac{1}{2}O_2 = CO+113886\text{kJ/mol 碳}$$

$$1\text{kg}(C)+\frac{4}{3}\text{kg}(O_2) = \frac{7}{3}\text{kg}(CO)+9504\text{kJ}$$

值得注意的是，碳的这种不完全燃烧与完全燃烧相比，不仅释放出的热量要少得多，而且生成的产物(CO)对人体有很大的毒性。因此，在发动机燃烧过程中总是希望尽量避免不完全燃烧。燃烧越完全，燃料的利用越充分，其他条件不变时，发动机的热效率也越高。

各种燃料根据其成分分析，可以写出接近于该燃料的平均化学组成的分子式。例如喷气燃料(煤油型)中一般含碳约 86%，含氢 14%，它的组成和 C_8H_{16} 相当接近，因此往往用 C_8H_{16} 作为喷气燃料的平均分子式。如不考虑燃烧的中间反应，则喷气燃料完全燃烧时的化学反应可用下式表示：

$$C_8H_{16}+12O_2 = 8CO_2+8H_2O$$

112kg 384kg 352kg 144kg(蒸汽)

或 $1kgC_8H_{16}+3.43kgO_2 = 3.14kgCO_2+1.29kgH_2O$(蒸汽)

对于汽油和柴油也可以写出类似的反应，不过数量上略有不同。上述反应就表示了液体燃料在完全燃烧中的质量平衡关系。

第二节　混合气浓度的表示方法

可以用来表示混合气中燃料的方法很多，但常用的只有下列四种，即体积百分数、质量浓度、余气系数和理论燃料百分数。

体积百分数[%(V)]是指燃料蒸气在与空气(或氧)组成的混合气中占总体积的百分数。由于燃料的体积百分数与该燃料在总压中所占的分压(百分数)是一致的，因而只需测定分压便很容易计算出燃料的体积百分数。这种使用上的方便使体积百分数在测定燃料的爆炸极限时获得广泛的应用。

质量浓度(g/L 或 mg/L)是指每升混合气中燃料的质量克数或毫克数。液体燃料的质量常在气化前处于液体状态时进行测定。如果已知燃料的相对分子质量，则根据标准状态下1mol 物质蒸气所占有的体积为 22.4L，可以将燃料的质量浓度换算为体积百分数，反之亦然。

上述这两种方法使用上均很便利，但是有一个共同的缺点，就是都不能显示出燃料浓度比理论需要值较浓还是较稀。为了表明燃料浓度与理论需要值的关系，提出了余气系数及理论燃料百分数两种方法。

余气系数即 α 值，是指混合气中所含空气的质量与理论所需空气质量的比值。$\alpha=1$ 时，表示混合气为理论混合气，燃料和空气的质量比与完全燃烧时恰好相等。$\alpha<1$ 时表示空气不足，混合气较浓；$\alpha>1$ 时表示空气过多，混合气较稀。因此，从 α 值的大小可以判断混合气稀浓的程度。

如果已知燃料的化学组成或分子式，可以根据化学反应式推导出每千克燃料完全燃烧时所需空气的质量(L_0)。然后根据实际混合气中空气质量的多少，便可计算出混合气的 α 值。

从体积百分数或质量浓度计算 α 值时，要首先知道(或计算出)该燃料的理论混合气的浓度或 L_0值，然后计算实际混合气中燃料和空气的质量(分别为 G_f和 G_a)，代入下式即可计算出 α 值。

$$\alpha=\frac{G_a}{G_f \cdot L_0}$$

理论燃料百分数(Percent Stoichiometric Fuel)常用于国外燃烧文献中。它表示混合气中燃料质量占理论混合气中燃料质量的比例百分数。此值为 100 时，表明该混合气为理论混合气，相当于 $\alpha=1$。当该值小于 100 时为稀混合气，超过 100 时为浓混合气。如以 Ps 表示理论燃料百分数，可以看出，它与余气系数成倒数关系，即：

$$Ps=\frac{G_f}{G_a \cdot \frac{1}{L_0}}\times 100=\frac{G_f L_0}{G_a}\times 100=\frac{1}{\alpha}\times 100$$

此外，还有使用燃料当量比(Equivalence Ratio)来表示混合气浓度的。燃料当量比(φ)是指实际燃料空气比(Fuel-air Ratio)与理论燃料空气比的比值。即：

$$\varphi=\frac{G_f/G_a}{G_{f0}/G_{a0}}=\frac{G_f/G_a}{1/L_0}=\frac{G_f L_0}{G_a}=\frac{1}{\alpha}$$

因此，将燃料当量比乘以100，即可得到理论燃料百分数：

$$Ps=100\varphi$$

第三节　燃烧产物

燃烧的化学反应终了时处于平衡状态下的各种物质的总和统称为燃烧物，也叫燃气。燃烧产物的组成显然与燃烧前混合气成分直接有关，此外，也与燃烧过程的完全程度以及燃烧产物的热分解情况有关。燃烧产物的实际组成通常利用排气采样，进行成分分析确定。根据分析结果可以确定燃烧效率，也可以确定燃料混合气的组成。

在不发生高温热分解的情况下，燃烧产物的组成在理论上只取决于燃烧前混合气的余气系数。

当余气系数等于1时，混合气中的燃料理论上是能完全燃烧的，所以燃烧的产物中只有二氧化碳和水蒸气，以及空气中不参与反应的成分(主要是氮气和少量稀有气体)。

当余气系数大于1时，混合气为贫油，其中的燃料从理论上说能完全燃烧，但氧气却有剩余。这时燃烧产物中不仅有二氧化碳和水蒸气，还有剩余的氧气以及不参加反应的氮气。随着余气系数的增大，燃烧产物中的氧气和氮气也增多。

当余气系数小于1时，混合气为富油，因为燃料相对于空气过剩，所以燃料是不可能完全燃烧的。这时燃烧产物中除了二氧化碳和水蒸气以及不参加反应的氮气，还有未完全燃烧的燃料成分。不过在燃烧室高温条件下，未完全燃烧的烃类燃料成分将分别以未完全氧化的一氧化碳和氢气的形式出现，有时(混合气过浓)还会出现碳粒(冒黑烟)和燃料的分解产物。

但是，在实际燃烧过程中，由于燃烧产生的高温常导致燃烧产物的热分解(离解)，因而使燃烧产物中出现一些离解产物。所谓离解就是指燃烧产物的分子在高温下吸收热能而离解成为更简单的分子或原子团的现象，如：

$$CO_2 = CO+\frac{1}{2}O_2-6447.98\text{kJ/kg}$$

$$CO = C+\frac{1}{2}O_2-4438.22\text{kJ/kg}$$

$$H_2O = H_2+\frac{1}{2}O_2-13482.14\text{kJ/kg}$$

$$H_2O = H+OH-2386.59\text{kJ/kg}$$

在很高的温度下，甚至连不活泼气体氮也会与氧结合而生成有害的氧化氮，主要反应如下：

$$N_2+O = NO+N$$

$$N+O_2 \xlongequal{} NO+O$$

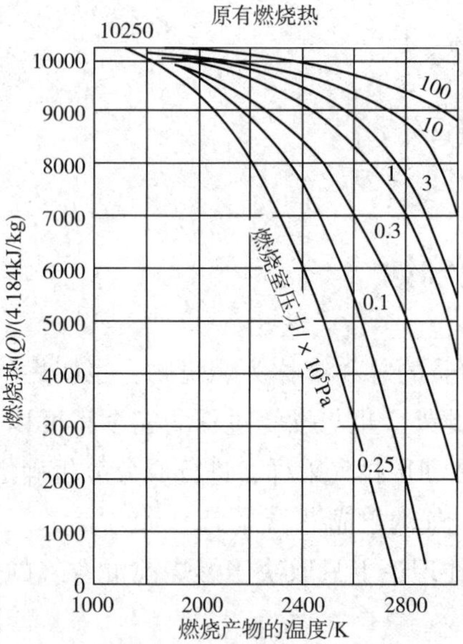

图 9-1　燃烧产物有离解时煤油的燃烧热与温度、压力的关系

由于离解反应都是吸热反应，而且反应生成物的体积大于反应物的体积，因此，温度越高，压力越小，离解程度越大，离解吸热越多。随着离解程度的增大，燃烧过程实际发热量减少，这就意味着燃烧的完全程度下降，因而是不理想的。在离解时，喷气燃料的发热量随燃烧产物温度和压力的变化关系，可见图 9-1。

从图 9-1 可以看出，当燃烧产物的温度不超过 1800K 时，即使燃烧压力很低，燃料的实际发热量 Q 值也在 418700kJ/kg 以上。也就是说，若温度不太高时，燃烧产物的离解是很轻微的，可以忽略不计。但是，当温度达到 2700K 而压力为 0.1MPa 时，燃料燃烧的实际发热量却不到 37683kJ/kg。由此可见，燃烧产物的离解程度和燃烧的温度及压力关系很大。因此，从保持较高燃烧完全程度的观点出发，不宜使燃气的温度过高。

在涡轮喷气发动机主燃烧室的燃烧区内，局部余气系数接近 1，燃烧产物的温度很高，常引起显著的热离解。但随着二次空气陆续进入火焰筒，燃气温度逐渐降低，大部分离解产物又合成为燃烧产物，把离解时吸收的热量重新释放出来。所以，就整体来看，主燃烧室的离解不会对出口燃气的温度产生显著影响，但是对局部的温度及燃烧产物有一定的影响。由于离解，燃烧产物中除含有上述的各种成分，还会含有各种离解的产物，例如 CO、NO 等。

在汽油机和柴油机中的燃烧也有类似现象。发动机在低温下运转或低负荷下工作时，易生成不完全燃烧的产物，包括一氧化碳、醛类、少量烃类及其分解产物等。发动机在高温及高负荷下工作时，除一般产物，还含有各种离解产物，以及由于混合气过浓而产生的不完全燃烧产物（H_2、CO、烃类、醛类、碳粒等）。在各种情况下，燃烧产物中都含有不同程度的 CO_2、H_2O 及 N_2。

汽车发动机燃烧产物中，除空气中的氧气和氮气以及氢气、二氧化碳和水蒸气为无害成分外，其余产物均属有害成分，对空气造成污染。虽然有害成分只占排气中很小部分，但是近年来车辆迅速增多，大量有害成分不断污染大气，对人类和动植物的健康成长构成越来越严重的威胁。因此，发动机排气污染问题已引起许多国家的重视，对其进行了大量的研究。

汽车发动机排气的污染物一般可分为下面五类：①未燃尽的烃类化合物；②一氧化碳；③氧化氮；④氧化硫；⑤微粒（包括铅和碳等金属和非金属微粒）。这些污染物的主要危害见表 9-1。

表 9-1　汽车排气污染物及其主要危害

污染种类	
HC	与血红蛋白结合，导致组织缺氧
CO	刺激黏膜组织，引起呼吸道疾病；产生光化学烟雾
NO_x	刺激眼睛、呼吸道黏膜组织；产生光化学烟雾
颗粒物	影响呼吸系统；吸附有致癌的多环芳香烃；吸附含铅等有毒物质
SO_x	刺激眼睛和呼吸系统

未燃尽的烃类化合物是指发动机排气中含有的各种气体烃类，包括燃烧的中间产物、含氧和硫的烃类化合物以及多环芳香烃等，还有少量是从油箱盖、曲轴或燃料逸出的烃类燃料。未燃尽烃类在阳光照射下能与氧化氮作用而生成所谓光化学烟雾(Photochemical Smog)。这种烟雾具有氧化性，对人体和植物及材料等均产生有害作用，并使地面的能见度降低。例如，它能使人的眼睛发炎、喉痛，刺激呼吸系统，使植物枯死、橡胶破裂等。生成烟雾的能力与排气中的烃类结构活性有关：饱和烃的活性最小，芳香烃稍大，而以不饱和的烯烃和二烯烃活性最大。未燃尽烃类常具有臭味，影响卫生，其中主要是柴油机的排气影响最大。曾有人对柴油机排气中产生气味的各种成分进行过鉴定，在近 40 种产生不良气味的化合物中，大多数是一些带支链的单环芳香烃、环烯烃、醛和酮类化合物等。未燃尽烃类中的多环芳香烃被认为致癌物质，易溶于苯、蒸发性很低(低于柴油的平均蒸发性)，多系柴油中的组分未经燃烧而凝聚于排气管中，以后随废气排放入空气中。

一氧化碳是当燃烧室空气供应不足而产生的。当空气供应充分或接近理论混合比时，在最高火焰温度下也有一氧化碳存在，这是根据下列平衡反应而产生的：

$$H_2O+CO \rightleftharpoons H_2+CO_2$$

但是，当温度逐步下降后，平衡向右方移动，排气中一氧化碳的实际浓度很低。只有当混合气偏浓，在还原气氛下，一氧化碳的浓度才会增大。一氧化碳对人体的毒害作用主要是使血液中毒。由于血红蛋白对一氧化碳比对氧有更大的吸引能力，当气体中 CO 的浓度增大时，吸收氧的能力便大大降低，使血液丧失传输氧的功能。据研究，当气体中的 CO 含量在 0.007%~0.008%或以下时，人感觉不大；当浓度超过此限度时，人将感到头痛、神志不清；超过 0.03%时，在数小时内会产生呕吐、恶心；超过 0.06%后，约 10h 即可使人昏厥死亡。

氧化氮(NO、NO_2、N_2O_2等)是在发动机燃烧过程中高温下生成的，当有自由氧原子或其他富有能量的活性中心存在时，便有氧化氮生成：

$$N_2+O \longrightarrow NO+N$$

$$O_2+N \longrightarrow NO+O$$

$$NO+O \longrightarrow 2NO_2$$

温度降低后，NO 缓慢分解成为 N_2 和 O_2，但仍有部分来不及分解便被排放到大气中。氧化氮除能与未燃尽的烃类在阳光照射下生成有害的光化学烟雾，还能被血液中的血红蛋白吸收而使人中毒。此外，氧化氮还能吸收人体肺部的水分而生成稀硝酸，从而损害人体的呼吸系统。

氧化硫(SO_2、SO_3)是燃料中的硫和含硫化合物在高温下燃烧产生的。氧化硫遇水能生成硫酸或亚硫酸，对人体呼吸系统和金属设备有严重的腐蚀作用。大量的氧化硫与空气中的水分结合生成酸雾(或酸雨)，对人类健康和植物的生长构成严重威胁。虽然车辆排气中的氧化硫数量远低于燃烧煤废气中的硫含量，但在车辆集中地区，长期排放和积累，排气中的氧化硫仍然是空气污染的重要原因。

机动车排气颗粒物是多种物质组成的复杂混合物。颗粒物的危害主要表现为对大气环境的污染和对人体健康的不利影响两个方面。颗粒物对大气环境的污染主要体现在对大气能见度和地面温度的影响。悬浮于空气中的颗粒物对光具有一定的吸附和散射作用，减弱了光线的传播，并且散射作用还减弱了目标物与背景之间的对比度，从而导致大气能见度降低。颗粒物对人体健康的不利影响主要体现在对人体呼吸系统、心血管和神经系统的影响，以及对人体的DNA损伤、致癌和致突变作用。

机动车排气颗粒物主要由碳烟(Dry Soot，DS)、可溶有机馏分(Soluble Organic Fraction，SOF)、硫酸盐(Sulphate)、硝酸盐(Nitrate)和灰烬(Ash)五部分组成。碳烟是颗粒物的主要组成部分，占颗粒物总质量的50%~80%，其主要成分是碳，对HC等可溶性有机物具有较强的吸附作用。它是燃料在高温缺氧的条件下发生部分氧化、热裂解以及脱氢反应而生成的碳烟晶核通过凝聚、沉积和团聚等作用而生成的。有机成分约占颗粒物总质量的15%~30%。主要来自于内燃机燃烧过程中未燃的燃料、机油及燃烧过程所产生的中间产物，是多种物质组成的极为复杂的有机混合物，其物质数量可达上千甚至上万种。硫酸盐主要来自于燃料中的硫成分。在发动机燃烧过程中燃料中的硫在高温条件下被转化生成二氧化硫(SO_2)，二氧化硫继而又被氧化成三氧化硫(SO_3)，三氧化硫再通过与排气中的水结合生成硫酸(H_2SO_4)，进而生成硫酸盐。硫酸盐占颗粒物总质量的比例很小。灰烬主要来自于发动机机油以及零部件之间所产生的磨损物。其组分为大量的金属元素(Fe、Cr、Cu、Zn、Ca)和少量的非金属元素(Si、P、S、Cl)。

第四节　烃类及混合气的热值

一、热值的概念

关于燃料热值的定义和基本概念，热值是所有液体燃料重要的品质指标之一。因为热值越高，在相同条件下，单位质量的燃料能产生更大的动力，也就是说，做功相等时消耗的燃料数量越少。在各种发动机和锅炉燃烧室的研究和设计中，热值是用来计算燃烧过程的能量平衡的重要因素。燃烧过程中燃烧产物的温度和压力大小，都和燃料的热值有密切关系。锅炉燃料油的热值，是决定炉膛热强度和燃料消耗量的主要因素。特别是在飞机和舰船上使用的燃料，在油箱容量相同条件下，使用燃料的热值越高，续航里程就越远，这对运输和战斗装备来说，具有极其重要的意义。

热值一般均指单位质量燃料完全燃烧时的热值，但也有采用“体积热值”的，它是指单位体积燃料完全燃烧时释出的热量。显然，任一试油的体积热值($Q_{体}$)等于该油的质量热值($Q_{质}$)与该试油密度(ρ)的乘积，即：

$$Q_{体}=Q_{质}\times\rho$$

质量热值与试油温度无关，体积热值则随试油温度而变化，即温度越高，该试油的体积热值越小。国家标准中没有规定标准温度，一般用20℃时的密度来计算。

从上述公式中可以看到，相对密度较大的燃料具有较高的体积热值。

对于军用飞机来说，燃油箱的容积是固定的，但要求飞机具有最长的续航时间以利战斗，因此，高的体积热值便具有重要意义。对于某些航程较短或可利用中途加油的民航运输机来说，为提高载运量，要求尽量减少燃料自重也可以使用具有较高质量热值的燃料。

二、热值的测定

石油产品热值的测定应根据国家标准方法 GB 384 进行，这也是国际上通行的氧弹法。测定的原理是将一定量的试油放在充有压缩氧气的密闭氧弹中燃烧，然后利用仪器中的水温升高，测出燃料燃烧时释放的热量，计算出燃料的总热值和净热值，所谓净热值即指从总热值中扣除燃烧产物水蒸气凝结为水时所释放出的那部分热量后的热值。

热值的国际单位是 J/kg。过去常用 kcal/kg，由于 $1\text{kcal}=4.1868\times10^3\text{J}$，从 kcal 换算成 J，只要乘以上述系数即可。例如：

$$10000\text{kcal/kg}=4.1868\times10^7\text{J/kg}=41.87\text{MJ/kg}$$

热值在英、美等国常用英热单位/磅(Btu/lb)表示。它们和 kcal/kg 及国际单位的关系是：

$$1(\text{Btu/lb})\times0.55=1\text{kcal/kg}$$
$$1(\text{Btu/lb})\times2.33\times10^{-3}=1\text{MJ/kg}$$

三、烃类的热值

组成石油产品的各种烃类的低热值为 39776~43963kJ/kg，平均为 41870kJ/kg。当碳原子数相同时，各种烃类的热值依烷烃、烯烃、环烷烃、芳香烃的顺序递减。从表 9-2 可以看出，从己烷到苯，它们的低热值相差 4627kJ/kg。

表 9-2　热值与烃类组成的关系

烃类	分子式	组成/%		热值 Q/(kJ/kg)	
		C	H	Q_z	Q_j
己烷	C_6H_{14}	83.72	16.28	48401.72	44792.526
己烯	C_6H_{12}	85.71	14.29	47941.15	44445.005
环己烷	C_6H_{12}	85.71	14.29	46685.05	43456.873
苯	C_6H_6	92.31	7.69	41870	40165.891

烃类热值之间的差异主要取决于该烃成分的 C/H 比，同时也和该烃的结构有关。出于氢的燃烧热远大于碳的燃烧热，C/H 比值越大的烃，其热值越小。

随着沸点的升高，烷烃的热值有轻微的下降，单环烷烃的热值变化不大，而芳香烃的热值则有较大的上升(见图 9-2)。从图 9-2 中还可以看出，双环烷烃的热值较低。这些现象一般可以用烃类热值和 C/H 比的关系来解释。

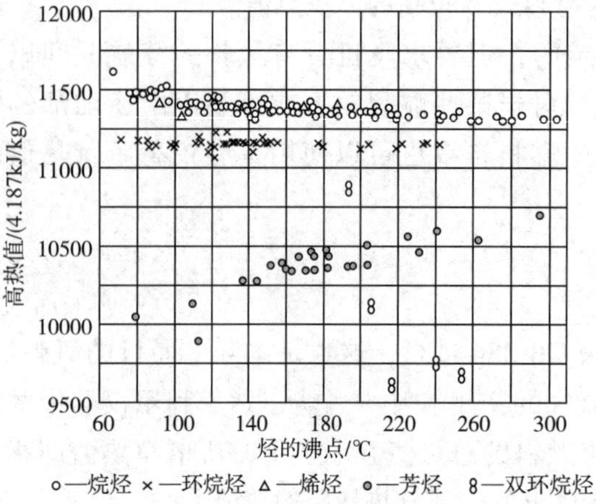

图 9-2　烃类的热值与沸点的关系

四、混合气的热值

在活塞式发动机中，采用热值高的燃料固然重要，但是在着火时，发动机气缸中并不是纯粹的燃料，而是燃料和空气组成的可燃混合气。因此，实际上影响每一工作循环所释放出的热量的因素，不仅有燃料的热值，还有混合气的热值。

混合气的热值就是每摩尔的混合气完全燃烧时所释出的热量(kJ/mol)，但也有用单位体积混合气燃烧时释出的热量(kJ/m^3)表示的。

设每千克燃料完全燃烧时产生的热量为 Q_j，燃烧 1kg 燃料所需理论空气的摩尔数为 L'（L_0/空气的平均相对分子质量，约为 28），余气系数为 α，燃料的平均相对分子质量为 M，则 1kg 燃料与空气组成的混合气中含有空气和燃料的总摩尔数 P 应为：

$$P=\alpha L'+1/M$$

因此，混合气的热值可写为：

$$Q_{混}=Q_j/P=Q_j/(\alpha L'+1/M)\,\mathrm{kJ/mol}$$

对于柴油机，因燃料大部分处于液体状态，所占体积甚微(与空气比较)，上式中 $1/M$ 可忽略不计，即：

$$P=\alpha L' \qquad Q_{混}=Q_j/\alpha L'$$

由于各种燃料的 Q_j 及 L' 值均已知，故在任意已知 α 值下，用上式即可计算出混合气的热值。当 $\alpha=1$ 时，几种不同燃料的净热值和混合气热值见表 9-3。

表 9-3　几种不同燃料的净热值和混合气热值(α=1)

燃料	Q_j/(kJ/kg)	L'/(kg/mol)(空气/燃料)	$Q_{混}$/(kJ/mol)
车用汽油	43963.5	0.516	83865.61
喷气燃料	43126.1	0.506	83907.48
车用柴油	41870	0.497	84409.92
动力苯	40153.33	0.465	84033.09
乙醇(纯)	27110.825	0.312	81189.93
木柴发生炉煤气	4626.635kJ/m^3	0.99kJ/m^3	52337.5

从表 9-3 中可以看出，几种燃料的净热值尽管相差较多，但它们的混合气热值却都很接近，值得注意的是乙醇和汽油的比较非常明显，这是由于乙醇中含有较多的氧，因而燃烧时所需空气较少。因此，用乙醇代替车用汽油用于化油器发动机，从产生的动力来看，要有一定降低。

虽然燃料油的混合气热值在 α=1 时和汽车汽油相近，但在柴油机中燃用柴油时所需剩余空气系数要比汽油机中燃用汽油时大 20%以上，因而使混合气热值降低。这就是柴油机的单位体积功率比汽油机低的根本原因。

从混合气热值的公式还可看到，降低 α 值(使 $\alpha<1$)可以提高发动机的功率。但是，α 值过小时燃料不能完全燃烧，引起燃料消耗量增加，排气冒黑烟。进一步减小 α 值则会使混合气熄火。因此，适当降低余气系数(使 α 值略小于 1)可以提高发动机功率，但不宜降低过多。

为了使发动机获得最大的单位体积功率(或推力)，可以在混合气中不使用空气而用氧气或其他氧化剂代替，例如很多火箭上的发动机便是如此。由于使用纯氧或氧化剂的成本高，贮存运输需要特殊的设备，在一般地面和中低空发动机中很少采用。

第五节　烃类着火前的氧化过程

如果说液体燃料在燃烧室中的雾化和蒸发是燃料在燃烧前的物理准备过程，那么，燃料在着火前的氧化就是燃料在燃烧前的化学准备过程。无论是燃料的蒸发还是氧化过程都和以后的燃烧过程有密切的关系。燃料燃烧时出现的正常与不正常燃烧现象，只有通过对燃料着火前化学反应的了解才能获得正确的认识。

燃料着火前的化学反应就是指燃料在高温下的气相氧化过程，它取决于燃料的化学组成，也和外界条件，如温度、压力、催化剂和容器壁等有密切的关系。燃料中的烃类在高温条件下与在常温液相条件下氧化的行为有许多共同之处，例如，它们都具有链反应的性质，都是首先生成过氧化物和一系列的中间产物等。但是，它们之间也有许多差异，例如，烃类的液相氧化几乎是在低温条件下进行的，一般反应速度很慢，而在高温气相氧化时，反应进行很快，且温度一般是随着氧化的进行而迅速升高，使反应速度越来越快，最后导致着火或爆炸。烃类在低温液相自动氧化时常伴随着大量的聚合缩合反应，结果生成相对分子质量很大的胶质、沥青质等，而在高温气相氧化时则往往伴随着大量的裂解反应，结果生成相对分子质量较小的各种燃烧产物(主要为 HCHO、CO、CO_2、H_2O 等)。从氧化的动力学方面来看，烃类液相氧化经过诱导期后，氧化的速度开始缓慢，以后逐渐增快，中间是连续的。烃类的高温气相氧化除了有诱导期，还往往表现出明显的阶段性，即在着火前常出现冷焰的现象(与着火时的热焰比较，温度较低、辉光较弱、产生的热量很少，因此叫冷焰)，这种现象是烃类气相氧化的特征之一。下面就冷焰现象和有关的问题加以说明。

一、冷焰现象

根据许多研究者的试验观察，除了甲烷、甲醇、甲醛、乙烯和苯少数几种烃外，几乎所有的烃类及醚和醛等在空气中加热氧化时，均有冷焰现象产生。例如，将戊烷和空气的混合物(戊烷过剩)在 0.1MPa 下通入反应管中，逐渐加热，发现在 220℃时管中开始出现辉光，240℃时光亮增大，260℃左右即有亮波扫过全管，速度约为 10cm/s，至 290℃时冷焰消灭。当加热到 670℃时混合气开始自行着火燃烧。这种现象和丙烷在等压过程中氧化时产生的现象极为相似。据研究，只要燃料稍有过剩，各种烃类燃料和空气的比例才对产生上述冷焰现象的各个温度影响不大。但是，随着正构烷烃中碳原子数目的增大，此温度显著下降。如用烯烃及环烷烃代替相应的烷烃，则产生冷焰的温度上升，用不饱和环烷烃代替烷烃时，此温度也上升，且芳香烃则比烷烃或环烷烃更难以氧化，出现冷焰的温度也更高。这些烃类反应难易的次序与该燃料在化油器发动机燃烧室中产生爆震的倾向很相似。醇、醛和醚与相应的烷烃相近，而以乙醚产生冷焰和着火的温度最低。冷焰的现象只是在较低的温度下才能看到，一般烃类需在250℃左右出现，乙醚在180℃就可出现。

研究认为，冷焰区域出现的辉光是由激化的甲醛分子释出的，但释出的光量子数目只是参加反应的烃分子中极小的部分，有人计算出每10个参加反应的烃分子中只释出2个光量子。

发生冷焰的甲醛是烃类氧化时的中间产物，是通过自由基的反应而生成的。例如，丙烷氧化时可以有下列反应：

$$C_3H_8+O_2 = \dot{C}_3H_7+H\dot{O}_2 \tag{9-1}$$

$$\dot{C}_3H_7 = C_2H_4+\dot{C}H_3 \tag{9-2}$$

$$\dot{C}H_3+O_2 = HCHO+\dot{O}H \tag{9-3}$$

式(9-3)为放热反应，但放出的热量只有196.789kJ，而甲醛的激化所需活化能至少为322.399kJ，故一般连锁反应不足以产生激化的甲醛。只有当两个自由基相互作用时产生较大的能量，才有可能使生成的甲醛激化，例如：

$$RCH_2\dot{O}+\dot{O}H = ROH+HCHO \tag{9-4}$$

反应放出的热量约为381.017kJ，以及：

$$\dot{C}H_3+H\dot{O}_2 = HCHO+H_2O \tag{9-5}$$

反应放出的热量大于418.7kJ。这种两个自由基相互作用的机会较少，这就是参与反应的烃分子中只有少量甲醛分子(已激化的)能产生冷焰的原因。

温度升高后，在冷焰范围内生成的甲醛或乙醛进一步氧化，则生成燃烧的最终产物：

$$HCHO+\frac{1}{2}O_2 = CO+H_2O \tag{9-6}$$

$$HCHO+O_2 = CO_2+H_2O \tag{9-7}$$

$$CH_3CHO+1\frac{1}{2}O_2 = 2CO+2H_2O \tag{9-8}$$

$$CH_3CHO+2\frac{1}{2}O_2 = 2CO_2+2H_2O \tag{9-9}$$

二、二阶段引发

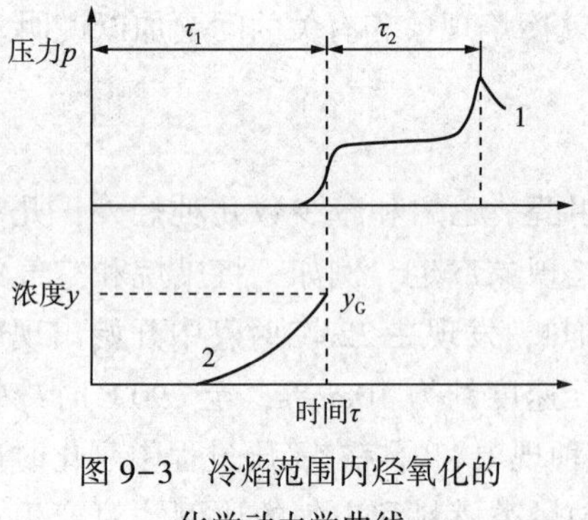

图9-3　冷焰范围内烃氧化的化学动力学曲线

1—压力增长与时间的关系；

2—反应产物浓度与时间的关系

根据观察，在产生冷焰的时候，容器内反应中间产物(主要是过氧化物和醛)的浓度有显著的增长。同时，容器内的压力也出现轻微的突跃。这些属于化学动力学的现象可用图9-3表示。

从图9-3中可以看出，氧化产物达到临界浓度y_G的时间和容器内出现压力突跃的时间(冷焰出现的时间)是一致的，将把反应物放入容器至开始出现冷焰这一段时间称为第一诱导期τ_1。出现冷焰后，反应表现缓和、压力上升缓慢，经过一段时间后出现着火，压力迅速上升。从出现冷焰至产生自燃的这一段时间称第二诱导期τ_2。烃类在受热时，实际上是经过上述这两个诱导期才着火燃烧的。

对不同烃类的氧化试验都证实了二阶段着火的现象。例如，用 $C_5H_{12}+4O_2$ 在 0.45MPa 及 318℃下进行试验，得出压力增长的情况见表 9-4。

表 9-4　戊烷气相氧化时压力的增长

时间 τ/s	0	8.0	8.2	8.4	8.6	8.8	9.0	9.2	9.21
压力增长 Δp/kPa	0	0	2.67	46.6	64.0	69.3	72.0	76.0	爆炸

从表 9-4 中可以看出，第一诱导期 τ_1 约为 8.2s，第二诱导期 τ_2 为 1.01s，τ_2 比 τ_1 小很多。

在研究烃类氧化的诱导期试验中，有人将燃料与空气按恰当化学比例混合，在绝热条件下压缩，温度 400~500℃，压力 0.5~4MPa，观察到的诱导期约为 10^{-1}s 至小于 10^{-2}s。几种正烷烃的诱导期可用经验公式表示如下：

$$\text{正庚烷}\begin{cases}\tau_1 = 8.1\times10^{-12}\times p^{-0.66}\times e^{15100/T}\\ \tau_2 = 8.1\times10^{-12}\times p^{-0.66}\times e^{15100/T}\end{cases}$$

$$\text{正戊烷}\begin{cases}\tau_1 = 8.1\times10^{-12}\times p^{-0.66}\times e^{15100/T}\\ \tau_2 = 0.5\times p^{-1.32}\times e^{-1400/T}\end{cases}$$

$$\text{正丁烷}\begin{cases}\tau_1 = 5.8\times10^{-6}\times p^{-1.35}\times e^{3330/T}\\ \tau_2 = 2.35\times10^{4}\times p^{-2.96}\times e^{-5220/T}\end{cases}$$

式中 τ 用 s 表示，p 为压缩后有显著化学反应之前的压力(10^5Pa)，T 为压缩后有显著化学反应之前的温度(K)。反应物为燃料与空气按恰当化学比例配合的混合物。

从上述经验公式可以看出，温度升高时，τ_1 减小比相应的 τ_2 增大要迅速得多，压力增大时，τ_1 及 τ_2 均减小，其中 τ_2 随压力增大而减小的程度大于 τ_1。这就是温度和压力对烃类氧化诱导期长短的一般规律。

实际上温度对诱导期的影响很复杂。据研究，温度不高于 400℃时，总诱导期($\tau_1+\tau_2$)随温度的升高有所增加或保持不变，说明此时 τ_2 占优势。试验还证明，在反应物中加入烷烃过氧化物，例如 C_2H_5OOH，能大大促进反应的进行，缩短 τ_1。如在反应物中加入四乙基铅，则 τ_1 不变而 τ_2 大大延长。例如，在正庚烷中加入 2%(V)的四乙基铅，τ_1 不受影响，而 τ_2 则延长，其值可用下述经验公式表示：

$$\tau_2 = 2\times10^4 + p^{-2.24}\times e^{-7000/T}$$

三、烃类氧化的链反应

各种烃类在高温气相条件下的氧化过程或机理是很复杂的，这是因为烃类的构造多种多样，在高温下氧化进行很快，许多中间产物性质极不稳定，要想确定各种中间产物的存在和作用也较困难。许多学者对烃类，特别是烷烃曾作过仔细的研究，并进行了大量的试验。根据现代理论，烃类的氧化过程本质上是一系列自由基的链反应过程。

自由原子或自由基是指带自由电子的原子或原子团，例如氢自由原子($\dot{H}$)。羟基自由基($\dot{O}H$)和烃自由基($\dot{R}$)等通常由分子受光辐射、热、电或其他(如化学引发剂)能量的作用而产生。例如，一个烃分子 RH 可以和一个富有能量的惰性分子 M 相撞，获得足够的振动能而离解，称为热离解。

$$RH+M \longrightarrow \dot{R}+\dot{H}+M \tag{9-10}$$

根据现代链反应理论，自由基是引起连锁发展的活化质点，因而也被称为活性中心。这是因为自由基比分子，特别是和具有饱和价的分子比较，具有更大的活性。恩格斯在《自然辩证法》一书中特别清楚地强调过自由原子的巨大反应性能是和分子的完全惰性相对立的。试验证明，自由基和分子之间产生化学反应所需活化能一般只为十几千焦，少数为41.87~83.74kJ，而当饱和价分子之间产生反应的时候，所需活化能则达几百千焦到几千千焦，二者之间的差别是很显著的。

由于自由基具有自由价，就可以用它的化学力去和那些与其相遇分子的成键电子相作用，也就是说，在这种情况下，发生了自由基与分子中的某一基团为争夺分子的某一个成键的价电子的竞争。竞争的结果往往是分子中的这个键被破坏。例如烃过氧化物自由基与烃类的反应，使 RH 之间的键破坏而生成烃自由基和烃过氧化物：

$$R\dot{O}O+RH = ROOH+\dot{R} \tag{9-11}$$

产生的 $\dot{R}$ 将与空气中的氧作用而再生成烃过氧化物自由基：

$$\dot{R}+O_2 = RO\dot{O} \tag{9-12}$$

自由基反应的另一特点就是当一个自由基与饱和价的分子作用，自由价是不会消失的，在反应产物中一定会产生一个新的自由基，有时还可以产生另一个具有两个自由价的自由基，例如上述反应(9-11)和(9-12)，以及低压下氢的氧化(温度约 500℃)：

$$\dot{H}+O_2 = \dot{O}H+\dot{O} \tag{9-13}$$

$$\dot{O}+H_2 = \dot{O}H+\dot{H} \tag{9-14}$$

$$\dot{O}H+H_2 = H_2O+\dot{H} \tag{9-15}$$

根据上述介绍可以看到，在一个可以产生化学变化的体系中，如果出现了第一个自由基，那么它将很快与一个分子反应，生成一个新的自由基，后者又参加反应，再生成一个自由基。这样继续进行下去，这个自由基就很容易形成产生化学变化行为的长链，这就是链反应，反应(9-10)~(9-15)就是这样。这种链反应的链只有在自由基消失的时候才会中断。

链反应一般由下列三个基本步骤组成。

1. 链的引发

就是指从原料分子中生成最初的原子或自由基。自由基的产生有赖于分子中键的断裂，因此，它所需要的活化能就等于饱和价分子中的键能。通常在分子中键能较小的地方首先产生断裂而生成自由基。

2. 链的发展

自由基一经产生，便可以自动发展成长链，即依次交替作用，直至原料消耗殆尽，或自由基被消灭为止。由于原料的不同和条件的区别，链的发展又可分为四种类型(见图 9-4)。

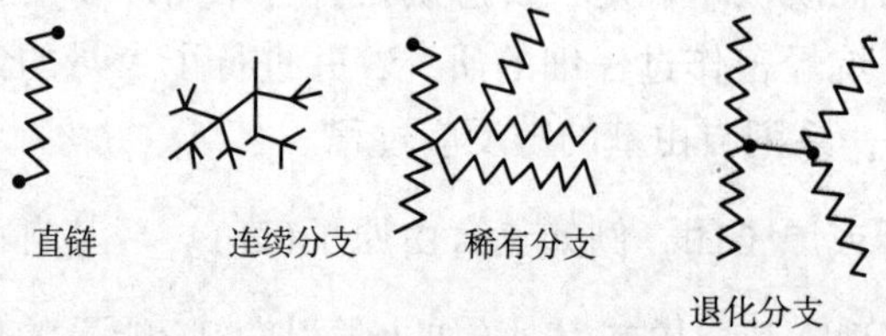

图 9-4　链反应类型示意图

（1）直链（非分支链）

这是最简单的、常见的链反应，即一个自由基与分子作用后能通过另外的反应再生成原来的自由基，从而使链反应不断进行下去，例如反应(9-11)和反应(9-12)，又如乙醛的分解反应。这种反应的特点是不产生支链。

$$\dot{C}H_3+CH_3CHO = CH_4+\dot{C}H_3CO \tag{9-16}$$

$$CH_3\dot{C}O = \dot{C}H_3+CO \tag{9-17}$$

（2）连续分支链

当一个自由基反应结果可能出现三个自由价，亦即最后出现三个自由基，每一个自由基还可以开始产生一个新链。假如每个反应都产生分支链，就得到连续分支链，例如低压下氢的氧化(T~500℃)：

$$\dot{H}+O_2 = OH+\dot{O} \tag{9-18}$$

$$\dot{O}+H_2 = \dot{O}H+\dot{H} \tag{9-19}$$

$$\dot{O}H+H_2 = H_2O+\dot{H} \tag{9-20}$$

（3）稀有分支链

在有分支的链反应中，如果不是在反应的每个基本行为产生分支，而只是间或产生，就成为稀有分支链，例如高压下氢的氧化(T~500℃)(M为惰性分子)：

$$\dot{H}+O_2+M = H\dot{O}_2+M \tag{9-21}$$

$$H\dot{O}_2+H_2 = H_2O_2+\dot{H} \tag{9-22}$$

$$\dot{H}+O_2 = \dot{O}H+O \tag{9-23}$$

$$\dot{O}H+H_2 = H_2O+\dot{H} \tag{9-24}$$

$$\dot{O}+H_2 = OH+H \tag{9-25}$$

这时反应(9-23)比反应(9-21)进行得慢，因此形成稀有分支，这是由于在高压下，反应(9-21)比需要消耗71.179kJ的反应(9-23)的速度快得多。

（4）退化分支链

这种链反应也产生分支反应，但是反应的中间分子状产物(例如烃过氧化物ROOH)有一个键较弱，要延滞一段时间才分解为自由基形成分支反应，因而叫作退化分支链。许多烃类氧化时都具有退化分支的性质，例如甲烷的氧化：

直链反应：

$$\dot{C}H_3+O_2 = CH_3O\dot{O} \tag{9-26}$$

$$CH_3O\dot{O}+CH_4 = CH_3OOH+\dot{C}H_3 \tag{9-27}$$

退化分支反应：

$$CH_3OOH = CH_3\dot{O}+\dot{O}H \tag{9-28}$$

$$CH_3\dot{O}+CH_4 = CH_3OH+\dot{C}H_3 \tag{9-29}$$

$$\dot{O}H+CH_4 = \dot{C}H_3+H_2O \tag{9-30}$$

在这种情况下，分支通常是很少的，因为烃过氧化物 ROOH 也可通过其他途径消失而不产生自由基。

3. 链的终止

链的终止就是自由基消失的反应。例如当两个自由基相互作用，或与惰性分子 M 作用，将能量传给惰性分子，引起自由价相互饱和，从而使自由价消失。这种现象也被称为气相销毁。

$$\dot{H}+\dot{O}H+M=\!=\!=H_2O+M$$

$$\dot{H}+\dot{H}+M=\!=\!=H_2+M$$

此外，反应链碰到反应器皿壁上也会产生断链。据研究，当自由基撞到器壁时，就被器壁所吸附而在壁的表面形成不很牢固的化合物。这时自由基不再和原料分子起反应，但是却可以和来自容器的自由基互相作用。相互碰撞的质点即成为中性的不活化的分子而飞入容器。因而器壁可以使链反应减缓，其作用和抑制剂相似。这种现象也被称为墙面销毁。

四、烃类的氧化过程

根据 Bax Engler 的过氧化物理论，烃类氧化时是破坏氧的一个键，而不是破坏氧的两个键，因为要同时破坏氧的两个键需要 489. 879kJ，而破坏一个键只需要 293. 09 ~ 334. 96kJ 的能量。因此，烃类氧化首先生成的是烃的过氧化物或过氧化物自由基 $R\dot{O}O$(R—O—O—)，而过氧化物也会分解为自由基。随着自由基的产生，反应具有链反应性质，因而可以自动延续，并且由于出现分支而自动加速。整个燃烧前的氧化过程是一连串的有自由基参加的链反应。下面就第一、第二诱导期中反应的一些特点分别讨论在出现冷焰以前的阶段(τ_1诱导期)中，先是烃分子受光辐射、热离解或其他作用而分解出自由基，如反应：

$$RH+M=\!=\!=\dot{R}+\dot{H}+M \tag{9-31}$$

烃分子也可以和氧直接作用而产生自由基，如：

$$RH+O_2=\!=\!=\dot{R}+H\dot{O}_2 \tag{9-32}$$

$H\dot{O}_2$是活性较小的自由基，它可以继续与烃作用而生成 H_2O_2 及 $\dot{R}$，从而使链继续发展：

$$RH+H\dot{O}_2=\!=\!=\dot{R}+H_2O_2 \tag{9-33}$$

生成的烃自由基 $\dot{R}$ 与分子氧可以化合而生成过氧化物自由基：

$$\dot{R}+O_2=\!=\!=RO\dot{O} \tag{9-34}$$

此时氧即加在烃中有自由价的碳原子上。由于烃分子中碳原子被氢遮蔽，所以氧分子首先攻击的不是烃分子中较弱的 C—C 键而是较强的 C—H 键，一般 C—C 键平均键能为 346. 98kJ/mol，C—H 键平均键能为 413. 47kJ/mol，实际上不同分子中的 C—H 键以及同一分子中的不同 C—H 键键能是不同的。

在各种位置的碳原子中，具有最弱的 C—H 键的碳原子最易受到攻击。因此，叔碳原子上最易生成过氧化物自由基，仲碳原子次之，伯碳原子反应能力最小。在低温冷焰范围内三者生成的概率大致为 33∶3∶1。

烃基过氧化物自由基在 τ_1时期继续与烃分子作用，生成单烃基过氧化物及自由基，使链反应继续发展：

$$RO\dot{O}+RH = ROOH+\dot{R} \tag{9-35}$$

此时生成的烃基过氧化物由于—O—O—键较弱(键能只有 125.61~167.48kJ)，容易断裂，随烃类结构不同而分解为不同产品，例如：

$$RCH_2OOH = RCH_2\dot{O}+\dot{O}H \tag{9-36}$$

$$RCH_2\dot{O} = \dot{R}+HCHO \tag{9-37}$$

$$\dot{O}H+RH = \dot{R}+H_2O \tag{9-38}$$

上述反应具有退化分支的特性，即过氧化物的分解较慢，且不都是按分支发展，这就使烃类氧化具有一个压力上升平缓的时期，即诱导期。

反应(9-37)产生甲醛，但也可以按下列反应生成醇类产品：

$$RCH_2\dot{O}+RH = RCH_2OH+\dot{R} \tag{9-39}$$

因此，烷烃氧化的初期产物中，总是可以分析出醛类、醇类和过氧化物等。烷烃在较高温度下还可以裂解生成烯烃，醛类也可以继续氧化生成 CO、CO 及H_2O等。

综上所述，在 τ_1时期氧化反应的特点是生成过氧化物，过氧化物在甲醛的催化作用下自行分解，生成多个自由基而使反应发生分支。由于退化分支的特性而使反应具有诱导期。同时，由于发生分支反应，在诱导期后出现压力的突增，同时因甲醛被激化而产生冷焰。当温度升高时，反应速度加快，过氧化物会加速分解，使诱导期 τ_1缩短。当压力增高时，反应物的浓度加大，反应速度也随之增加，也会使诱导期 τ_1缩短。在反应物中加入过氧化物会使过氧化物的分解反应向右进行：

$$ROOH = R\dot{O}+\dot{O}H \tag{9-40}$$

使分支反应进行更快，因而导致 τ_1缩短。

冷焰以后至自燃发火时期(τ_2诱导期)中的化学反应研究较少。一般认为在 τ_2时期反应的主要特点在于过氧化物自由基的分解阻止了过氧化物的形成。这是在 τ_2时期温度较高，有利于过氧化物自由基的分解反应所致。

τ_2时期过氧化物自由基的分解大致按下述方式进行：

$$R\dot{C}H_2+O_2 = RCH_2O\dot{O} \tag{9-41}$$

$$RCH_2O\dot{O} = RCHO+\dot{O}H \tag{9-42}$$

$$RCH_2O\dot{O} = H_2O+R\dot{C}O \quad R\dot{C}O = \dot{R}+CO \tag{9-43}$$

$$RCH(O\dot{O})R' = RCHO+R'\dot{O} \tag{9-44}$$

$$RCH(O\dot{O})CH_2R' = RCHO+R'CH_2\dot{O} \tag{9-45}$$

$$R'CH_2\dot{O} = \dot{R}'+HCHO \tag{9-46}$$

在上述反应中，过氧化物自由基分解生成各种醛(甲醛等)和自由基。这些自由基继续与氧分子或烃作用而使链按直链形式传播。

在反应中有的自由基还会分解成烯烃和 $H\dot{O}_2$，后者进一步与烃作用，再生成烃的自由基使链继续下去。

$$\dot{C}_3H_7+O_2 = C_3H_7O\dot{O} \tag{9-47}$$

$$C_3H_7O\dot{O} = C_3H_6+H\dot{O}_2 \tag{9-48}$$

$$C_3H_8+H\dot{O}_2 = C_3H_7+H_2O_2 \tag{9-49}$$

总之，在 τ_2时期直链反应起控制作用。应该指出，上述过氧化物的自由基分解反应在 τ_1时期也可以发生，并和过氧化物的生成反应进行竞争。当温度不高时，过氧化物的生成占主要地位。只有在温度达到400℃左右的高温条件下，过氧化物自由基的分解反应才逐渐取得优势。因而可以理解，当其他条件不变而温度升高时，反应将经过一个最高分支速率区(以冷焰为标志)，然后达到一个微弱分支速率区。这样就在冷焰后出现一个压力升高较缓慢的诱导期 τ_2。

τ_2初期的反应速度和 τ_1末期剩余的中间产物的浓度有关，其中特别是和甲醛的浓度关系很大，因为它能催化 τ_2时期的分解反应。当系统的原始温度越高，τ_1时期的分支反应强烈，剩余的甲醛减少，这样就使 τ_2诱导期变长。但是，在 τ_2时期，由于过氧化物自由基的分解仍不断生成甲醛，使甲醛的浓度不断增加并放出大量热能，最终仍使反应自动加速而导致自燃。当系统的压力增大时，由于反应速度增加，τ_2和 τ_1一样都会缩短。关于冷焰的反复出现，有人推测与 τ_1时期甲醛的抑制作用有关。根据研究，甲醛虽然对 τ_2时期的反应有催化作用，但在 τ_1时期却有明显的抑制作用。例如在戊烷和氧或己烷和氧的混合物中加入适量的甲醛，均可延长其诱导期。甲醛能和自由基作用，生成不活泼的甲醛自由基 $\dot{C}HO$，从而使反应断链，例如：

$$HCHO+\dot{O}H = H_2O+\dot{C}HO \tag{9-50}$$

$$HCHO+CH_3\dot{O} = \dot{C}HO \tag{9-51}$$

τ_1时期的分支反应不断生成甲醛，当具有强烈分支特性的冷焰出现时，甲醛浓度也增大而使冷焰熄灭。当温度继续升高后，则冷焰可随分支反应的发展而重复出现。

第六节　液体燃料的着火

着火是燃料燃烧过程中的重要阶段，它通常指燃料氧化时反应速度急剧增加的现象。着火时一般有火焰出现，同时辐射出光和热。着火的方式有两种：一种是由于燃料或可燃混合气本身受热，温度升高，使化学反应速度急剧增大而引起自发燃烧，这种着火称为自燃(自燃着火)，例如柴油机中燃料的着火便是如此；另一种是在混合气中引入外部能量(如电火花或其他火源)，使局部温度升高，反应速度急剧增大而引起的着火，称为点燃，例如汽油机和喷气发动机中的燃烧便是如此。无论自燃或点燃统称为着火过程，在研究燃烧问题时，通常把着火过程作为爆炸反应的一种表现来进行讨论。

一、爆炸反应

凡是在千分之几秒的短促时间内迅速完成的剧烈化学反应都叫爆炸反应，包括烃类燃料的着火，氢在氯气中的燃烧以及原子弹的爆炸等。在汽油发动机中汽油着火的时间约为0.002~0.004s，在柴油机中柴油的着火时间不超过0.005s，在喷气式发动机中，燃料在燃烧室中停留的时间约为0.005~0.006s，它们都属于爆炸反应的范畴。在这些发动机中都要求燃料在极短时间内着火燃烧，否则会影响发动机的正常工作，降低发动机的效率。

爆炸反应有两种：一种是由分支反应产生的爆炸，其原因是活性中心迅速增加，使反应自动加速，在等温条件下导致爆炸；另一种是热爆炸，其产生的原因是反应物温度的不断提高，使反应速度按指数函数迅速增大，导致爆炸。在烃类燃烧过程中不存在纯粹的连锁爆炸或热爆炸，二者是同时存在而且互相促进的。这是因为在混合气加温过程中，不仅加强了热活化(提高了每个分子的运动速度和能量，也增加了分子碰撞机会)，而且也加强了每一连锁的基元反应。同时在低温下进行的链反应则可使系统逐渐加热，从而加强了热活化。一般说来，对于烃类的燃烧过程，在较高温度下，热的作用是产生爆炸的主要原因；而在较低温度下，链反应则是产生爆炸的主要因素。

燃料产生爆炸或着火的必要条件是放热反应及反应的自动加速。在绝热或接近绝热的条件下，各种放热反应均能导致着火；在等温条件下只有分支反应能引起着火。

着火的特点是：①有一个着火温度(自燃点 T_B)存在，当反应系统达到此温度时，反应速度由缓慢转为剧烈上升(如图 9-5 所示)，出现着火现象(发光发热，压力突增)。②在着火以前有诱导期 τ_1 存在(如图 9-6 所示)。在诱导期内反应速度很小，反应物浓度的变化不大；但超过诱导期 τ_1 后反应速度迅速加快，反应物浓度则急剧降低，反应在很短时期内趋于完成，这就是爆炸反应的特点。

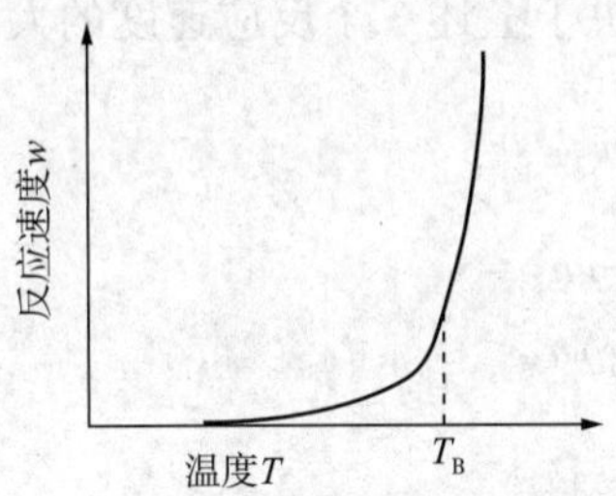

图 9-5　爆炸反应速度和温度的关系

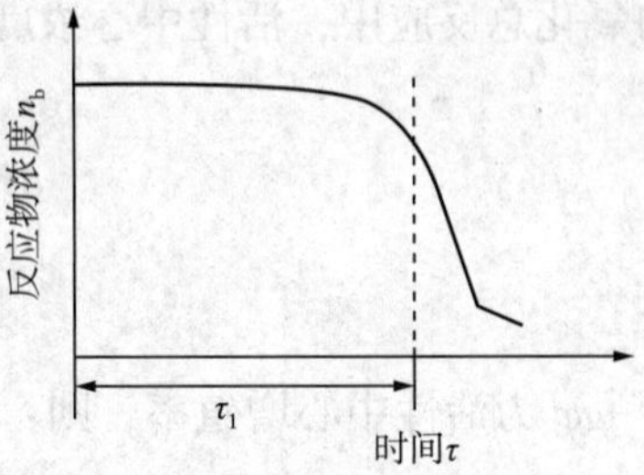

图 9-6　爆炸反应的动力学曲线

二、连锁爆炸

分支反应的爆炸是由于活性中心的急剧增加而产生的。但是，活性中心的增加不仅取决于反应物本身的性质，而且和温度、压力、容器壁面积对反应物体积的比值，以及有无添加剂存在等外界条件有密切的关系。要了解分支反应的发展过程，必须研究外界条件，特别是温度对反应的影响。下面讨论分支反应发展的条件，也就是自燃着火的条件。

在分支反应的开始阶段，活性中心的浓度很小，这时的反应速度主要取决于活性中心的浓度和使活性中心浓度增大的条件。这时反应中除了有活性中心不断增殖的反应(链的分支发展)，还进行着活性中心不断消灭的反应(各种断链反应)。活性中心增加，能促进连锁反应发展；活性中心消失，则导致反应链的中断。究竟连锁反应能否发展至引起着火，完全取决于活性中心增殖的速度能否大于其消失的速度。下面就来具体研究这个条件。

设以 w_1 表示在反应开始阶段活性中心生成的速度。例如，在氢和氧的反应中，氢在富有能量的分子 M· 的作用下，生成自由原子 $\dot{H}$：

$$H_2+M\cdot \longrightarrow 2\dot{H}+M \tag{9-52}$$

原料→活性中心

$$w_1=k_1 n_{H_2} n_{M\cdot} \tag{9-53}$$

式中 k_1——反应速率常数；

n_{H_2}——原料氢气的分子浓度，mol/dm³；

$n_{M\cdot}$——富有能量的分子 M· 的分子浓度。

设以 w_2 表示分支反应中活性中心繁殖的速度，即分支反应的速度。在上述氢和氧的反应中：

$$\dot{H}+3H_2+O_2 \xrightarrow{w_1} 2H_2O+\dot{H} \tag{9-54}$$

活性中心+原料⟶产物+活性中心

w_2 总是与氢原子的浓度成正比。

如以 f 表示与温度、活化能(E)及其他有关因素有关的系数，则分支反应速度可写为：

$$w_2=fn_{活} \tag{9-55}$$

式中 $n_{活}$——活性中心的瞬时浓度，在本例中即等于 n_{H_2}。

设以 w_3 表示同上分支反应中活性中心消失(断链)反应的速度，并以 g 表示断链反应中与温度、活化能和其他有关因素有关的系数，则断链反应速度 w_3 可用下式表示：

$$w_3=gn_{活} \tag{9-56}$$

在氢的氧化总反应中，活性中心浓度的增长取决于上述 3 个反应速度的大小，即：

$$\begin{aligned}\frac{dn_{活}}{d\tau}&=w_1+w_2-w_3\\&=w_1+fn_{活}-gn_{活}\\&=w_1+(f-g)n_{活}\end{aligned} \tag{9-57}$$

令 $\varphi=f-g\varphi$ 为活性中心增殖率，则：

$$\frac{dn_{活}}{d\tau}=w_1+\varphi n_{活} \tag{9-58}$$

如需计算任一瞬间活性中心的浓度，可将式(9-58)积分，$n_{活}$ 由 $(n_{活})_0$ 至 $n_{活}$，时间由 0 至 τ，则得：

$$\frac{w_1+\varphi n_{活}}{w_1+\varphi(n_{活})_0}=e^{\varphi\tau} \tag{9-59}$$

在反应开始时，活性中心一般浓度很小，$(n_{活})_0$ 可以忽略不计，式(9-59)或可简化为：

$$n_{活}=\frac{w_1}{\varphi}(e^{\varphi\tau}-1) \tag{9-60}$$

如果用 a 来表示一个活性中心参加反应而生成的最终产物的分子数，那么反应速度即生成最终产物的速度 w 可以表示为：

$$w = afn_{活} = \frac{afw_1}{\varphi}(e^{\varphi\tau} - 1) \tag{9-61}$$

这就是总的反应速度与时间的关系(参见图 9-7)。

连锁中断反应的活化能很小，反应速度随温度的变化不大。但是分支反应的活化能较大，例如，在上述氢的氧化例中 E 约等 75366kJ/mol。而且反应速度随温度的变化也较大。所以在低温时分支反应的速度常低于断链反应的速度，即 $\varphi = f - g < 0$，活性中心增殖率为负值，反应不会发展。例如氢氧混合气在 500℃以下不易自行着火，就是这个道理。但是随着混合气温度升高，分支反应速度迅速增大，而断链反应速度却变化极小。当达到一定温度后，活性中心增殖率可以达到 $\varphi > 0$，即经过一段活性中心积累的时间后，出于活性中心浓度迅速增大而使反应激烈发展，以致引起着火，直至绝大部分反应物作用完毕后速度才开始下降。这种反应速度和时间的关系见图 9-7。

当温度达到 $\varphi = 0$ 时，活性中心增殖的速度和消失的速度相等。这时如果将温度再稍许提高，反应就会迅速加快而导致着火。反之，低于此温度则不会发生着火。这个能产生着火的最低温度就称为燃料的着火温度或自燃点(T_B)，从开始反应到出现着火的时间就称为诱导期或着火延滞期，用 τ_1 表示。

不同 φ 值时反应动力学曲线的最初部分见图 9-8，图中曲线 1 和 2 表示 $\varphi > 0$ 时的情况。正如公式(9-61)所表示的，当 $\varphi > 0$ 时，w 随时间呈指数函数上升。当反应速度达到临界值 w' 时即引起着火，从反应开始至着火的时间即为诱导期 τ_i。由于 $\varphi_1 > \varphi_2$，故诱导期 τ_{i1} 短于诱导期 τ_{i2}。对于同一组成的混合气，提高温度、压力或减少容器壁的相对面积(减少断链机会)，均有利于 φ 值的提高。

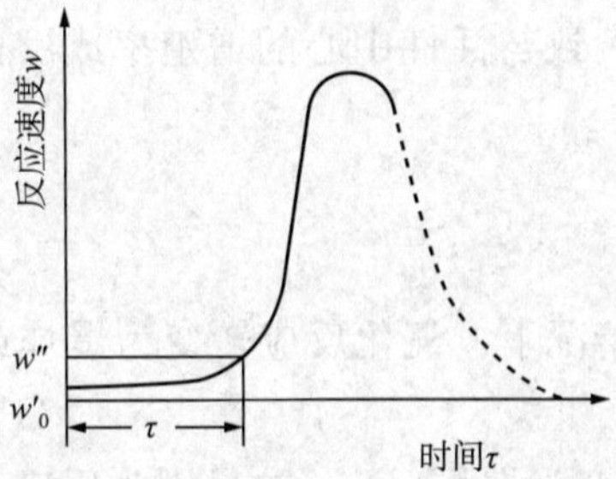

图 9-7　连锁爆炸随时间的变化

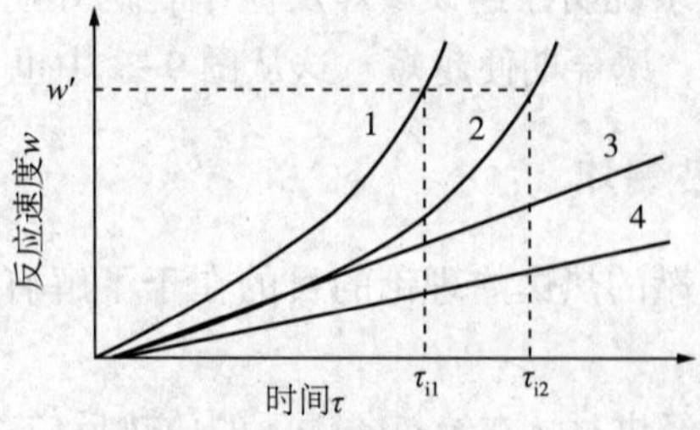

图 9-8　不同 φ 值时连锁反应的动力学曲线

1，2—$\varphi > 0$；3—$\varphi = 0$；4—$\varphi < 0$

曲线 3 是 $\varphi = 0$ 时的情况，这时反应速度的变化和时间成直线关系。这从式(9-61)也可看出，即当 $\varphi \to 0$ 时：

$$e^{\varphi\tau} = 1 + \frac{\varphi\tau}{1} + \frac{(\varphi\tau)^2}{2!} + \cdots + \approx 1 + \varphi\tau \tag{9-62}$$

代入公式(9-61)中得：

$$w = \frac{afw_1}{\varphi}(\varphi\tau) = afw_1\tau \tag{9-63}$$

式中　afw_1——常数。

显然，在这种情况下，反应速度不会急剧增加而引起着火。

曲线 4 表示 $\varphi<0$ 的情况，例如降低温度使断链反应速度超过分支反应的速度。这时反应速度很小。从公式(9-61)可知，w 趋向于一个极限值$\frac{afw_1}{\varphi}$。该值较临界反应速度 w' 小很多，即反应实际上没有进行，显然不可能引起着火。

综上所述，连锁反应中着火的必要条件是 $\varphi>0$ 或 $f>g$，着火的极限条件是 $\varphi=0$ 或 $f=g$。此极限时的温度即为着火温度。从反应开始到着火的时间称为诱导期 τ_i，此时的反应速度($\varphi=0$)：

$$w_i = afw_1\tau_i \tag{9-64}$$

对于任一 φ 值时的反应速度为：

$$w_i = \frac{afw_1}{\varphi}(e^{\varphi\tau_i}-1) \tag{9-65}$$

从式(9-65)可以求出诱导期 τ_i：

$$\tau_i = \frac{1}{\varphi}\ln\left(\frac{\varphi w_i}{afw_1}+1\right) \tag{9-66}$$

在一般情况下，式中的 1 可忽略不计，所以：

$$\tau_i = \frac{1}{\varphi}\ln\left(\frac{\varphi}{af}\cdot\frac{w_i}{w_1}\right) \tag{9-67}$$

由于$\frac{\varphi w_i}{afw_1}$是变化较小的对数函数，所以：

$$\tau_i \approx k\frac{1}{\varphi} \tag{9-68}$$

这个关系说明在连锁爆炸反应中，诱导期的长短大致与活性中心的增殖率成反比，即 φ 值越高时，诱导期便越短，这从图 9-8 中也可看出来。

三、热爆炸

研究自燃的热爆炸理论的目的在于了解有散热的情况下，氧化反应转变为爆炸或着火的条件。

前面已经讲过，在绝热条件下的放热反应都可以转变为爆炸反应，这是因为反应产生的热会使反应物(混合气)的温度不断升高，促使反应自动加速进行，最后着火。但是在各种类型发动机中，燃料的氧化反应都不是在完全绝热条件下进行的。燃烧室壁的温度总是低于燃料自燃的温度，这样，反应产生的热量不可避免地要有一部分通过容器壁而损失掉，反应物的温度不可能不受影响。因此，研究有散热情况下燃料自燃的条件就具有很大的实际意义。

为了使问题简化而便于研究，假设：

① 容器壁的温度为 T_0，并保持不变；

② 反应系统的温度和浓度都是均匀的；

③ 由反应系统向器壁的传热系数为 α_1，且不随温度而变化；

④ 反应系统放出的热量(在该阶段的反应热)Q 为一常数(J/mol)。

如反应容器的容积为 V，反应速度为 w(单位时间内单位容积中摩尔数的变化)，则在单位时间内反应系统所放出的热量 q_1 为：

$$q_1 = QVw \tag{9-69}$$

在诱导期内，反应速度可用下式表示：

$$w = k_0 n_A n_B e^{-\frac{E}{RT}} \tag{9-70}$$

式中 k_0——反应速率常数；

n_A、n_B——燃料和空气分子的浓度，将 w 值代入式(9-70)，得出反应的放热速度：

$$q_1 = k_0 QV n_A n_B e^{-\frac{E}{RT}} \tag{9-71}$$

在单位时间内通过容器壁而损失的热量可用下式表示(温度不高时，辐射损失可以忽略不计)：

$$q_2 = \alpha S(T-T_0) \tag{9-72}$$

式中 α——通过容器壁的传热系数；

S——器壁的传热面积；

T——反应系统温度；

T_0——容器壁温度。

由公式(9-71)可以看出，在反应初期 n_A、n_B 与反应开始前的最初浓度 n_{AO}、n_{BO} 很相近，Q、V、k_0 均为常数，因此放热速度 q_1 和混合气温度 T 之间的关系是指数函数关系，即 $q_1 \sim e^{-\frac{E}{RT}}$，如图 9-9 所示。当混合气的压力(或浓度)增加时，曲线向左上方移动(q_1')。

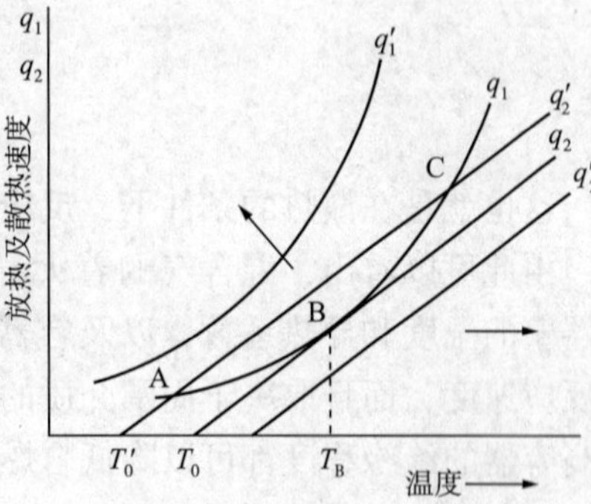

图 9-9 混合气在容器中的放热和散热速度

从公式(9-72)来看，散热速度 q_2 与混合气温度之间是直线函数关系，如图中 q_2 直线所示。当容器壁的温度升高时，直线向右方移动，例如 q_2''。

当放热速度小于散热速度时($q_1 < q_2$)，反应物的温度会逐渐降低，显然不可能引起着火。

反之，如放热速度大于散热速度($q_1 > q_2$)，则混合气总有可能着火。例如，当提高混合气的压力，使放热反应速度按图中 q_1' 进行，而容器壁温度仍保持 T_0，此时散热速度大大低于放热速度，因此，在任何时候混合气均能自行加热而着火。

可以看出，反应由不可能着火转变为可能着火必须经过一点，即 $q_1 = q_2$，这就是着火的必要条件。但是 $q_1 = q_2$ 还不是着火的充分条件，这从下面的情况可以看出。例如，将混合气的压力降低使反应放热速度沿图 9-9 中的 q_1 进行，而容器壁的温度保持 T_0'。此时 q_1 与散热速度 q_2' 相交于 A 及 C 两点。在这两点上均满足 $q_1 = q_2$ 的条件，但都不是着火点。A 点表示系统处于稳定的热平衡状态：如温度稍升高，此时散热速度超过放热速度，系统的温度便会自动降低而回到 A 点的稳定状态；如果温度从 A 点稍降低，此时 $q_1 > q_2$，系统的温度便会上升而重新回到 A 点。结果系统会在 A 点长期进行等温反应，不可能着火。相反，C 点表示系统处于不稳定的热平衡状态：只要温度有微小的降低，系统的放热速度 q_1 即小于散热速度 q_2'，结果使系统降温而回到 A 点；如果温度有微小的升高，则 $q_1 > q_2'$，系统温度不断上升结果导致着火。但是这一点也不是着火温度，因为如果系统的初温是 T_0'，它就不可能自动加热而越过 A 点到达 C 点。除非有外来的能源将系统加热，使系统的温度上升达到C点，否则系统总是处于 A 点的稳定状态。所以，C 点不是混合气的自动着火温度，而是混合气的强制着火温度。在混合气绝热压缩，例如在柴油机中就可以遇到这种情况，这时气缸壁的温度并不高，但混合气被强烈压缩而加热到强制着火温度。

由上述可知，一定的混合气反应系统在一定的压力（或浓度）下，只能在某一确定的容器壁温度（或外界温度）下，才能由缓慢的反应转变为迅速的自动加热而导致着火。从图 9-9中可以看出，当混合气的放热速度按 q_1曲线进行时，只有在容器壁温度为 T_0时（散热速度按 q_2进行）才能自动转变为着火，也就是说，q_2必须与 q_1相切。相切的这一点 B 的温度即为该混合气在此压力（或浓度）和器壁温度下的最低自燃温度，简称自燃点。此时的混合气压力称为该混合气的自燃临界压力。

由图 9-9 也可以看到，温度低于 T_B而逐渐加热时，混合气 $q_1>q_2$，但相差越来越小。这时混合气在进行缓慢的自行加热，直到温度达到 T_B以后，q_1仍大于 q_2。但随着温度的升高二者之差越来越大，促使反应剧烈进行，反应逐渐转变为爆炸。

由此看来，着火温度的定义不仅包括此时系统的放热速度和散热速度相等，还包括了两者随温度而变化的速度应相等这一条件，即：

$$q_1=q_2 \tag{9-73}$$

$$\frac{dq_1}{dT}=\frac{dq_2}{dT} \tag{9-74}$$

这也就是在散热的条件下，反应由缓慢转变为着火的条件。

由此可以看出，混合气的着火温度不是一个常数，它随混合气的性质、压力（浓度）、容器壁的温度和导热系数，以及容器的尺寸变化。换句话说，着火温度不仅取决于混合气的反应速度，而且取决于周围介质的散热速度。当混合气性质不变时，减少容器的表面积、提高容器的绝缘程度都可以降低自燃温度或混合气的临界压力。下面讨论两个有关的问题。

1. 着火温度和容器壁温度的关系

根据着火时的条件 $q_1=q_2$，从公式（9-71）和公式（9-72）可知：

$$QVk_0n_An_Be^{-\frac{E}{RT_B}}=\alpha S(T_B-T_0) \tag{9-75}$$

根据$\frac{dq_1}{dT}=\frac{dq_2}{dT}$的条件，将式（9-75）求导数，得出（除 T_B外，其余均已知）：

$$QVk_0n_An_B\frac{E}{RT_B^2}e^{-\frac{E}{RT_B}}=\alpha S \tag{9-76}$$

将式（9-76）除以式（9-75）得出：

$$T_B-T_0=\frac{RT_B^2}{E} \tag{9-77}$$

解二次方程即可求出 T_B的值：

$$T_B=\frac{E}{2R}\pm\frac{E}{2R}\sqrt{1-\frac{4RT_0}{E}} \tag{9-78}$$

式中根号前的符号应取负号，否则所得结果过大不符合实际情况，将式中根号展开，可得：

$$T_B=\frac{E}{2R}-\frac{E}{2R}\left(1-\frac{2RT_0}{E}-\frac{2R^2T_0^2}{E^2}\cdots\right)=T_0+\frac{RT_0^2}{E}+\cdots \tag{9-79}$$

考虑到在一般情况下 E 为 209350kJ/mol，误差为 0.5%以内时，以后各项可忽略不计，因而：

$$\Delta T=T_B-T_0\approx\frac{RT_0^2}{E} \tag{9-80}$$

例如，当 $E=$ 209350kJ/mol，$T_0=1000$K 时，$R=8.319569$J/(mol·K)：

$$\Delta T=\frac{8.319569\times1000^2}{209350}\approx40$$

$$\text{所以 } T_B=1000+40=1040\text{K}$$

公式(9-80)说明，在着火条件下，混合气着火温度 T_B 与适应于着火条件的起始温度 T_0（器壁温度）之间的差值是较小的。

2. 着火时混合气压力与其他参数的关系

将式(9-79)中 T_B 值代入式(9-75)中，可得：

$$QVk_0n_An_Be^{-\frac{E}{R\left(T_0+\frac{RT_0^2}{E}\right)}}=\alpha S\left(\frac{RT_0^2}{E}\right) \tag{9-81}$$

由于 $\frac{RT_0}{E}=\frac{\Delta T}{T_0}\ll1$，式(9-81)中：

$$T_0+\frac{RT_0^2}{E}=T_0\left(1+\frac{RT_0}{E}\right)\approx T_0$$

因而式(9-81)可写为：

$$\frac{QVk_0n_An_BE}{\alpha SRT_0^2}\cdot e^{-\frac{E}{RT_0}}=1 \tag{9-82}$$

设单位体积内反应物摩尔总数为 n，即 $n=n_A+n_B$，m_A 表示燃料的摩尔分数，m_B 表示空气(氧)的摩尔分数，则：

$$n_A=nm_A$$

$$n_B=nm_B$$

同时，在着火条件下，根据理想气体状态方程：

$$n=\frac{k_1p_K}{T_0} \tag{9-83}$$

式中　k_1——常数；

p_K——混合气的临界压力(着火时混合气压力)　($V_K=1$)

将公式(9-82)中 n_An_B 换成压力和温度的函数，则得：

$$\frac{QVk_0k_1^2Ep_K^2m_Am_B}{\alpha SRT_0^4}\cdot e^{-\frac{E}{RT_0}}=1 \tag{9-84}$$

这就是着火条件下混合气压力与温度及其他参数的关系。当其他条件已知，混合气压力如小于公式(9-84)中的 p_K 值，则这种混合气不能着火；如大于该值则可以着火，这个公式便是着火条件的基本公式。它也可以写成对数形式，如：

$$\ln\frac{p_K}{T_0^2}=\frac{E}{2RT_0}+\frac{1}{2}\ln\frac{\alpha SR}{QVk_0k_1Em_Am_B} \tag{9-85}$$

在一定的容器和混合气成分条件下，式(9-85)也可写成：

$$\ln\frac{p_K}{T_0^2}=\frac{A}{T_0}+B \tag{9-86}$$

式中，A、B 均为常数。

从着火条件的基本公式可以看出着火的一些基本规律。

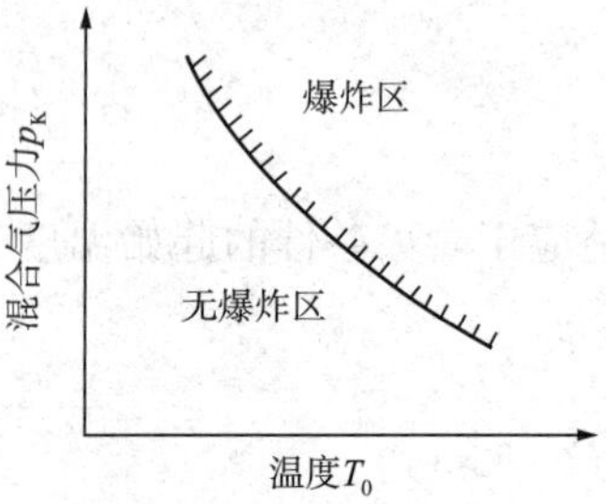

图 9-10　着火临界压力与容器温度的关系

① 当混合气成分和容器形状不变时，外界温度 T_0(容器温度)越高，则着火所需的临界压力越小。式(9-84)～式(9-86)中 p_K 值随 $e^{-\frac{E}{RT_0}}$ 一项的变化远超过分母中 T_0 的变化；因此，当 T_0 值增大时，p_K 总是减小。在实际试验中，各种烃类着火的临界压力与容器温度的关系如图 9-10 所示。在图 9-10中曲线的左下方(无爆炸区)条件下，燃料不能着火；在曲线的右上方(爆炸区)则能引起着火。从图 9-10 中可以看出：当容器温度降低时，所需引起着火的混合气压力值升高；当混合气压力降低时，必须提高外界温度才能保证着火。无论压力或温度降低时，混合气着火范围均缩小。反之，提高混合气压力或温度，均有利于燃料的着火。

飞机发动机在飞行高度增加时，燃烧性能变差，例如再起动性能降低、燃烧不完全等，主要原因就是燃烧室内压力和温度降低，引起反应速度变慢、散热速度增加，燃料着火困难。汽车在高原或寒区行驶时起动特别困难的主要原因也在于此。

② 混合气的成分与着火有密切的关系。当温度不变，燃料的浓度(摩尔分数 m_A)开始减小时，从公式(9-84)可知，p_K 会逐渐降低，但超过一定值后，由于空气浓度 m_B 的增大，p_K 又逐渐上升。它们之间的关系如图 9-11 所示。当压力不变，混合气浓度和着火温度之间的关系也是如此，如图 9-12 所示。

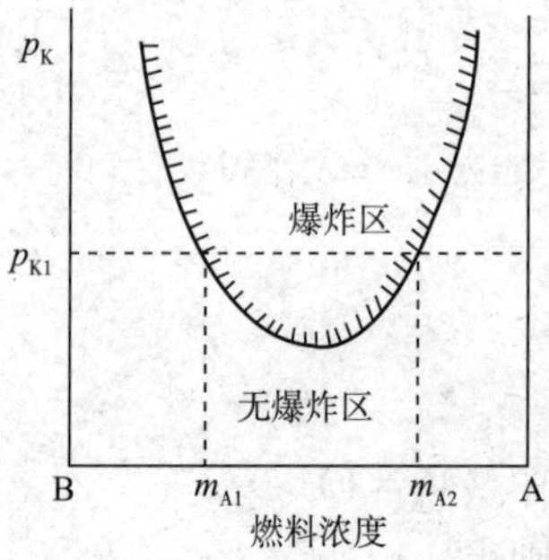

图 9-11　混合气成分与着火临界压力的关系

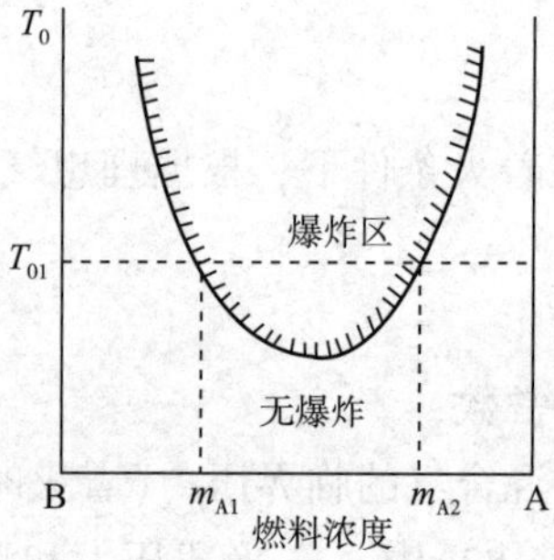

图 9-12　混合气成分与着火温度的关系

从图 9-11 和图 9-12 还可以看到，在一定的压力和外界温度下，并不是任何成分的混合气都能引起着火，而是只有在一定浓度极限范围内的混合气才能着火。例如，在图 9-12 中外界温度为 T_{01} 条件下，混合气成分只有在 m_{A1} 和 m_{A2} 之间才能引起着火，这个范围就称为混合气在该温度下的燃烧极限或爆炸极限。当混合气温度或压力增大时，爆炸极限也随之增大。反之，当 T_0 及 p_K 减小时，爆炸极限也随之减小。低于一定

的 T_0 及 p_K 值时，任何混合气均不能着火。一般约当燃料与空气按化学恰当比混合时的 p_K 值最小。

③ 燃烧室的体积和容器散热面积的比值对着火的临界压力也有影响。从公式(9-84)可以看出，燃烧室容积(混合气体积，V)越大，或容器壁面积越小，混合气着火的临界压力 p_K 也越低，即越有利于着火。因此，在涡轮喷气发动机中，小直径的燃烧室不利于在飞行高度很高的条件下工作。

四、自燃点

自燃点也叫着火温度，是指物质在一定的外界条件下，在无外界火源时，于空气或氧气中被加热而引起自发燃烧(爆炸)的温度。从化学动力学观点来看，自燃点就是能使反应自动加热并使反应速度剧烈增长而导致燃烧的最低温度(如图 9-5 中的 T_B 点)，而不是混合气燃烧进行时的温度。

自燃点与闪点不同。液体燃料在加热过程中与明火断续接触，第一次出现冷焰(蓝色光)时燃料的温度称为闪点。当液体燃料被加热超过其闪点时，就有随时着火的危险。液体燃料的闪点远低于其着火温度。例如，汽油的自燃点在 400℃以上，闪点约为-43℃，喷气燃料的闪点为 30~60℃。因此，在贮存和运输过程中，常用闪点来衡量燃料着火的危险性。当重质燃料油中混入轻质燃料时，其闪点迅速降低，所以也可通过测定闪点来检查燃料的掺混情况。

由前面的讨论已经知道，燃料的自燃点或着火温度不是固定不变的常数，而是随外界压力、混合气性质以及测定仪器的构造等而变化的。

当外界压力升高时，燃料的自燃点降低。例如：汽油在 0.1MPa 下的自燃点为 480℃，在 5MPa 下的自燃点降为 350℃，而当压力增至 10MPa 时，自燃点降至 310℃。当燃料空气混合气的成分改变时，燃料的自燃点也随之变化。混合气成分接近理论混合比($\alpha=1$)时，燃料的自燃点最低，当 α 小于或大于 1 时，自燃点均升高，当混合气中氧的浓度增大时，燃料的自燃点也随之降低。

燃料的自燃点主要取决于燃料的化学组成。通常烷烃的自燃点较低，环烷烃居中，而芳香烃的自燃点最高。重质燃料的自燃点常低于轻质燃料的自燃点，例如柴油的自燃点只有 220~250℃，而汽油的自燃点常在 400℃以上(0.1MPa 下)。液体燃料的自燃点一般低于气体燃料的自燃点。烃类及燃料在空气中的最低自燃点见表 9-5。

容器的金属表面和催化剂的存在也对燃料的自燃点有影响。有人测出，汽油中加入四乙基铅 0.5g/dm³后，其自燃点上升约 105℃。

常温常压下液体燃料的自燃点通常用立式电炉测定(参考图 9-13)，在电炉中部有一硬质玻璃烧瓶。当烧瓶被加热到一定温度时，从上部细口滴入定量的燃料。观察燃料能引起自燃(着火)时烧瓶的温度，即为该燃料的自燃点。也有人用玻璃毛细管，让直径一定的燃料滴落向加热到一定温度的不锈钢的开

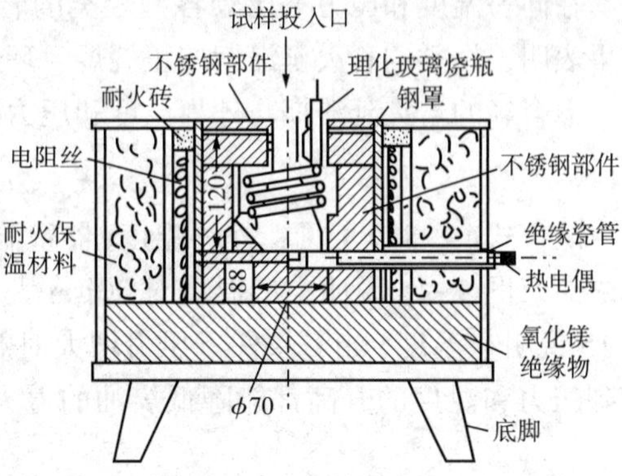

图 9-13 自燃点测定装置

口坩埚中进行测定。

表 9-5　烃类及燃料在空气中的最低自燃点(压力=0.1MPa)　℃

燃料名称	自燃点	燃料名称	自燃点
乙烷	515	苯	562
正丁烷	405	甲苯	536
正戊烷	287	间二甲苯	528
正己烷	234	萘	526
正庚烷	223	α-甲萘	529
正辛烷	220	蒽	540
正壬烷	206	煤油	229
异辛烷	418	航空汽油 100/130	440
正葵烷	208	喷气燃料 JP-1	228
正十六烷	205	喷气燃料 JP-2	238
环己烷	200	喷气燃料 JP-3	242

五、着火延滞期

混合气着火前自动加热的时间称为诱导期，在燃烧过程中又称为着火延滞期或着火落后期，单位用 ms 表示，在柴油机中也常用曲轴转角表示。着火延滞期的长短与发动机中的燃烧过程有密切的关系。

按照定义，混合气着火延滞期 τ_i 等于混合气中燃料由最初浓度 n_0 至着火时的浓度 n_B 所需的时间，即：

$$\tau_i = \frac{n_0 - n_B}{w_0} \tag{9-87}$$

式中　w_0——单位时间内燃料浓度的变化，也就是反应速度。

混合气的着火延滞期一般只有几个至十几个 ms，约占整个燃烧时间的百分之一至千分之一。

各种燃料的着火延滞期首先取决于燃料本身的性质，也随外界温度、混合气压力以及燃料浓度的不同而略有变化。

在同一温度和压力下比较各种烃类的着火延滞期，钢弹法(582℃及 2.14MPa 下)试验结果表明，烃类的着火延滞期按正烷烃、环烷烃、芳香烃的顺序逐步增大。

混合气的着火延滞期与外界温度和压力的关系可用下式表示：

$$\tau_i p_K 2e^{-\frac{E}{RT_0}} = 常数 \tag{9-88}$$

从公式(9-88)可见，外界温度(器壁温度)T_0或混合气的压力 p_K 升高时，着火延滞期均缩短。图 9-14 说明空气温度对 70μm 大小的煤油颗粒的着火延滞期和燃烧的影响。图 9-15 说明在温度 900℃条件下压力增大对煤油颗粒着火延滞期的影响。从两个图中可以看到压力和温度的升高都能降低煤油的着火延滞期，而以压力的影响更为显著。

六、点燃

所谓自燃是指可燃混合气在适当的温度和压力下，经过一定的着火延滞期，反应自动加速，温度不断升高，直至达到自燃点，反应迅猛进行而着火燃烧。这时着火是在整个混合气中进行的，直至原料消耗殆尽。

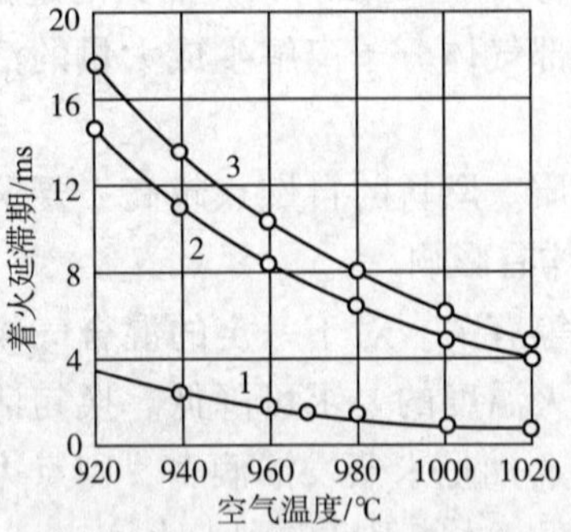

图 9-14　在受热空气中温度对煤油颗粒着火延滞期的影响

1—着火延滞期；2—燃烧时间；3—总燃烧时间

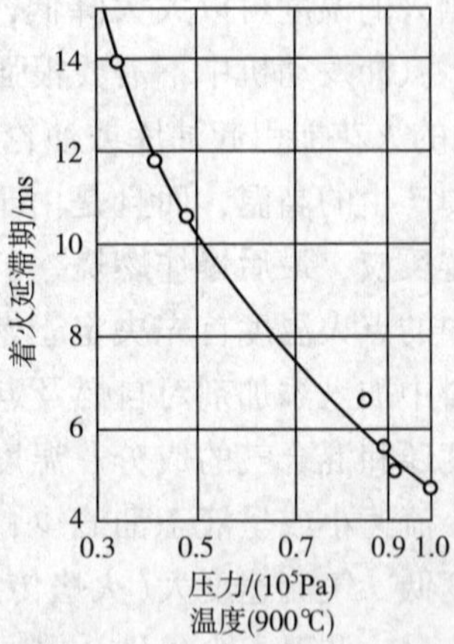

图 9-15　在受热空气中压力对煤油颗粒的着火延滞期的影响

柴油机中的燃烧类似上述的自燃着火，不过它是依靠迅速进行的压缩过程，将混合气升温，使反应速率迅速增大而达到着火状态。在柴油机中，压缩过程进行得很快，热量来不及散失，所以实际上是一绝热压缩过程。这时，活塞向系统所做的功转变为气体内能，使温度得以迅速升高而超过强制着火的温度。这时混合气的燃烧是在整个容积内进行的。

但是，不是任何场合都可以运用自燃或压燃来进行燃烧的。例如，在汽油发动机和涡轮喷气发动机燃烧室中，就经常不存在自燃或压燃的条件，必须进行强制点火或点燃才能使混合气燃烧，所谓点燃就是指在反应空间(燃烧室)的局部范围内，从外部施加能量(如用电火花、炽热体或任意火源)，使混合气中局部气团的温度迅速上升，产生大量的活性中心，使链反应迅猛进行，当达到其着火温度时，就会迅速着火燃烧，产生核心火焰，火焰又对邻近的混合气气团加温，使之也达到着火温度而着火。这样，火焰就从核心火焰向外传播，直至整个燃烧室内全部混合气燃尽。

点燃和自燃的主要区别在于点燃是首先只在局部混合气内进行着火，然后火焰传播至其余部分；自燃则是在整个混合气中几乎是同时进行的燃烧过程。

点燃过程不仅与点火的能量大小和点火方式有关，而且还和火焰在混合气中能否顺利传播有密切关系。所有燃料的性质、浓度，混合气的温度、压力和扰动强度等都能影响点燃过程。因此，点燃过程要比自燃过程复杂得多，但是二者的着火原理基本上一样，都是出于化学反应自动加速而引起燃烧。下面讨论几个有关点燃的主要问题。

1. *点火温度*

点火温度是指混合气点火部位局部被加热点火成功所需的最低温度。在点火温度下混合气的加热速度必须超过其散热速度，而且在此温度下的反应速度应能保证火焰在混合气中顺利传播。这时整个混合气的温度仍低于其着火温度，但为了保证火焰能在较冷的混合气中传播，点火温度必须高于自燃温度，通常也高于图 9-9 中 C 点的温度。

根据热爆炸的理论，有人曾计算用炽热体在混合气中顺利点火，一般气体所需点火温度均在 1000℃左右或更高，比燃料自燃着火的温度要高出很多。但是实践证明，只要条件适宜，强制点火的温度可以大大降低，不需要超出自燃点很多便能引起着火。例如：气缸温度不过低，汽油发动机中不需要很强大的电火花便可以将混合气点着(最小点火能为 10~40mJ)；微小的火花能引起油库或油轮的严重火灾，这是因为火花点火的过程，不仅是由于火花或电弧中产生的高温，而且是由于出现局部气体分子离解生成大量的活性中心，从而引起强烈的链反应，最后爆炸燃烧。

发动机中的点火温度首先决定于燃料的性质。燃料的自燃点越高，要求的点火温度也越高。在燃料中加入添加剂对自燃及点火温度均有影响。

点火温度还和混合气的成分、温度、压力等有关。对于一定的混合气成分，如果压力大、温度高、流速小或呈液态油滴少，则对点火温度的要求可降低。换句话说，如混合气压力小、温度低、气流速度大(火焰传播困难)、油呈未蒸发油滴多，则点火困难，这时必须提高点火能量、调整点火条件、提高点火温度，才能保证顺利点火。

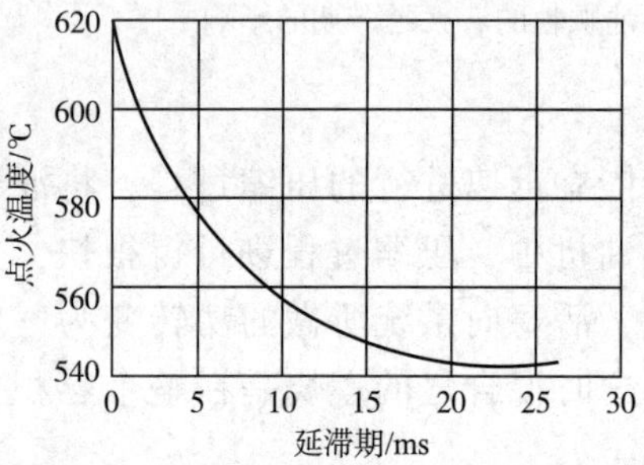

图 9-16　汽油点火温度和延滞期的关系

2. 点火延滞期

点火延滞期指从火源与混合气相接触时开始到出现火焰之间的一段时间。在点火延滞期中，混合气被加热并进行迅速的焰前反应，直至着火燃烧。对于同一混合气，如提高其点火温度，则点火延滞期缩短。根据试验，将煤油喷入热空气流中，所测出延滞期的对数与温度成反比，汽油的点火温度与延滞期的关系如图 9-16 所示。煤油和空气的混合物在 800℃时的延滞期约为 0.03s，当温度升高至 900℃时，延滞期缩短至 0.001s。

七、燃烧极限

在一定的温度和压力下，为了保证混合气能顺利点燃并传播火焰，除了必须有适当的点火源外，最重要的是混合气必须具备一定的浓度。只有燃料浓度在一定范围之内的混合气才能被点燃并传播火焰。这个混合气中燃料的浓度范围就称为该燃料的燃烧极限或爆炸极限(着火极限)(Limits of Flamability)。在燃烧极限以内的混合气称为可燃混合气。

燃烧过程的化学反应速度或释出热能的速度是由燃料和空气二者浓度的乘积决定的，因此，任一因素的浓度严重降低，均能促使反应的速度减小并使释出的热能不能补偿热量的散失，因而使混合气不能点燃及传播火焰。这就是混合气浓度过稀或过浓都不能实现顺利点火的原因。通常把混合气能保证顺利点燃并传播的最低浓度称为该燃料的着火下限，能保证点燃并传播火焰的最高浓度称为该燃料的着火上限。燃料的着火上限和着火下限常用体积百分数或余气系数 α 表示。一些烃类和液体燃料在空气中的燃烧极限见表 9-6。

表 9-6 烃类和液体燃料在空气中的燃烧极限

燃料名称	分子式	浓度/%(体积)		浓度/(mg/dm³)	
		下限	上限	下限	上限
氢	H_2	4	75	3.3	63
一氧化碳	CO	12.5	74	146	860
甲 烷	CH_4	5.3	14	35	93
乙 烷	C_2H_6	3	12.5	38	156
乙 烯	C_2H_4	3.1	36	32	370
乙 炔	C_2H_2	2.5	81	27	880
丙 烷	C_3H_8	2.2	9.5	40	174
丁 烷	C_4H_{10}	1.9	8.5	46	206
戊 烷	C_5H_{12}	1.5	7.8	45	234
己 烷	C_6H_{14}	1.2	7.5	43	270
环己烷	C_6H_{12}	1.3	8	44	270
苯	C_6H_6	1.4	7.1	46	230
庚 烷	C_7H_{16}	1.2	6.7	50	280
甲 苯	C_7H_8	1.4	6.7	54	260
辛 烷	C_8H_{18}	1	—	48	—
二甲苯	C_8H_{10}	1	6	44	265
乙 醚	$(C_2H_5)_2O$	1.9	48	59	1480
丙 酮	$(CH_3)_2CO$	3	11	72	270
乙 醇	C_2H_5OH	4.3	19	82	360
甲 醇	CH_5OH	7.3	36	97	480
70 号车用汽油		1.3	7.1		
70 号航空汽油		1.3	7.25		
95/130 航空汽油		1.4	7.05		
乳化汽油					

从表 9-6 中可以看到，在各种烃类中乙炔和乙烯的燃烧极限最宽，而芳香烃的燃烧极限稍窄；其余烃类的下限相差不多，而上限的变化则较大，各种烃类的燃烧极限大体上有随相对分子质量的增大而略有扩大的趋势，异烷烃的燃烧极限略窄于烷烃。

影响火焰在混合气中顺利传播的因素很多，除燃料本身的结构，还有混合气的温度、压力、燃料和空气(或氧)的比例、空气中惰性气体和氧的比例、点火源的特性、混合气容器的构造等。所有这些因素的变化以及测定仪器的构造和火焰传播的方向(向上或向下)等，都对燃烧极限的测定结果有一定的影响。因此，在各种资料中出现的燃烧极限结果不甚一致，使用时应注意其测定条件。

当混合气的温度和压力升高时，燃料的燃烧极限均有所扩大。根据对 C_6 ~ C_{10} 的烷烃及煤油在 26~200℃范围内进行的试验，温度每升高 100℃，烷烃的下限约降低 8%。

当混合气的压力减小时，烃类燃烧极限的下限变化较小(稍有变窄)，而上限则变化较大。当压力降至 0.0133MPa 以下时，燃烧极限显著变窄。当压力进一步降到 0.00533MPa 以下时，这些烃几乎都不能被点燃。在低压下烃类燃料的燃烧极限曲线大多呈现双叶形，曲线中部微微上升(见图 9-17)。

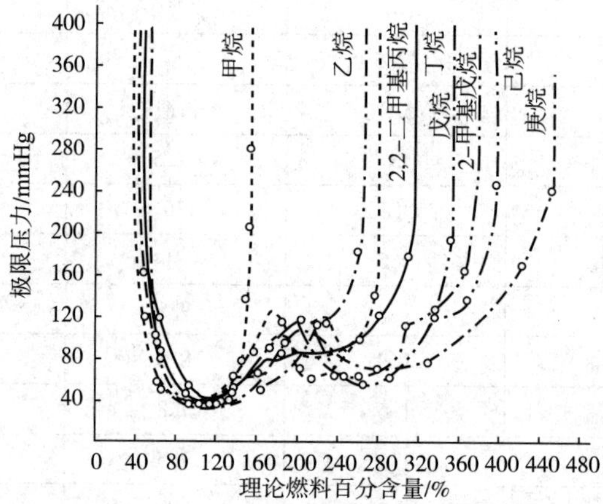

图 9-17　低压下烷烃的燃烧极限

注：1mmHg = 133Pa

根据 Dipiazza 等的研究，双叶形的右叶(富混合气极限或上限)与冷焰的形成有关。曲线的折点实际上是两个曲线的交点。甲烷不生成冷焰，故只有左面的一叶。

对所有燃料来说，当燃料与空气越接近理论混合比($\alpha \approx 1$)，混合气越易点燃。在混合气中加入惰性气体(例如氮和废气等)，燃烧极限相应缩小。反之，在混合气中增加氧的含量则能使燃料的燃烧极限变宽。

用电火花点燃混合气时，点火能量过低将使所测燃烧极限缩小，但当点火能量超过数十毫焦耳后，实际上对燃烧极限影响不大。一般将混合气能被点燃所需的最低能量称为临界点火能(Critical Ignition Energy)。混合气的温度或压力升高时所需临界点火能减小；反之，在高空低温低压条件下，混合气点燃所需临界点火能则增大。不饱和烃比饱和烃所需临界点火能要大，几种烷烃在 0.1MPa 下所需临界点火能见图 9-18。

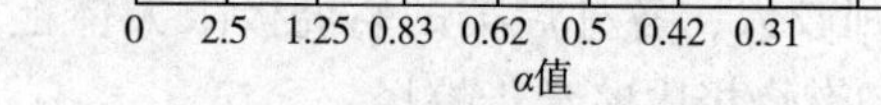

图 9-18　烷烃的不同混合气成分的临界点火能的关系

由于燃烧时气体受热有向上流动的倾向，因此，火焰由下向上传播较由上向下传播容易，所测得的燃烧极限也是向上传播时较宽。

如果已知燃料的相对分子质量 M 和净热值 ΔH，可以根据下面的经验公式来预测燃料的着火下限 L：

$$L = \frac{1.87 \times 10^6}{\Delta H \times M}$$

式中　L——着火下限(燃料体积百分数)，ΔH 用 Btu/lb 表示。着火上限(R)体积百分数则用下式计算：

$$R=L+\frac{143}{M^{0.7}}$$

但是，要较准确地评定燃料的燃烧极限仍需实际测定。目前国内外多采用美国矿山局为 1938 年测定方案而提出不同的仪器。仪器的主要部分如图 9-19 所示。

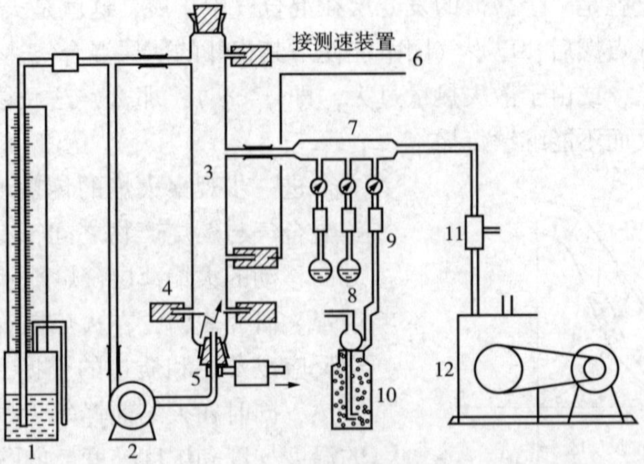

图 9-19　燃烧极限测定装置

1—单管水银压力计；2—循环泵；3—主反应管；4—点火电极；5—三通阀（泄压）；6—测速仪接线；7—配料管；8—油样瓶；9—进空气支管；10—空气干燥器；11—三通阀；12—真空泵

第七节　火焰传播速度

一般用火焰传播速度来表示燃料燃烧速度。它和发动机的正常工作有密切关系，因为在高速运转的发动机中，燃烧速度不高就会引起燃烧不完全，降低发动机的动力和经济性。在喷气发动机中，燃烧速度不高会引起燃烧不稳定，甚至熄火。

在汽车内燃机和喷气发动机的燃烧室中，燃料都是在气流高速流动（紊流）条件下进行燃烧的。但是，要了解紊流条件下火焰传播的规律，必须先了解均匀混合气在静止或层流流动时火焰传播的情况。

一、层流火焰传播速度

可以通过简单的燃烧管试验来观察火焰在静止条件下的传播现象（见图 9-20）。

在一根长玻璃管中装入汽油和空气的均匀可燃混合气，然后在下端点火。只要条件合适就可以将混合气点燃，这时可以看到一个呈半球面向前凸出的淡蓝色火焰表面，从管的一端缓慢地移向另一端。这就是层流火焰在管内传播的现象。

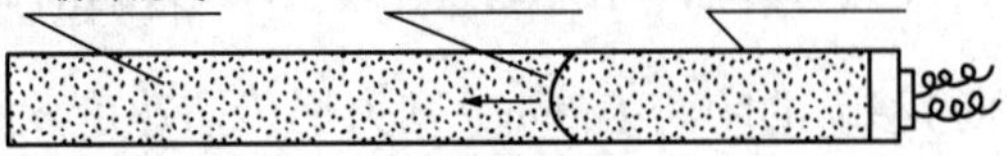

图 9-20　长管中火焰的传播

火焰传播的过程是这样的，首先，当我们以足够的能量在管的一端点火时，处于火源附近的一小部分混合气被加热到超过其点火温度（$T>T_0$），当即着火，形成局部火焰。这时着火部位的混合气产生剧烈的化学反应，使反应物迅速氧化为燃烧产物，并释放出反应热。

热量和化学活性物质即从已燃气团扩散到与之相邻的薄薄一层未燃混合气，这就产生了热量和物质的传输现象。当薄层的未燃混合气被加热到其点火温度后就着火燃烧，并把所释出的热量和活物质传给更下一层的相邻未燃气体。这样就使燃烧扩展到整个管内空间，直到全部反应物作用完毕。所以，均匀混合气的燃烧过程，实质上就是未燃混合气不断着火燃烧的过程，现象上就是一个薄薄的发光层在混合气中扩展，这就是火焰的传播过程。

如果均匀混合气点燃后，已燃气团不能使与其相邻的薄层混合气达到点火温度(或由于燃烧产生的热量不足，或由于散失热量过大，即 $q_1<q_2$)，那么，这一层可燃混合气就不能着火，火焰就会熄灭而不能继续传播。

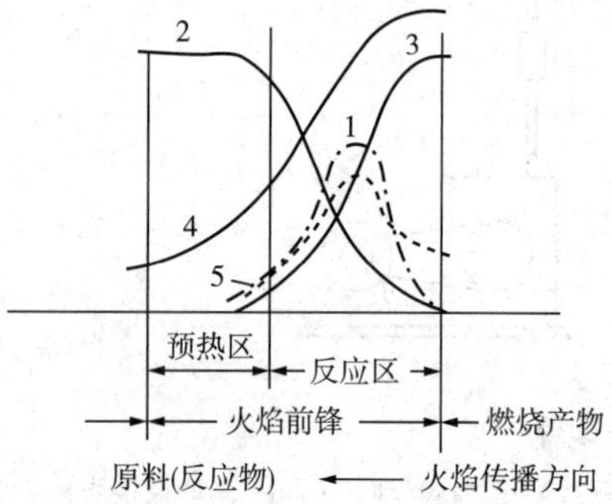

图 9-21　层流火焰前锋的结构示意图

1—化学反应速度；2—反应物的浓度；3—已燃气体浓度；4—温度；5—活性中心浓度

进一步观察火焰的传播现象，可以看到在新鲜混合气与燃烧产物之间，有一个向新鲜混合气方向移动的火焰薄层(狭窄的发光区)，称为火焰前锋。研究表明，在火焰前锋内进行着剧烈的化学反应以及热和质量的交换，因此，呈现出发光发热，同时在火焰前锋邻近气层之间存在着很大的温度梯度和浓度梯度，如图 9-21 所示。

图 9-21 表明，均匀可燃混合气正是通过火焰前锋而完成其燃烧的化学反应。在火焰前锋的前方是待燃的新鲜气体，后方则是已燃过的燃烧产物，因此可以把火焰前锋看成是分隔新鲜混合气和燃烧产物的分界表面。层流火焰前锋的宽度一般很小，大多在 1mm 以下。

火焰前锋的特征是在前锋内靠近新鲜混合气的一侧，有一个宽度不大的预热区。在预热区内，化学反应速度很小，但由于热交换和分子扩散的作用，反应物的温度逐渐升高，浓度则开始下降。在火焰前锋内靠近燃烧产物的一侧是化学反应主要进行的区域，称为反应区。在反应区内，反应速度急剧增大，同时燃料浓度迅速下降，温度则伴随着反应释热迅速升高。随着燃料的消耗，反应速度很快降低。在反应区内由于化学反应强烈、温度很高，它的综合宏观现象就是发光发热。在反应区的后沿，温度达到最高平衡值，燃料的浓度则接近于零(完全燃烧时)。

由于传热和分子扩散作用，与火焰前锋相邻的一层新鲜混合气将继续着火燃烧。如果这一过程能不断进行，其表现就是火焰前锋沿着它的法线方向不断向新鲜混合气推进，这就是火焰的传播。在静止条件下，如火焰前锋在 ts 内朝法线方向(垂直于焰波的新鲜混合气方向)移动的距离为 $l$cm，则火焰传播速度 $u_n=\frac{l}{t}$。在层流流动条件下，火焰前锋沿法线方向相对于新鲜混合气推进速度，叫作层流火焰传播速度，以 u_n表示。

火焰传播的法线速度 u_n的单位以 cm/s(或 m/s)表示。一般燃烧速度则以单位时间内火焰前锋单位面积上所燃烧的燃料质量来表示，单位为 kg/(m^2·s)，二者的关系为：

$$u_T=u_n\cdot\rho$$

式中　ρ——混合气在燃烧时的瞬时密度，kg/m^3。

因此，火焰传播速度越快，燃烧速度也越快。在层流条件下，一般烃类和空气的混合气在 25℃及 0.1MPa 下的火焰传播速度为 30~60cm/s。

如果可燃混合气以层流状态向火焰前锋移动，其流速 w 恰好等于层流火焰传播速度 u_n，我们就会看到火焰前锋相对于管壁稳定不动，但实际上火焰前锋仍是以 u_n 速度向上游传播，如图 9-22 中(b)所示。如果新鲜混合气的流速大于层流火焰传播速度($w>u_n$)，火焰前锋将被气流以相对速度 $w-u_n$ 推向下游，直到推出管口，称为脱火或吹熄，如图 9-22 中(a)。如果新鲜混合气流速 w 小于 u_n($w<u_n$)，那么焰锋将以相对速度 u_n-w 向上游移动，叫作回火，如图 9-22 中(c)。脱火和回火都属于不稳定现象。

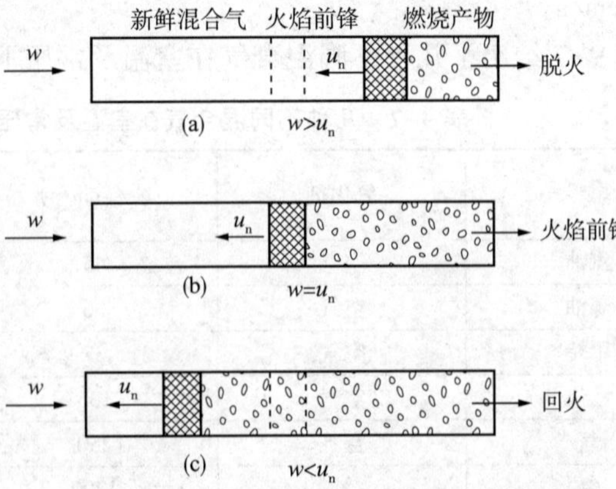

图 9-22　层流混合气中的火焰传播情况

由图 9-22 可知，火焰传播速度或燃烧速度越大，火焰就可以在越大的混合气流速下在燃烧管中保持稳定；同时也表明，在单位时间内流过动态稳定的火焰前锋并被燃烧掉的燃料数量(u_T)也越多，产生的热量也越多，这无疑是工程应用中所希望的。

在层流条件下，燃烧室释放出热量的速率 $\frac{dQ}{d\tau}$ 为火焰前锋单位面积上所燃烧的燃料质量 u_T、火焰前锋的瞬时面积上及混合气的热值 $Q_{混}$ 的乘积，用公式表示为：

$$\frac{dQ}{d\tau}=u_T F Q_{混}=u_n \rho F Q_{混}$$

因此，当火焰传播的法线速度增大，或火焰前锋的面积增大(ρ 及 $Q_{混}$ 不变)时，燃烧室放热速率均增大，即有利于提高燃烧室的功率。

二、影响层流火焰传播速度的主要因素

研究表明，影响层流火焰传播速度的主要因素是混合气性质、混合气成分以及混合气温度和混合气压力。

1. 混合气性质

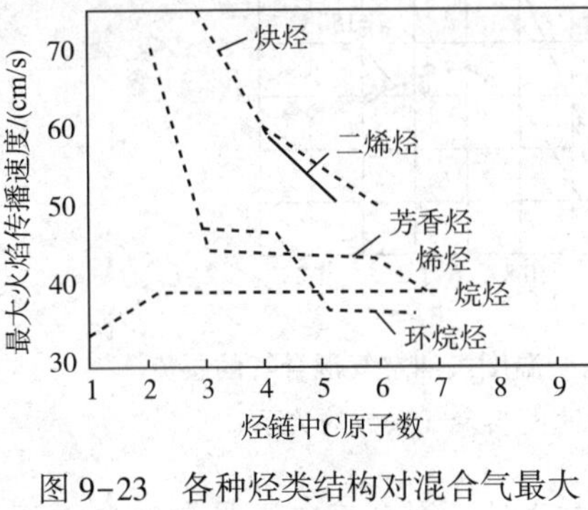

图 9-23　各种烃类结构对混合气最大火焰传播速度的影响

燃料和氧化剂性质不同，它们的化学反应速率不同，热值也不相同，因此，火焰传播温度也不相同，这就直接影响火焰前锋内的反应区。此外，不同燃料及氧化剂有不同的热、密度、导热系数和扩散系数等，这均影响火焰前锋的预热区。因此，燃料和氧化剂不同，火焰的传播速度也不相同。

各种烃类结构对混合气最大火焰传播速度的影响见图 9-23。从图 9-23 中可以看出，烷烃、环烷烃和芳香烃的火焰传播速度都很相近，为 35~45cm/s。烯烃的火焰传播速度略高于相应的烷烃，

二烯烃的火焰传播速度又高于烯烃，而炔烃则具有最高的火焰传播速度，特别是乙炔，达到 141cm/s。

表 9-7 给出了几种不同混合气在室温及常压下测出的最大层流火焰传播速度。

表 9-7　几种不同混合气在室温及常压下的最大层流火焰传播速度

燃料	氧化剂	u_n/(cm/s)	燃烧极限 α	
			贫油	富油
汽油	空气	45	1.6	0.25
煤油	空气	36	1.8	0.23
甲烷	空气	37	5	0.54
乙炔	空气	135	3.28	0.021
氢	空气	250	10.1	0.145
氢	氧	1200	—	—

从表 9-7 中可以看出，汽油、煤油的火焰传播速度相近，为 35~45cm/s(汽油稍高)。氢的火焰传播速度则大得多，这主要是因为氢的热值高、易扩散以及传热能力强。此外，当用氧代替空气作为氧化剂时，火焰传播速度将大为提高，这是由于反应速度随氧的浓度提高而提高，而且减少不活泼气体氮的含量将大大提高燃烧产物的温度。近代涡轮喷气发动机在高空点火时往往采取补氧措施，目的就是提高火焰传播速度，从而提高点火能力，使点火和燃烧变得容易。

2. 混合气成分

混合气中燃料浓度大小(用余气系数 α 表示)对火焰传播速度有很大影响。试验指出，各种燃料的最大火焰传播速度大都在 $\alpha=0.85\sim0.95$，即余气系数接近 1 而略偏富的时候，而且这个 α 值不随温度压力而变化(见图 9-24 及图 9-25)。这可能是因为当混合气成分稍偏浓时，生成自由基的机会较大，反应速度达到最大值，因而一般也是混合气稍偏浓时($\alpha=0.95$ 左右)燃烧温度最高。当混合气成分偏离这一最佳值时，不论偏贫或偏富，反应速度都减小、温度都降低，传热和物质的扩散作用都减弱，引起火焰传播速度下降。

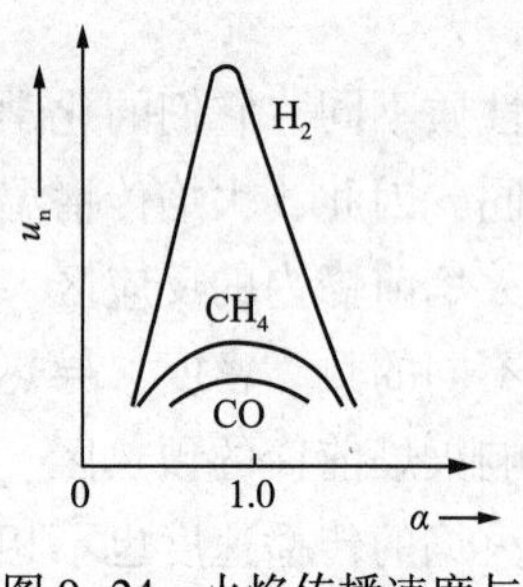

图 9-24　火焰传播速度与混合气成分的关系

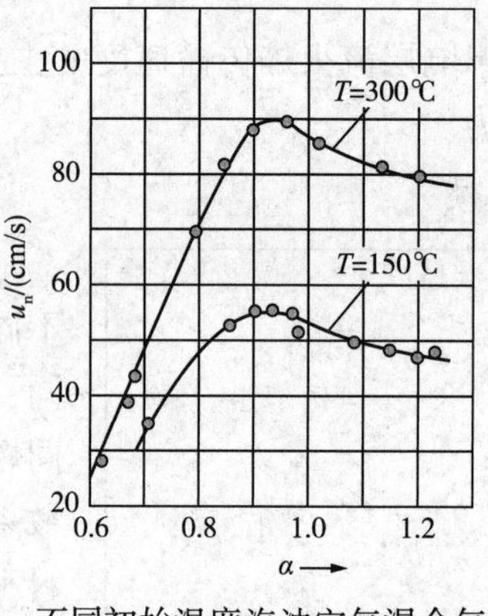

图 9-25　不同初始温度汽油空气混合气的层流火焰传播速度与余气系数的关系

当燃料混合气的 α 值进一步增大或减小(过贫或过富)时，混合气中不是燃料严重不足就是氧气缺乏，都会使燃烧的温度降低，燃烧速度进一步下降。当过浓或过稀的程度使燃烧产生的热量不足以补偿热的损失时，火焰便停止传播，这便是点火的浓度极限，也就是燃烧极限。试验证明，在混合气成分接近极限条件时火焰传播的最低速度为 2~10cm/s，当超出此极限浓度时，便产生熄火现象。

3. 混合气温度

混合气的初始温度对火焰传播速度有很大的影响。这是因为提高初始温度，大大加快了反应速度，同时也相应地提高了燃烧产物的温度，又反过来明显地加速反应过程，也加速了热的传导，从而使火焰传播速度明显加快。

从图 9-25 可以看出，当余气系数相同时汽油空气混合气的 u_n 值在温度升高后有明显的增大：u_n 的最大值由 150℃时的 56cm/s 提高到 300℃时的 89cm/s。

图 9-26 给出了汽油煤油空气混合气在 $\alpha=0.95$，$p=0.1$MPa 下的层流火焰传播速度与温度的关系。从图 9-26 中可见，当温度由室温升高到 500℃时，u_n 值由 50cm/s 增加到 250cm/s 左右。

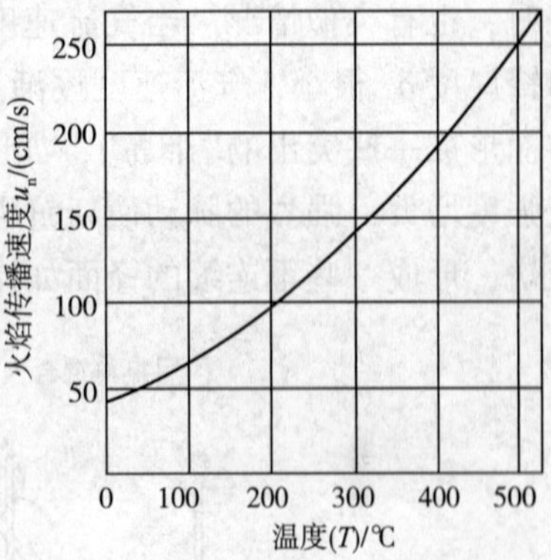

图 9-26 汽油、煤油空气混合气的层流火焰传播速度与温度的关系（$\alpha=0.95$，$P=0.1$MPa）

从许多试验数据得出烃类燃料的层流火焰传播速度与初始温度 T_0 之间的关系为：

$$u_n=(u_n)_0\left(\frac{T}{T_0}\right)^{1.7}$$

如已知初温 T_0(K)时的(u_n)，则可利用上式求出温度 T(K)时的 u_n 值。

4. 混合气压力

混合气压力对层流火焰传播速度的影响不像温度那样明显。当压力增大时，u_n 值略有降低(见图 9-27)。试验表明，在 0.05~0.4MPa，压力对烃类燃料的层流火焰传播速度的影响在实际上可以忽略不计。

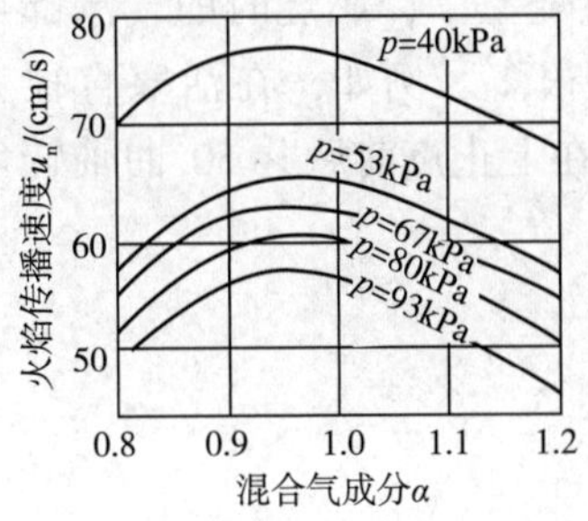

图 9-27 混合气的 u_n 与压力的关系

三、紊流火焰转播速度

根据水力学，流体在管内流动时，其流动速度 u(cm/s)与管子直径 d(cm)的乘积相对于流体黏度 ν (cm²/s)的比值，称为雷诺数 Re，即：

$$Re=\frac{ud}{\nu}$$

研究表明，当流体在管中流速较小，$Re\leqslant2300$ 时，流体质点在管子里呈有规则的层状运动，称为层流。当流速增大，$Re>2800$ 时，流体质点在管中呈不规则的扰动运动，称为紊流。

雷诺数的物理意义就是流体的惯性力与黏性力之比。当 $Re<2300$ 时，表明流体的惯性力不能克服黏性力的制约，因而在流动中没有层与层之间的质量交换，流体保持相对平稳，并做有秩序的流动。当雷诺数超过临界值后，因流速增大而产生的惯性力超过了黏性力的制约作用，流体的质点不仅有纵向的运动，而且产生横向的脉动运动(扰动)，层与层之间有质量的传输交换。流速继续增大时，紊流运动的程度更强烈。

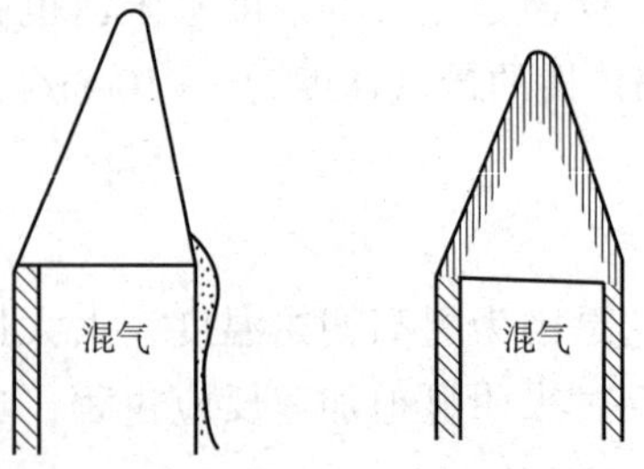

(a)层流管口火焰　(b)紊流管口火焰

图 9-28　管口的层流火焰与紊流火焰

如将均匀可燃混合气供入火焰管，并在管口点火，便形成管口火焰。当混合气流速不大，呈层流状态时，管口的火焰呈现为薄层锥面，火焰前锋表面平静光滑，如图 9-28中(a)所示。若增大气流速度，至 *Re*>2300 时，气流呈紊流状态，此时便可看到火焰前锋发生脉动，厚度增加，越到锥顶焰锋越厚，火焰表面不再光滑宁静而是不停地闪动，火焰前锋界面模糊不清，同时发生呼呼响声，如图 9-28 中(b)所示。

燃料均匀混合气在汽车或喷气发动机燃烧室中燃烧时，也有类似情况。当气流速度不大($w<u_n$)，火焰前锋较为平滑，见图 9-29(a)，火焰前锋厚度 δ_n 很小，气流速度逐渐增大至超过 u_n时($w> u_n$)，火焰前锋出现扭曲，锋面不平整而形成一些突出的“半岛”，如图 9-29 中(b)和(c)。当气流速度继续增大时($w>u_n$)，紊流强度增大，强烈的脉动使新鲜混合气气团冲破扭曲的火焰前锋表面而在燃烧产物区域内燃烧，形成一些不连续的锋面如同“孤岛”，如图 9-29 中的(d)所示。

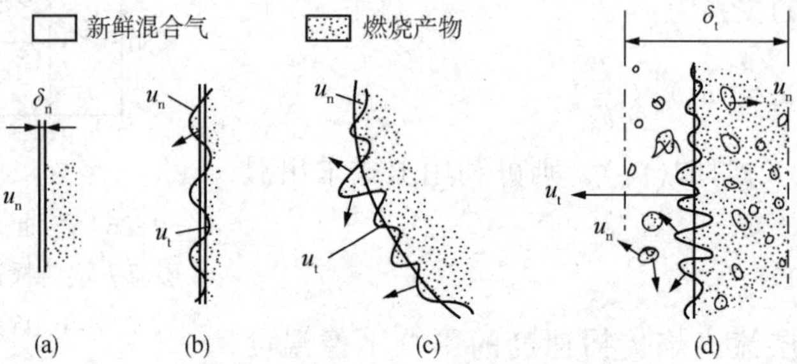

图 9-29　层流与紊流的焰锋示意图

u_n—层流火焰传播速度；u_t—紊流火焰传播速度；δ_n—层流火焰火焰前锋厚度；δ_t—紊流火焰火焰前锋厚度

在实际发动机中，例如在活塞式发动机或喷气发动机的燃烧室中，燃烧时的气流都是紊流。火焰在紊流中的传播速度比在层流中的传播速度要快很多。例如，在活塞直径为 100mm 的汽油发动机中，当转速为 2000r/min 时，如燃烧过程在上止点前后共 50°曲轴转角内完成，则全部燃烧时间 τ(s)为：

$$\tau=\frac{5000\times60}{360\times2000}\approx4.2\times10^{-3}\text{s}$$

火焰传播速度 $u_t=\frac{D}{\tau}=\frac{0.1}{4.2\times10^{-3}}\approx24\text{m/s}$

但是汽油空气混合气的层流火焰传播速度即使在 200℃的进气温度下也不会超过 1m/s。由此可见，紊流火焰传播速度要比层流火焰传播速度大 25~50 倍。火焰传播速度大大增加，因而单位容积内燃烧强度大为提高，发动机的工作效率也大大提高。

紊流火焰传播速度增大的原因大致有两个方面：①根据表面燃烧理论，紊流燃烧时，脉动的气团使火焰前锋严重扭曲或破裂，大大增加了已燃气体和新鲜混合气的接触表面。尽管假设在单位面积上仍然是以层流火焰前锋形式传播，但由于总的表面积增大，单位时间内混合气总量便增大了。②紊流燃烧时，已燃气体和新鲜混合气之间的热传导和活性中心的扩散都大大增强了，因而加速了化学反应的进行，也就加快了火焰传播速度。

在紊流条件下火焰前锋面积的增加和火焰传播速度的加快，均有利于提高燃烧室单位时间内的释热量，或缩短燃烧的时间。因此，为了提高发动机的功率，近来各种发动机都希望提高气流的紊流强度，从而提高紊流火焰传播的速度。

提高烃类燃料紊流火焰传播速度的主要途径有下列几种：

① 提高气体的初始温度和压力；

② 使新鲜混合气的成分尽量接近化学当量比(使余气系数 α 接近 1 或略小)；

③ 提高气流的紊流程度，例如提高活塞式发动机的转速，或提高喷气发动机进气的雷诺数。

在紊流条件下，初始温度的提高也能提高火焰的传播速度，但效果不如层流时显著。根据试验，紊流火焰传播速度 u_t 与初始温度 T_0 之间关系如下：

$$u_t \propto T_0^{0.5}$$

提高气体的压力也可提高紊流火焰传播速度，这是因为，一方面，压力增大时，气流的脉动速度也增大；另一方面，压力增加时层流火焰传播速度略有降低。两者综合的结果，压力增高时 u_t 增大，它们之间约有如下的关系：

$$u_t \propto p_0^{0.28}$$

当飞机高度显著增加时，发动机燃烧室的工作压力可降到很低，因此燃烧性能将随 u_t 的降低而变差。此时燃料燃烧完全程度下降，燃烧稳定范围缩小，再起动点火困难增加。因此，飞行高度越高，或汽车和坦克在高原行驶，气温和压力显著降低时，燃料的燃烧性能变差，起动性能也降低。

应该注意，在喷气发动机中，虽然提高了进气流速有助于提高气流的紊流程度，并提高了紊流火焰传播速度，但是，随着气流速度的加快，火焰的稳定性也随之降低。正如前述，当新鲜混合气的流速超过火焰的传播速度时，如无继续点火的火源，火焰前锋便会迅速吹向下游直至熄火。因此，为使燃烧在强烈紊流条件下保持稳定，必须有一个能连续点火的、功率强大的可靠点火源。有的发动机在燃烧室中设计有稳定器，使在局部区域内的新鲜混合气流速保持低于紊流火焰传播速度，从而使火焰保持稳定，不致熄灭。

第十章　点燃式发动机中的燃烧

第一节　点燃式发动机中的正常燃烧

点燃式发动机是指各种带化油器的汽油发动机、电喷式的汽油发动机和缸内直喷式汽油发动机。它们的共同点是形成混合气后，用强烈的电火花将混合气点燃，利用燃料燃烧后释出的热能，在膨胀行程中转化为机械能而做功。

要提高点燃式发动机的动力性和经济性，除了正确设计和合理操作外，在燃料方面，很重要的一点就是要使充入气缸的燃料或可燃混合气能完全、及时和正常地燃烧。因为只有完全燃烧，才能产生最大的热能并提高发动机的热效率；只有及时在上止点附近完全燃烧，才能发挥热能的最大效率，使之变为有效的机械功；只有正常燃烧，才能保证发动机最稳定和可靠地工作，既能提高功率，也能节约燃料并延长发动机的寿命。因此，燃烧完全、及时和正常，就是对点燃式发动机燃烧过程的三个基本要求。

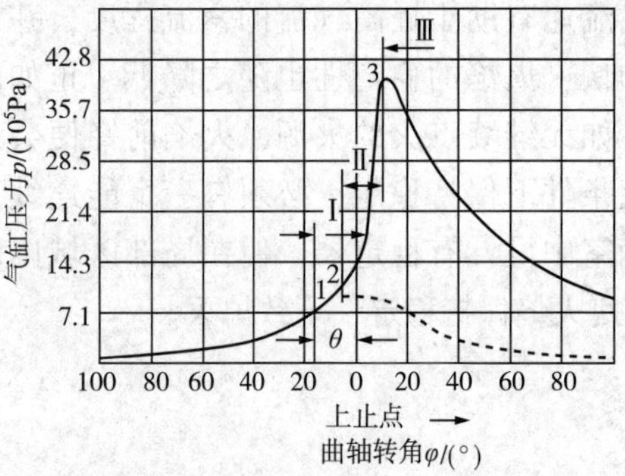

图 10-1　汽油机 p-φ 典型示功图

Ⅰ—诱导期；Ⅱ—明显燃烧期；Ⅲ—补燃期；

1—开始点火；2—形成火焰中心；

3—最高压力点；θ—提前点火点

在现代高速汽油机中，汽油的整个燃烧过程持续时间很短促，为 0.003～0.005s，相当于曲轴回转角 50°～60°。在研究中，可以利用高速摄影技术来观察其燃烧情况。但在一般工作中，通常用测动器等仪器来测定发动机的工作性能较为便利。从气缸内压力随不同曲轴转角而变化的关系即所谓 p-φ 示功图，可以分析汽油机燃烧过程的正常与否。

图 10-1 即为实际测得的汽油机燃烧过程的典型 p-φ 示功图。图中纵坐标表示气缸内的压力 p，横坐标表示曲轴转角 φ（当 $n=2000$r/min 时，每 12°约相当于 0.001s）。图 10-1 中实线是正常点火燃烧时气缸中压力变化的情况，虚线是不点火时气缸中压力变化情况。

在一般条件下，压缩接近终了时气缸内的压力为 1.0～1.4MPa，温度为 250～400℃。此时混合气还不能自燃，必须靠外源点火。一般在上止点前 15°～25°用电火花点火（图中点 1 位置）。当曲轴转至图中点 2 位置时，混合气形成火源，开始明显的燃烧。这时曲轴是越过上止点，开始膨胀行程。整个燃烧过程可分为三个时期。

一、诱导期

这个时期是由火花塞点火开始，到形成火焰中心为止，如图 10-1 中 Ⅰ 所示。在压缩行程中，气缸的温度、压力都开始上升，混合气中的燃料便开始进行一系列的焰前反应。当火花塞点火后，火花附近的混合气温度急剧升高，氧化加剧，形成大量的活性中心，同时释放出部分热量。如果点火能量足够，则经过很短时期(图中 1-2)，局部混合气温度可升高到超过燃料的自燃点，即强制点火温度，此时该局部混合气即出现最初的火焰中心。

由此可见，诱导期是燃料着火前进行物理和化学准备所必需的时期。在这一时期燃料着火的数量不多，所释出的热量除提高本身的温度，还用于加热邻近一层混合气，使其温度提高。因此，在此阶段中点火气体压力上升极为平缓，与不点火时的情况无明显的差别，故在 p-φ 图上反映不出来。诱导期虽然只占整个燃烧过程时间的 15%左右，但对燃烧程度有很大影响。诱导期的长短取决于汽油的性质、点火前气缸内的温度和压力、混合气的成分、残余废气量的多少和进气的涡流强度等。

二、明显燃烧期

火焰中心形成后即发生火焰传播现象。火焰前锋在强烈扰动气流中，逐层向未燃混合气推进，锋面随气缸中紊流强度不同而呈扭曲程度不同的球面。未燃混合气和已燃混合气接触的部分因受热而温度升高，由于已燃混合气的膨胀而被压缩(压力升高)，同时活性中心大量扩散，逐层发火燃烧，直至整个燃烧室中绝大部分燃料燃尽。

在这个阶段大部分燃料参与了反应，产生的热量剧增，而活塞正处在上止点附近，容积变化不大，因此，燃烧室内的温度迅速上升，压力也急剧升高到最大值，如图 10-1 中曲线 2-3 所示。从火焰中心形成到气缸压力达到最大值的这段时间称为明显燃烧期(图中Ⅱ)。

明显燃烧期是绝大部分燃料进行剧烈氧化燃烧的时期，大部分热量都在此时放出做功，因此，它是燃烧过程中最重要的阶段。这个阶段持续时间的长短与燃料的性质、混合气的成分、燃烧室的温度和压力以及燃烧室设计、火花塞位置、气体紊流强度等有关。

在明显燃烧期，如果最高压力出现在上止点以前，活塞尚在上行，显然对动力性能有损。如果最高压力出现在上止点以后很远，此时燃烧将在较大容积内进行，燃烧速度降低，膨胀做功能力减弱，发动机的功率和经济性都会降低。因此，理论上最高压力点越接近上止点，发动机的功率和经济性越高。但是，实践证明，最高压力点刚好出现在上止点时，发动机工作粗暴，机械磨损增加，对发动机工作也不利。长期的研究和试验表明，在正常情况下，汽油机燃烧室中的火焰传播速度应不超过 20~30m/s，平均压力上升速度应不超过 0.15~0.20MPa，燃烧室最高压力应出现在上止点后 12°~18°(平均约 15°)。这样，发动机工作平稳柔顺，动力和经济性均较好。

三、补燃期

由于混合气中燃料与空气的混合和分布不可能完全均匀，所以明显燃烧期以后和膨胀行程初期，仍然有少量未燃气体或燃烧不完全的产物继续燃烧。从气缸压力最高点 3 起至燃烧结束的这段时期称为补燃期。补燃期没有明确的结束时间，它的长短视燃料的燃烧完全程度而定。一般燃料蒸发性良好、雾化混合均匀、气缸温度正常，燃烧完全程度就高，补燃期在膨胀行程初期便可结束。反之，如后燃严重，甚至在排气过程中还会有燃烧现象。

在补燃期，燃料放出的热量很少，而且活塞已经下行，气缸的容积迅速增大，气缸内压力开始下降，因此燃料的热能不能充分利用。补燃期对整个燃烧过程的影响较小，但补燃期过长会使发动机的功率和经济性降低，所以补燃期越短越好。

第二节　爆震燃烧

一、点燃式发动机中的不正常燃烧

点燃式发动机中的不正常燃烧一般分为两类，即炽热点火和爆震燃烧。炽热点火指点火火花以外，在火焰前锋到达之前，由燃烧室内炽热表面或者积炭引起的点火燃烧。爆震指燃烧过程中在点火火焰前锋到达之前，在残余未燃混合气中引起的自燃发火。

发动机工作时，如果燃烧室内部的火花塞电极或排气门过热，或由于积炭而形成高温炽热点，在压缩行程接近终了时，若这些炽热表面的温度超过混合气的自燃温度，即使还未发生电火花点火，与炽热表面接触的混合气也会自行着火而引起不正常的燃烧。这种未经控制的混合气自行发火的现象称为炽热点火。由于它多由表面高温引起，有时也叫表面点火。

炽热点火有多种不同的情况，其中主要有下列几种：

① 早燃。表面点火发生在电火花正常点火之前为早燃。

② 迟燃。表面点火发生在电火花正常点火之后为迟燃。

③ 激爆（碰爆 Wild Ping）。这是不规则的爆燃性炽热点火，是循环早期出现的炽热点火后果，往往是脱落下来的积炭颗粒引起的。激爆以后燃烧室内有明显的积炭。由于这时正常火焰正在向未燃气传播，在未燃混合气中引起的着火具有爆震性质，使气缸中压力突然升高。

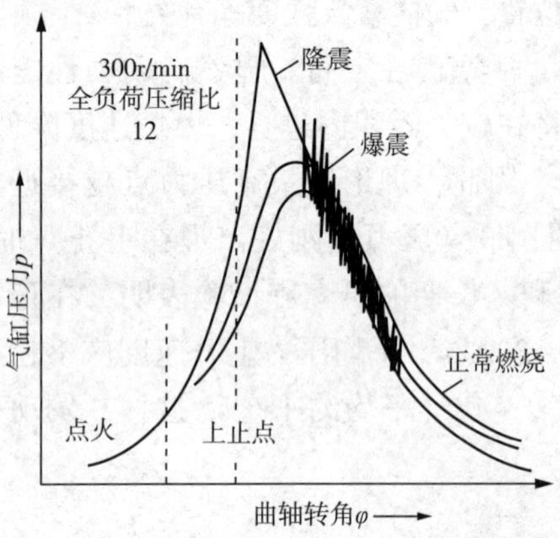

图 10-2　正常燃烧、爆震和隆震的 p-φ 图

④ 隆震（Rumble）。指多处炽热点火引起的压力急剧升高。隆震不同于爆震，爆震常发出金属敲击声，而隆震具有一种低频轰隆噪声并伴随有发动机粗暴，使发动机零件应力大大增加。隆震不具有爆震的性质。正常燃烧、隆震和爆震的比较如图 10-2 所示。

从图 10-2 中可见，正常燃烧是一条平滑的曲线，压力升高较缓慢。爆震燃烧则不然，压力上升开始稍迟，但在燃烧后期产生一系列尖锐的压力峰。产生隆震时压力在较早时期便很迅速地上升到尖峰，然后迅速下降，因此燃烧很不平稳。

不论是哪种情况下的炽热点火，其特征都可以归纳如下：

① 发动机功率下降。在压缩过程接近终了时，由于要克服过早产生的气体压力，必须消耗较多的能量，因而使有用功降低。

② 发动机过热，炽热点火一般是在活塞距上止点较远情况下进行，此时气缸燃烧室容积较大，散热面积增加，传给冷却水的热量增多，因而引起过热现象。

③ 运转不稳定。因为炽热点火是没有规律的无控制的燃烧，使气缸内压力增长不稳定，各缸之间也会发生差异，因而发出的动力不平衡，使运转不稳定，有时噪声严重。

总之，炽热点火对发动机工作危害很大，应竭力避免。炽热点火与爆震燃烧的现象很易混淆，判断时一般可切断点火进行观察，如断火后发动机仍继续着火运转，则为炽热点火；如断火后发动机停止工作，则为爆震现象。但是有时也有炽热点火和爆震燃烧同时发生的情况。

二、爆震燃烧

1. 爆震现象

当点燃式发动机(汽油机)在高温重载下工作时(例如汽车满载爬坡时)，常可发现发动机出现强烈振动，并发出金属敲击声，同时发动机功率降低，排气冒黑烟，这种现象便是爆震，也叫敲缸或爆燃。强烈爆震不仅使发动机的动力和经济性大大降低，而且给发动机机件带来严重损害(特别是连杆、活塞以及气缸盖等)，缩短发动机的寿命。

根据内燃机原理，提高发动机功率和降低耗油率的重要途径之一是提高发动机压缩比(见图 10-3)。但是随着发动机压缩比的提高，燃料产生爆震的倾向也增大。因此，爆震现象多年来便成为内燃机发展和运用中的巨大障碍。深入一步了解爆震的实质和产生原因，从而设法避免或减轻爆震的危害，对车辆和油料使用人员都有重要的意义。

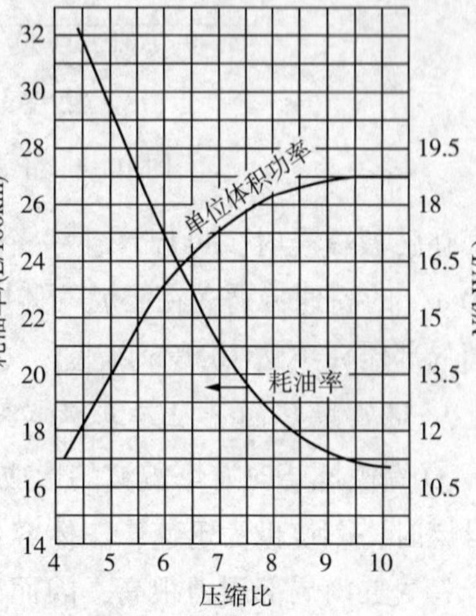

图 10-3 压缩比和发动机升功率及油耗的关系

正如前述，爆震是点燃式发动机中的一种不正常燃烧现象，它发生在燃烧过程的后期。当火花塞点火后，随着一次火焰在气缸中的传播，未燃部分的混合气受已燃气体的压缩和热的传导，温度压力急剧升高，化学反应加强，形成较多的活性中心。如果在一次火焰前锋未到达之前，未燃部分局部温度超过其自燃点，则在这些活性中心产生自燃，形成爆炸性燃烧，并产生爆震波，同时气缸内局部的温度和压力急剧升高，这就是爆震现象。

利用多缝照相的方法可以直接拍摄到爆震燃烧时气缸内火焰传播的情况。图 10-4(a)就是从一系列高速摄影图片分析得出的正常燃烧的火焰传播情况。此时火焰传播速度约为 10~30m/s，它的特征是火焰前锋前后压差很小、温度变化不大，因而表现在示功图上是平滑的曲线，如图 10-4(c)。

图 10-4(b)是根据轻微爆震情况所拍照片绘制的火焰传播图。从图中可以看出，当活塞位于上止点前-19.2°时开始在 A 点点火，火焰即由 A 点开始向周围传播。在上止点前一段时间内燃烧情况仍属正常，但在上止点后不久(6.25°)便出现了不正常情况。这时在 B 点附近的未燃混合气由于受到已燃气体高温高压的影响，密度大大增加。当 B 点附近的温度超过了着火点时，混合气发生瞬间的自燃。这种高温高压下的混合气局部自燃具有爆震性

质，产生爆震波，因而出现压力振荡，这在示功图上表现为后一阶段的许多尖锋。

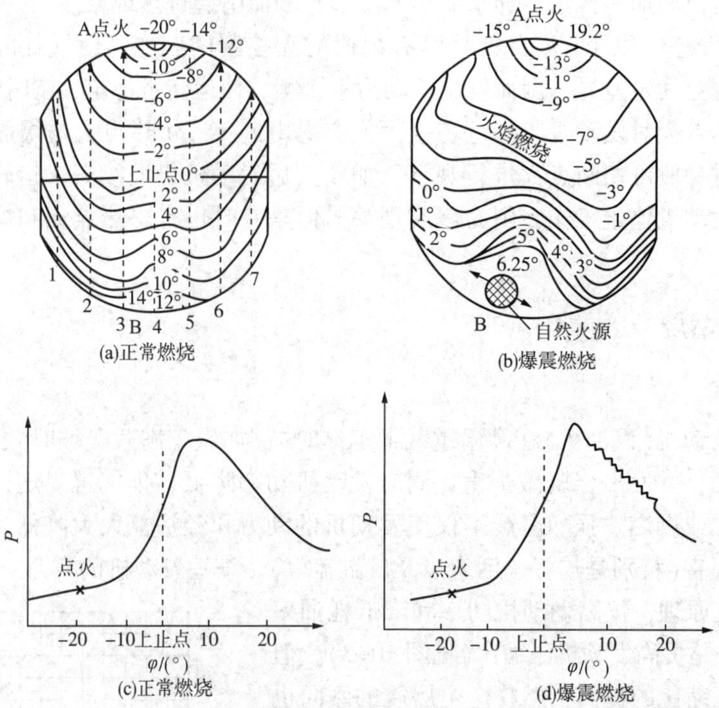

图 10-4　正常燃烧与爆震燃烧的火焰传播及示功图

在强烈爆震时，可以产生一个或多个自燃中心，产生的爆震波沿未燃气体以 2000~2300m/s 的高速传播，在已燃气体中以 1300~1800m/s 的速度传播。燃气压力急剧上升，短时间局部压力可达 10MPa 以上，气缸内的局部温度可以达 2000~2500℃。

2. 爆震燃烧的特征及其危害

① 爆震燃烧时有爆震波的形成，它以极高速度在气缸内传播。这是由于未燃混合气发生自燃时，燃烧极为迅速，气体容积来不及膨胀(活塞在上止点附近)，局部温度压力急剧上升，气缸内局部压力很高，因而出现爆震波。这种爆震波以超音速向前推进，撞击燃烧室壁、活塞顶、气缸壁，引起振动，并发出尖锐的金属敲击声。在压力波的冲击下，机件的磨损增加，甚至烧蚀气门、活塞，烧坏活塞环，损坏轴承。

② 爆震燃烧时常引起发动机过热。这是由于压力波的冲击，破坏了气缸壁表面的气体薄膜(这一薄膜有阻止热传导的作用)，使高温气体向气缸壁的传热增加，因而使冷却水及气缸顶温度均有明显上升。

③ 爆震燃烧时排气中有冒黑烟现象。发生爆震时，燃烧室局部温度急剧升高，燃烧产物(CO_2、CO 等)发生离解，析出游离碳。随着膨胀行程压力和温度的降低，这些游离碳来不及燃烧就被排出气缸，因而形成黑烟，造成燃料消耗量增加。

④ 爆震燃烧时发动机的功率和经济性降低。爆震时虽然瞬间压力可达很高，但是冲击压使机械出现强烈振动而消耗动力。同时由于上述通过气缸壁的热损失增大，燃烧中的离解等均导致发动机的功率降低、耗油量增大。这就使发动机压缩比的提高受到限制。

据研究，在轻微爆震的情况下，最大功率减少 1%~2%，在中等爆震的情况下最大功率减少4%~5%，而在强烈爆震的情况下最大功率大约减少10%。

3. 爆震产生的原因

从前面的讨论不难看出，点燃式发动机在正常燃烧的情况下，在火花塞点火形成火焰中心后，火焰前锋在混合气中逐层向外传播，直至燃烧完毕，如图10-5(a)所示。而爆震现象是在点火以后，正常火焰未到达以前，最后部分的未燃混合气出现自燃而引起的不正常燃烧，如图10-5(b)所示。最后部分未燃混合气的自燃是和烃类的氧化特性密切联系的。因为压缩行程末期，气缸内的温度、压力都逐渐升高，未燃混合气就开始了一系列的焰前反应。当火花塞在一点将混合气点燃后，火焰逐步向未燃混合气推进，这时在最后部分未燃混合气中经过诱导期(τ_1和τ_2诱导期)后，混合气中的过氧化物或过氧化物自由基的浓度逐渐加大。由于被高度压缩及热的辐射，这部分混合气的温度迅速上升，达到燃料的自燃点时，燃料中的过氧化物急剧分解，分支反应使反应趋于爆炸，于是发火燃烧，产生爆震。

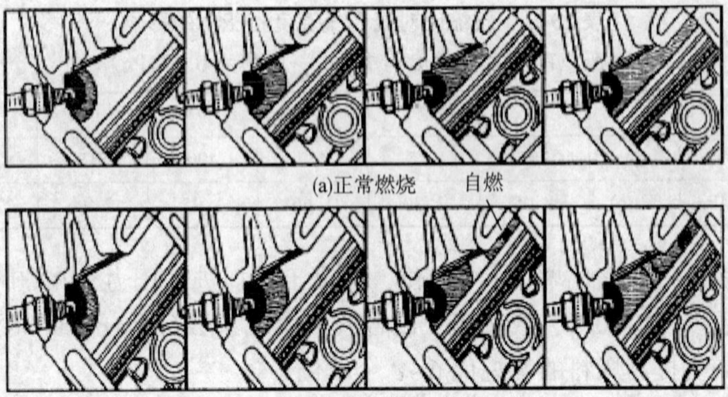

图10-5　汽油机爆震燃烧原因示意图

为了便于分析，设t_1表示火焰中心形成时起到正常火焰传播到最后部分未燃混合气为止所需的一段时间，t_2表示从火焰中心形成时起到最后部分混合气达到自行发火时为止所需的一段时间，t_2即大致相当于最后部分混合气的总诱导期($\tau_1+\tau_2$)。如果$t_1<t_2$，即在最后部分未燃混合气未自燃之前，正常火焰即将其点着，则燃烧情况正常而不产生爆震。这时燃烧速度虽然很大，但燃烧情况良好。但当$t_1>t_2$时，即在正常火焰未达到时，最后部分未燃混合气已开始着火，这时便会产生爆震。

根据上述分析，爆震的产生既取决于正常点火中火焰传播的速度，也取决于最后部分未燃混合气的诱导期长短和自燃点高低，换句话说，取决于t_1和t_2的长短。

三、影响爆震的因素

从爆震产生的原因可以看出，凡是影响t_1和t_2时间长短的各种因素均对爆震的产生有影响。例如，提高火焰传播的速度、缩短火焰传播的距离均有利于缩短t_1，因而能使爆震的倾向减轻；又如选用诱导期长、自燃点高的芳香烃成分，或降低发动机气缸内的温度和压力以延长其诱导期，均有利于增大t_2，因而也能有效地减轻爆震。

所有影响爆震的因素可以归纳为三个方面：燃料的燃烧性质，即燃料的抗爆性；发动机设计构造；发动机的操作使用。

1. 燃料的燃烧性质

燃料的性质是产生爆震的内因，在发动机设计和构造已确定的条件下，燃料的抗爆性好坏对产生爆震有决定性的作用。燃料的抗爆性通常用辛烷值表示(在航空汽油中有时用品度表示燃料的富油抗爆性)，汽油的牌号就是根据其辛烷值的高低来规定的。因此，辛烷值(或品度)越高的汽油在发动机中使用时越不易产生爆震。关于燃料组成对抗爆性大小的影响等在下节中还要详细讨论。

2. 发动机设计构造对爆震的影响

(1) 压缩比

发动机的压缩比对爆震有极大的影响，发动机的压缩比越大，或增压程度越高，压缩行程终了时气缸内混合气的温度和压力就越高(见表10-1)。这就大大加速了未燃混合气中过氧化物的生成和聚积，使诱导期缩短，自燃的倾向增大，因而使爆震的倾向增强。因此，压缩比越大的发动机就应该选用抗爆性越好的汽油，才不致产生强烈爆震。

表10-1 压缩比对混合气温度和压力的影响

(压缩前混合气温度为100℃，压力为0.1MPa)

压缩比	6	7	8	9	10	11	12
压缩后混合气温度/℃(计算值)	387	425	457	490	518	540	558
压缩后混合气压力/MPa(计算值)	1.05	1.30	1.66	1.95	2.24	2.55	2.85

一般说来，发动机压缩比增加1个单位，相当于增加进气压力0.0200~0.0267MPa，或相当于提高进气温度30~40℃，或相当于混合气的余气系数(当$\alpha<0.95$时)增加0.2~0.3。这种情况相当于需要提高燃料的辛烷值6~8个单位。

提高发动机的压缩比可以提高气缸内燃气的爆发压力，也就提高了发动机的功率，同时燃油的消耗率可以降低。因此，近代的点燃式发动机的压缩比越来越大，要求使用燃料的辛烷值也日渐提高。

(2) 点火提前角

发动机的点火提前角增大，燃烧时气缸内的最大压力也增加。它使未燃混合气的诱导期缩短，因而增强产生爆震的倾向。点火提前角越大，要求使用汽油的辛烷值越高(见表10-2)。

表10-2 点火提前角和所需汽油辛烷值的关系

点火提前角/(°)	5	10	13	15	20
发动机不产生爆震所需燃料的辛烷值	60	66	69	82	94

在使用辛烷值高于规定的汽油时，一般可将点火提前角适当增加，以获得最佳的动力性能。反之，在使用辛烷值低于规定的燃料时，应适当减小点火提前角。应该注意，过多地减小点火提前角将降低发动机的功率。

(3) 气缸尺寸、燃烧室形状及火花塞位置

气缸尺寸较大的发动机，点火条件相同时，火焰传播的距离加长(从点火源至最后部分未燃混合气的距离增大)，t_1变大，因而使爆震的倾向增强。气缸尺寸加大后，由于气缸容积与传热面积的比值增加，热能散失较慢，焰前反应的温度增加，也促使爆震的倾向增强。

例如，一台液冷发动机，缸径由70mm增加到216mm时，使用辛烷值相同的汽油，最高可用压缩比(不产生爆震时)从7.9降到5.4。一台缸径为150mm的风冷发动机，最大压缩比为6.5，而将缸径减小到120mm和进一步减小到90mm时，最大压缩比可提高到8，甚至可提高到9.2。

根据对燃烧室不同形状的研究，燃烧室形状越紧凑，使火焰传播的距离缩短，同时使气流造成尽可能强的涡流，则产生爆震的倾向越小，可以使用较低辛烷值的燃料。

燃烧室内最后部分未燃混合气的位置对产生爆震也有影响。如果将燃烧室设计成最后未燃部分位于离排气门较远的地方，则该部位在燃烧过程中温度较低，诱导期(t_2)可适当延长，爆震的倾向便可以减小。

火花塞的位置对爆震的产生也有影响，但不及上述未燃残余混合气所处温度条件的影响显著。一般设计中火花塞点火后，火焰传播至最后部分未燃气体的距离尽量缩短。例如，如燃烧室呈球形，则火花塞位于中心，产生爆震的倾向最小。

3. 发动机操作条件对爆震的影响

(1) 混合气成分

图10-6给出了某些典型燃料的余气系数与最大可用压缩比的关系。从图10-6上可以看出，几种燃料的最大爆震出现在$\alpha=0.8\sim0.9$处，只有环己烷在$\alpha=1.12$时的爆震倾向最大。混合气过浓或过稀，爆震都有减轻的倾向。一般发动机宜在混合气稍稀($\alpha=1.05\sim1.15$)条件下工作，不仅爆震可以减轻，而且功率保持较大，耗油量可以降低。

混合气在稍浓条件下爆震倾向最大的原因和燃烧温度有关。在一般条件下，当混合气稍偏浓时，燃烧气体的温度最高，压力最大(此时发动机有最大的功率)，这就导致最后部分未燃混合气的着火诱导期缩短，易于引起爆震。

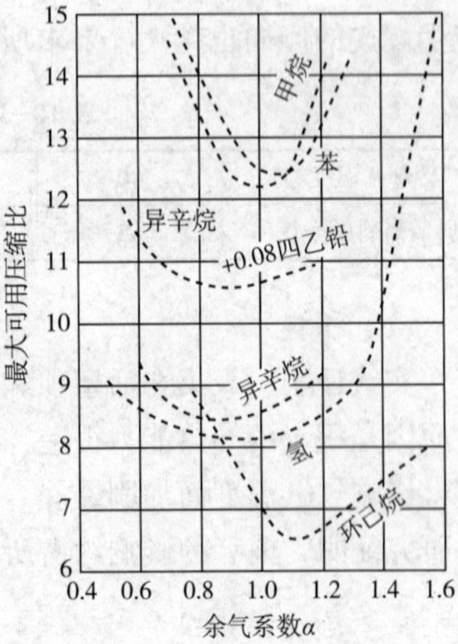

图10-6 不同燃料的混合气成分对爆震的影响

(2) 进气温度

随着进入气缸空气温度的升高，混合气的温度也升高，发动机整个工作循环的温度也升高，这就加快了燃料焰前反应的速度，因而使爆震的倾向增强。例如，航空发动机由增压器出来的空气温度增高时，要求所用燃料的辛烷值也提高(见表10-3)。

表10-3 进气温度与所需燃料辛烷值的关系

增压器出来的空气温度/℃	100	120	140	160	180
发动机无爆震所需燃料的辛烷值	80	82	84	88	92

(3) 进气压力

当进气压力提高时，和温度一样，也能加速混合气的焰前反应，从而增强爆震的倾向。反之，在高原地区行驶的车辆，由于进气压力降低，爆震的倾向也有所减小，因而可以使用辛烷值较低的燃料。

（4）发动机转速

发动机转速增大能使爆震倾向减小，有时甚至消除。其主要原因是当发动机转速增加时，燃烧室内气流的紊流强度增大，火焰传播速度大大加快（t_1缩短），未燃混合气的燃烧条件大为改善。近年来有些人对加强燃烧室涡流运动的情况进行了深入研究，一致认为增强气缸内的涡流运动能较好地减轻爆震，因而能在发动机中使用较低辛烷值的燃料。发动机转速与所需燃料辛烷值的关系见表10-4。

表10-4　发动机转速与所需燃料辛烷值的关系

转速/(r/min)	900	1300	1600	1800	2000
所需汽油辛烷值	80	78	76	75	74

（5）冷却水温

冷却水的温度可以改变发动机的热状态。冷却水温度越高，气缸的平均温度也越高，产生爆震的倾向也越大，要求所用燃料的辛烷值也越高（表10-5）。

表10-5　冷却水温度与所需燃料辛烷值的关系

冷却水温度/℃	40	50	60	70	80	90
所需燃料的辛烷值	65	66	69	70	71	72

（6）积炭

实践证明，聚集在活塞顶和燃烧室壁上的积炭能增强爆震的倾向。积炭增加爆震的主要原因是积炭的导热能力很差，它黏附在燃烧室壁上起绝缘层的作用，气缸内热量不易散失，影响气缸温度而加剧爆震。此外，积炭的体积效用也使压缩比增大而增加爆震。据某些研究证明，前者的影响约占所要求辛烷值提高量的75%，后者的影响只占25%左右。

第三节　烃类燃料的抗爆性

虽然发动机的构造和操作条件都对爆震燃烧的产生有一定影响，但是影响爆震的根本原因还是燃料的品质。在一定的发动机操作条件下，使用一种燃料（例如正庚烷）产生强烈的爆震，而使用另一种燃料（例如异辛烷）却完全不产生爆震。因此，为了减轻爆震的危害、提高发动机的功率，人们对各种燃料以及组成燃料的各种烃类的燃烧特性进行了广泛的研究。

燃料在发动机中燃烧时不产生爆震的性质称为燃料的抗爆性。燃料和各种单体烃的抗爆性好坏通常用它们的辛烷值表示，而辛烷值则是在标准的发动机中利用和标准燃料相比较的办法直接测定的。标准燃料由抗爆性很高的异辛烷（2,2,4-三甲基戊烷，其辛烷值定为100）和抗爆性很低的正庚烷（其辛烷值定为0）按不同的体积百分比组成。将所测燃料与不同的标准燃料进行比较，与所测燃料抗爆性相等的标准燃料中含有异辛烷的体积百分数，即定为所测燃料的辛烷值。因此，燃料的辛烷值越高，说明燃料的抗爆性越好。

各种燃料和组成汽油的主要烃类的辛烷值可以从一些标准的手册中查到。为了便于比较，下面列出了其中部分烃类的马达法辛烷值（见表10-6~表10-9）。

表 10-6 烷烃的辛烷值(马达法)

正烷烃	分子式	辛烷值	异烷烃	分子式	辛烷值
甲烷	CH_4	110	2,2-二甲基丙烷	C_5H_{12}	83
乙烷	C_2H_6	104	2-甲基戊烷	C_6H_{14}	73
丙烷	C_3H_8	100	3-甲基戊烷	C_6H_{14}	75
正丁烷	C_4H_{10}	92	2,2-二甲基丁烷	C_6H_{14}	96
正戊烷	C_5H_{12}	61	2,3-二甲基丁烷	C_6H_{14}	95
正己烷	C_6H_{14}	25	2-甲基己烷	C_7H_{16}	45
正庚烷	C_7H_{16}	0	2,2-二甲基戊烷	C_7H_{16}	93
正辛烷	H_8H_{18}	-17	2,3-二甲基戊烷	C_7H_{16}	76
正壬烷	C_9H_{20}	-45	2,2,4-三甲基戊烷	C_8H_{18}	100

表 10-7 烯烃的辛烷值(马达法)

烯烃	辛烷值	烯烃	辛烷值
乙烯 C═C	75.6	1-己烯 C═C—C—C—C—C	63.4
丙烯 C═C—C	85	2-己烯 C—C═C—C—C—C	81
1-丁烯 C═C—C—C	82	3-己烯 C—C—C═C—C—C	80
2-丁烯 C—C═C—C	86.5	1-庚烯 C═C—C—C—C—C—C	54
1-戊烯 C═C—C—C—C	77	2-庚烯 C—C═C—C—C—C—C	70
2-戊烯 C—C═C—C—C	80	3-庚烯 C—C—C═C—C—C—C	84

表 10-8 环烷烃的辛烷值(马达法)

环烷烃	辛烷值	环烷烃	辛烷值
环戊烷	83	环己烷	77
甲基环戊烷	82	甲基环己烷	41
乙基环戊烷	59	乙基环己烷	44
丙基环戊烷	16	丙基环己烷	20
丁基环戊烷	-11	丁基环己烷	3
戊基环戊烷	-19	戊基环己烷	-8

表 10-9 芳香烃的辛烷值

芳香烃	辛烷值	芳香烃	辛烷值
苯	108	对二甲苯	103
甲苯	104	间二甲苯	103
乙苯	98	邻二甲苯	100

从表中所列各种烃类的辛烷值看来，烃类的抗爆性随分子结构不同而变化的范围是很大的。但是，广泛的试验数据可以大致归纳为下述的规律：

① 在各种烃类中以芳香烃和异构烷烃的抗爆性最好，正构烷烃(戊烷及更高的烷烃)的抗爆性最差。它们的抗爆性好坏大致可排成如下的顺序：

芳香烃>异构烷烃>环烷烃>烯烃>正构烷烃。

② 每种烃类的抗爆性随分子中部分支链的加长有逐渐下降的趋势(个别有例外)，特别是脂肪烃表现得较明显，直链越长，辛烷值越低。

③ 烷烃分子碳链上分支越多、排列越紧凑、甲基越多，则抗爆性越好。

④ 烯烃比相应的直链烷烃的抗爆性好，且烯烃中的双键越接近中心，抗爆性也越好。

⑤ 环烷烃比相应的正构烷烃的抗爆性高很多，但低于异构烷烃。在环烷烃的环上导入直链会使抗爆性降低，直链越长，降低越多。在侧链上导入支链则和烷烃一样，能使抗爆性改善。在环已烷的环上有两个侧链时，各异构体的抗爆性按下述顺序降低：1，1>1，2>1，3>1，4；且顺式高于反式。

⑥ 芳香烃的抗爆性在各类烃中为最高，多数的辛烷值超过 100。在苯环上导入直链将使抗爆性降低，直链越长，降低越多。在侧链上导入支链则使抗爆性增加，例如：叔丁基苯的抗爆性优于仲丁基苯，而仲丁基苯则优于丁苯。当苯环上有两个取代基时，邻位异构体的抗爆性最低。

从油品来看，由于烃类的抗爆性有随相对分子质量的增大而降低的趋势。因此，从相同原油制取的油品，馏分较轻的油品比馏分较重的油品抗爆性好。从不同来源的原料来看，由环烷基或芳香基原油所制取的油品比由石蜡基原油所制取的油品抗爆性好。从加工来看，催化裂化、重整等所制取的油品比热裂化或焦化制取的油品抗爆性好，而热裂化产品、焦化产品又比一次加工(直馏)产品的抗爆性好。

关于各种烃类的抗爆性随其结构而很不相同的确切原因，虽然有过许多研究，出现过不同学说，由于问题涉及许多物理化学因素，目前还缺乏统一的认识，但是可以指出，它和各种烃类在着火前的化学反应历程、反应的活化能大小以及冷焰产生的条件等因素有关，因为这些因素在不同程度上都影响着燃料诱导期的长短和自燃点的高低。

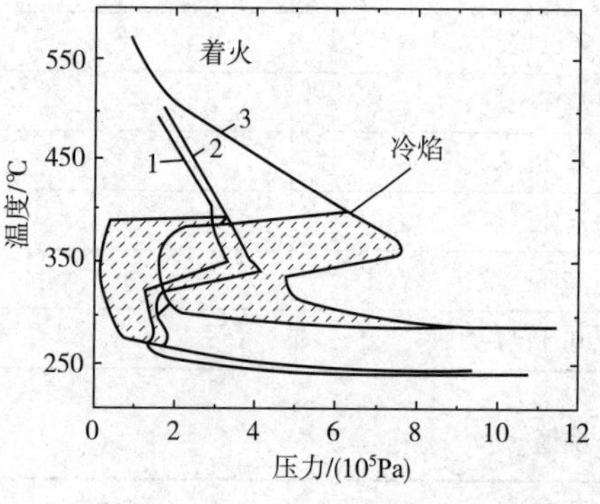

图 10-7　燃料空气稀混合气的着火曲线

1—正辛烷；2—正庚烷；3—异辛烷

比较不同烃的冷焰和着火曲线(温度-压力图，如图 10-7)，可以发现在相同压力下，一般烃类出现冷焰或自燃着火的温度越高，其抗爆性越好。反过来说，在低温下出现冷馅或着火时的临界压力(曲线下端向左方最突出处)越小，其抗爆性越低。

从图 10-7 上可以看到，抗爆性良好的异辛烷无论冷焰开始产生的温度或着火的温度，都比正庚烷或正辛烷在相同压力下高很多。正辛烷和正庚烷产生冷焰(图中阴影部分)的压力则较异辛烷低。

为什么不同烃类出现冷焰时的温度压力会有很大差异呢？根据烃类焰前二阶段着火的反应历程，提出了过氧化物自由基的异构化学说，对不同的抗爆性作了初步解释。下面扼要介绍这个学说的要点。

根据过氧化物自由基异构化学说，烃类抗爆性的高低是由各种烃类生成的过氧化物自由基所能提供 β 氢原子的难易程度决定的。换句话说，如果一种烃在低温氧化时生成的过氧化物自由基很难提供 β 氢原子而生成本身的异构体，则该烃具有良好的抗爆性。反之，如很易提供，则该烃具有很差的抗爆性。

燃料在较低温度下开始氧化时，仍按前述过氧化物理论首先生成自由基，并与氧作用而生成过氧化物自由基，即：

$$RH \longrightarrow \dot{R} + \dot{H}$$

$$\dot{R} + O_2 \longrightarrow R\dot{O}O$$

在较低温度下的分支反应时期，有 H(氢原子)从过氧化物自由基的 β 位或更远的 C 原子上迁移到过氧基上，形成自身异构化反应。这时生成的异构物可以接受新的氧分子而生成双过氧化物自由基 RO_4。以戊烷为例，反应的历程大致如下：

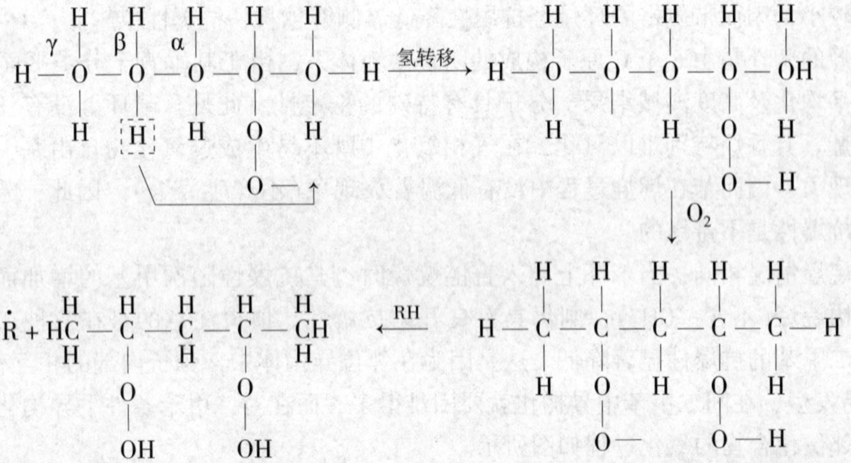

由于这些双过氧化物及其自由基在此阶段中的分解具有强烈分支的性质，使反应物在低温下出现冷焰，因而易于产生爆震。试验证明，在此阶段，对有焰前反应的各种烃类来说，确有过双过氧化物 β-H 转移现象存在。

氢转移过程中所转移的氢原子都是由次甲基(—CH_2)上获得的，因为从—CH_2上取得 H 原子较从甲基(—CH_3)上取得 H 原子所需的能量要小些。由于立体效应和过氧基的诱导效应，首先转移的是 β 次甲基上的 H 原子，其次才是γ、δ等较远的 C 原子。在较高温度下，α 碳原子上的 H 原子也可以转移。在更高温度下的分支反应则由甲基上 H 原子的转移而引起，由于伯碳原子上 C、H 间的键能大于仲碳原子上 C、H 间的键能，因而从—CH_3上转移 H 原子就困难得多。它比从 β、δ 或 α 碳原子上转移 H 原子需要更高的温度。

正构烷烃中的次甲基比异构烷烃中的多，直链越长的烷烃含有的次甲基也越多。这样，在低温下便容易形成 β-H 原子转移，从而发生大量的分支反应而出现冷焰，因而也更易于产生爆震。因此，正构烷烃的抗爆性很差，而且碳链越长，抗爆性也越差。

异构烷烃中，直链上的—CH_2上的 H 被不同的烷基代替，这时从 β 位—CH_2的 H 原子迁移的机会减少，不易产生异构化现象。比较正辛烷和异辛烷(2,2,4-三甲基戊烷)的氧化反应可以看到，当异辛烷氧化时，首先氧可能攻击叔碳或仲碳原子上的 C—H 键而生成氧化物自由基。如果在仲碳原子上生成 ROO，则没有任何 β-CH_2上的 H 可供转移。如果在叔碳原子上生成 ROO，也没有任何 β-CH_2上的 H 原子可供转移，不过这时还可以从 α-C 原子上获得 H 原子，但所需温度较高。与之相反，正辛烷碳链上则有许多—CH_2上的 H 原子可供转移。因此，异烷烃的抗爆性高于正烷烃，而且烷烃结构分支越多，抗爆性也越好。同时，支链是甲基比乙基或丙基的抗爆性要好，因为是乙基或丙基时，链上的—CH_2数要增多。同理，支链越紧凑，提供β-CH_2上的H更困难，抗爆性也越好。

烯烃比相应的正构烷烃含有的次甲基少，能提供β-CH_2上H原子的机会较少，所以烯烃虽然也容易生成过氧化物自由基，但自身异构化却不如正构烷烃容易，因此烯烃的抗爆性高于正构烷烃。烯烃的双键越靠近中心抗爆性越好的原因可能是双键位于中心时的共轭效应使分子具有更大的稳定性，使分子的异构化更为困难。

环烷烃由于其环状结构的特性比较稳定，生成过氧化物自由基比较困难，—CH_2的H原子转移不及直链烷烃的容易，因此自身异构化也比较困难，，所以一般环烷烃的抗爆性较好。当环上加入直链烷烃时，由直链上的—CH_2中的H原子转移到过氧基上比从环上转移所需能量较小，因而带侧链的环烷烃抗爆性降低。侧链越长，抗爆性也越低。

芳香烃的苯环是由6个C原子构成的闭合共轭体系，由于其垂直于分子平面的π电子云的完全平均化及高度离域结果，分子具有特殊的稳定性。此外，苯环上没有任何可供转移的次甲基。芳香烃特别难以氧化，在气相氧化中既不易生成过氧化物自由基，也很难产生异构化现象，因而苯在燃烧过程中没有低温着火现象(不产生冷焰)。因此，芳香烃具有特殊高的抗爆性是不奇怪的。

和环烷烃情况相同，当苯环上导入直链烷烃时，其抗爆性随次甲基的增加而降低。如侧链为异构烷烃(不含—CH_2)，则仍具有良好的抗爆性。值得注意的是在三种二甲苯异构体中，邻二甲苯的抗爆性显著降低。这是因为在邻位异构体中，分子内部的相互作用(立体效应)较易发生，在间二甲苯中异构化就要困难得多，而在对二甲苯条件下异构化则几乎不能发生。邻位化合物的氧化过程如图所示。

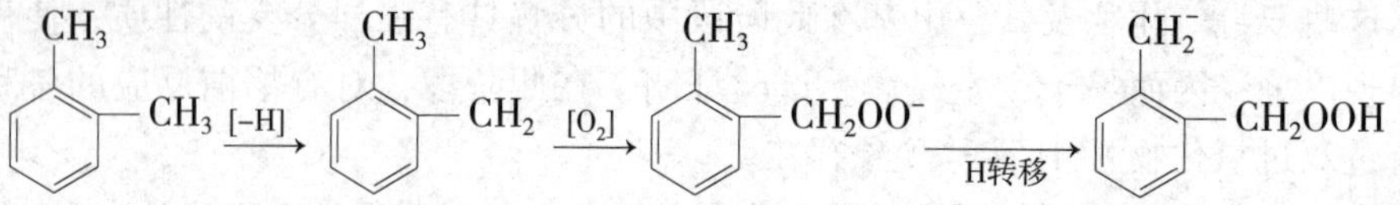

甲烷在燃烧时不产生冷焰，同时具有极高的抗爆性。从异构化学说来看，这是因为甲烷在生成过氧化物自由基后，既缺乏β-CH_2，也缺乏α-CH_2的H可供转移。因此甲烷在低温下的氧化历程没有分支反应，因而不产生冷焰。甲烷从本身C原子上的氢转移而生成过氧化物自由基$\dot{C}H_2OOH$必须在较高的温度下才能发生，因此甲烷具有很高的抗爆性。从甲烷的着火曲线来看也是符合上面分析的。

可以看出，自由基异构化学说能较好地说明各种烃类抗爆性的差异。从正丁烷和正戊烷的低温氧化试验产物中分别获得下列β-双酮化合物的事实，也有力地支持了这一学说。

$$HC(=O)—CH_2—C(=O)—CH_3 \qquad CH_3—C(=O)—CH_2—C(=O)—CH_3$$

无疑它比过去认为烃类的抗爆性好坏只取决于过氧化物的浓度和稳定性大小，或比游离氢学说(认为烃类燃烧时先放出游离氢，烯烃含的游离氢较少因而较烷烃的抗爆性高)都要完善得多。但是爆震现象毕竟是很复杂的物理化学现象，影响烃类抗爆性好坏的因素很多，上述规律中也还有少数例外，异构化学说也不是完美无缺，它还需要在实践中不断检验和发展，有待进一步的完善。

第四节　燃料抗爆性的评定方法

评定汽油抗爆性的指标有辛烷值和品度，其中，辛烷值表示稀混合气的抗爆性，品度表示浓混合气的抗爆性。无论辛烷值或品度都是在标准单缸发动机中，在严格的规定条件下，与一定的标准燃料相比较而测得的。辛烷值和品度的测定条件见表 10-10。

表 10-10　燃料抗爆性测定方法比较

主要条件	辛烷值		品度
	研究法 GB/T 5487 （F-1 法）	马 达 法 GB/T 503 （F-2 法）	增压航空法 SH/T 0506 （F-4 法）
发动机转速/(r/min)	600	900	1800
冷却液温度/℃	100	100	190.5
冷却液	水	水	乙二醇
进入空气温度/℃	25~50	25~50	107
混合气温度/℃	不控制	150	不控制
机匣滑油温度/℃	48.5~65.5	50~75	75~80
提前点火角/(°)	各种压缩比下 均为上止点前 13°	可变，压缩比为 5.0 时 为上止点前 26°	压缩比固定为 7.0 时 固定在上止点前 45°
爆震计量方法	爆震传感器	爆震传感器	闻声或爆震计
爆震强度调整方法	改变压缩比	改变压缩比	改变增压
进行测定时混合气成分调整	最大爆震	最大爆震	开始(轻微)爆震
混合气成分相当于	$\alpha=0.9$	$\alpha=0.95\sim1.05$	$\alpha=0.60\sim0.85$
抗爆性表示方法	辛烷值 (40~120)	辛烷值 (40~120)	品 度 (161 以下)
发动机气缸直径/mm	85	85	85
活塞冲程/mm	115	115	115
气缸工作容积/cm^3	652	652	652
适用范围	点燃式发动机燃料	点燃式发动机燃料	航空活塞式发动机燃料

一、辛烷值

辛烷值是汽油抗爆性的评价指标，是汽油抗爆性与标准燃料抗爆性比较得出的结果，是和汽油(或其他燃料)抗爆性相同的标准燃料中所含异辛烷的体积百分数。

自从 1927 年以来，世界各国普遍采用异辛烷和正庚烷作为测定辛烷值的正标准燃料。这是因为这两种标准燃料的理化性质和汽油很相近，通过将这两种燃料混配可以获得抗爆性范围很广的一系列标准燃料，而且无论异辛烷或正庚烷，性质都非常安定、不易变质，可以获得较纯净的产品，同时也便于生产。

通常规定抗爆性极高的异辛烷(2,2,4-三甲基戊烷)的辛烷值为 100，规定抗爆性极低的正庚烷(n-C_7H_{16})的辛烷值为 0。将两种燃料按不同容积比例混配，可以获得从 0 到 100 单位辛烷值的系列标准燃料，其中将异辛烷含量的体积百分数定为该标准燃料的辛烷值。

测定任意燃料的辛烷值时，将所测燃料与选取的标准燃料在严格规定的条件下于辛烷值测定机中进行比较。如果它们的抗爆性恰好相等，则取标准燃料的辛烷值(标准燃料中异辛烷的体积百分含量)作为所测燃料的辛烷值。如不相等，则需另行选取标准燃料重新比较。实际工作中因很难找到恰与所测燃料抗爆性完全相等的标准燃料，因此一般选取两个标准燃料，使其中一个的抗爆性略高于而另一个则略低于所测油样的抗爆性，根据试验结果便可以计算出所测油样的辛烷值。

显然，燃料的辛烷值只是表示燃料抗爆性高低的相对指标，它随所采用标准燃料以及试验条件的不同而改变。因此，燃料的辛烷值并不表示该燃料中异辛烷的实际含量多少，而只表示该燃料与异辛烷比较时的抗爆性好坏，例如纯乙醇的辛烷值为 111~114(RON)。

如果所测燃料的辛烷值过低(例如低于 50)，为避免爆震过剧而损害发动机，可以将所测燃料混配一定量的异辛烷后再进行测定，然后从测定结果计算出所测燃料的辛烷值，这种辛烷值也叫混配辛烷值。测定单体烃的辛烷值低于 0 时也是如此(因此辛烷值可以高于 100 或低于 0)。

测定车用汽油的辛烷值，世界各国普遍采用两种方法，即马达法(也称 F-2 法)和研究法(也称 F-1 法)。美国、西欧和日本等以研究法为主，目前已被定为国际标准方法，在我国也被采用。所有这两种方法都是在标准的可变压缩比发动机中与标准燃料进行比较而测定的，但是两种方法测定的条件不同，因此结果也不相同。由于研究法测定时转速较低，点火提前角也较小，混合气温度较低，所测结果比马达法高出 5~10 个辛烷值单位。马达法和研究法都是利用装在气缸头部的爆震传感器来比较其爆震强度而进行测定的。

航空汽油的辛烷值过去曾规定用温度法测定(现规定用马达法)。温度法是根据爆震时气缸头部温度的高低的原理来测定的，即爆震越强，气缸头部温度越高；温度法也称为航空法或 F-3 法。

1. 马达法

马达法是我国规定测定汽车汽油抗爆性的标准方法之一，测定方法标准为 GB/T 503—2016《汽油辛烷值测定法(马达法)》，测定条件见表 10-10。它使用的主要设备包括：①一个可变压缩比(4~10)的单缸四行程发动机，利用上下移动气缸头部分，可以改变发动机的压缩比以获得需要的爆震强度。②功率为 5.8kW 的同步电动机，转速保持 900r/min 不变。③测量爆震强度的爆震传感器。爆震传感器下端连接气缸处有一金属薄膜，上连一金属杆，杆的上端连有两个导电的金属簧片。当爆震发生时，气缸内燃气的振动引起薄膜随着振动而传至簧片，簧片在振动时便接通电流。爆震越强烈，簧片的接触越多，因而流过簧片的电流量也越大。通过一定的热电元件便可以将爆震的强度在爆震指示计上指示出来。④控制进入空气中水分含量的冰桶。由于空气的湿度对降低爆震有一定的影响，因此在试验时先使空气通过盛有冰块的桶中冷却至0℃。如果空气中含有水分超过 0℃时的饱和含量，则多余部分的水分会凝析出来；反之，干燥空气则会吸收部分水而达到饱和。由冰桶出来的空气(含有固定的水分)再经过加热至规定的温度，然后进入化油器。⑤操作台。操作台上有各种必要的仪表及控制装置，包括爆震指示计等。

测定时先将试验机调整至规定的条件，然后用试油操作。此时，调节压缩比，使之达到规定的爆震强度。取异辛烷和正庚烷（或副标准燃料）按不同容积比例配成适当的标准燃料两种，其中一种的抗爆性应略高于试油，而另一种则略低于试油。然后和试油在相同的压缩比下（其他条件均按规定）比较其爆震强度。在比较时所有试油及标准燃料均应将混合气成分调整至最大爆震。根据爆震计的读数即可计算出试油的辛烷值（应在两种标准燃料的辛烷值之间）。一般所取两种标准燃料的辛烷值相差不超过 2 个单位。对于同一装置，同一燃料的平行测定所测结果的误差不超过±0.5 个单位。

与研究法相比，马达法所用转速较高，进气温度也稍高，因此所测辛烷值结果低于研究法。由于马达法的试验条件规定较严格，测定结果的重复性较好，对经常高速行驶和高负荷（载重车辆节气门全开）条件下工作的车辆来说，较接近实际情况。

2. 研究法

研究法辛烷值的测定方法为 GB/T 5487—2015《汽油辛烷值的测定 研究法》，测定条件见表 10-10。研究法是最早的（1932 年以前）汽油抗爆性测定方法。在开始时有些条件规定很不严格，因而结果准确性不高、不易重复。后来经过不断改进，于 1960 年及 1975 年先后提出了修订的研究法，在世界各国获得广泛采用。研究法使用的测定机和马达法测定机很相似，测定原理也基本相同，现在一般在同一台辛烷值机上可以实现马达法和研究法辛烷值的测定。研究法辛烷值与马达法辛烷值测定条件的主要差别在于：①发动机转速保持 600r/min；②点火提前固定在上止点前 13°；③进入空气不控制水分，混合气经过化油器直接进入气缸而不需加热。

研究法的特点是测定时发动机的转速较低、混合气温度低，研究法测得同一汽油的辛烷值通常比马达法高 5~10 个单位。

长期的道路试验证明，研究法测得的燃料抗爆性与城市小车（轿车）实际使用条件下表现的抗爆性较接近。这是因为在城市条件下汽车的车速较低、负载较小、发动机温度也较低，与研究法的测定条件较接近。

3. 燃料对抗爆性测定方法的敏感度和抗爆指数

由于马达法和研究法测定条件不同，同一燃料用马达法与研究法测定的辛烷值结果也不同。一般来讲，同一燃料的研究法辛烷值比马达法辛烷值高 5~10 个单位。燃料组成不同，二者的差值也不一样。同一燃料用马达法与研究法测定的辛烷值结果的差数称为该燃料的敏感度（或感度）。

燃料的化学组成不同，发动机工作条件对燃料抗爆性的影响也不相同，这就造成了各种成分敏感度的差异。表 10-11 列举了不同烃类的敏感度。从表 10-11 中可以看出，烷烃（包括正构和异构）的敏感度很低，环烷烃次之，芳香烃的敏感度稍高，而以烯烃为最高。

烷烃敏感度较低的原因可能与采用的标准燃料都是烷烃有关。用不同加工方法制成的产品对测定条件也有不同的敏感度，其中以直馏产品的敏感度较低，热裂化或催化裂化产品的敏感度均较高（见表 10-12）。

表 10-11　不同烃类对抗爆性测定方法的敏感度

烃类	辛烷值		敏感度（研究法-马达法）
	研究法	马达法	
烷烃			
异丁烷	101.1	97.6	3.5
异戊烷	92.3	90.3	2.0
异己烷	91.9	93.4	-1.5
异辛烷	100	100	0
正丁烷	93.6	92.0	1.6
正戊烷	61.7	61.0	0.7
正己烷	24.8	25.0	-0.2
烯烃			
丙烯	101.4	84.9	16.5
异丙烯	101.5	88.1	13.4
1-戊烯	90.9	77.1	13.8
1-己烯	76.4	63.4	13
环烷烃			
甲基环戊烷	91.3	82.0	9.3
乙基环戊烷	67.3	59.0	8.3
异丁基环戊烷	33.4	28.2	5.2
甲基环己烷	46.5	40.8	5.7
芳香烃			
苯	>100	108.0	—
甲苯	115	104.0	11.0
乙苯	106	97.9	8.1
异丙苯	110	99.9	10.1

表 10-12　燃料加工方法对抗爆性测定方法的敏感度

燃料	辛烷值		敏感度（研究法-马达法）
	研究法	马达法	
直馏汽油			
原料为巴库原油	68	66	2
原料为格罗兹内原油(终馏点 120℃)	71	70	1
原料为中亚油	58	55	3
热裂化原油			
环烷基原料	77.6	71	6.6
烷基原料	72	66.4	5.6
催化裂化汽油			
罗马什金重质原料	83.8	76.2	7.6
杜马津原油重质原料	87	77.8	9.2
催化重整原料	83.6	77	6.6
裂化汽油	54	69.8	-15.8

为了更准确反映燃料的抗爆性，通常将研究法辛烷值和马达法辛烷值的平均值也作为评价抗爆性的指标，称为抗爆指数(Octane Number Index，ONI)，即：

$$ONI=\frac{RON+MON}{2}$$

在我国车用汽油标准中，抗爆性指标一般要求研究法辛烷值和抗爆指数两项。

4. 混配辛烷值

在测定燃料的辛烷值时，有时不便对燃料直接进行测定，而必须与一定量的标准燃料混合后才能进行测定。从混配后的燃料辛烷值可以计算出该燃料的辛烷值，这种辛烷值就叫作混配辛烷值。通常在下列情况下需要测定混配辛烷值：

① 燃料或单体烃的抗爆性高于异辛烷或低于正庚烷时；

② 燃料或单体烃的蒸发性过高或过低，不适于在辛烷值机上直接进行测定时；

③ 试验样品数量过少时。

如以 x 表示所测燃料的混配辛烷值，y 表示与之混配的已知标准燃料的辛烷值，a 表示所测燃料在混配物中的百分含量，c 表示混配物的辛烷值，则按可加性原则求算术平均方法，混配物的辛烷值应为：

$$c=\frac{ax+(100-a)y}{100}$$

或

$$x=\frac{100c+(a-100)y}{a}$$

如燃料与标准燃料系按 1∶1 比例混配，则上式可简化为：

$$x=2c-y$$

试验证明，直馏汽油及烷烃的辛烷值具有可加性，即用直接法和混配法所测结果相同。热裂化汽油、催化裂化汽油以及直馏汽油和烯烃的混合物的混配辛烷值常低于直接测定的辛烷值。芳香烃及含芳香烃的高辛烷值成分的混配辛烷值常高于直接测定的辛烷值。

5. 辛烷值超过 100 个单位的燃料抗爆性评定方法

马达法或研究法一般适用于测定辛烷值在 100 个单位以内的燃料的抗爆性。当所测燃料或组分的辛烷值超过 100 个单位时，虽然可以用混配法，但是结果与直接测定有一定的误差，这是由于燃料的燃烧是一个复杂的化学过程，经过混配后的燃料在燃烧时，各种中间产物之间仍有一定的相互影响，并不是各自孤立发生的现象，因而燃料各种成分的抗爆性并不完全具有可加性。

为了更准确地测定高于 100 个单位的燃料辛烷值，在马达法和研究法中都规定了可以完全按一般燃料的测定方法进行，只是将标准燃料改为含有不同的四乙基铅含量的异辛烷。当异辛烷中含有不同量的四乙基铅时，它的抗爆性随四乙基铅含量的增多而增大，利用外延法可以计算出其相应的辛烷值。纯异辛烷含有 0.05～2.30mL/kg 四乙基铅的辛烷值见表 10-13。

表 10-13　纯异辛烷含有不同四乙基铅时的辛烷值

纯异辛烷中四乙基铅含量/(cm^3/kg)	辛烷值	纯异辛烷中四乙基铅含量/(cm^3/kg)	辛烷值	纯异辛烷中四乙基铅含量/(cm^3/kg)	辛烷值
0.05	101.6	0.6	111.2	1.3	116.4
0.1	103.1	0.65	111.7	1.4	116.9

续表

纯异辛烷中四乙基铅含量/(cm^3/kg)	辛烷值	纯异辛烷中四乙基铅含量/(cm^3/kg)	辛烷值	纯异辛烷中四乙基铅含量/(cm^3/kg)	辛烷值
0.15	104.3	0.7	112.2	1.5	117.4
0.2	105.4	0.75	112.7	1.6	117.8
0.25	106.4	0.8	113	1.7	118.2
0.3	107.3	0.85	113.5	1.8	118.6
0.35	108.1	0.9	113.9	1.9	119
0.4	108.8	0.95	114.2	2	119.4
0.45	109.5	1	114.6	2.1	119.7
0.5	110	1.1	115.2	2.2	120
0.55	110.7	1.2	115.8	2.3	120.3

例如，所测试油的抗爆性在发动机中试验结果与含有 0.50mL/kg 四乙基铅的纯异辛烷的抗爆性相等，则从表 10-13 可以查出该试油的辛烷值为 110 个单位。对于辛烷值超过 100 个单位的燃料或化学组分，用研究法测出的结果仍稍高于马达法。

6. 道路辛烷值

无论用马达法或研究法测定汽油的辛烷值，都是在实验室中用单缸发动机在严格规定的条件下测定的，与车辆在实际道路上运行时的表现不完全相符，因此，有人推荐当车辆在道路上实际运行中测定其产生爆震的性能，称为道路辛烷值，标准燃料仍采用异辛烷与正庚烷的混合物。显然，道路辛烷值较马达法或研究法更接近于实际情况。

早期提出的道路辛烷值测定方法有边界线法(Borderline Knock Procedure)和修正尤宁唐法(Modified Uniontown Procedure)。边界线法测定道路辛烷值，要求汽车发动机备有手控点火提前装置、提前角指示器及记录装置、发动机转速指示器和记录装置、进气管压力表以及标准油和试验汽油的油箱等，测定时选择水平道路或均匀坡路，使车辆运行一段时间，至发动机工作稳定后即可开始用标准油测试，最初用较小点火提前角，节气阀全开，使发动机产生轻微爆震，逐步加大发动机转速，得出爆震消失时的转速。然后得出不同提前角与爆震消失时发动机转速的关系，在图上作出曲线，即为边界线。在用不同标准油试验后，对所测汽油同样进行测试，求出所测汽油在不同点火提前角下爆震消失所需转速。最后利用插值法求出所测汽油的道路辛烷值。爆震的强弱是根据测试人员的经验用耳听来确定。

修正尤宁唐法与上法基本相似，只是采用了自动调整点火提前装置并有相应的指示仪表。道路试验中道路条件、车型车况、气候变化以及驾驶人员操作和判断的不同等许多因素，对测定结果都产生一定的影响，因此所测结果精确度不高。虽然后来改为可以在一定范围的温度和湿度条件下在室内用多缸汽油机测定，但测定手续繁多，消耗人力物力仍然很大，因而在实际工作中，大多运用经验公式来计算燃料的道路辛烷值。

例：道路辛烷值(修正尤宁唐法)

$$MUON = 30.97+0.306RON+0.364MON$$

式中，RON 为研究法辛烷值，MON 为马达法辛烷值。

二、品度

飞机发动机通常用不同混合气浓度进行工作：在巡航时为取得最大经济性而采用贫油工作($\alpha>1.0$)；在起飞以及作战时为取得最大功率而采用富油工作($\alpha=0.7\sim0.8$)。辛烷值是在混合气 α 值接近 1 的条件下，通过调整至最大爆震时进行比较而测定的，通常称为贫油辛烷值，它表示燃料在较稀混合气时的抗爆性。为了测定航空汽油在浓混合气($\alpha=0.60\sim0.65$)条件下的抗爆性，规定了品度指标。品度的测定方法是 SH/T 0506—1992《航空汽油富气的品度测定法》，该指标是在增压航空发动机上测定的，因此该测定方法称为增压航空法(又称 F-4 法)。在增压航空发动机上分别用待测燃料和工业异辛烷作燃料，测定发动机平均气缸压力或指示功率，待测燃料工作时的平均气缸压力或指示功率与用工业异辛烷工作时的平均气缸压力或指示功率之比，用百分数表示即为品度：

$$品度=\frac{航空汽油工作时的气缸平均压力或指示率}{工业异辛烷工作时的气缸平均压力或指示功率}\times100$$

品度表示的是航空汽油在浓混合气条件下的抗爆性。测定品度时发动机的工作条件更为苛刻。测定装置主要包括具有直接喷油的单缸发动机，附有增压装置。测定时发动机转速保持在 1800r/min，混合气浓度为 $\alpha=0.60\sim0.85$。

航空汽油牌号由马达法辛烷值和品度组成，分子表示马达法辛烷值，分母表示品度。例如 100 号航空汽油用 100/130 表示，意思是马达辛烷值不低于 100，品度不低于 130(75 号航空汽油不要求品度)。

由于现代汽油发动机的压缩比逐渐增大，发动机对使用燃料辛烷值的要求也不断提高，以保证发动机在无爆震条件下获得更大的功率、消耗更少的油料。因此，制备抗爆性优良的燃料多年来一直是石油炼制工业的重要发展目标。根据实践，提高汽油抗爆性的途径通常有 3 种：①选择良好的原料和改进加工工艺过程，例如采用催化裂化、铂重整、烷基化等；②向产品中加入抗爆性优良的高辛烷值成分，例如异辛烷，异丙苯、烷基苯等；③在产品中加入能提高燃料抗爆性的抗爆剂。在实际工作中，可以根据具体情况采用上述方法之一，也可以同时采用几种方法，以获取辛烷值很高的汽油。

第十一章　柴油机中燃料的燃烧

第一节　柴油机中燃料的燃烧过程

柴油机和点燃式发动机中燃料的燃烧过程最主要的区别在于，柴油机中的燃料是直接喷射在被压缩的高温空气中而自行发火燃烧的，而点燃式发动机则需要外界能源进行点火燃烧。因此，柴油机有时又被称为压缩着火发动机。此外，柴油机的供油方式以及可燃混合气的形成与点燃式发动机也有显著的不同。

柴油机进气行程吸入的是纯净的空气，压缩行程将要终了时(一般在上止点前10°~35°曲轴转角)才将燃料喷入气缸内，燃料喷射延续的时间约相当于曲轴转角15°~35°。压缩终了时气缸内空气压力一般不低于3.0MPa，温度不低于500~700℃。由于这个温度超过了燃料的发火温度，最初喷入气缸内的部分雾化燃料很快受热蒸发，与空气混合后迅速着火燃烧。继续喷入的燃料在高温下也随即蒸发燃烧，放出热量，膨胀做功。

燃料在柴油机中燃烧的延续时间很短。例如，在转速为1500r/min的高速柴油机中，如燃烧时间所占曲轴转角为30°，则仅为：

$$\frac{30}{360}\times\frac{60}{1500}\approx 0.0033\text{s}$$

即燃料必须在3.3ms的时间内迅速蒸发燃烧，且燃烧必须完全，才能使发动机的热效率提高。但是，要使柴油机获得最佳的效率，除了应保证燃料迅速而完全的燃烧，还应改进换气能力，提高新鲜空气进入气缸的数量；保证压缩终了时气缸内有够高的压力和温度；提高喷油压力，改善雾化条件；调整喷油提前角至最适宜角度；改进燃料的理化性质等。

燃料在柴油机中燃烧时还要求气缸内压力上升的速率较平缓，以保证发动机工作柔和，这对提高发动机的功率和延长发动机的寿命都有好处。一般低速柴油机曲轴每转1°，压力平均升高速度应不超过0.2~0.3MPa，中速柴油机应不超过0.3~0.4MPa，高速柴油机应不超过0.6~0.8MPa，否则发动机工作将被认为是粗暴的。

柴油机中燃料燃烧过程的分析通常用展开示功图来表示。在示功图上可以较方便地从气缸压力随曲轴转角的变化看出气缸内燃烧的情况。图11-1为典型的柴油机展开示功图。

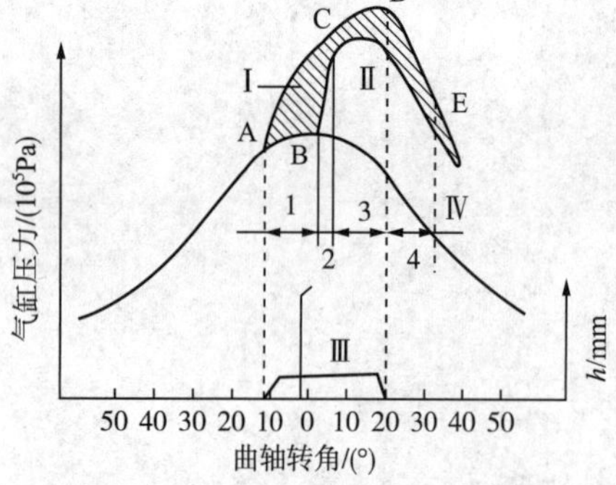

图11-1　柴油机的展开示功图

Ⅰ—理论燃烧曲线；Ⅱ—实际燃烧曲线；Ⅲ—喷油器针阀的升程；Ⅳ—无喷油压缩曲线；1—发火延迟期；2—急燃期；3—缓燃期；4—后燃期

燃料在柴油机中的燃烧过程，从喷油开始到全部燃烧完为止，大体上可分为四个阶段，即发火延迟期、急燃期、缓燃期和后燃期。

一、发火延迟期(滞燃期)

发火延迟期通常是指由喷油开始(图中 A 点)到混合气开始着火为止的一段时间，但气缸内着火的具体时间测定较复杂，因此，实际工作中常取示功图中压力曲线开始偏离无喷油压缩曲线而开始迅速上升的交点(图中 B 点)，作为发火延迟期的终点。这个时期很短，只有 1~3ms。在这一时期的前部，燃油喷入气缸后进行雾化、受热、蒸发、扩散以及与空气混合组成可燃混合气等一系列燃烧前的物理准备，所以这部分时间又称物理延迟。同时，燃油受热后开始焰前氧化，进行一系列的链反应，直至在对发火最有利条件下形成最初的发火原点，这就是化学延迟。由于柴油的发火温度远低于气缸内压缩后空气的温度，因此，柴油与空气组成的混合气在经过物理延迟与化学延迟后便开始着火燃烧。应该看到，物理延迟与化学迟延的时间是部分重叠的，这是因为蒸发和氧化等过程都是互相影响、交错进行的。例如，氧化反应释放出的热量促进了燃料的蒸发和扩散，而蒸发和迅速的扩散又促进了燃油的氧化。

在发火延迟时期，温度较低、反应速度较慢，燃料氧化反应释放出的热量有限，且部分热量被喷入的柴油所吸收(加热及蒸发潜热)，因此气缸内的压力没有明显上升，有时还略低于无喷油压缩曲线的压力。

虽然这一时期没有产生明显的燃烧，但这段时间的长短对以后的燃烧过程有着决定性的影响。因为在这一时期结束时，气缸内已积累了大量柴油(在低速柴油机中可达循环喷油量的 15%~20%，在高速柴油机中甚至高达 100%)，而且经过了不同程度的物理和化学准备，因此，发火后反应极为迅速。这时在延迟期内喷入的全部燃料就会立即燃烧，使气缸中的压力急剧上升。发火延迟期越长，积累的燃料越多，压力上升越剧烈，结果使发动机工作粗暴，出现敲缸现象。

柴油机工作粗暴与汽油机爆震从现象来看非常相似，都表现为发动机出现强烈振动，并发出金属敲击声、排气冒黑烟、功率下降、油耗上升。但二者却有着本质的区别：首先是发生的时机不同，汽油机爆震发生在燃烧的后期；而柴油机工作粗暴在发生在燃烧的初期。其次，二者发生的原因不同，汽油机爆震是由于混合气氧化过快，在正常火焰到达前，未燃混合气发生自燃，形成多个火焰中心；而柴油机工作粗暴则是由于混合气氧化不够快，发火延迟期过长，着火前气缸中积累了大量燃料，在燃烧时大量燃料同时燃烧，使气缸压力上升过快。最后，二者的影响因素相反，凡是促进氧化的因素，都会使汽油机爆震倾向增大，而使柴油机工作粗暴倾向减小。

柴油的发火延迟期可以因下列条件而缩短：①增加发动机的压缩比；②对进入的空气加温；③减小喷雾颗粒的直径，改善雾化条件；④采用燃烧性能良好的燃料，即发火点较低的(或十六烷值较高的)燃料。

二、急燃期(速燃期)

这个阶段是燃料的急燃阶段，相当于示功图 11-1 中的 BC 一段，即从燃料开始着火直到气缸压力不再急剧升高的时间。在延迟期的末期，气缸内已经喷入大量的柴油。由于受到被高度压缩的高温空气加热，细小的油粒完全蒸发。喷入较晚的或较大的油粒也大部分蒸发呈气体状态。气缸内的混合气已进行了不同程度的氧化反应，所以当一处或几处的混合气氧化过程达到一定程度而开始着火时，即转入急燃期。这时气缸内的温度、压力均较汽油发动机高，火焰传播速度也快得多。因此，燃料发火后，不仅气缸内积累的燃料迅速燃烧，而且继续喷入的燃料也迅速参与燃烧。同时，燃烧又是在活塞正处于上止点附近的较小气缸容积中进行的，接近“定容燃烧”。这一时期的特点是燃烧速度很快，单位时间内放出的热量很多，气缸内温度和压力上升很快。

压力升高的速度 $\Delta p/\Delta\varphi$ 的大小对柴油发动机的工作影响很大。如果 $\Delta p/\Delta\varphi$ 太大，即缸内压力猛增，发动机就会出现工作粗暴，严重时气缸内会发出金属敲击声(敲缸)。敲缸会给发动机带来很大危害：①使发动机动力不足，功率下降；②排气冒黑烟，耗油率增加；③使曲轴连杆机构受到很大的冲击力，加剧机件的磨损，甚至造成损坏，严重影响发动机工作可靠性和使用寿命。因此，为了保证发动机工作稳定性和可靠性，压力升高速度不能太快，一般不超过 0.3~0.6MPa，但是，$\Delta p/\Delta\varphi$ 也不能太小，否则发动机的功率和经济性都要降低。

急燃期中压力升高速度的快慢取决于延迟期的持续时间，即延迟期越短，发动机工作越柔和。

三、缓燃期(慢燃期、渐燃期、主燃期)

缓燃期是柴油机中燃烧过程的主要阶段，大量的燃料(约占循环喷油量的 50%~60%)是在这个阶段燃烧掉的。所谓缓燃期就是指从气缸压力不再急剧升高时起，到压力开始迅速下降时(通常与喷油终止点重合)为止的一段时间，相当于图 11-1 中 CD 曲线。

这个时期的特点是气缸内压力变化不大，在后期还稍有下降，而温度则继续升高达到最高值，然后下降。温度的最高值 T_{max} 一般在最高压力之后出现(见图 11-2)。这是因为经过急燃期后，气缸内的温度、压力已迅速升高，在此阶段中喷入的燃料的发火延迟期大大缩短，几乎随喷随着。因此，气缸内的压力继续有所上升。但是此时活塞已经越过上止点向下运行，且速度逐渐加快，气缸容积也逐渐增大，因而使气缸内压力增长很小或逐渐下降，其增长或下降的情况视燃油的喷射量及活塞运行时容积变化程度而定。实践证明，燃烧最大压力在上止点后 5°~10°(曲轴转角)时出现，经济性最佳。燃烧最大压力为 5.0~12.0MPa，在高增压时可达 15.0MPa。

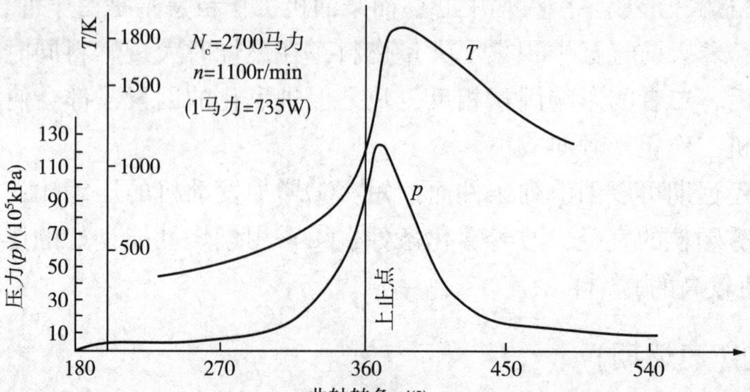

图 11-2　12V240 柴油机示功曲线图

燃料在柴油机中燃烧时应保证在缓燃期内燃烧大量的燃料，从而获得较大的功率和较高的效率，但最大压力又不致过高。在此阶段中应努力改善燃料与空气的混合，例如加强燃烧室内的扰动与涡流、采用过量的空气等，都有利于提高反应速度，使燃烧反应趋于完全，以释放出最大的热量。燃烧的最高温度不应超过 2200K，否则将引起燃烧产物的严重分解，使发动机的效率降低。分解反应主要为：

$$CO_2 \longrightarrow CO+\frac{1}{2}O_2$$

$$H_2O \longrightarrow H_2+\frac{1}{2}O_2$$

四、后燃期(补燃期、余燃期)

后燃期是燃烧的最后阶段，它从压力迅速下降开始到燃烧结束为止，约相当于图 11-1 中的 DE。在后燃期中，那些在前几个阶段中没有来得及燃烧完的燃料以及中间产物在此时进行补充燃烧，由于燃烧是在膨胀行程中进行，活塞继续向下运动，气缸容积迅速增大，散热面积增加，所以气缸压力迅速降低，温度也逐渐下降。显然，后燃期应尽量缩短，避免过多的燃料在膨胀行程中才进行燃烧，因为这样会使排气温度升高，通过气缸壁损失的热量增大，燃料热能的利用效率降低。实践证明，调整好的柴油机循环，燃料总热量 80% 以上均应在急燃期和缓燃期中释出，后燃期中释出的热量不宜超过 20%，燃烧应在上止点后 60°左右结束，不应拖长。

第二节　影响柴油机中燃烧过程的主要因素

影响燃料在柴油机中燃烧过程的因素很多，下面着重从燃料的性质和发动机维护运转角度讨论柴油的燃烧性能、柴油的雾化、喷油时气缸的热状态及喷油提前角等因素的影响。

一、燃料的理化性质

影响柴油机燃烧过程最重要的因素之一就是燃料的理化性质，其中主要的是柴油的发火性能和蒸发性能。

柴油的发火性能是指柴油在发动机中是否容易燃烧的性质。发火性能好的柴油在柴油机中容易自燃，发火延迟期越短，发动机工作越平稳。反之，如果柴油的发火性能差、发火延迟期长，则容易出现发动机工作粗暴。关于柴油发火性能的评定指标及意义在下节中详细讨论。

燃料的蒸发性能良好时，一般易于和空气形成可燃混合气，有利于在低温下起动发动机，在喷射时容易形成较细油滴，因而发火延迟期可以缩短，发动机工作平稳，而且蒸发性良好的燃料燃烧迅速。但是燃料馏分过轻时，在延迟期中蒸发的数量过大，当燃料发火时，几乎所喷射的燃油全部参加燃烧过程，结果会导致压力增长过速，发动机工作粗暴。

由同一原油生产的柴油，其轻馏分的组成增加时，燃料的发火延迟期也随之增加。换言之，同一原油生产的柴油馏分十六烷值较高，而煤油馏分的十六烷值较低，汽油馏分则十六烷值更低。因此，馏分过轻的燃料对一般柴油机中的燃烧是不利的。

二、燃料的雾化质量

燃料雾化质量良好，可以缩短燃料发火的物理延迟时间，整个延迟期也随之缩短，使发动机工作平稳。雾化良好的燃料有利于使燃料和空气均匀混合，保证燃烧迅速而完全。

燃料雾化质量的好坏主要取决于燃料的黏度和表面张力的大小，这在前面章节已经讨论过了。燃料的表面张力较小时，雾化的颗粒较细。燃料黏度过大或过小，对油束在燃烧室内的均匀分布都带来不利影响。如燃油的黏度已定，则喷油器的设计与构造应保证燃油喷出的油束颗粒直径小、分布合理，使发火延迟期缩短，燃烧完全。

当喷油器针阀关闭不严而漏油时，会出现喷油压力降低、雾化质量变差。同时，由于在膨胀行程中继续喷油，会产生严重的后燃现象，造成柴油机功率降低、燃料消耗率增大、排气冒黑烟。

三、气缸的热状态

压缩终了时气缸内的空气温度对发火延迟期有很大影响。如该温度和压力较高，则燃料着火前的化学反应速度加快、蒸发也较快，因而发火延迟期缩短、发动机工作柔和。反之，如该温度和压力不高，则燃料的物理和化学延迟均延长，发动机将出现工作粗暴。

气缸内的压缩空气温度和压力高低取决于发动机压缩比的大小、气缸的冷却状况以及活塞的状态。提高发动机的压缩比，也就提高了压缩终了时空气的温度和压力，因此，一般柴油机的压缩比(13~18)比汽油机(6~10)高很多。随着材料强度和机械的改进，柴油机的压缩比逐步在提高。

在冬季冷车状态下起动柴油机，由于空气及气缸温度变低，压缩后热能损失大，压缩后空气温度降低，造成起动困难。因此，柴油机在冷起动时必须暖缸，以改善起动性能。当活塞环张力不足或损坏，则气缸产生漏气。气缸漏气不仅使压缩终了温度压力降低，而且使气缸中充气量减少，结果都能造成燃烧不良。

四、喷油提前角

柴油机的功率与经济性不仅取决于燃料的理化性质，而且与开始喷油时间是否正确有密切的关系。这是因为喷入气缸的柴油，必须经过一段发火延迟期才能着火燃烧。如果开始喷油时间过早，燃料着火燃烧并产生最大压力时，活塞还在上行(压缩)，燃烧气体就会给活塞以很大的反压力，使柴油机工作粗暴，功率和经济性会显著降低。如果开始喷油时间过晚，即喷油提前角过小时，燃烧将在活塞离开上止点向下运动、气缸容积逐渐增大的情况下进行。这时气缸内温度和压力已经降低，结果最大压力也大大降低，使发出的功率减小、经济性也降低。同时，喷油过晚，燃烧不易完全，后燃严重，燃料消耗率增大，排气中易产生黑烟，也是很不利的。

图 11-3 为不同喷油提前角条件下某种型号高速柴油机的展开示功图($p-\varphi$ 图)。从图 11-3 中可以看到，当喷油提前角很小(喷油过晚)时，示功图所包含的面积(功)越来越小，即发动机的平均指示压力降低、功率减小。

根据上述讨论，喷油提前角必须适当，才能发挥柴油机的最大功率并提高其经济性。实践证明，各型柴油机必须选择适当的喷油提前角，使燃料的发火点在上止点附近，或使燃烧产生的最大压力出现在上止点后 5°～10°，则发动机的功率和经济性最佳，工作也比较平稳。

对于不同构造的柴油机和不同性质的燃料，最适当的喷油提前角也各不相同。通常高速柴油机的喷油提前角为 15°～35°曲轴转角，应通过试验最后确定。应该注意最佳喷油提前角还和发动机转速有关。当发动机转速增大时，由于循环的时间缩短，最佳喷油提前角也随之增大(见图 11-4)。为了适应这一变化，在高速车用柴油机中一般都装有飞块离心式喷油角自动提前器，可根据转速自动调整喷油提前角。

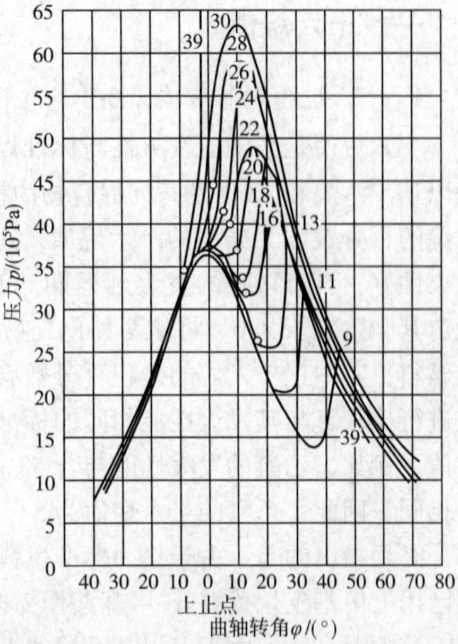

图 11-3　不同喷油提前角条件下某种型号高速柴油机的展开示功图

(图中曲线上数字表喷油提前角)

五、气缸内涡流强度

适当增加气缸内空气的涡流强度，可以加速柴油与空气的混合，改善高温空气对柴油的加热，使发火延迟期缩短、燃烧速度加快、燃烧也较完全。但涡流强度过大，则热能损失增加，对燃烧也不利。

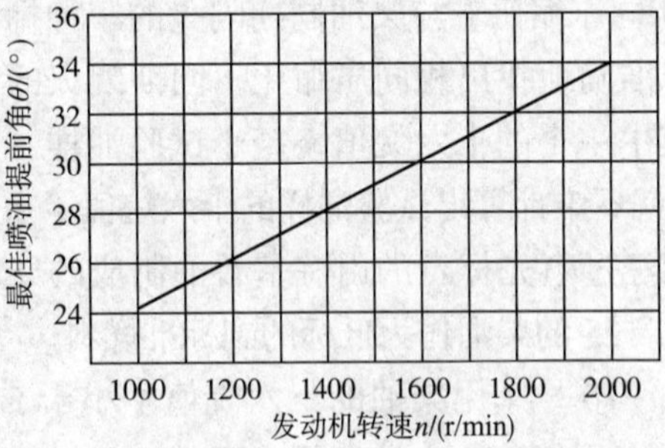

图 11-4　6120 柴油机最佳喷油提前角与转速的关系

六、发动机转速

柴油发动机转速提高时，由于气体的涡流增强，燃料的雾化蒸发条件得到改善。同时，压缩过程的时间缩短，漏气和散热损失减少，使压缩终了时的温度升高。因此，转速升高后燃料混合气形成的时间可以缩短，燃烧也较迅速完全。但是转速很高时由于循环的总时间缩短，如不加大喷油提前角，往往不易保证在上止点附近燃烧完毕，后燃期延长，耗油量也增加。

总之，影响柴油机中燃烧过程的因素很多，除上述因素外，还有燃烧室的形状、是否有预燃室以及增压等也都和燃烧过程有密切关系。改善燃烧过程，正确使用燃料必须和许多因素结合起来考虑，以保证柴油机具有最佳的动力性和经济性，同时运转平稳可靠，起动性良好，排气不冒黑烟。

第三节　柴油发火性的评定

柴油的发火性好坏通常用十六烷值表示，也可以用柴油指数或十六烷指数表示，柴油的自燃点也可以在一定程度上反映发火性的好坏。

一、十六烷值

1. 十六烷值的概念与测定

十六烷值是柴油的发火性与标准燃料的发火性比较得到的结果。十六烷值最初的定义是以正十六烷和α-甲基萘的混合物为标准燃料，和柴油发火性相同的标准燃料中所含正十六烷的百分数即为柴油的十六烷值。正十六烷 $C_{16}H_{34}$是一种和柴油理化性质相近的化合物，发火性好，具有很短的发火延迟期，因而规定其十六烷值为100。α-甲基萘的发火性差，规定其十六烷值为0。将这两种化合物按不同体积百分数掺和，即可配成各种十六烷值的标准燃料，其中正十六烷的体积百分数含量即表示该标准燃料的十六烷值。将柴油与标准燃料进行比较，与其发火性能相同的标准燃料中所含正十六烷的百分数即为所测燃料的十六烷值。例如，乙醚的发火性能与含53%(体积)的正十六烷(α-甲基萘含量为47%)的标准燃料相同，因此，乙醚的十六烷值为53。

必须指出的是，由于作为标准燃料之一的α-甲基萘结构上与柴油有较大差异，因此现在已用七甲基壬烷代替α-甲基萘作为标准燃料，即现在使用的标准燃料是正十六烷和七甲基壬烷的混合物。由于七甲基壬烷的十六烷值为15，因此所测十六烷值不再是标准燃料中正十六烷的百分数，而需经过换算(可以把七甲基壬烷看作85% α-甲基萘与15%正十六烷的混合物)。

根据我国国家标准GB/T 386—2010《柴油十六烷值测定法》的规定，柴油的十六烷值是用同期闪火法在气缸工作容积为652mL的专用发动机中测定的。这种单缸发动机具有可变压缩比，并有指示发火时间的指示灯。在严格规定的条件下，将试验燃料与由正十六烷和七甲基壬烷组成的各种标准燃料进行比较，找出在相同压缩比下与柴油同期闪火的一种标准燃料，该燃料的十六烷值即为柴油的十六烷值。由于准确地找出相同压缩比下同期闪火的一种标准燃料很费时费事，通常选择两个标准燃料，其中一个的十六烷值略高于试验油样，而另一个则略低于试验油样。这样，根据测定的结果，就不难计算出试验油样的十六烷值了。

为了降低试验费用，在经常性的测定中可以采用经过事先标定的由烷基石油制成的柴油作为高标的副标准燃料，用硫酸精制的十六烷值不高于25的柴油作为低标的副标准燃料。

GB 19147—2016《车用柴油》中规定5号、0号、-10号车用柴油的十六烷值不小于51，-20号车用柴油十六烷值不小于49，-35号、-50号车用柴油十六烷值不小于47。

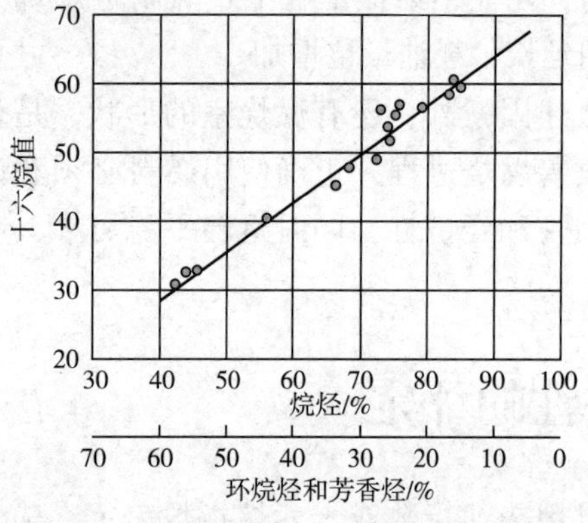

图11-5 柴油十六烷值与烃类组成的关系

2. 十六烷值和燃料组成的关系

十六烷值的高低取决于燃料的化学组成。一般正构烷烃的十六烷值最高，异构烷烃次之，环烷烃的十六烷值较低，而芳香烃的十六烷值最低。无论环烷烃或芳香烃都是侧链越长、分支越少，则十六烷值越高。因此，含烷烃越多的燃料，其十六烷值也越高(见图11-5)。含芳香烃多的燃料最不适于柴油机使用。

我国所产原油大部分属于烷基(石蜡基)原油，用国产原油生产出的柴油，其十六烷值均较高，一般都在55~70，是柴油机的良好燃料，这从

表 11-1可以看出。

表 11-1　国产柴油的十六烷值

柴油名称	玉炼专用柴油	兰炼专用柴油	南炼专用柴油	茂炼专用柴油	五厂 10 号柴油	五厂 20 号柴油	三厂柴油	上炼 0 号柴油	上炼 10 号柴油	五厂 0 号柴油	东炼柴油
十六烷值	66	55	60	65	66~99	54~65	64	64	65	67	65

组成相近的烃，相对分子质量越大，其十六烷值也越高。例如，正庚烷的十六烷值为 55，而正十六烷的十六烷值则为 100(表 11-2)。

表 11-2　烃的相对分子质量与十六烷值及发火延迟期的关系

烃类	分子式	在下列压力下的发火延迟期(曲轴转角)/(°)		十六烷值
		3.0MPa	1.5MPa	
正庚烷	C_7H_{16}	7.1	12.8	55
正十二烷	$C_{12}H_{26}$	6.8	11.6	80
1-十六烯	$C_{16}H_{32}$	6.8	10.5	88
正十六烷	$C_{16}H_{34}$	6	10.2	100

烃的相对分子质量增大，其热安定性相对降低，高温下易于分解而产生自由基，加速着火前的链反应，因而发火延迟期缩短，十六烷值增高。正构烷烃或异构烷烃在高温下较易分解而生成自由基，氧化较易，所以十六烷值较高。环烷烃较烷烃稳定，而芳香烃由于其特殊结构，具有最大的安定性，因而环烷烃和芳香烃的发火延迟期均较长，十六烷值很低(例如，正辛基苯的十六烷值仅为 36，七甲基壬烷为 15，α-甲基萘为 0)。

3. 十六烷值和柴油机工作的关系

燃料的十六烷值对柴油机工作的影响很大，其中最重要的就是对燃烧过程的影响。十六烷值越高的燃料，其自燃点越低。由于自燃点较低，燃料的发火延迟期通常较短，这可从图 11-6 和图 11-7 看出，十六烷值升高时，发火延迟期逐渐缩短。应当注意，只是当燃料的十六烷值低于 50 左右时，发火延迟期的变化才较为显著。例如，当十六烷值由 30 增加到 40 时，可以缩短发火延迟期 6°左右。当十六烷超过 60 个单位时，发火延迟期变化很小。例如，十六烷值由 50 增加到 70 时只缩短发火延迟期 2°(曲轴转角)。所以，高速柴油机燃料一般要求十六烷值只要达到 40~50 就可以保证发动机正常工作。

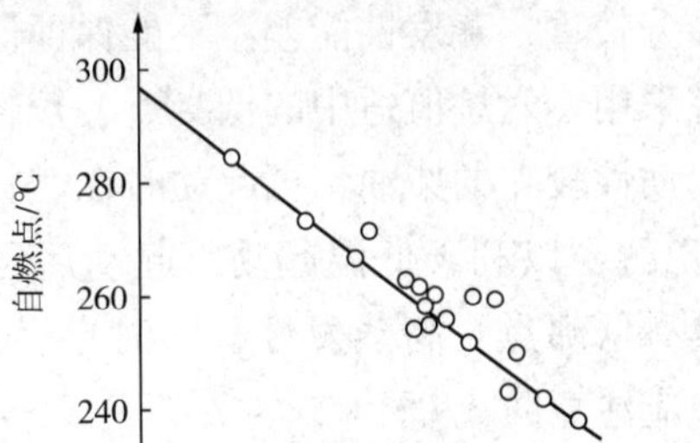

图 11-6　燃料十六烷值与自燃点的关系

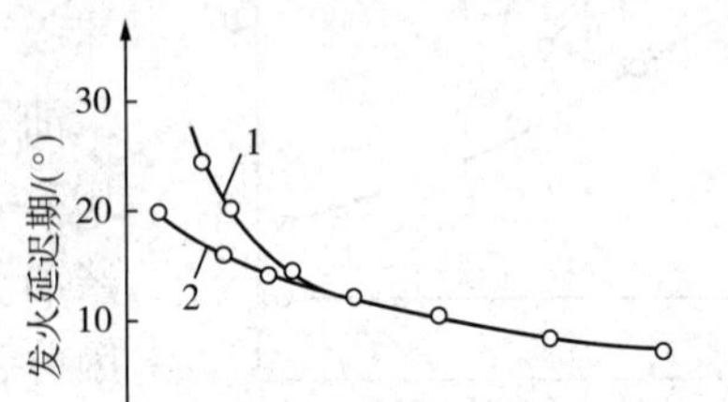

图 11-7　十六烷值和发火延迟期的关系

1—宽馏分柴油；2—窄馏分柴油

4. 十六烷值和辛烷值的关系

尽管柴油机工作粗暴时发生的敲缸现象与汽油机出现爆震时的敲缸现象表面上很相似，给发动机带来的危害也大体相同，但是二者在本质上有很大区别，产生的原因也根本不同。柴油机中的敲缸产生于燃烧的初期，而汽油机中的敲缸则产生于燃烧的末期。柴油机中由于燃料的发火性能低，诱导期 τ_1 过长而引起工作粗暴；汽油机中则由于燃料发火性能高，诱导期 $\tau_1+\tau_2$ 过短而出现爆震。可见，柴油机和汽油机对燃料发火性质的要求是正好相反的。所以，十六烷值越高的燃料，其辛烷值也越低，反之亦然。有人用 66 种汽油试样，分别测定了它们的辛烷值和十六烷值，二者的关系可以近似地用下述公式表示：

$$十六烷值=60.96-0.56(马达法辛烷值)$$

所得结果的标准误差为±1.71 个单位。十六烷值与研究法辛烷值的关系如下：

$$十六烷值=68.54-0.59(研究法辛烷值)$$

所得结果的标准误差为±1.09 个单位。

十六烷值高的燃料的发火延迟期短，气缸内积累同时发火的燃料数量少，因而气缸内压力上升较平缓，轴承上所承受的最大压力也较小，这从表 11-3 可以看出。使用燃料的十六烷值过低，将引起发动机工作粗暴，轴承上的最大压力增加，机械磨损增大，有时连杆轴承也遭受破坏。

表 11-3　十六烷值和轴承上最大压力的关系

燃料的十六烷值	轴承上的最大压力/MPa
60	16.7
50	17.1
40	19.0
30	21.7

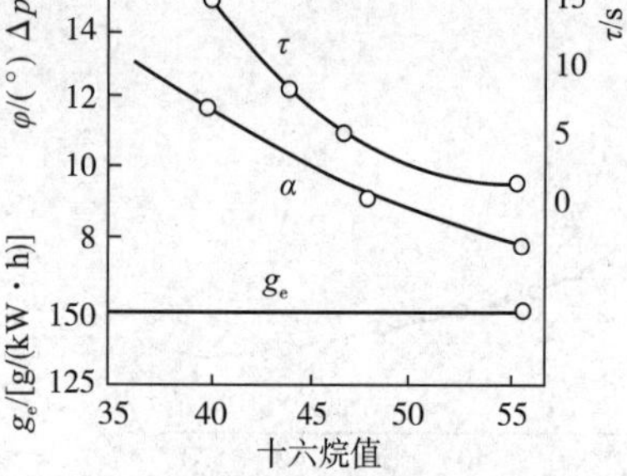

图 11-8　十六烷值对雅斯-204 柴油机工作的影响

τ—发动机起动时间；φ—发火延迟期；g_e—有效耗油率；p_z—燃烧最大压力

燃料的十六烷值对发动机的起动性能也有一定影响。十六烷值越高，越易在较低温度下起动，发动机起动所需的时间也较短。例如，雅斯-204 发动机使用柴油十六烷值由 35 增加到 55 时，起动所需时间由 24s 缩短到 1s。在低温下起动柴油机时，由于十六烷值很高的燃料通常馏分较重，蒸发性能差，不能保证低温下迅速起动，故宜采用十六烷值适中的低凝点、较轻馏分的柴油。对于起动性较差的柴油，可起动时在燃料中加入 10%~15%的乙醚，以利于低温起动，起动后再改用纯柴油。乙醚具有低沸点、高蒸发性，同时自燃点很低，因此，保管中应注意防火。

此外，十六烷值对发动机燃料的消耗率也有影响。在某些发动机(例如雅斯-204)上，燃料的十六烷值由 35 升高到 55，耗油率基本上没有变化或略有增加(见图 11-8)。

在雅斯-204 柴油机中的试验表明，燃料的十六烷值由 35 增加到 55 时，发动机的燃烧最大压力(p_z)、气缸内压力增方速率$\frac{\Delta p}{\Delta \varphi}$、发动机的起动时向($\tau$)以及发火延迟期均有改善(见图 11-8)，因而对发动机工作有利。

当燃料的十六烷值超过 65 时，由于在延迟期中烷烃的热安定性很差，将过多地分解而产生游离碳粒，来不及完全燃烧而随废气排出，致使发动机排气冒黑烟，燃料消耗率反而增大。所以，过高地提高柴油的十六烷值是不适当的。

二、柴油指数

虽然用发动机直接测定燃料的十六烷值能较准确地表示燃料在发动机中的发火燃烧性，但是测定需要专用设备，试验用标准燃料费用昂贵，测定方法也较复杂，该法的实际使用受到限制。因此国外也用柴油指数来表示柴油的发火性。

柴油指数简称 DI，它最初的表示形式为：

$$DI=\frac{(°API)(A)}{100}$$

式中　°API 为美国石油学会比重度；A 表示燃料的苯胺点(Aniline Point)，用℉表示。如采用摄氏温标并将°API 代入原式，则得：

$$DI=\frac{(1.8A+32)(141.5-131.5d_{15.6}^{15.6})}{100d_{15.6}^{15.6}}$$

苯胺点是新蒸馏的苯胺和等体积的燃料完全互溶时的最低温度。已知芳香烃最低温下在苯胺中的溶解能力比烷烃大得多，即芳香烃含量越多的燃料，苯胺点越低(例如，β-甲基萘的苯胺点为-17.8℃，正十六烷的苯胺点为 94.4℃)。

烷烃的相对密度较小、芳香烃的相对密度较大，因此含芳香烃较少、烷烃较多的燃料，其°API 较大，苯胺点也较高，结果柴油指数也较大。这样就和十六烷值大体上的一致，即柴油指数越高的燃料，其发火性也越好。显然，相对密度和苯胺点的测定要比十六烷值的测定简便得多。但是，柴油指数和十六烷值的结果并不相等。大庆直馏柴油和二次加工柴油的柴油指数和实测十六烷值的比较见表 11-4。

表 11-4　大庆柴油的柴油指数和十六烷值

燃料	柴油指数	十六烷值	燃料	柴油指数	十六烷值
直馏 180~300℃	70	67.5	热裂化柴油	51~54	56~59
直馏 180~330℃	72	69	催化裂化柴油	37~40	46~49
直馏 180~350℃	70	67.5	延迟焦化柴油	55~58	58~61

柴油指数和十六烷值之间的关系，有不同的经验公式，随原油的性质而异。例如，用大庆原油生产的柴油的十六烷值实测结果与柴油指数的关系(见图 11-9)，可得出经验公式如下：

$$\text{计算的十六烷值}=0.599\times\text{柴油指数}+25.3$$

此公式是由不含添加剂的大庆柴油得出的，不适用于含添加剂(如降凝剂等)的燃料。

由上述经验公式还可以作出计算图(见图 11-10)。

利用计算图可从 20℃的相对密度 d_4^{20} 和苯胺点，很方便地查出所求燃料的十六烷值。

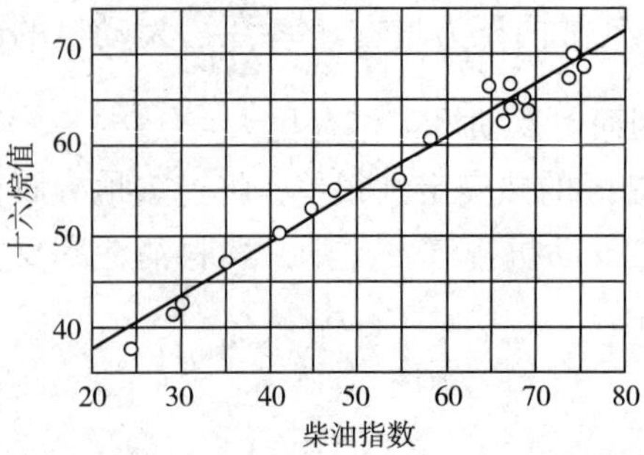

图 11-9　大庆柴油十六烷值和柴油指数的关系

查图时先将测出的 20℃的相对密度 d_4^{20} 和苯胺点连接成一条直线，该直线与图中的十六烷值线相交处，即为所求的十六烷值。利用计算图可省去柴油指数的计算，也省略了从柴油指数换算成十六烷值的计算。

三、十六烷指数

除柴油指数外，还有一种表示柴油发火性的简便方法，即十六烷指数。使用的试验方法是 SH/T 0694—2000《中间馏分燃料十六烷指数计算法(四变量公式法)》和 GB 11139—1989《馏分燃料十六烷指数计算法》，同时 GB 19147—2016《车用柴油》中要求，结果有争议时，以 SH/T 0694 方法为准。该方法具体计算公式如下：

$$CI=45.2+0.0892T_{10N}+(0.131+0.901B)T_{50N}+(0.0523-0.42B)T_{90N}+0.00049(T_{10N}^2-T_{90N}^2)+107B+60B^2$$

式中　$T_{10N}=T_{10}-215$；

$T_{50N}=T_{50}-260$；

$T_{90N}=T_{90}-310$；

T_{10}——试样 10%回收温度，℃；

T_{50}——试样 50%回收温度，℃；

T_{90}——试样 90%回收温度，℃；

$B=[\exp(-0.0035D_N)]-1$；

$D_N=D-850$；

D 为样品 15℃的密度，kg/m³。

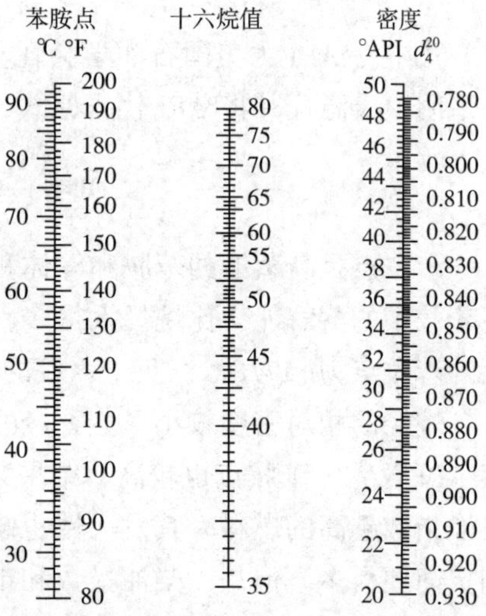

图 11-10　大庆柴油十六烷值计算图

按照标准试验方法测试试样的 15℃密度以及 10%、50%、90%回收温度。利用所测得的试验温度，依据给出的公式，计算试样的十六烷指数。

十六烷指数适用于直馏和催化裂化柴油，以及二者的混合物，不适于加有提高十六烷值添加剂的柴油、纯烃类合成燃料以及烷基化产品或煤焦油产品。十六烷指数的意义与柴油指数相同，即十六烷指数越大，柴油发火性越好。

GB 19147—2016《车用柴油》中规定 5 号、0 号、-10 号、-20 号车用柴油十六烷指数不小于 46，-35 号、-50 号车用柴油十六烷指数不小于 43。

四、自燃点

自燃点是燃料发生自燃的最低温度。由于柴油机中的燃烧方式为自燃，自燃点高的柴油不容易发生自燃，发火性差，而自燃点低的柴油发火性好。因此，自燃点高低也能在一定程度上反映柴油的发火性。但柴油机中燃料是否容易燃烧除了受燃料自燃点影响，还受发动机构造和工作条件影响，因而通常并不直接用自燃点表示柴油的发火性。

燃料的自燃点可以用图 11-11 所示的装置进行测定。将燃料从 15cm 高处落到钢弹中磨光的钢圆盘上，圆盘的温度通过电热丝加热控制。先将圆盘加热到能自燃发火的较高温度，然后逐渐降低温度，取其最低的发火温度作为燃料的自燃温度。

通过测定自燃点可以近似测定柴油的十六烷值，其方法是：首先要建立由正十六烷和 α-甲基萘组成的标准混合物的自燃点与燃料组成之间的关系曲线，然后测定试验燃料的自燃点。根据标准曲线即可找出与试验燃料自燃点相同的标准燃料中正十六烷的含量，即该试验燃料的十六烷值。

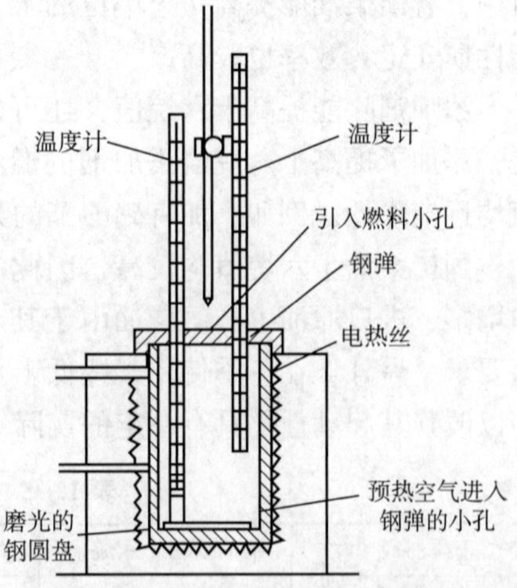

图 11-11　根据自燃点测定十六烷值的仪器

图 11-12 是阿也夫等测定的标准燃料混合物中正十六烷含量与自燃点的关系，二者基本成直线关系，但陈波水等测定结果则表明二者之间并非直线关系(见图 11-13)。

用该法测出的十六烷值与用发动机测定的标准方法所得结果相近，平均误差约为±3 个单位。

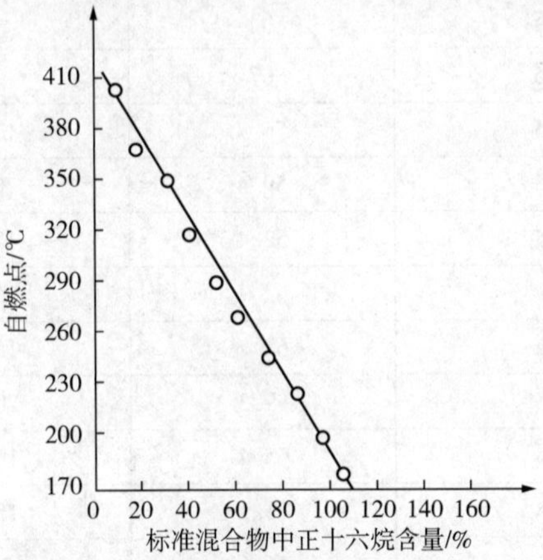

图 11-12　标准混合物的组成与自燃点的关系(阿也夫等测定)

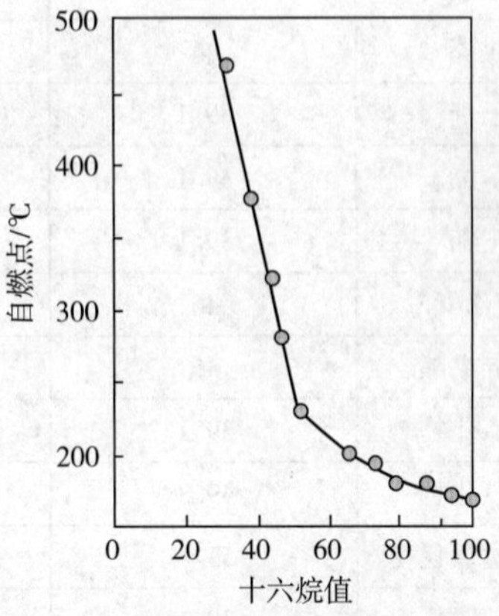

图 11-13　标准混合物的组成与自燃点的关系(陈波水等测定)

第四节　提高十六烷值的添加剂

对于十六烷值过低的燃料，可以加入少量提高十六烷值的添加剂以改善其燃烧性。由于十六烷值过低，发火性过低，燃料着火前的诱导期 τ 过长，因此，一般改善柴油燃烧性的添加剂多是在发火前阶段能加速焰前反应的物质，主要是硝基化合物和有机过氧化物。表 11-5 列举了可用作提高十六烷值的添加剂及其效果。

这些添加剂最佳用量一般为 0.1%~1%或 2%不等，须视燃料的化学组成而定。最初加入的少量添加剂效率最高，以后加入的效率逐渐降低。添加剂的效率与燃料的化学组成有关。直馏产品较裂化产品有较高的接受性。例如，同样加入 0.25%(体积)的硝酸戊酯于燃料中，直馏柴油能提高 7 个单位的十六烷值，而催化裂化产品只能提高 3 个单位。硝酸戊酯性质安定，效率也较高。

添加剂除能提高十六烷值，还可以改善发动机的起动性能，对冬季使用颇为有利。但是，添加了提高十六烷值添加剂的燃料在贮存中性质不稳定，经过几个月的贮存，十六烷值均逐渐降低。例如，加有硝酸酯的某柴油在贮存 84 日后，十六烷值由 47 降至 41 左右。

国产柴油十六烷值均较高，因此一般无须加入十六烷值添加剂。近年来，二次加工柴油增多，进口原油生产的柴油由于其十六烷值满足不了要求，故对研究十六烷值添加剂提出要求。另外，在冬季使用某些低十六烷值(45 以下)柴油时，适当加入少量十六烷值添加剂以改善其起动性仍具有一定的实际意义。

表 11-5　提高柴油十六烷值的添加剂

添加剂	柴油最初十六烷值	添加剂浓度/%(体积)	添加后十六烷值	十六烷值增加
2-硝基丙烷	46	2	65.7	19.7
二硝基丙烷	31	1	45.4	14.4
硝基丁烷	46	2	51.1	5.1
硝基辛烷	46	2.2	49.8	3.8
硝酸己酯	55	2	74	19
硝酸丁酯	44	1.5	63	19
硝酸戊酯	44	1.5	67	23
硝酸己酯	39.1	1.5	56.7	17.6
硝酸辛酯	39.1	1.5	59.4	20.3
硝酸壬酯	39.1	1.5	52.4	13.3
亚硝酸乙酯	46	2	62.7	16.7
亚硝酸异戊酯	46	2	62.7	16.7
丁烷过氧化物	39.1	1.5	59.3	20.2
庚烷过氧化物	49.3	1.5	65.4	16.1
二叔丁基过氧化物	55.9	1	71.1	15.2
正二丁基醚	39.1	1.5	46.6	7.5
乙醛	39.1	1.5	42.6	3.5

第十二章　喷气发动机中燃料的燃烧

第一节　涡轮喷气发动机中燃料的燃烧过程

无论在涡轮喷气发动机、涡轮螺旋桨发动机还是在涡轮风扇发动机中，燃料的燃烧过程基本上是相同的。下面以典型的涡轮喷气发动机为例来说明燃料在发动机中的燃烧过程。

图 12-1 上部是带加力的涡轮喷气发动机(轴向压缩器式)简图，下部是工作气体的压力、温度和速度在发动机内变化的情况。

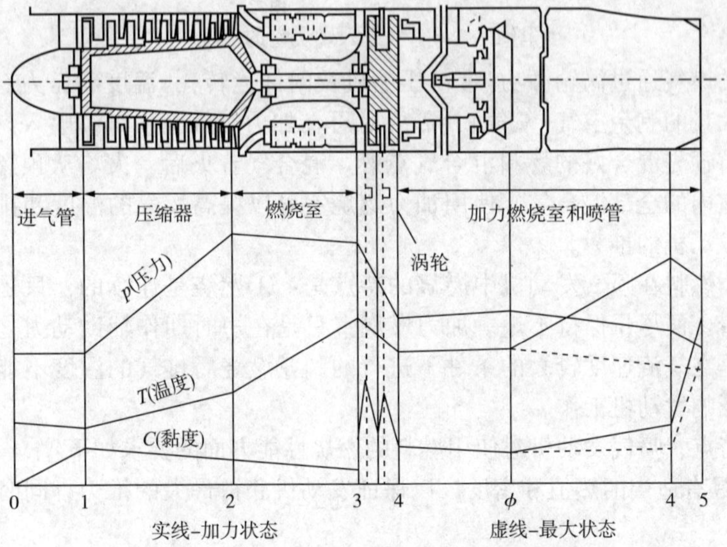

图 12-1　涡轮喷气发动机及其主要参数变化曲线

在标准大气状态(空气温度为 15℃，气压为 0.101MPa)下，某种涡轮喷气发动机各主要截面的气体压力、温度和气流速度列于表 12-1。

表 12-1　喷气发动机主要截面的参数

参数	截面位置							
	压缩器		涡轮		最大状态		加力状态	
	进口(1)	出口(2)	进口(3)	出口(4)	喷口前(4)	喷口(5)	喷口前(4)	喷口(5)
压力/MPa	0.0812	0.738	0.701	0.209	0.191	0.1165	0.191	0.1117
温度/℃	-8	284.5	867	592	547	493	1104	944
气流速度/(m/s)	196	133.5	113.5	286	175	544	315	685

空气从进气道进入发动机的压缩器，经过多级压缩(压缩比约为 7)后，分两部分进入燃烧室。第一部分约占整个空气量的 25%～30%，从火焰筒头部和前几排开孔进入筒内的前

部(燃烧区)。在这里空气的温度达到280℃以上，流速则通过旋流器等使之从130m/s降到15~25m/s，以利于燃烧的稳定。燃料从火焰筒头部喷入燃烧区，从起动时用点火器点火后一直维持燃烧。由于燃烧室头部温度很高(接近2000℃)，喷出的燃料瞬间即蒸发并与空气组成可燃混合气，进行燃烧。虽然从理论上看，进入涡轮的燃气温度越高，发动机的热效率也越高，但目前无冷却的涡轮叶片的耐热强度一般不允许燃气温度超过900~950℃。因此，第二部分空气(占整个空气量的70%~75%)从火焰筒的开孔进入筒内中部的冷却区，与燃气混合后使温度降低到900℃以下，以便安全地进入涡轮。在火焰筒头部混合气的浓度接近化学恰当比(即$\alpha \approx 1$)，以利于混合气的着火，而整个燃烧室在出口时的混合气浓度则很低，余气系数达到$\alpha=4$左右。空气进入燃烧室的情况如图12-2所示。

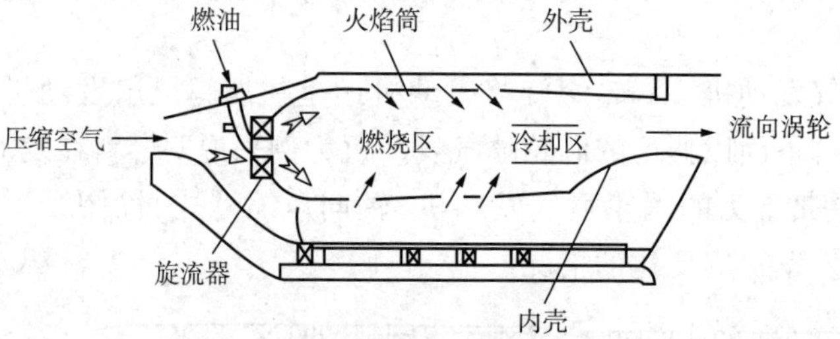

图12-2　空气进入燃烧室的情况

高温高压的燃气通过涡轮做功(带动压缩机及附件运转)，温度和压力有所降低。此时燃气中仍含有大量的剩余空气(氧气)，需要时可在加力燃烧室中继续喷入燃油，利用高压电源在预燃室将预先混合好的燃料混合气点燃。混合气着火后，火焰从预燃室喷出，从而引燃加力燃烧室内的全部混合气。使用加力燃烧室可以提高燃气的温度和排气的流量和气流速度，增大发动机的推力。

可以看出，燃料在喷气发动机中燃烧的特点是：①燃烧是连续的，只是在起动时需要点火。一经点着，便尽量保持不熄。加力燃烧室只是在短时期作辅助动力之用，应能随时点着。②燃烧是在气流速度较大的条件下进行的。③燃烧后排气的温度不能过高，否则将烧坏尾喷管，影响发动机工作。

根据这些特点，喷气发动机对使用燃料的燃烧性能方面的要求如下：

① 燃料应具有适当的热值和密度，以保证发动机获得最大的推力，同时使飞机具有最大的航程；

② 在严寒地区冬季和在高空低温下临时熄火时应保证发动机易于再起动；

③ 燃料在发动机中应燃烧稳定，保证在工作条件急剧变化时不致熄火，即保证发动机工作有良好的可靠性；

④ 燃烧完全，不易生成积炭，保证发动机长期正常工作并有良好的经济性。

第二节　燃料性质对喷气发动机起动性能的影响

喷气发动机燃料不仅应保证发动机在严寒冬季地面能迅速起动，而且应使发动机在高空熄火时能迅速点燃，恢复正常燃烧，保证飞行安全。

发动机在地面起动比较容易，这是因为地面空气压力正常，气温一般也较高空高，而且还可以利用地面的高功率点火设备。发动机在高空熄火后再起动就困难得多，这时发动机的压缩器在迎面气流的作用下空转，不起增温、增压作用，只有飞行速度引起的气流冲压作用对进气的温度和压力有一定的影响。

在对流层(11000m 以下)中，飞行高度增加则进气温度和压力都下降。当飞机以 $M=0.9126$(约 1100km/h)的速度飞行时，高度达 4300m，进气压力低于 0.1MPa，温度低于 15℃。同样飞行速度下，高度达 11000m 时，进气压力降到 0.04MPa，温度降至-20℃。高度继续增加时压力继续下降，而温度在平流层中保持不变，仍为-20℃。不同高度下的空气压力及燃烧室进气压力参见表 12-2。

表 12-2　不同高度涡轮喷气发动机燃烧室中的压力(不计速压)

海拔高度/m	空气压力/MPa	在下列增压比下燃烧室中压力/MPa		
		4	6	10
3000	0.0693	0.2772	0.4158	0.683
5000	0.053	0.216	0.324	0.54
10000	0.026	0.1056	0.1584	0.264
11000	0.0222	0.09	0.135	0.225
12000	0.0191	0.0772	0.1158	0.193
13000	0.0162	0.066	0.099	0.165
15000	0.0121	0.0484	0.0726	0.121
16000	0.0103	0.0412	0.0618	0.103
20000	0.00547	0.0219	0.0328	0.0547

飞行速度降低，冲压作用减小，燃烧室进气压力及温度亦随之下降。在飞行高度为 19800m、$M=0.9$ 时，压力约为 0.01MPa，温度为-20℃；同样高度下，飞行速度下降到 $M=0.4$ 时，则进气压力下降到 0.007MPa，进气温度降为-52℃。

由此可见，飞机在高空低速条件下如果熄火，由于压力和温度很低，燃料的着火极限变得很窄，点火非常困难。因此，各种飞机的发动机根据飞行特性的要求，只有在一定的飞行高度和速度范围内才可以顺利进行空中起动，这个范围称为起动包线。

图 12-3 和图 12-4 给出了英国斯贝 MK-202 喷气发动机主燃烧室和加力燃烧室的起动包线。此包线在发动机设计时应初步给出，并经高空试车台和飞行试验最后确定。因此，对发动机起动或点火的要求是，在起动包线所包括的飞行高度和飞行速度下，应保证点燃主燃烧室和加力燃烧室内的燃料空气混合气。

目前在涡轮喷气发动机主燃烧室中的点火方式有两种：一种是用高能电火花直接点燃火焰筒，称为直接点火；另一种是用小预燃室(此处设计燃烧条件较好)先点火，然后由它喷出的火舌点燃主燃烧室，这种点火又称间接点火。这两种方式各有特点。直接点火的主要优点是结构简单(使用半导体电嘴时稍复杂)、质量轻、电嘴位置易于调整，而且操作维护方便。在特殊情况下，可使之长期打火，形成值班火花，以保证燃料的点燃和稳定燃烧。但是直接点火能量较低，目前使用的高能点火装置的贮存能量最大只有 20mJ，放电效率为 30%~40%，因而到电嘴放电时能量就更小了，对点燃低温下的混合气显然不利。间接点火的主要优点是点火能量大，能喷出一股高温火舌，穿透深度大，易于点燃主燃烧室内的混合气。它的缺点是结构较复杂，质量较大，操纵和维护也不及直接点火方便。

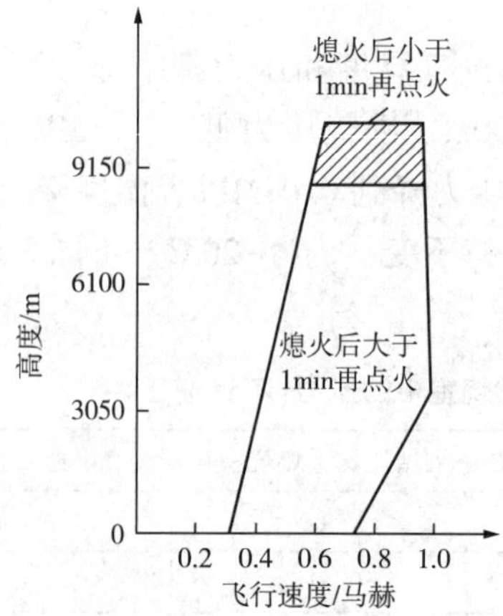

图 12-3 斯贝 MK-202 发动机主燃烧室起动包线

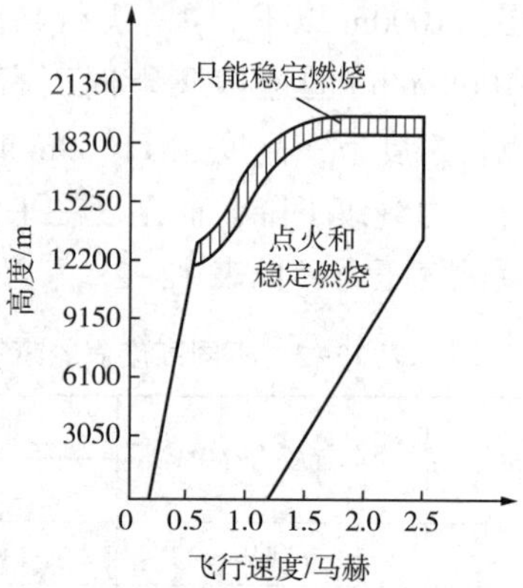

图 12-4 斯贝 MK=202 发动机加力点火和稳定燃烧范围

在实际点火过程中，决定点火成败的因素，除了燃料的性质、混合气的成分(α 值)以及温度、压力等基本条件，点火能量的大小和混合气流动的性质(气流速度和紊流强度)往往也具有决定性的意义。在一定的燃料和混合气条件下，加大点火能量或减小气流速度，均有利于燃料的顺利点着。喷气发动机在高空熄火后点火困难，利用俯冲虽然可以增加进气的温度和压力来促进点火，但如不成功容易造成重大事故。因此采用起动性能良好的燃料，进行补充供氧，加大点火能量，确保高空熄火后的迅速起动，就具有十分重大的实际意义。

要保证发动机在高空低温下再次起动，必须要求燃料能在 0.01~0.02MPa 和-55℃的低温下形成可燃混合气而被顺利点燃，并进行稳定的燃烧。

燃料的起动性能取决于燃料的许多理化性质，例如：燃料的自燃点、着火延滞期(诱导期)、燃烧极限、着火的临界压力、可燃混合气发火所必需的最低点火能量、燃料的蒸发性高低、燃料的黏度和雾化程度等。上述因素很多在前面已经讨论过了，下面只就对起动性能影响较大的两个因素，即燃料的蒸发性和黏度进行讨论。

发动机熄火后，燃烧室被空气吹冷。在冷燃烧室中要形成适当的可燃混合气主要依靠燃料中的轻质成分。轻质成分多，低温下容易形成可燃混合气，发动机易于起动。轻质成分对发动机起动性质的影响可用燃料的 10%馏出温度表示。根据试验，10%馏出温度为71℃的航空活塞式发动机燃料，能保证发动机在-60~-55℃气温下顺利起动，而 10%馏出温度为 190℃的燃料在-40℃下起动就较困难。

为了使起动容易，喷气发动机常采用不含铅的航空活塞式发动机燃料作为起动燃料。例如，某涡轮喷气发动机即使用 75 号航空活塞式发动机燃料作起动燃料，这样就使飞机能在较低温度下在地面顺利起动，同时在高空熄火后也能很快地点燃，保证飞行安全。

燃料的黏度对发动机的起动也有影响。用 20℃黏度为 15mm²/s 的柴油在温度低于-7℃时，就完全不能保证起动时所需要的雾化条件。使用 20℃黏度为 3~4mm²/s 的煤油在-60~-40℃的温度下还能保证满意的雾化。为了保证燃料必需的雾化程度，要求燃料-40℃时的黏度不大于 6~10mm²/s。国产 1 号、2 号、3 号喷气燃料-40℃时黏度为 5~6mm²/s。

第三节　喷气燃料燃烧的稳定性

燃料在喷气发动机中连续而稳定的燃烧对发动机的工作有重要的意义。如果燃烧不稳定，不仅影响发动机功率，严重时还会熄火，造成事故。

要使大量燃料在高速的空气流中进行稳定的燃烧，首要条件就是火焰传播的速度应等于或略大于气流速度。由于烃类燃料在紊流中的火焰传播速度最大为20~25m/s，而从压缩机出来的空气流速超过130m/s，因此，必须采取措施使空气流速降低到适当的水平。目前多在燃烧室头部采取扩压并通过旋流器使在燃烧室中部产生一个流速为15~25m/s的燃烧区域，以使火焰稳定。

在正常工作条件下，一般发动机设计均能保证燃料较稳定的燃烧。但是在高空飞行时，由于气温和气压的降低，以及特殊情况下油门变换过剧，引起混合气变得过浓或过稀，都会破坏燃料的稳定燃烧。一般称燃烧稳定性好即指燃料在宽广的余气系数范围内均能进行正常的燃烧。下面就影响燃烧稳定性的主要因素进行讨论。

一、发动机工作条件对燃烧稳定性的影响

1. 压力

提高进入发动机空气的压力可以提高紊流火焰传播速度，因为压力增大时气流的脉动速度随之增加，因此，增加空气进气压力有利于提高燃烧的稳定性。反之，压力降低，燃烧的稳定性也有所降低。试验证明，当压力降低至0.05MPa以上时，对燃烧稳定性影响不大。但压力进一步降低(高空飞行时)至0.05MPa以下时，稳定燃烧的余气系数范围将大大缩小，特别是贫油燃烧极限变化显著。表12-3中列有在不同进气压力条件下工作时燃料稳定燃烧的余气系数范围。

表12-3　大气压力对燃烧稳定性的影响

压力/MPa	空气流速/(m/s)	稳定燃烧 α 值范围
0.02	140	0.69~1.31
0.11	120	0.60~1.68
0.29	210	0.60~1.68

2. 温度

提高空气温度能使化学反应速度增快，也能提高层流或紊流火焰传播速度，因而对燃烧稳定性是有利的。不论哪种烃类，虽然温度上升时贫油燃烧极限和富油燃烧极限的变化不完全相同，但是，稳定燃烧的余气系数范围均有扩大的趋势，特别是煤油贫油燃烧极限扩大较为显著。例如，喷气燃料进气温度为60℃时，贫油燃烧极限约为 $\alpha=1.5$。当进气温度上升到440℃时，贫油燃烧极限即扩大到 $\alpha=2.5$，而富油燃烧极限无明显变化、实际工作中也很少发生由于超过富油燃烧极限而熄火的事故，因为在远离富油燃烧极限之前，温度会超过涡轮允许的温度，而这是操作中不允许的。

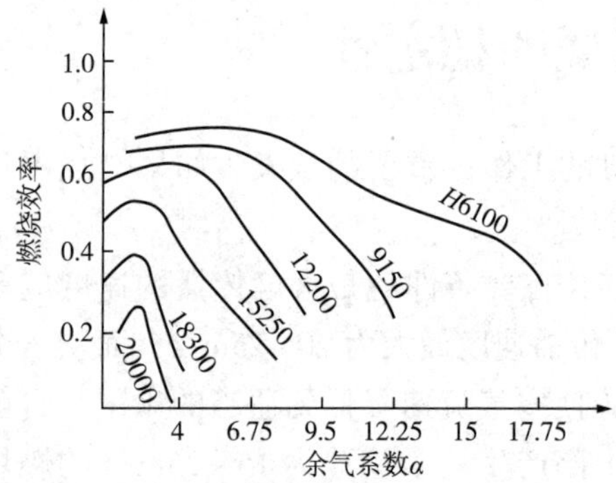

图 12-5　不同高度下的燃烧效率特性曲线

注：图中 H 为高度(m)。

3. 飞行高度

飞行高度增大后，大气的温度和压力均降低，使火焰传播速度减小，燃烧极限也迅速缩小，其中主要是贫油燃烧极限变化显著。从图 12-5 可以看出，在燃烧效率为 0.5 时，高度由 6100m 升高至 15250m 后，贫油燃烧极限由总余气系数 α=17.75 降低为 6 左右。

二、燃料组成对燃烧稳定性的影响

燃料在喷气发动机中燃烧的稳定性除与燃烧室设计及操作条件有关，还和使用燃料的烃类组成及馏分轻重有密切关系。

在模拟冲压发动机的试验装置上研究过烃类结构对燃烧极限的影响。试验结果表明，正构烷烃和环烷烃的燃烧极限较芳香烃的宽，特别是在温度较低的情况下更为明显(见图 12-6)。

以上从燃烧的稳定性说明，烷烃和环烷烃是喷气燃料的理想组分。特别是正构烷烃，它的燃烧极限较宽，发动机在高空或推油门过猛时不易熄火，也不易出现因间歇性熄火而引起的发动机抖动现象；芳香烃的燃烧极限较窄，容易产生熄火及抖动，因而对喷气燃料来说不是理想的组分。

燃料的蒸发性(或馏分组成)对燃烧的稳定性也有影响，表 12-4 列出了几种不同馏分组成的燃料的燃烧极限。

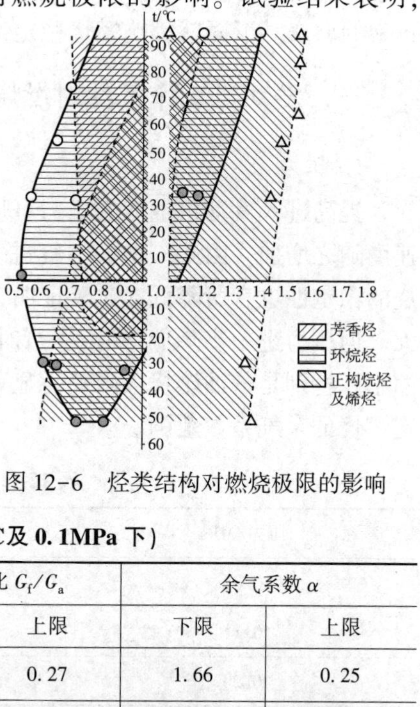

图 12-6　烃类结构对燃烧极限的影响

表 12-4　喷气燃料的燃烧极限(在 149℃及 0.1MPa 下)

燃料类型	燃料与空气比 G_f/G_a		余气系数 α	
	下限	上限	下限	上限
航空活塞式发动机燃料 100/130(馏程 40.5~148℃)	0.041	0.27	1.66	0.25
宽馏分型喷气燃料(馏程 45~245℃)	0.037	0.3	1.84	0.23
煤油型喷气燃料(馏程 170~218℃)	0.037	0.31	1.84	0.22

表 12-4 说明，航空活塞式发动机燃料虽然也可用作喷气燃料，但燃烧极限较窄(因蒸发性高，升限也较低)，煤油型和宽馏分型喷气燃料的燃烧极限要宽一些，因而燃烧稳定性要好些。

此外，燃料燃烧的稳定性还与燃料雾化的程度及混合气生成的质量有关。雾化程度又取决于燃料的黏度和表面张力以及喷嘴的构造等因素。在常温下，喷气燃料的黏度一般为 2~3mm²/s。当黏度超过 15mm²/s 时，燃料雾化的质量将迅速降低，燃料燃烧的稳定性也随之降低。

第四节　喷气燃料的燃烧完全度

喷气燃料燃烧时，首先要解决点火(起动)和燃烧稳定(不熄火)的问题。这两个问题解决之后，随之而来的是如何燃烧得更好、更有效的问题，也就是燃烧是否完全的问题，因为燃烧效率或完全程度直接影响到飞机的动力性能好坏及航程的远近，同时也直接影响飞行的经济性。

燃料燃烧的好坏以燃烧效率 η(又称释热系数)或燃烧完全度表示。如以 Q_s表示单位质量燃料燃烧时实际放出的热量(kJ)，Q_j表示燃料的低热值，则：

$$\text{燃烧效率}\ \eta=\frac{Q_s}{Q_j}$$

$$\text{燃烧完全度}\ \varphi=\frac{Q_s}{Q_j}\times100=100\eta$$

燃料的燃烧完全度影响燃料的单位消耗量，也影响飞行的航程。显然，如果燃烧完全程度低，部分燃料的热能没有释放出来，单位时间内产生千克推力所消耗的燃料量便要增大；同时飞行的航程相应缩短。表 12-5 列出了燃烧完全度对燃料消耗率及航程的影响。

表 12-5　燃烧完全度对燃料消耗率及航程的影响

燃烧完全度/%	燃料消耗率/[kg/(h·kg 推力)]	飞行航程下降/%	燃烧完全度/%	燃料消耗率/[kg/(h·kg 推力)]	飞行航程下降/%
100	1	—	85	1. 18	18
95	1. 05	5	80	1. 2	20
95	1. 11	11	75	1. 33	33

燃料的燃烧完全度主要受燃烧室工作条件的影响，也和使用燃料的性质有关。

一、工作条件对燃烧完全度的影响

1. 进气压力

燃烧室进口处空气压力大于 1. 3kg/cm^{2}时，压力的变化对燃烧完全度无显著影响；当压力低于 1kg/cm^{2}时，燃烧完全度显著降低。图 12-7 表明具有离心式压缩机的发动机燃烧室中燃烧完全度随进口处空气压力的下降而显著降低的情况。这是因为进气压力降低后，气流的紊流强度减弱，导致燃料的雾化分布质量低劣及燃烧速度下降。此外，空气压力降低后，燃料从喷嘴喷出形成的锥面扩大，有可能碰在火焰筒壁上，使部分燃料不能和空气很好混合，参与燃烧。

有压缩器的喷气发动机的进气压力随飞行高度的增加而减少。在冲压式发动机中，当飞行速度超过音速时，由于抑滞气流也产生一定的压力，这种压力也随飞行高度的增加而减少(见表 12-6)。

从表 12-6 中数据可以看出，有压缩器的发动机处于超音速飞行条件下，燃烧室中的空气压力，就是在 10000~12000m 的高空，也都在 0. 1MPa 左右，对燃烧完全度无显著影响。当飞行高度达到 12000~20000m 或更高时，涡轮喷气发动机燃烧室中的压力显著降低，在这种情况下燃烧完全度也显著下降。

表 12-6　冲压式发动机抑滞气流的压力与高度的关系

高度/km	在下列 M 值时抑滞气流的压力/MPa				
	$M=0$	$M=1$	$M=1.5$	$M=2$	$M=2$
10	0.0274	0.0517	0.1	0.213	1.0031
15	0.0122	0.0233	0.0437	0.0973	0.456
20	0.00547	0.0111	0.0203	0.203	0.2078
25	0.00304	0.00507	0.00101	0.203	0.0942

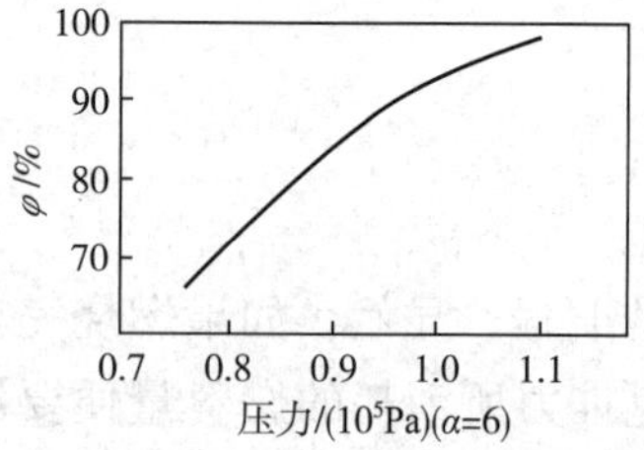

图 12-7　燃烧室进口处空气压力与燃烧完全度的关系

2. 进气温度

进气温度高，燃料的燃烧效率也高。由于进入燃烧室的空气经过压缩器升压、升温，在燃烧室进口处的空气温度绝对值较大，同时，温度随高度的变化关系不如压力随高度的变化剧烈，故温度对燃烧效率影响的程度相对较小。但是在混合气特别富油或特别贫油时，温度影响程度增大。当进气温度降低时，燃料的化学反应速度降低，同时燃料的蒸发速度及扩散速度也减小。因此，燃烧效率相应降低，这在进气温度低于 80℃时较为显著(见图 12-8)。

3. 发动机转速

发动机涡轮转速越高，压缩器出口空气温度和压力也越高，流速也加大，所有这些都促使燃烧更完全。图 12-9 的曲线说明飞行高度越高，转速越低，则燃烧效率也越低。反之，降低高度，增大转速，均有利于燃烧效率的提高。

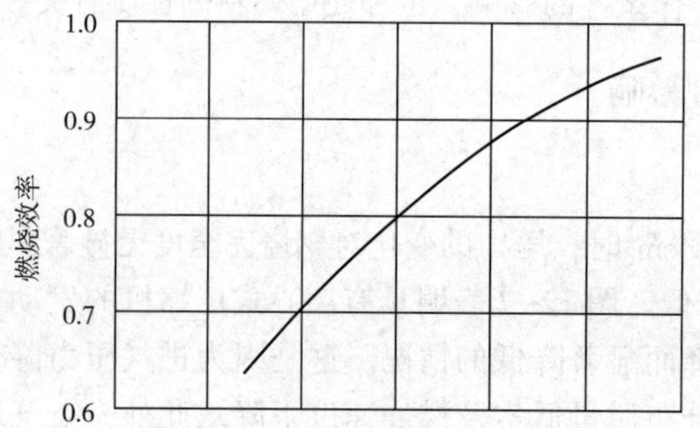

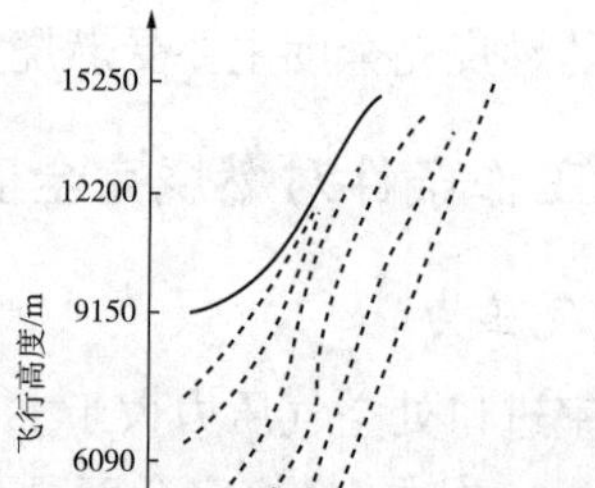

图 12-8　进气温度对燃烧效率的影响　　图 12-9　转速及飞行高度对燃烧效率的影响

4. 飞行高度

飞行高度增加，空气温度及压力均降低，燃烧室进气的温度及压力亦随之降低，因此，燃烧完全度下降。

除上述因素外，燃气的混合比对燃烧完全度也有影响。在接近理论混合比时，燃烧效率最高，不论过稀或过浓，燃烧效率均下降。飞机的额定工作状态都是设计在理论混合比下工作的。

二、燃料性质对燃烧完全度的影响

影响燃烧完全度的燃料性质主要是黏度、蒸发性及化学成分。

1. 黏度

燃料的黏度大则雾化质量差，燃烧的完全度下降，这从图 12-10 的曲线中可以看出。黏度较小的燃料一般燃烧的完全度较高。从图 12-10 中还可看到，改进喷嘴构造使雾化分布质量提高后，可使燃烧完全度受黏度影响的程度降低到最小，例如图中喷嘴 1 的情况便是如此。

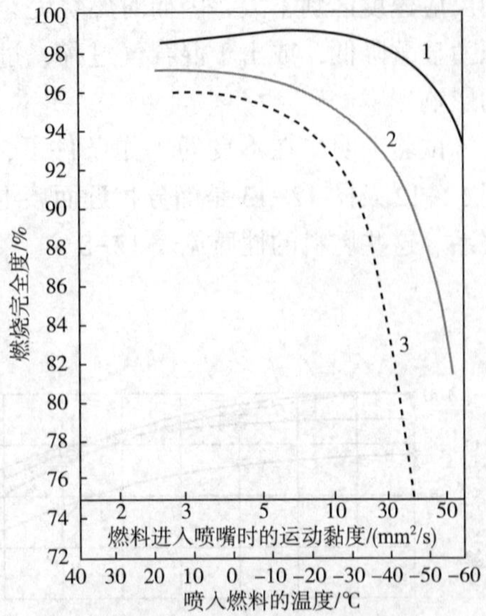

图 12-10　空气压力 0.08MPa、温度 125℃时燃料黏度对燃烧完全度的影响（1、2、3 为不同类型的喷嘴）

2. 蒸发性

在接近海平面的工作条件下，蒸发性相差较大的喷气燃料，其燃烧完全度均接近 100%。但在高空条件下燃烧时，蒸发性较高的燃料具有稍好的燃烧完全度，从表 12-7 及图 12-11 均可看出。

表 12-7　相当于高空条件下各种燃料的台架试验

燃 料	馏程/℃	燃烧完全度/%	释热/(kJ/kg)
航空活塞式发动机燃料	53~174	85	156025.6
宽馏分燃料	60~249	83.5	36426.9
喷气燃料	148~264	83	35589.5

在过度贫油和过度富油时，燃料馏分的影响比较显著。在稀混合气情况下，轻质燃料的燃烧完全度较高，而重质燃料的燃烧完全度较低。在浓混合气的情况下，结果刚好相反。这是因为在稀混合气中，蒸发性较高的轻质燃料比较易于形成可燃混合气，而重质燃料则较困难。相反在浓混合气中，燃料蒸气已经过剩，轻质燃料的挥发性会进一步促使混合气变得更浓，而不利于完全燃烧，因此燃烧完全度反而下降。

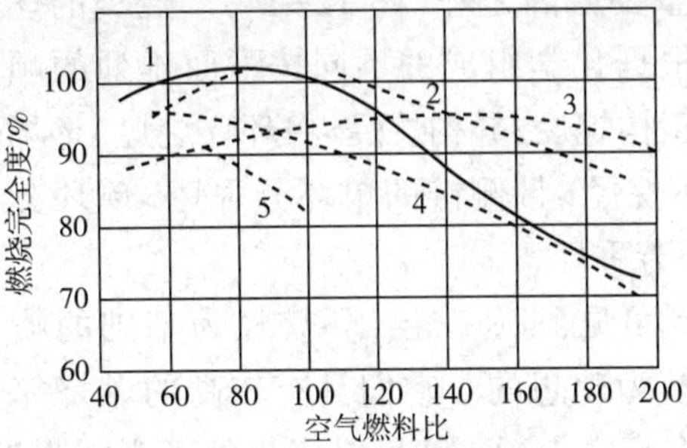

图 12-11　燃烧完全度与燃料馏分的关系
1—宽馏分燃料；2—50%轻柴油+50%汽油；3—汽油；4—喷气燃料；5—轻柴油

馏分过重的燃料，即使在一般情况下也不能保证燃料在发动机中良好的燃烧。例如，以馏程为 256~396℃的柴油为燃料，则发动机不能在正常状态下工作；以馏程为 201~400℃的石油馏分作工作燃料时，发动机在各种转速下工作都显得推力不足。

3. 烃类组成

在正常情况下，燃气涡轮发动机中的燃烧是在高温(280℃以上)和较大压力(0.7~1.0MPa)下进行的，燃料中不同的化学组成在这种条件下的反应速度区别不大，因而对燃烧完全度无显著的影响。但是在高空条件下，由于温度和压力显著降低，或由于混合气过稀、过浓等，燃料燃烧的完全度明显地受到燃料化学组成的影响。

试验证明，在不良的工作条件下，烷烃燃烧比较完全，环烷烃稍差，而芳香烃最差。图 12-12 及图 12-13 是馏分相近而族组成不同的燃料的燃烧完全度与高度、混合气浓度的关系。这些燃料的性质见表 12-8。

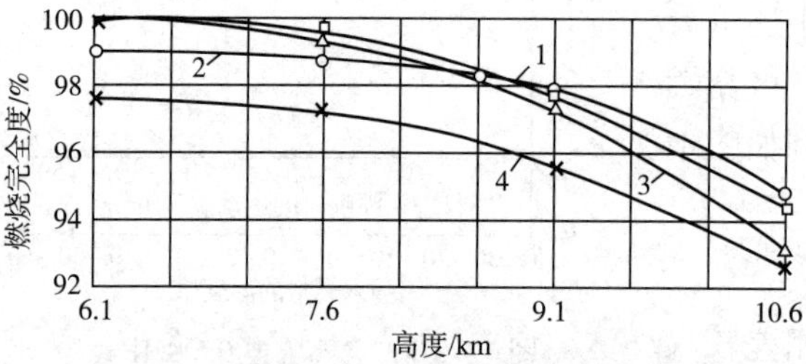

图 12-12　不同高度下各种燃料的燃烧完全度

1—标准喷气燃料；2—烷烃燃料；

3—环烷烃燃料；4—芳香烃燃料

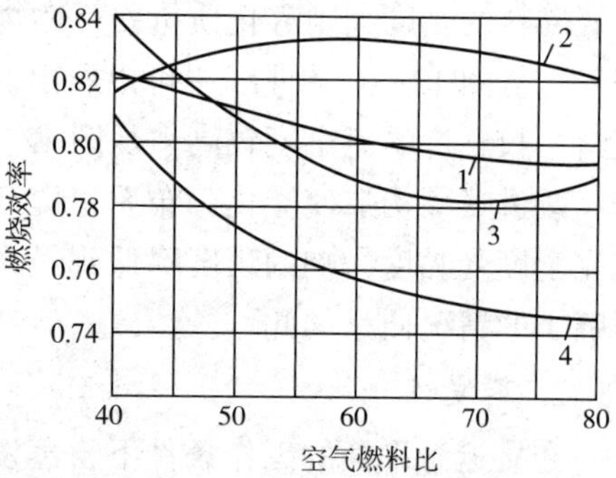

图 12-13　燃料化学组成及混合气浓度对燃烧效率的影响

1—标准喷气燃料；2—烷烃燃料；

3—环烷烃燃料；4—芳香烃燃料

表 12-8　试油的性质

燃 料	族组成/%			馏分范围/℃	密度/(g/mL)
	烷 烃	环烷烃	芳香烃		
标准喷气燃料	41.4	39.2	19.4	155~271	0.794
烷烃燃料	92.2	5.2	2.6	159~265	0.748
环烷烃燃料	46.7	51.9	1.4	160~270	0.791
芳香烃燃料	13.4	11.4	75.2	166~253	0.865

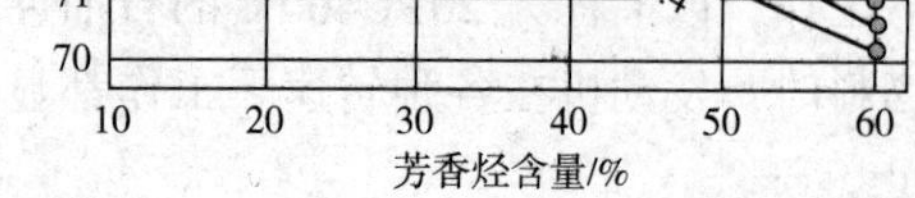

图 12-14　煤油中芳香烃含量对燃烧完全度的影响

当燃料中芳香烃的含量增加时，燃烧完全度随之下降，这就是在喷气燃料中限制芳香烃含量的重要原因之一(图 12-14)。烃类的燃烧完全度根据化学组成的不同按下面排列的顺序递减：正构烷烃>异构烷烃>单环环烷烃>环烯烃>双环环烷烃>带侧链的单环芳香烃>单环芳香烃>双环芳香烃。

由此可见，以烷烃、环烷烃为基础的喷气燃料是较为理想的。它们具有较高的燃烧完全度，这在高空飞行，特别是飞机处于升限附近，空气供应量不足时更为明显。因此，应尽可能选择烷烃-环烷烃基原油作为喷气燃料的原料，使燃料在高空燃烧较完全。这样，就有可能提高飞机的升限，加快高空飞行时的爬高速度，并改善飞机的性能。

第五节 喷气燃料生成积炭的倾向

一、积炭的生成和危害

燃料在燃烧过程中受热分解，如混合气中氧供应不足，就会产生一些炭质微粒。这些微粒聚集在喷嘴和燃烧室壁上，就形成积炭。

聚集在喷嘴上的积炭会影响燃料雾化锥体形状，降低分布质量，使火焰前锋变形和燃烧过程变差。燃烧过程变差后，将进一步使积炭增多。

积炭附在火焰筒的部分筒壁上，使局部筒壁截面上温度梯度变大，产生局部应力，引起火焰筒的变形和裂纹。曾用容易生成积炭的燃料试验，在 30 个飞行小时以后即发现火焰筒有明显变形。在发动机工作时，火焰筒壁上脱落下来的积炭，会随气流进入涡轮中擦伤涡轮叶片。

在点火器电极上积炭过多，会因积炭使电极“连桥”而造成短路，电极之间不能跳火，因而失去点火作用。

随废气排出的炭粒，虽对发动机的工作影响不大，但在飞行中容易排气冒黑烟。

喷气燃料在燃烧时生成积炭，无论对发动机的工作或使用寿命都是不利的。目前规定使用的喷气燃料，一般在正常条件下很少产生积炭，对发动机工作没有显著的影响。但是在换用其他燃料或工作不正常时，就会产生这样或那样的危害，因此，必须注意。

二、影响积炭生成的因素

根据研究，燃料燃烧时在发动机中生成积炭的倾向与燃烧室的构造、发动机工作条件及燃料的性质都有关系，而且燃烧室构造对积炭生成的影响程度比发动机工作条件和燃料性质更大。

从进入火焰筒的总空气量来看，空气量总是远远超过理论混合比所需数量。但在火焰筒头部进入的空气量不多(约总量的 1/4)，某些局部区域的混合气是处于富油状态，造成了容易产生积炭的条件。因此，设计燃烧室时必须考虑到防止积炭的生成。为达此目的必须减少燃烧室中的局部富油区域，特别是要防止在靠近火焰筒壁的地方出现富油混合气，并应尽量减少大的燃料颗粒，防止液态燃料与火焰筒壁直接接触。如在靠近筒壁及喷嘴周围组织冲刷气流或采用雾化良好的喷嘴，均有利于减少积炭的生成。

电极上积炭引起的短路、零件构造和工作条件的影响亦较燃料性质的影响大得多。不同构造的喷嘴、不同喷射压力等情况，只要增大燃料的喷雾角，使电极浸没在油雾锥体中的程度增加，或由于装配关系，电极伸入油雾锥体中过多，均会增大电极因积炭而短路的倾向。因为电极进入油雾中越深，接触的油雾量越大，在电火花的作用下，燃料裂解生成积炭的数量也越多。

影响喷气发动机中积炭生成的燃料性质主要是烃类结构和蒸发性高低，而烃类结构不同及蒸发性高低又都和相对密度有关，因此，积炭生成和燃料相对密度之间也有一定的关系。

燃料的蒸发性低，在燃烧过程中处于液态的时间较长，其高温下裂化的倾向增大，因而容易产生积炭。根据试验，组成相近的燃料，其生成积炭的倾向随燃料沸点的上升而增大，如图 12-15 所示。因此对一般使用的喷气燃料馏分作了严格规定，要求不能过重。

影响积炭生成最重要的燃料性质是烃类组成。许多试验的结果表明，在发动机中最易生成积炭的成分是芳香烃，燃料中的芳香烃含量越多，在燃烧室中生成积炭的数量也越大。各种燃料和烃类在实验室试验燃烧装置(空气燃料比为 60∶1，试验时间 15min)中所测得积炭沉积量见表 12-9 和图 12-16。

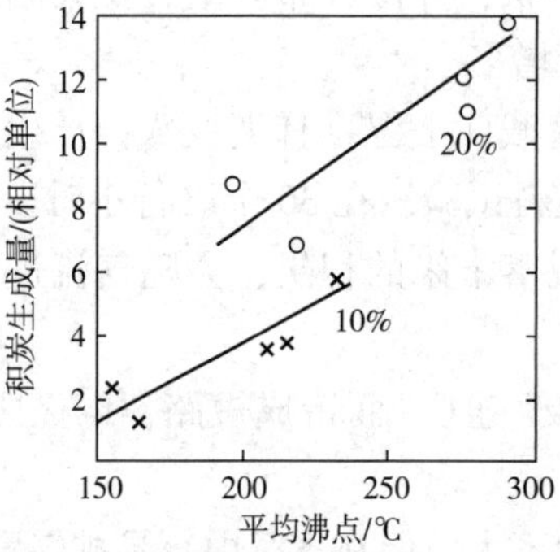

图 12-15　燃料的平均沸点对含芳香烃 10%及 20%两种燃料生成积炭的影响

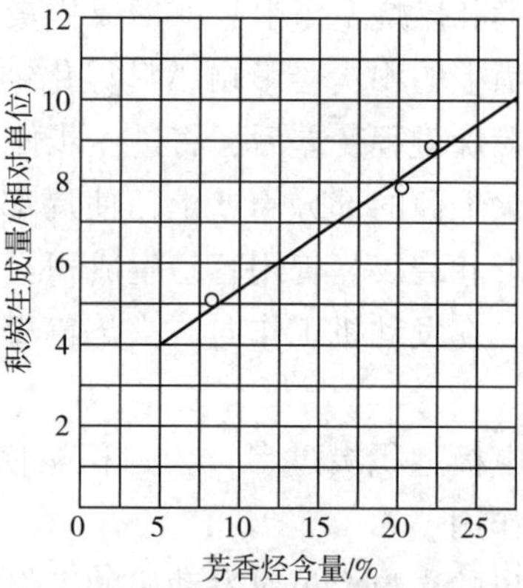

图 12-16　航空燃料中芳香烃含量对积炭的影响

表 12-9　不同燃料和烃类在燃烧室内生成积炭的比较

燃料	沸点/℃	C/H 比	积炭/g	燃料	沸点/℃	C/H 比	积炭/g
己烷	69	5.1	很少	煤 油	173	6.2	0.83
庚烷	98	5.3	很少	甲 苯	110	10.5	1.15
异辛烷	100	5.3	很少	苯	80	12	1.64
航空汽油	62	6.8	0.19	十氢化萘	194	6.6	1.65
异癸烷	50	6	0.28	异丙苯	154	9	1.71
环戊烷	201	5.5	0.4	四氢化萘	207	10	2.36
环已烷	80	6	0.45	甲基萘	243	13.2	2.79

也曾用不同化学组成的燃料在全尺寸喷气发动机燃烧室中进行过试验，结果表明，使用含大量芳香烃燃料生成的积炭约为喷气燃料的 7 倍。试验燃料的成分和积炭量列于表 12-10。

表 12-10　不同化学组成燃料在全尺寸喷气发动机燃烧室中的积炭倾向

燃料	烃类组成/%			相对积炭量/%
	烷烃	环烷烃	芳香烃	
航空煤油	41.4	39.2	19.4	100
烷烃燃料	92.2	5.2	2.6	10
环烷烃燃料	46.7	51.9	1.4	70
芳香烃燃料	13.4	11.4	75.2	700

从上述资料可以看到，沸点越高，碳氢比值越大的燃料，生成积炭的倾向越大，芳香烃的碳氢比值在各族烃中为最高，生成积炭的倾向也最大。

飞行试验的结果也表明，芳香烃中特别是双环芳香烃(沸点高于205℃的芳香烃大都是双环芳香烃)生成积炭的倾向很大。例如：燃料中虽含芳香烃不多，但其中有较多的双环芳香烃，则经过4~7个飞行小时后，便发现喷嘴及火花塞上沉积了大量的积炭，一旦发动机熄火再次点火便很困难。在经过30个飞行小时后，这种燃料便会在火焰筒壁上产生大量的积炭。

有些情况下，含有双环芳香烃的燃料，在燃烧中产生的炭粒被气流带走，不在燃烧室中留下多少积炭，但由于火焰中的炭粒增多，火焰的热辐射增强。过量的辐射热传到火焰筒壁上，使筒壁温度升高，引起火焰筒裂纹、变形，甚至烧穿。

不同烃类在喷气发动机燃烧室中生成积炭的倾向按下列顺序递减：双环芳香烃>单环芳香烃>带侧链芳香烃>环烷烃>烯烃>烷烃。

为了防止在燃烧室中生成积炭，喷气燃料中的芳香烃含量大都不允许超过20%~25%(国内规格规定不超过20%)，双环芳香烃的含量在喷气燃料的技术指标中没有规定，但有的试验资料指出，双环芳香烃的含量超过3%以后，积炭的危害即较显著。

为了减少燃烧室中的积炭，曾试验在燃料中加入促进燃烧的添加剂。试验结果表明，当用含有99%芳香烃的燃料进行燃烧时，生成积炭数量为52.6g(在试验条件下)；在燃料中添加2%的异丙苯过氧化物后，积炭的数量降为19.9g。

燃料中含有较多的含氮、氧、硫的化合物时，较易在电极间产生积炭而造成短路。利用加强精制的办法除去上述物质，有利于解决电极短路问题。

三、喷气燃料生炭倾向的评定方法

无烟火焰高度又称烟点，是评定喷气燃料和煤油燃烧时积炭生成量的指标。无烟火焰高度按GB/T 382方法测定。测定前须先将标准燃料(异辛烷和甲苯的混合物)装在规定的无烟火焰高度测定器(见图12-17)中，将油点燃，提高灯芯直至开始冒烟，然后降低灯芯至油烟刚刚消失，测定此时火焰的高度(mm)，即为标准燃料的无烟火焰高度。从已知标准燃料的标准无烟火焰高度(例如100%异辛烷为42.8mm，60%异辛烷和40%甲苯的混合物为14.7mm等)和仪器测得的读数，便可计算出该仪器的校正系数。然后用未知油样同样进行试验，根据所测得的高度乘以校正系数，即得该油样的无烟火焰高度。

喷气燃料和煤油的无烟火焰高度是控制燃料中的化学组成、保证燃料正常燃烧的主要质量指标。因为燃料中含芳香烃越多，则其无烟火焰高度越小，它们之间的关系见表12-11。

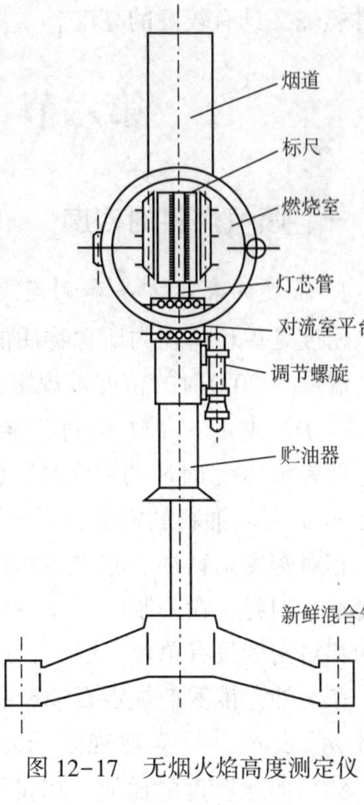

图12-17　无烟火焰高度测定仪

表 12-11　芳香烃含量与无烟火焰高度之间的关系

芳香烃含量/%	10	18	22	28
无烟火焰高度/mm	23	19	14	12

喷气燃料的无烟火焰高度与发动机中燃烧时生成的积炭量有密切的关系。燃料的无烟火焰高度越小，生成的积炭量越多。它们之间的关系见表 12-12。

表 12-12　燃料的无烟火焰高度与喷气发动机燃烧室生成积炭量的关系

无烟火焰高度/mm	12	18	21	23	26	30	43
积炭/g	7. 5	4. 8	3. 2	1. 8	1. 6	0. 5	0. 4

从表 12-12 可以看出，当无烟火焰高度超过 30mm 以后，积炭生成量降低到很小值。目前国产喷气燃料每批产品出厂均须进行无烟火焰高度测定，一般均超过 30mm，因此生成积炭的倾向很小，一般按规格要求不低于 25mm。

国外喷气燃料多已将无烟火焰高度列入规格，美国等国家对喷气燃料多要求不低于 20mm 或 25mm。有的规定无烟火焰高度不低于 20mm，同时还规定萘含量不大于 3%，以限制双环芳香烃的含量。

我国 GB 6537—2018《3 号喷气燃料》中对喷气燃料烟点的要求为不小于 25mm 或烟点最小为 20mm 时萘系烃含量不大于 3%(体积)。

对于灯用煤油，为使点燃时火焰明亮、均匀，保持正常燃烧而不冒烟，煤油中理想的成分是烷烃。如含芳香烃过多便会冒烟，但含有少量(10%以下)则可增强照明的亮度。目前灯用煤油要求无烟火焰高度不低于 20mm，就是为了控制煤油的化学组成，保证煤油既能正常燃烧又具有较好的亮度。

第六节　喷气燃料的密度和热值

一、喷气燃料的密度

1. 密度的表示方法和测定

密度是单位体积内所含物质的质量，单位为 g/mL。

温度为 20℃时的密度被规定为石油产品的标准密度，以 ρ_{20} 表示。过去标准密度的符号是 ρ_4^{20}、D_4^{20} 或 d_4^{20}，右上角的数字表示油温在 20℃时的密度，右下角数字表示水温为 4℃，符号即表示 20℃时油的密度与 4℃时水的密度的比值，实际上是指相对密度。现在直接用 ρ_{20} 表示 20℃时油料的密度，更为简单明了。

相对密度是物质密度与水的密度的比。我国规定水的密度为 4℃时测得的数值，即 $1g/cm^3$。因此，在公制中，任一物质的密度在数值上和相对密度是相等的，只是密度有单位而相对密度没有单位。因此，过去石油产品的密度也常被称为相对密度。

在国外，俄罗斯规定石油产品的标准密度为 20℃油的密度与 4℃水的密度的比值。用符号 ρ_4^{20} 表示，英美则规定石油产品的相对密度为 60℉ (15. 6℃) 时油的密度与 60℉ (15. 6℃) 时水密度的比值，用符号 $d_{15.6}^{15.6}$ 表示。

此外，美国还用比重度(°API)来表示石油产品的相对密度。°API 越大，油品的相对密度越小。°API 和 $d_{15.6}^{15.6}$之间的关系如下：

$$d_{15.6}^{15.6}=\frac{141.5}{°API+131.5} \quad °API=\frac{141.5}{d_{15.6}^{15.6}}-131.5$$

此式适用于 $d_{15.6}^{15.6}<1$ 的情况。

$d_{15.6}^{15.6}$和 ρ_{20}之间可按下式换算：

$$d_{15.6}^{15.6}=\rho_{20}+\Delta d$$

Δd(修正值)可从表 12-13 查得。

表 12-13　$d_{15.6}^{15.6}$与 ρ_{20}互相换算时的 Δd

$d_{15.6}^{15.6}$或 ρ_{20}	Δd	$d_{15.6}^{15.6}$或 ρ_{20}	Δd
0.7000~0.7100	0.0051	0.8400~0.8500	0.0043
0.7100~0.7300	0.005	0.8500~0.8700	0.0042
0.7300~0.7500	0.0049	0.8700~0.8900	0.0041
0.7500~0.7700	0.0048	0.8900~0.9100	0.004
0.7700~0.7800	0.0047	0.9100~0.9200	0.0039
0.7800~0.8000	0.0046	0.9200~0.9400	0.0038
0.8000~0.8200	0.0045	0.9400~0.9500	0.0037
0.8200~0.8400	0.0044		

根据标准方法的规定，各种石油产品的密度可以用密度计法或比重瓶法测定，由于密度计使用简便迅速，通常情况下均使用经过检验校准的密度计来测定油品的密度或相对密度。

如果试验油样的密度是在(20±5)℃温度范围内测定的，试样的 20℃密度可以按下式计算：

$$\rho_{20}=\rho'_{t}+\gamma(t-20)$$

式中　ρ'_{t}——试样在试验温度 t℃时的视密度，g/mL；

γ——平均密度温度系数，g/(mL·℃)，可以在标准方法中查得；

t——试样的试验温度。

如已知 ρ_{20}，也可利用上式求得试样在其他温度 t℃下的密度 ρ_{t}，即：

$$\rho_{t}=\rho_{20}-\gamma(t-20)$$

2. 密度和油品组成的关系

石油产品的密度取决于化学组成。对于正构烷烃，沸点越高，密度越大。对于不同的烃类，当原子数相同时，以芳香烃的密度为最大，环烷烃次之，烷烃的密度最小；而烷烃的密度则随异构程度的增加而加大。表 12-14 列举了几种烃类的沸点和密度的数据，可以看出密度和烃类种类的关系。

表 12-14　几种烃类的沸点和密度

名称	分子式	常压下沸点/℃	ρ_{20}/(g/mL)
正已烷	C_6H_{14}	68.7	0.6594
环已烷	C_6H_{12}	80.8	0.778
苯	C_6H_6	80.1	0.879
2,3-二甲基戊烷	H_7H_{16}	89.78	0.6951
3-甲基已烷	H_7H_{16}	91.85	0.6871
正庚烷	H_7H_{16}	98.43	0.6838

石油产品的密度一般为 0.70~1.00g/mL。我国对车用汽油、车用柴油和喷气燃料的热值均作了范围要求，允许随原料及加工工艺的不同而变动。表 12-15 列出了一些常见油料的参考密度。纯烃类物质的密度可以在一般的理化手册中查到。

表 12-15　常用油料的参考密度

油料名称	ρ_{20}/(g/mL)	油料名称	ρ_{20}/(g/mL)
车用汽油	0.720~0.775	车用柴油	0.790~0.845
航空活塞式发动机燃料	0.745~0.750	锅炉燃料油	0.900~0.950
3 号喷气燃料	0.775~0.750	柴油机油	0.850~0.890

3. 密度测定在油料生产和贮运上的意义

除了体积受到严格限制的少数动力装置(如飞机等)使用的燃料外，其他油料对密度没有什么要求，因为密度(或相对密度)对油料的使用没有直接的影响。但是，在油料的生产和贮存运输过程中，密度是经常检定的项目之一，因为它和油料的数量及质量都有密切的关系。

① 在收发和贮存油料时，先测出贮油容器的容积 V(L)和油料在贮存温度下的密度，即可计算出油料的质量 w(kg)；或已知油料的质量和密度，从而计算油料所需占用的油罐容积。

$$w=\rho_t V$$

式中　ρ_t的单位为：

$$\frac{g}{cm^3}=\frac{kg}{L}=\frac{t}{m^3}$$

因此，质量的单位取决于所用体积的单位。此外，还应注意测量罐内油料的体积时，如油温为 t℃，则应取温度 t℃时的密度 ρ_t 计算，而 ρ_t 可以根据标准密度和油温 t℃按下式算出：

$$\rho_t=\rho_{20}-\gamma(t-20)$$

② 在收发和贮运油料过程中，测定密度可以帮助区别不同种类或牌号的油料，近似地评定油料质量变化的情况。如发现燃油密度与原测结果差别显著(超过 0.01g/cm^3)时，可以帮助判断：1)汽油或宽馏分喷气燃料在贮运中轻质馏分蒸发损耗过多；2)误与其他油料

掺混；3)牌号或品种不符。

③ 对石油产品而言，密度可以帮助判断燃油馏分的轻重或烃类的组成。对于纯烃和其他有机产品(例如苯、甲苯、异辛烷、酒精、乙二醇等)，根据密度的大小可以判断产品的纯度或贮存使用过程中被其他杂质稀释的程度。

④ 在石油炼制过程中，密度常常是控制生产条件的重要参数之一。例如在裂化或加氢过程中，产品的密度在某种程度上是化学反应深度的反映。

⑤ 在油箱容积受到严格限制的动力装置中，如飞机、小型船艇等，密度较大的燃料有利于发出更多的热量以增加航程。

二、喷气燃料的热值

1. 喷气燃料净热值的计算

由于燃料的热值直接影响发动机的动力性能，航空活塞式发动机燃料和喷气燃料都对燃料的热值作了严格的规定，分别不得少于43.5MJ/kg和42.8MJ/kg。

根据GB 384的规定，液体燃料的总热值(高热值)和净热值(低热值)用氧弹法测定。测定时将称好质量的一定试样装在氧弹内的小皿中，把它用易燃烧而不透燃料蒸气的胶片封闭起来，使试样在压缩氧气中燃烧。然后利用仪器中水温的升高，测出燃料燃烧时释放出的热量，计算出燃料的总热值和净热值。所谓净热值即指从总热值中扣除燃烧产物中水蒸气凝结为水时所释放出的那部分热量后的热值。因为发动机工作时排气温度往往很高，这部分凝结热实际上是很难利用的。

用氧弹法测定燃料的热值准确性高，但需要特制的耐高压的合金钢弹，操作手续也较烦琐。国外曾提出过多种经验公式，利用燃料的密度、苯胺点及折射率来计算燃料的净热值。我国有关单位根据我国不同原油和不同炼厂生产的喷气燃料的实测热值、密度和苯胺点，提出了计算我国喷气燃料热值的经验公式，准确度很高，完全在允许误差以内。该法计算公式如下：

$$Q_j = 4.19\times10^{-3}[9879+(T+17.8)\times A]\ \text{MJ/kg}$$

$$Q_j = 9879+(T+17.8)A\ \text{kcal/kg} \tag{12-1}$$

式中 Q_j——燃料的净热值；

T——燃料的苯胺点，℃，按GB/T 262方法测定；

A——与密度有关的系数，按下述经验公式计算或查表得出。

$$A=\frac{17.62}{\rho_{20}}-16.38 \tag{12-2}$$

国外也有采用发热量系数K来计算或代表燃料的净热值。K值按下式计算：

$$K=T_A(℉)\times°\text{API} \tag{12-3}$$

式中，T_A表示燃料的苯胺点，单位为℉。

关于Q_j值与K值的关系存在不同的公式，其中以下述公式准确度较高而且计算较简便：

$$Q_j = 9939+0.0615K\ \text{kcal/kg} \tag{12-4}$$

用标准方法、公式(12-1)、公式(12-2)和用发热量系数公式(12-3)、公式(12-4)分别对6种国产喷气燃料进行了计算，所得结果和用标准方法(氧弹法)实测结果的比较列于表12-16。

表 12-16　几种喷气燃料的计算净热值与实测净热值的比较

燃 料	比重度(°API)	苯胺点/℉	发热量系数(K)	由式(12-4)计算得出 Q_j/(kJ/kg)	差值/(kJ/kg)	实测热值 Q_j/(kJ/kg)	由式(12-1)计算得出 Q_j/(kJ/kg)	差值/(kJ/kg)
胜利喷气燃料	48.5	132.4	6421	43268.46	29.311	43239.149	43222.401	-16.748
新疆喷气燃料	49.8	147.4	7341	43502.93	0	43502.93	43490.369	-12.561
大庆-玉门-新新疆喷气燃料	50.4	147.2	7419	43523.87	20.94	43502.93	43511.304	8.374
大庆喷气燃料(七厂)	50.6	147.9	7484	43540.61	-46.06	43586.67	43532.239	-54.431
大庆喷气燃料(黑炼)	50.9	148.1	7538	43557.36	71.178	43486.182	43548.987	62.805
大庆喷气燃料(二厂)	50.4	147.7	7444	43532.24	-29.308	43561.548	43519.678	-41.87

按热值测定中平行试验间允许误差为 125.61kJ/kg，无论从我国试行标准规定的计算公式所得结果，或从发热量系数公式(12-4)所得结果，均比允许误差小很多，说明这两种方法均适用。

2. 热值与燃料组成的关系

石油产品的热值与其化学组成有密切的关系。由于氢的燃烧热(121004.3kJ/kg)比碳大很多，因此，燃料的热值基本上取决于燃料的碳氢比；燃料的碳氢比值越大，燃料的热值越低，这从图 12-18 也可以看出。

从烃类结构来看，烷烃的碳氢比最小，环烷烃次之，芳香烃最大。所以，从质量热值比较，当 C 原子数相同时，以烷烃的热值最高，环烷烃次之，而以芳香烃最低(见图 12-19)。当 C 原子数增加时，烷烃的热值逐渐降低，芳香烃的热值则逐渐增高，环烷烃的热值变动不大。

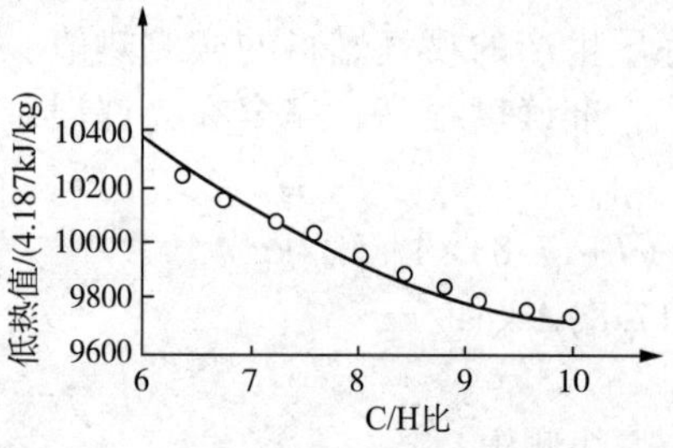

图 12-18　烃类的低热值与碳氢比的关系

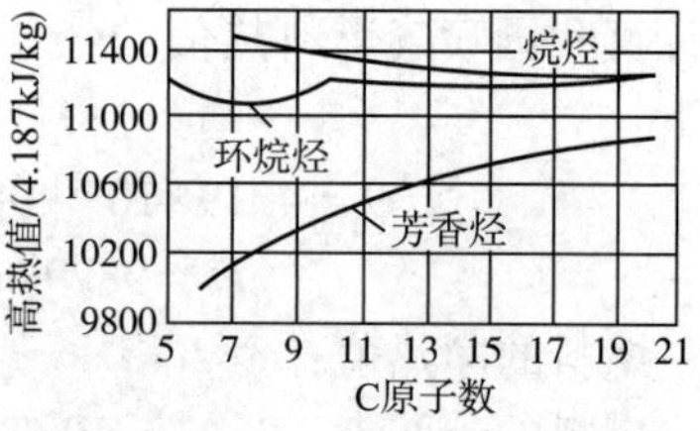

图 12-19　烃类的高热值与结构的关系

燃料结构的碳氢比也反映在密度的大小上，当碳氢比值增大时，石油产品的密度也随之增大。因此，石油或石油产品的密度越小，其质量热值越高。换句话说，由同一原油制成的产品，越轻的馏分质量热值越高。

但是从体积热值比较则有所不同。表 12-17 列出了几种煤油的质量热值和体积热值的比较。

表 12-17　几种煤油的热值

燃料	$\rho_{15.6}^{15.6}$	馏 程/℃	化学组成/%			质量热值/(kJ/kg)	体积热值/(kJ/m³)
			烷烃	环烷烃	芳香烃		
石蜡基燃料	0.7474	159~266	92.2	5.2	2.6	43377.32	32424.128
环烷基燃料	0.791	160~270	46.7	51.9	1.4	43126.1	34111.489
芳香基燃料	0.8645	166~253	13.4	11.4	75.2	41283.82	35685.801

从表 12-17 可以看出：在馏分相近的燃料中，含芳香烃较多的，或密度较大的，其质

量热值较低，但体积热值却较高。两种低热值与燃料密度的关系也可从图 12-20 看中。这是因为密度增大后，同体积的燃料的质量增加。

从飞机对使用油料的要求来看，既希望燃料的体积热值高，也希望燃料的密度不要过大，否则会增加飞机的负载。因此，选用密度适中的煤油馏分是适当的办法。

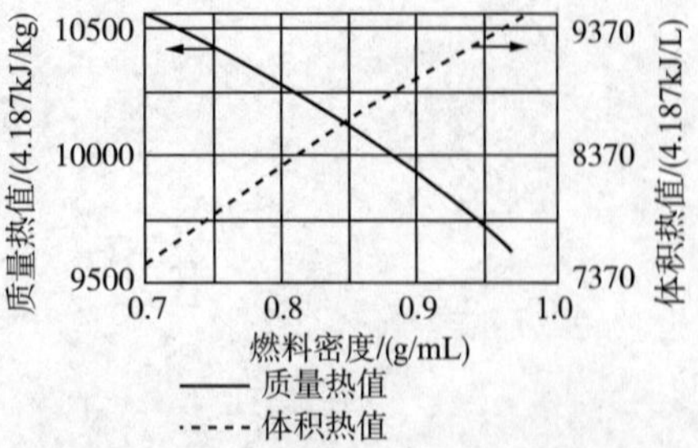

图 12-20　低热值与燃油密度的关系

三、喷气燃料的热值和密度对航程的影响

热值是喷气燃料的重要使用性质之一，因为飞机的性能主要取决于发动机提供推力的大小，而发动机的推力又是随燃料热值的增大而增大的。例如，当燃料的热值增加 1%时，冲压发动机的推力就增加 1.12%。飞机发动机的耗油率也取决于燃料热值的大小。热值越大，耗油率越低。燃料的体积热值越大，飞机的航程越远。这是因为飞机油箱的容量是一定的，密度大的燃料，同一油箱中装油数量较多，飞机储备的热量就多一些，因而航程也较远。表 12-18 列出了几种密度不同的燃料的热值对航程的影响。

表 12-18　飞行航程与燃料热值及密度的关系

燃料	低热值/(kJ/kg)	密度/(g/mL)	油箱储备热量/kJ	耗油率/[kg/(kg·h)]	航程/km
喷气燃料	42916.75	0.820	4.396×109	1.44	15000
宽馏分燃料	43335.45	0.765	4.124×109	—	14500
癸 烷	44269.151	0.729	4.061×109	1.39	14500
十氢代萘	42812.075	0.890	4.815×109	1.44	15900

从表 12-18 列举的数据可以看到，从采用密度为 0.820g/mL 的喷气燃料改换为密度较小的(0.765g/mL)宽馏分燃料时，虽然质量热值增加了 1%，但是航程却缩短了 3.3%。根据资料，从采用密度为 0.810g/mL 的 T-1 燃料转为采用密度为 0.725g/mL 的航空活塞式发动机燃料 100/130 时，航程缩短将近 10%。为此，各国使用的喷气燃料都根据各国生产的情况，分别对热值和密度作了不同的规定。

下篇　液体燃料的种类、牌号和使用

第十三章　液体燃料的种类、牌号和使用

第一节　液体燃料的分组和规格

一、液体燃料的分组

我国生产的石油产品种类牌号很多，为了便于管理和使用，参照国际标准化组织 ISO 8681 标准，并结合我国实际情况，我国制定了 GB/T 498—2014《石油产品及润滑剂分类方法和类别的确定》，该标准把我国石油产品分为五大类：F 类(燃料)、S 类(溶剂和化工原料)、L 类(润滑剂、工业润滑油和有关产品)、W 类(蜡)、B 类(沥青)。

F 类包括从石油中提炼出来的各种燃料。根据 GB/T 12692. 1—2010《石油产品 燃料(F类)分类 第 1 部分：总则》规定，石油燃料根据燃料类型分为五组，见表 13-1。

表 13-1　石油燃料的分组

组别	副组	组别定义
G		气体燃料：主要由来源于石油的甲烷和/ 或乙烷组成的气体燃料
L		液化石油气：主要由 C_3和 C_4烷烃或烯烃或其混合物组成，并且更高碳原子数的物质液体体积小于 5%的气体燃料
D	(L)(M)(H)	馏分燃料：由原油加工或石油气分离所得的主要来源于石油的液体燃料。轻质或中质馏分燃料中不含加工过程的残渣，而重质馏分可含有在调和、贮存和/ 或运输过程中引入的、规格标准限定范围内的少量残渣。具有高挥发性和很低闪点(闭口)的轻质馏分燃料要求有特殊的危险预防措施
R		残渣燃料：含有来源于石油加工残渣的液体燃料。规格中应限制非来源于石油的成分
C		石油焦：由原油或原料油深度加工所得，主要由碳组成的来源于石油的固体燃料

注：馏分燃料(D 组) 副组的说明：

副组(L) 与“ 轻质馏分” 一同使用，表示沸点在 230℃ 以下、闪点(闭口) 低于室温的石脑油及汽油；

副组(M) 与“ 中质馏分” 一同使用，表示沸点接近 150 ~ 400℃ ，闪点(闭口) 在 38℃ 以上的煤油及瓦斯油；

副组(H) 与“ 重质馏分” 一同使用，表示含有大量的沸点在 400℃ 以上，闪点(闭口) 超过 60℃ 的无沥青质的燃料和原料。

常用的液体燃料的分组、牌号见表 13-2。

表 13-2　常用的液体燃料分组、分类及牌号

组 别	类别	牌号	产品标准
车用汽油	车用汽油	89 号 92 号 95 号	GB 17930—2016
	车用乙醇汽油(E10)	89 号 92 号 95 号	GB 18351—2017

续表

组 别	类别	牌号	产品标准
航空汽油	航空活塞式发动机燃料	75 号 UL91 号 95 号 100 号 100LL 号	GB 1787—2018
喷气燃料		3 号喷气燃料 高闪点喷气燃料	GB 6537—2018 GJB 560A—1997
柴油	普通柴油(2019 年淘汰)	10 号 5 号 0 号 -10 号 -20 号 -35 号 -50 号	GB 252—2015(2019 年废止)
	车用柴油		GB 19147—2016
	军用柴油	-10 号 -35 号 -50 号	GJB 3075—1997
锅炉燃料	船用燃料油	船用馏分燃料油 船用残渣燃料油	GB 17411—2015
	军舰用燃料油	1 号 2 号	GJB 2913A—2004

二、液体燃料的规格

为了稳定石油产品的质量，满足使用要求，便于生产和使用单位作为控制和检验质量的依据，必须制定各种石油产品标准。

石油产品标准，简称石油规格。目前我国石油产品标准分为五种：一种是国家标准，包括强制性国家标准(代号 GB)和推荐性国家标准(代号 GB/T)；二是能源行业标准或石油行业标准，包括强制性标准(代号 NB、SH)或推荐性标准(SH/T、NB/SH/T)；三是国家军用标准(代号 GJB)；四是地方标准(代号 DB)，或部门标准(如军队油料标准代号 YLB)；五是企业标准(代号 Q)，如 Q/SH、辽 Q 等。

石油产品标准的内容有：

标准的适用范围。简单说明产品的原料、生产工艺，该产品的用途、名称和代号。

对该产品的技术要求。包括要求的项目，各项目的质量指标，以及测定各项目所用的试验方法编号和附注。

包装和采样等规定。各产品的包装、标志、贮存、运输、交货验收及采样的规定。

第二节　车用汽油

一、对车用汽油的质量要求

汽油是指沸点范围在30~220℃，可含有适当添加剂的精制石油馏分，适用于作点燃式发动机燃料。为了保证发动机迅速起动、正常运转并延长使用寿命，对车用汽油的质量主要有下列要求。

1. 适当的蒸发性

燃料中应含有足够的轻质馏分，保证发动机在各种使用温度下能顺利起动，加速性能良好，燃烧完全，并不产生气阻。

2. 良好的抗爆性

汽油应在发动机中燃烧良好，能保证发动机发出最大的功率而不会由于爆震而损害机械。换句话说，汽油应具有和发动机压缩比相适应的高辛烷值。

3. 良好的安定性

汽油应该性质安定，在贮存和运输过程中不易氧化变质而生成胶质及其他有害物质。汽油中胶质含量应不超过规定，以免在使用中堵塞燃料系统，影响发动机的正常工作。

4. 无腐蚀性

汽油应对发动机及贮运器材金属不产生腐蚀。

5. 良好的洁净性

汽油中应不含机械杂质和水分。

6. 良好的清净性

能够有效防止喷嘴、进气阀和燃烧室沉积物的生成。

7. 良好的排放特性

汽油的组成有利于减少发动机污染物排放。

二、车用汽油的种类和牌号

车用汽油主要由催化裂化汽油、重整汽油、芳香烃、烷基化汽油、异构化汽油等馏分构成，加有改善使用性能的添加剂，根据各炼厂企业资源的不同，选用上述两种或几种汽油馏分调和而成。车用汽油中不得人为加入含铁、锰、铅添加剂，车用汽油中所使用的添加剂应无公认的有害作用，并按推荐的适宜用量添加使用。车用汽油中不得人为加入甲缩醛、苯胺类、卤素及含磷、含硅等化合物。

目前我国车用汽油产品规范是GB 17930—2016《车用汽油》，主要按硫含量、烯烃含量、锰含量以及蒸气压的不同将车用汽油分为Ⅳ类和Ⅴ类（Ⅴ类硫含量、烯烃含量、锰含量以及蒸气压更低），按50%蒸发温度、苯含量、芳香烃含量以及烯烃含量的不同将车用汽油分为Ⅴ类和Ⅵ类（Ⅵ类50%蒸发温度、苯含量、芳香烃含量以及烯烃含量更低），其中Ⅵ类按烯烃含量的不同划分为Ⅵ(A)类和Ⅵ(B)类。我国目前生产的车用汽油牌号有89号、92号、95号（Ⅳ类为90号、93号、97号），此外还有按企业标准生产的98号车用汽油。车用汽油的牌号是按汽油的抗爆性评定指标——研究法辛烷值大小划分的，牌号越高，说明其抗爆性越好，如95号车用汽油的研究法辛烷值要求不小于95。

GB 17930—2016《车用汽油》已于2016年12月23日发布并实施，其中Ⅳ类车用汽油自2017年1月1日起废止；全国从2017年1月1日最低使用车用汽油的质量等级为Ⅴ类；全国从2019年1月1日最低使用车用汽油的质量等级为Ⅵ(A)类；全国从2023年1月1日最低使用车用汽油的质量等级为Ⅵ(B)类。GB 17930—2016《车用汽油》产品规范中Ⅴ类、Ⅵ(A)类车用汽油的技术要求和试验方法见表13-3和表13-4。

表13-3 车用汽油(Ⅴ)技术要求和试验方法(GB 17930—2016)

项目		质量指标			试验方法
		89	92	95	
抗爆性					
研究法辛烷值(RON)	不小于	89	92	95	GB/T 5487
抗爆指数(RON+MON)/2	不小于	84	87	90	GB/T 503、GB/T 5487
铅含量①/(g/L)	不大于	0.005			GB/T 8020
馏程					GB/T 6536
10%馏出温度/℃	不高于	70			
50%馏出温度/℃	不高于	120			
90%馏出温度/℃	不高于	190			
终馏点/℃	不高于	205			
残留量/%(体积)	不高于	2			
蒸气压②/kPa					GB/T 8017
从11月1日至4月30日		45~85			
从5月1日至10月31日		40~65③			
溶剂洗胶质含量/(mg/100mL)					GB/T 8019
未洗胶质含量(加入清净剂前)	不大于	30			
溶剂洗胶质含量	不大于	5			
诱导期/min	不小于	480			GB/T 8018
硫含量④/(mg/kg)	不大于	10			SH/T 0689
硫醇(博士试验)		通过			NB/SH/T 0174
铜片腐蚀(50℃，3h)/级	不大于	1			GB/T 5096
水溶性酸或碱		无			GB/T 259
机械杂质及水分		无			目测⑤
苯含量⑥/%(体积)	不大于	1.0			SH/T 0713
芳香烃含量⑦/%(体积)	不大于	40			GB/T 11132
烯烃含量⑦/%(体积)	不大于	24			GB/T 11132
氧含量⑧/%(质量)	不大于	2.7			SH/T 0663

续表

项 目		质量指标			试验方法
		89	92	95	
甲醇含量①/%(质量)	不大于	0.3			SH/T 0663
锰含量①/(g/L)	不大于	0.002			SH/T 0711
铁含量①/(g/L)	不大于	0.01			SH/T 0712
密度⑨(20℃)/(kg/m^3)		720~775			GB/T 1884、GB/T 1885

①车用汽油中，不得人为加入甲醇以及含铅、铁和锰的添加剂。

②也可采用 SH/T 0794 进行测定，在有异议时，以 GB/T 8017 方法为准。换季时，加油站允许有 15 天的置换期。

③广东、海南全年执行此项要求。

④也可采用 GB/T 11140、SH/T 0253、ASTM D7039 进行测定，在有异议时，以 SH/T 0689 方法为准。

⑤将试样注入 100mL 玻璃量筒中观察，应当透明、没有悬浮和沉降的机械杂质及水分。在有异议时，以 GB/T 511 和 GB/T 260 方法为准。

⑥也可采用 GB/T 28768、GB/T 30519 和 SH/T 0693 进行测定，在有异议时，以 SH/T 0713 方法为准。

⑦对于 95 号车用汽油，在烯烃、芳香烃总含量控制不变的前提下，可允许芳香烃的最大值为 42%(体积)。也可采用 GB/T 28768、GB/T 30519、NB/SH/T 0741 进行测定，在有异议时，以 GB/T 11132 方法为准。

⑧也可采用 SH/T 0720 进行测定，在有异议时，以 SH/T 0663 方法为准。

⑨也可采用 SH/T 0604 进行测定，在有异议时，以 GB/T 1884、GB/T 1885 方法为准。

表 13-4 车用汽油(Ⅵ A)技术要求和试验方法(GB 17930—2016)

项 目		质量指标			试验方法
		89	92	95	
抗爆性					
研究法辛烷值(RON)	不小于	89	92	95	GB/T 5487
抗爆指数(RON+MON)/2	不小于	84	87	90	GB/T 503、GB/T 5487
铅含量①/(g/L)	不大于	0.005			GB/T 8020
馏程					GB/T 6536
10%馏出温度/℃	不高于	70			
50%馏出温度/℃	不高于	110			
90%馏出温度/℃	不高于	190			
终馏点/℃	不高于	205			
残留量/%(体积)		2			
蒸气压②/kPa					GB/T 8017
11 月 1 日~4 月 30 日		45~85			
5 月 1 日~10 月 31 日		40~65③			
溶剂洗胶质含量/(mg/100mL)：					GB/T 8019
未洗胶质含量(加入清净剂前)	不大于	30			
溶剂洗胶质含量	不大于	5			
诱导期/min	不小于	480			GB/T 8018
硫含量④/(mg/kg)	不大于	10			SH/T 0689

续表

项目		质量指标			试验方法
		89	92	95	
硫醇(博士试验)		通过			NB/SH/T 0174
铜片腐蚀(50℃，3h)/级	不大于	1			GB/T 5096
水溶性酸或碱		无			GB/T 259
机械杂质及水分		无			目测⑤
苯含量⑥/%(体积)	不大于	0.8			SH/T 0713
芳香烃含量⑦/%(体积)	不大于	35			GB/T 30519
烯烃含量⑦/%(体积)	不大于	18(国ⅥA) 15(国ⅥB)			GB/T 30519
氧含量⑧/%(质量)	不大于	2.7			SH/T 0663
甲醇含量①/%(质量)	不大于	0.3			SH/T 0663
锰含量①/(g/L)	不大于	0.002			SH/T 0711
铁含量①/(g/L)	不大于	0.01			SH/T 0712
密度⑨(20℃)/(kg/m^3)		720~775			GB/T 1884、GB/T 1885

①车用汽油中，不得人为加入甲醇以及含铅、铁和锰的添加剂。

②也可采用 SH/T 0794 进行测定，在有异议时，以 GB/T 8017 方法为准。换季时，加油站允许有 15 天的置换期。

③广东、海南全年执行此项要求。

④也可采用 GB/T 11140、SH/T 0253、ASTM D7039 进行测定，在有异议时，以 SH/T 0689 方法为准。

⑤将试样注入 100mL 玻璃量筒中观察，应当透明、没有悬浮和沉降的机械杂质及水分。在有异议时，以 GB/T 511 和 GB/T 260 方法为准。

⑥也可采用 GB/T 28768、GB/T 30519 和 SH/T 0693 进行测定，在有异议时，以 SH/T 0713 方法为准。

⑦也可采用 GB/T 11132、GB/T 28768 进行测定，在有异议时，以 GB/T 30519 方法为准。

⑧也可采用 SH/T 0720 进行测定，在有异议时，以 SH/T 0663 方法为准。

⑨也可采用 SH/T 0604 进行测定，在有异议时，以 GB/T 1884、GB/T 1885 方法为准。

车用汽油产品的标记为：牌号+汽油+(类别)。

例如：89 号汽油(Ⅴ)、92 号汽油(Ⅴ)、95 号汽油(Ⅴ)。

此外，我国还颁布了 GB 18351—2017《车用乙醇汽油(E10)》。车用乙醇汽油与车用汽油在性质和用途上基本一样，但含有 10%左右的乙醇。

三、车用汽油的选用

发动机选用何种牌号汽油作燃料，主要应考虑发动机压缩比的大小。压缩比大的发动机，爆震倾向大，为防止爆震，应选用辛烷值高的汽油；反之，压缩比小的发动机可选用辛烷值低的汽油。一般来讲，压缩比在 8.0 以下的发动机，应使用 89 号车用汽油；压缩比在 8.0~12.0 的发动机可选用 92 号或 95 号车用汽油。

发动机是否发生爆震除了受压缩比影响，还和燃烧室形状、火花塞位置、油路布置等有关，因此，汽车在出厂时厂家会综合考虑各方面因素确定发动机使用汽油的牌号，用户实际选用汽油牌号时，最好根据说明书的要求来选用。

各种车辆只有选用辛烷值适当的汽油，才能充分发挥车辆的动力性能，并节约油料。使用辛烷值比规定低的汽油，发动机产生不同程度的爆震，油耗会增加。使用辛烷值高的汽油油耗下降，一般辛烷值提高 1 个单位，燃油经济性可提高 1%。但同时高辛烷值汽油的生产成本和价格也要高一些。因此，不主张超过发动机要求选用高辛烷值汽油。

在特殊情况下不能保证供应适当牌号的汽油时，也可以用较高或较低辛烷值的汽油代用。使用辛烷值较低的汽油时，应适当减小(推迟)发动机的提前点火角，以减少爆震的倾向；使用辛烷值较高的汽油时，应适当增大(提前)发动机的提前点火角，以提高发动机的功率。电喷式发动机不能人工调整提前点火角，但汽车的 ECU 具有一定的自动调节能力，能够在一定范围内自动调整提前点火角。

高原空气稀薄，大气压力很低，发动机吸入空气量减少，压缩压力也随着降低，因而使用辛烷值较低的汽油也不易产生爆震。例如，平原地区用 92 号汽油的车辆，在海拔 1000m 的高原地区可以使用 89 号汽油，在海拔 2000m 以上的高原地区，甚至可以使用辛烷值更低的汽油，或采用增压器。实践证明，每升高或降低 1000m，点火角可提前或延迟 2°左右。

四、车用汽油的发展趋势

1. 提高辛烷值

在保证发动机正常工作的前提下，发动机压缩比越高，热效率就越高，燃油经济性也会提高。因此汽车发动机的压缩比呈逐渐提高的趋势，从早期的 6 左右发展到现在的 10 左右，但是汽车压缩比的提高首先受辛烷值的限制。随着压缩比提高，发动机爆震倾向增大，需要使用辛烷值更高的汽油保证其正常工作。据研究，压缩比提高 1 个单位，则要求汽油增加 RON 值(研究法辛烷值)3~5 个单位。因此，在过去几十年中，提高汽油机压缩比和提高汽油辛烷值之间互相制约、互相促进。一方面，汽油辛烷值的提高为发动机压缩比提高创造条件；另一方面，发动机压缩比提高对汽油辛烷值提出更高要求，又会推动汽油生产技术改进，提高汽油辛烷值。

我国车用汽油发展的第一个阶段就是以提高汽油辛烷值为主，如我国早期的车用汽油(SY 1002—59)有 66 号(MON)，20 世纪 80 年代汽油(GB 484—65)以 70 号(MON)为主，后来与国际接轨，GB 484—86 规定采用研究法辛烷值代替马达法辛烷值规定汽油牌号，汽油牌号也升级为 90 号和 97 号，目前我国车用汽油研究法辛烷值均在 89 以上。但是汽油辛烷值并不是可以无限提高的，从生产高辛烷值汽油的能耗提高与使用高辛烷值汽油节约的能量综合考虑，我国车用汽油辛烷值可以较好满足汽油机对汽油抗爆性的要求。

2. 清洁汽油

所谓清洁汽油是指通过控制汽油中有害组分的含量，实现汽油的清洁燃烧，减少发动机尾气排放。早期对车用汽油的质量要求重点在使用性能方面，即汽油的性能只要满足发动机的使用要求就可以了，对汽油的组成并没有严格限制。但是，随着汽车拥有量不断增加，汽车排放造成的环境污染问题引起人们的重视，于是开始对汽油组成中造成污染物排放的成分进行限制。

现代清洁汽油的主要特征是：

① 汽油无铅化，并限制锰、铁、铜等有害金属的含量；

② 降低硫含量，减少硫的氧化物排放，并减少硫对尾气转化器的影响；

③ 降低苯和芳香烃含量，减少燃烧室积炭生成和颗粒物、芳香烃排放；

④ 降低烯烃含量，减少喷嘴、进气阀沉积物的生成；

⑤ 降低饱和蒸气压，减少碳氢化合物挥发；

⑥ 允许加入含氧化合物，促进燃烧完全，减少碳氢化合物和 CO 排放；

⑦ 要求添加汽油清净剂，防止发动机沉积物生成。

清洁汽油最早是从汽油无铅化开始的。烷基铅作为高效汽油抗爆剂从 20 世纪 20 年代开始工业化应用，到 20 世纪 70 年代末，全世界每年加入汽油的铅多达 0.35Mt。为了减少铅排放造成的污染，20 世纪 70 年代开始世界各国相继开展了汽油无铅化进程。日本 1975 年普通汽油就实现了无铅化，1978 年优质汽油铅含量限为 0.13～0.23g/L，1987 年车用汽油已全部不加铅，为汽油无铅化最早的国家。美国从 1975 年开始限铅，1985 年无铅汽油比例为 64%，含铅汽油铅含量限为 0.13g/L，1993 年实现了汽油无铅化(占 99%)。此后欧洲各国也相继实现汽油无铅化。我国 2000 年 1 月 1 日停止生产含铅汽油，同年 7 月 1 日停止销售和使用含铅汽油，实现汽油无铅化。

为降低汽车排气污染、保护环境，20 世纪 90 年代以来，美国和欧洲相继实施新的汽车排放污染物控制标准和汽油标准，对汽车和燃料提出了较高要求，除全面使用无铅汽油，还对汽油中的硫含量、苯含量、芳香烃含量、烯烃含量进行了严格的限制，并且适当增氧来改善燃烧条件。1998 年 6 月 3—5 日在比利时布鲁塞尔举行的第三届世界燃料会议上，美国汽车制造商协会(AAMA)、欧洲汽车制造商协会(ACEA)和日本汽车制造商协会(JAMA)联合发表了《世界燃料规范》，第一次在世界范围内对车用燃油(包括车用汽油和车用柴油)提出了科学、明确、详细的指标要求。

《世界燃料规范》第一版于 1998 年 12 月发行，之后历经 5 次修订，第六版于 2019 年 10 月正式发布。第六版对车用汽油进行了两个重要的类别更改。第一个主要变化是鉴于 1998 年《世界燃油规范》首次发布以来，尤其是铅含量和硫含量方面的巨大进步，淘汰了第Ⅰ类汽油；第二个主要变化是增加了新的Ⅵ类汽油。《世界燃油规范(第六版)》对车用汽油对应的市场进行了说明，具体为：

第Ⅱ类车用汽油适用于对排放控制需求有严格要求的市场，如 US Tier 1、Euro Ⅱ、Euro Ⅲ或相当排放标准的市场。

第Ⅲ类车用汽油适用于对排放控制需求有更严格要求的市场，如 US LEV(低排放法规)、加州 LEV 或 ULEV(超低排放法规)、Euro Ⅳ、JP 2005 或相当排放标准的市场。

第Ⅳ类车用汽油适用于对排放控制需求有更高要求的市场，以保证复杂的 NO_x(氮氧化物)和微粒后处理技术得到应用，如 US Tier 2、Tier 3、US2007/2010 重型道路车排放法规、US 非道路车 Tier 4、加州 LEV Ⅱ、Euro Ⅳ、Euro Ⅴ、Euro Ⅵ、Euro Ⅵb、JP 2009 或相当排放标准的市场。

第Ⅴ类车用汽油适用于对排放控制(包括温室气体)和燃油效率有高度要求的市场，例如 US Tier 3 Bin 5，美国轻型汽车燃油经济性，加州 LEV Ⅲ和经修订的 Euro Ⅵ6c、Euro Ⅵd TEMP、Euro Ⅵ6d，当前的欧盟 CO_2目标，国Ⅵa、国Ⅵb 或等效的排放控制和燃油效率标准，或其他市场需求。该类别的目的是最大限度地降低 Euro Ⅵd TEMP(2017 年起)、Euro Ⅵd(2020 年起)和国Ⅵb(2023 年起)所需的实际驾驶排放量(RDE)。

第Ⅵ类车用汽油适用于具有潜在排放控制和燃料效率目标的市场，要比第Ⅴ类的市场要求更为严格，例如未来或预期的美国轻型汽车的温室气体和燃料经济性标准以及欧盟未来的 CO_2 目标。该类别的目的是最大限度地降低 Euro Ⅵd TEMP（2017 年起）、Euro Ⅵd（2020 年起）和 Euro Ⅵb（2023 年起）所需的实际驾驶排放量（RDE）。该类别的目的是能够引入具有更高燃油效率和更低废气排放量的发动机和车辆，并指定一种具有较低碳强度的汽油，从而与使用较低类别的燃料相比，具有更高的效率和更大的温室气体效益。

《世界燃料规范》中有关汽油的部分指标见表 13-5。

表 13-5 《世界燃料规范》汽油标准（部分指标）

等级		Ⅱ	Ⅲ	Ⅳ	Ⅴ	Ⅵ
辛烷值（RON）	不小于	91/95/98	91/95/98	91/95/98	95/98	98/102
密度 15℃/（kg/m^3）		715~770	715~770	715~770	720~775	720~775
硫/（μg/g）	不大于	150	30	10	10	10
铅/（g/L）	不大于	不可察觉	不可察觉	不可察觉	不可察觉	不可察觉
锰/（g/L）	不大于	不可察觉	不可察觉	不可察觉	不可察觉	不可察觉
氧/%	不大于	2.7	2.7	2.7	2.7	3.7
苯/%（体积）	不大于	2.5	1.0	1.0	1.0	1.0
芳香烃/%（体积）	不大于	40	35	35	35	35
烯烃/%（体积）	不大于	18	10	10	10	10
50%馏出温度/℃		77~100	77~100	77~100	65-100	65-100
90%馏出温度/℃		130~175	130~175	130~175	130~175	160
终馏点/℃	不大于	205	205	205	205	205
燃油喷嘴清净度（流量损失）/%	不大于	5	5	5	5	5
进气阀黏滞（通过/失效）		通过	通过	通过	通过	通过
进气阀清净度（平均）/（mg/阀）						
方法 1（CECE-05-A-93）	不大于	50	30	30	30	30
方法 2（ASTM D5500）	不大于	100	50	50	50	50
燃烧室沉积物						
方法 1（ASTM D6201）	不大于	140	140	140	140	140
方法 2（CECE-F-20-A-98）/（mg/单机）	不大于	20	20	20	20	20

从表 13-5 可以看出，该标准对硫含量、苯含量、芳香烃含量、烯烃含量进行了严格限制，更重要的是在该标准的汽油规格中增加了过去所没有的使用性能项目，如发动机燃油喷嘴清净度、进气阀黏滞、进气阀清净度、燃烧室沉积物等，并规定了限值，这就要求车用汽油必须加汽油清净剂，否则就达不到规格要求。

我国 1999 年颁布的 GB 17930—1999《车用无铅汽油》是我国第一个清洁汽油标准。此后该标准几经修改，2006 年版的 GB 17930—2006《车用汽油》将汽油分为Ⅱ类和Ⅲ类，分别满足国Ⅱ和国Ⅲ排放要求；2011 年版的 GB 17930—2011《车用汽油》增加了Ⅵ类汽油，满足国Ⅳ排放要求；2013 年版的 GB 17930—2013《车用汽油》增加了Ⅴ类汽油，满足国Ⅴ排放要求；2016 年版的 GB 17930—2016《车用汽油》增了Ⅵ类汽油，满足国Ⅵ排放要求。我国车用汽油各阶段主要指标变化情况见表 13-6。

表 13-6 我国车用汽油主要指标各阶段变化情况

项 目		GB 17930 国Ⅰ	GB 17930 国Ⅱ	GB 17930 国Ⅲ	GB 17930 国Ⅳ	GB 17930 国Ⅴ	GB 17930 国Ⅵ(A)/Ⅵ(B)
实施日期(全国)		2000.1.1	2005.7.1	2010.1.1	2014.1.1	2017.1.1	2019.1.1/2023.1.1
RON	不小于	90 93 95	90 93 97	90 93 97	90 93 97	89 92 95 98	89 92 95 98
蒸气压/kPa							
11.1日~4.30日		≤88	≤88	≤88	42~85	45~85	45~85
5.1日~10.31日		≤74	≤74	≤72	40~68	40~65	40~65
50%蒸发温度/℃	不高于	120	120	120	120	120	110
硫含量/(mg/kg)	不大于	1000/800	500	150	50	10	10
锰含量/(g/L)	不大于	0.018	0.018	0.016	0.008	0.002	0.002
苯含量/%(体积)	不大于	2.5	2.5	1	1	1	0.8
烯烃含量/%(体积)	不大于	35	35	30	28	24	18/35
芳香烃含量/%(体积)	不大于	40	40(42)	40(42)	40(42)	40(42)	35
密度(20℃)/(g/cm^3)		—	—	—	—	0.720~0.775	0.720~0.775

第三节 航空活塞式发动机燃料

一、对航空汽油的质量要求

航空活塞式发动机燃料又称为航空汽油，是用在航空活塞式发动机上的燃料。虽然目前高速飞机主要动力装置已采用涡轮喷气发动机，但仍有少数活塞式发动机用于一些辅助机种上，例如直升机、运输机、教练机、通信机、气象机等。

对航空汽油的质量要求虽然和对车用汽油的要求有类似之处，即要求燃料具有适当的蒸发性、良好的抗爆性和安定性、无腐蚀性、不含机械杂质和水分，但具体要求的程度则有所不同。航空汽油与车用汽油的质量要求区别主要有以下几点。

1. 蒸发性限制较严格

航空发动机要求使用的汽油具有良好的蒸发性，能在化油器和进气系统中充分气化，不致冲稀润滑油而造成磨损。在直接喷射式发动机中，允许燃料气化时间很短(曲轴转动至上止点后30°开始喷油，至上止点前20°结束，以转速2600r/min计，相当于0.01~0.02s)，所以要求燃料具有良好的蒸发性。与车用汽油比较，航空汽油中尾馏分较少，终馏点限制在170~180℃(实际上一般为160℃左右)，50%和90%的馏出温度都比车用汽油低。这就是说，航空汽油的平均蒸发性要比车用汽油高。

同时，为了保证良好的高空性能，防止发生气阻而造成飞行事故，对航空汽油的轻质馏分含量也作了严格限制，规定初馏点不低于40℃，蒸气压力不大于49kPa。这就是说，航空汽油中不得含有过轻的组分，以免蒸发性过高。而车用汽油为了扩大来源，对初馏点通常不限制，蒸气压要求也宽得多。

蒸发性过高的汽油还会使化油器的进气管和节气阀等处结冰，导致发动机转速下降，功率降低，严重时会使发动机停车。通常在湿度较大及温度处于-10~30℃时，结冰现象最易产生。适当提高进气温度和控制燃料的蒸发性不过高，均有利于消除化油器结冰现象。

2. 抗爆性要求较高

飞机在起飞或执行特殊任务时，要求发动机发出最大的功率，在这种情况下，除利用增压器提高进气压力，还需加浓混合气，即采用富油混合气进行工作。有些辛烷值相同的燃料在富油状态下工作时抗爆性表现不同，因此，航空汽油不仅要在较贫油状态下有良好的抗爆性，在富油状态下也要能发出较大的功率。换句话说，航空汽油既要求有较高的辛烷值，也要求具有较高的品度。

3. 安定性要求较好

为了保证飞行安全和发动机可靠的工作，并适于较长时间的贮存，要求航空汽油比车用汽油具有更良好的安定性。航空汽油一般不含有热裂化产品，性质较为安定，但由于加入四乙基铅，在贮存和运输过程中，应采取措施，防止四乙基铅的分解和燃料的变质。

4. 低温性要求良好

飞机在高空低温下飞行时间较长时，燃料的温度下降，若含有悬浮水会结成微小的冰晶，堵塞滤孔，阻碍供油。因此，航空汽油中不允许含有不溶解的水分和机械杂质，规定结晶点不高于-60℃，而车用汽油对低温性没有要求。

二、航空活塞式发动机燃料的种类和牌号

目前我国航空活塞式发动机燃料产品规范是 GB 1787—2018《航空活塞式发动机燃料》，航空活塞式发动机燃料根据马达法辛烷值不同分为 75 号、UL91 号、95 号和 100 号、100LL 号五个牌号，其中“UL”代表无铅，“LL”代表低铅，95 号和 100 号航空汽油还要求其品度不低于 130，航空活塞式发动机燃料的技术要求和试验方法见表 13-7。

表 13-7　航空活塞式发动机燃料的技术要求和试验方法(GB 1787—2018)

项目		质量指标					试验方法
		75 号	UL91 号	95 号	100 号	100LL 号	
马达法辛烷值	不小于	75.0	91.0	95.0	99.6	99.6	GB/T 503
品度	不小于	—	—	130	130	130	SH/T 506
铅含量[①]							ASTM D5059
四乙基铅/(g/kg)	不大于	—	0.028	3.2	2.4	1.2	
铅/(g/L)	不大于	—	0.013	1.48	1.12	0.56	
净热值[②]/(MJ/kg)	不小于	—	43.5	43.5	43.5	43.5	GB 384
颜色		无色	无色	橙色	绿色	蓝色	
染色剂加入量/(mg/L)	不大于						ASTM D2392
蓝色		—	—	—	2.7	2.7	
黄色		—	—	—	2.8	—	
橙色		—	—	14.5	—	—	
密度[③](20℃)/(kg/m^3)		报告					GB/T 1884 GB/T 1885

续表

项目		质量指标					试验方法
		75号	UL91号	95号	100号	100LL号	
馏程							GB/T 6536
初馏点/℃	不低于	40	报告	40	报告		
10%馏出温度/℃	不高于	80	75	80	75		
40%馏出温度/℃	不低于	—	75	—	75		
50%馏出温度/℃	不高于	105	105	105	105		
90%馏出温度/℃	不高于	145	135	145	135		
终馏点/℃	不高于	180	170	180	170		
10%与50%蒸发温度之和/℃	不低于	—	135	—	135		
残留量/%(体积)	不大于	1.5	1.5	1.5	1.5		
损失量/%(体积)	不大于	1.5	1.5	1.5	1.5		
蒸气压④/kPa		27~48	38~49	27~48	38~49		GB/T 0794
酸度⑤/(mgKOH/g)	不大于	1.0	—	1.0	—		GB/T 258
冰点⑥/℃	不高于	-58.0					GB/T 2430
硫含量⑦/%	不大于	0.05					SH/T 0689
氧化安定性(5h老化)							SH/T 0585
潜在胶质/(mg/100mL)	不大于	6					
显见铅沉淀/(mg/100mL)	不大于	—			3		
铜片腐蚀(100℃, 2h)/级		1					GB/T 5096
水溶性酸或碱		无					GB/T 259
机械杂质及水分		无					目测⑧
芳香烃含量⑨/%(体积)	不大于	30	—	35	—		GB/T 11132
水反应(体积变化)/mL	不大于	±2					GB/T 1793

注：1. 允许加入的抗氧剂为2,6-二叔丁基对甲酚。

2. 允许加入成品中的蓝色染料为1,4-二烷基氨基蒽醌；黄色染料为对二乙基氨偶氮苯(颜色索引号No. 11021)或为1,3-间苯二酚-2,4-二偶氮烷基酚；橙色染料为油溶黄。

3. 与用户协商加入抗静电剂，应符合有关规定的要求。

①也可采用GB/T 2432方法测定，当测试结果发生争议时，以ASTM D5059为仲裁方法。当样品的铅含量大于1.32g/L时，应采用GB/T 2432方法测定。

②净热值应在加乙基液前测定。也可采用GB/T 2429、ASTM D3338方法测定，当净热值测试结果发生争议时，以GB 384为仲裁方法。采用GB/T 2429测定净热值时，方法中硫含量的测定除GB/T 380，还可采用GB/T 11140、GB/T 17040、SH/T 0253、SH/T 0689、NB/SH/T 0842等方法，当硫含量的测试结果发生争议时，以SH/T 0689为仲裁方法。

③也可采用SH/T 0604方法测定，当测试结果发生争议时，以GB/T 1884、GB/T 1885为仲裁方法。

④也可采用GB/T 8017方法测定，当测试结果发生争议时，以SH/T 0794为仲裁方法。

⑤酸度应在加乙基液前测定。

⑥当冷却至-58℃下还没有结晶出现时，可以报告冰点小于-58℃。也可采用SH/T 0770方法测定，当测试结果发生争议时，以GB/T 2430为仲裁方法。

⑦也可采用GB/T 380、GB/T 11140、GB/T 17040、SH/T 0253、SH/T 0689、NB/SH/T 0842等方法测定，当测试结果发生争议时，以SH/T 0689为仲裁方法。

⑧将油样注入100mL的玻璃量筒中观察，应当透明、没有悬浮和沉降的机械杂质及水，对试验结果有异议时，以GB/T 511和GB/T 260为仲裁方法。

⑨芳香烃应在加乙基液前测定。

符合本标准技术要求的航空活塞式发动机燃料应分别标记为：“75 号航空活塞式发动机燃料”“UL91 号无铅航空活塞式发动机燃料”“95 号航空活塞式发动机燃料”“100 号航空活塞式发动机燃料”或“100LL 号低铅航空活塞式发动机燃料”。

航空活塞式发动机燃料主要区别是抗爆性不同。选用时，应遵循重负荷、高速度的飞机，选用抗爆性好的航空活塞式发动机燃料；轻负荷、低速度的飞机，选用抗爆性稍差的航空活塞式发动机燃料的原则。因此，75 号航空活塞式发动机燃料的辛烷值低、抗爆性差，适用于轻负荷、低速度的初教-6 等飞机，其他活塞式飞机均使用 95 号航空活塞式发动机燃料。100 号航空活塞发动机燃料适用于水上飞机和重负荷、高速度活塞式航空发动机。

航空活塞式发动机燃料中含四乙基铅多，会在气缸内产生铅沉积，增加大气污染，产生一系列的有害影响。所以，高辛烷值的航空活塞式发动机燃料不宜在汽车上使用。

第四节　柴油

一、对柴油质量的要求

柴油是我军坦克、大部分舰艇以及各军兵种装有柴油机的汽车、特种车辆和工程机械等使用的燃料。除少数舰船发动机的转速较低，大部分上述装备的动力装置均是高速柴油机(转速在 1000r/min 以上)，要求使用轻柴油。

军用柴油机主要在室外工作，周围温度变动范围很广，负荷变动很大(特别是坦克、舰艇柴油机)，燃料系统构造精密(有的高压油泵配合间隙在 0. 0025mm 以下，喷嘴孔径只有 0. 25mm)，燃料要和不同金属接触，因此，要求使用质量良好的轻柴油。根据上述柴油机的构造和工作条件，对使用柴油的质量提出下列基本要求。

①燃料应在各种使用温度下具有良好的流动性，以保证发动机燃料的不断供应，工作可靠。为此，柴油应具有适当低的凝点和浊点，黏度要适当，在低温下能顺利流动，并雾化良好。

② 燃料应具有良好的发火性能。为此，柴油应具有适当高的十六烷值和良好的蒸发性，喷入燃烧室后能迅速着火，燃烧完全而稳定，不产生粗暴现象，而且燃烧后不冒黑烟，使柴油机能发出最大的功率，同时耗油量又不致过大。

③ 燃料应性质安定，在燃烧过程中不在喷嘴上生成积炭，堵塞喷孔，影响供油。

④ 燃料本身及其燃烧后的产物不应腐蚀发动机零件或贮运设备。

⑤ 燃料应该清洁，不含机械杂质和水分。因为固体杂质或冰晶会堵塞油路或喷孔，妨碍供油；也会增大精密机械的磨损。

⑥ 燃料应具有较高的闪点，以保证贮运和使用中的安全，这对舰艇和坦克使用的柴油尤为重要。

二、柴油的种类与牌号

我国生产的柴油按性能特点和用途又分为普通柴油(GB 252—2015)、车用柴油(GB 19147—2016)和军用柴油(GJB 3075—1997)三种。

1. 普通柴油

普通柴油我国原称为轻柴油，轻柴油的使用对象是柴油车、内燃机车、工程机械、船舶、发电机组等。随着发动机技术的改进和环保对排放的要求日益严格，汽车工业对柴油质量提出了更高的要求，原有的轻柴油标准(GB 252—2000)已不能满足要求。我国轻柴油中车用柴油仅占30%左右，其余为农用、船用、铁路机车用、矿山用及民用等，这种状况今后若干年内不会发生大的变化。为降低柴油车对大气的污染，特别是对城市大气的污染(城市由于机动车数量多，因而污染大)，我国将车用柴油从原轻柴油中划分出来，向国外车用清洁柴油标准靠拢，而原轻柴油因使用对象发生变化而改称普通柴油。

车用柴油的国家标准出台后，考虑到相关标准之间的协调性，对GB 252—2000《轻柴油》也进行了修订，2011年版标准名称修改为GB 252—2011《普通柴油》，并于2015年再次进行了修订，规范见表13-8。普通柴油与车用柴油是使用范围和质量标准不同的两种柴油产品，为加快改善环境空气质量，打赢蓝天保卫战，2018年7月，国务院发布《打赢蓝天保卫战三年行动计划》中第十六条要求："2019年1月1日起，全国全面供应符合国六标准的车用汽柴油，停止销售低于国六标准的汽柴油，实现车用柴油、普通柴油、部分船舶用油'三油并轨'，取消普通柴油标准。"2019年1月1日，GB 252—2015《普通柴油》废止。

表13-8 普通柴油(GB 252—2015)

项目		质量指标						试验方法
		5号	0号	-10号	-20号	-35号	-50号	
色度/号		3.5						GB/T 6540
氧化安定性(以总不溶物计)/(mg/100mL)	不大于	2.5						SH/T 0175
硫含量①/(mg/kg)	不大于	350(2017年6月30日以前) 50(2017年7月1日开始) 10(2018年1月1日开始)						SH/T 0689
酸度/(mgKOH/100mL)	不大于	7						GB/T 258
10%蒸余物残炭②/%	不大于	0.3						GB/T 268
灰分/%	不大于	0.01						GB/T 508
铜片腐蚀(50℃，3h)/级	不大于	1						GB/T 5096
水分③/%(体积)	不大于	痕迹						GB/T 260
机械杂质③		无						GB/T 511
运动黏度(20℃)/(mm²/s)		3.0~8.0			2.5~8.0	1.8~7.0		GB/T 265
凝点/℃	不高于	5	0	-10	-20	-35	-50	GB/T 510
冷滤点/℃	不高于	8	4	-5	-14	-29	-44	SH/T 0248
闪点(闭口)/℃	不低于	55				45		GB/T 261
着火性④(应满足下列要求之一)								
十六烷值	不小于	45						GB/T 386
十六烷指数	不小于	43						SH/T 0694

续表

项目		质量指标						试验方法
		5号	0号	−10号	−20号	−35号	−50号	
馏程								GB/T 6536
50%回收温度/℃	不高于	300						
90%回收温度/℃	不高于	355						
95%回收温度/℃	不高于	365						
润滑性 校正磨痕直径（60℃）/μm	不大于	460						SH/T 0765
密度(20℃)⑤/(kg/m³)		报告						GB/T 1884 和 GB/T 1885
脂肪酸甲酯⑥/%(体积)	不大于	1.0						GB/T 23801

①可用 GB/T 380、GB/T 11140、GB/T 17040、ASTM D7039 方法测定。结果有争议时，以 SH/T 0689 方法为准。

②若普通柴油中含有硝酸酯型十六烷值改进剂，10%蒸余物残炭的测定，应用不加硝酸酯的基础燃料进行。柴油中是否含有硝酸酯型十六烷值改进剂的检验方法见本标准附录 B。可用 GB/T 17144 方法测定。结果有争议时，以 GB/T 268 方法为准。

③可用目测法，即将试样注入 100mL 玻璃量筒中，在室温(20±5)℃下观察，应当透明、没有悬浮和沉降的水分及机械杂质。结果有争议时，按 GB/T 260 或 GB/T 511 测定。

④由中间基或环烷基原油生产的各号普通柴油的十六烷值或十六烷指数允许不小于 40(有特殊要求者由供需双方确定)；十六烷指数的计算也可用 GB/T 11139。结果有争议时，以 GB/T 386 方法为准。

⑤也可采用 SH/T 0604 方法，结果有争议时，以 GB/T 1884 和 GB/T 1885 方法为准。

⑥脂肪酸甲酯应满足 GB/T 20828 的要求。

普通柴油产品的标记为：牌号+普通柴油。

例如：0 号普通柴油。

2. 车用柴油

为减少汽车尾气排放对环境的污染，我国于 2003 年 5 月 23 日推出了清洁柴油标准 GB/T 19147—2003《车用柴油》，该规范是参照欧洲 EN 590—1998《车用柴油》制定的，要求柴油车的排放达到欧洲Ⅱ号标准。该标准主要规定了车用柴油的硫含量由 GB 252—2000《轻柴油》不大于 0.2%降为不大于 0.05%，部分牌号十六烷值不低于 49，对氧化安定性也作了具体规定。为防止硫含量下降带来柴油润滑性能的下降，车用柴油又增加了柴油抗磨性能的指标，要求 60℃的磨痕直径不大于 460μm。

为配合我国排放法规的顺利实施，我国参照欧洲 EN 590—1999 制定了 GB 19147—2009《车用柴油》，该产品规范由推荐性国家标准改为强制性国家标准，根据国内柴油的实际生产情况，删除了 10 号柴油，车用柴油硫含量由 GB/T 19147—2003《车用柴油》不大于 0.05%降为不大于 0.035%，增加了多环芳香烃、生物柴油的含量限值，修改了黏度和密度指标限值，可满足国家第Ⅲ阶段机动车污染物的排放要求。

为配合我国第Ⅳ阶段机动车污染物的排放要求，我国参照欧洲 EN 590—2004 制定了 GB 19147—2013《车用柴油》，增加了Ⅳ类、Ⅴ类车用柴油，其硫含量降为不大于 50mg/kg(Ⅳ类)、10mg/kg(Ⅴ类)，提高了Ⅴ类车用柴油的十六烷值。2016 年 12 月 23 日发布了 GB 19147—2016《车用柴油》，增加了Ⅵ类车用柴油，提高Ⅳ、Ⅴ、Ⅵ类 5 号、0~10 号车用柴油的闪点至不低于 60℃，将Ⅵ类车用柴油多环芳香烃含量修改为 7%。该标准自发布之日起在全国范围内实施，并实行逐步引入的过渡期要求。自2017年1月1日起，Ⅳ类车用柴油规定的技术要求废止；Ⅴ类车用柴油规定的技术要求过渡期至2016年12月31日，自2017年1月1日起废止，也即全国从2017年1月1日起使用车用柴油的质量等级为Ⅴ类；Ⅵ类车用柴油规定的技术要求过渡期至2018年12月31日，也即全国从2019年1月1日使用车用柴油的质量等级为Ⅵ类。

2018年12月28日，国家标准化管理委员会批准发布GB 19147—2016《车用柴油》国家标准第1号修改单，实施日期为2019年1月1日。修改单对标准范围等进行修订，将第1章范围“本标准适用于压燃式发动机汽车使用的、由石油制取或加有改善使用性能添加剂的车用柴油”修改为“本标准适用于压燃式发动机汽车使用的、由石油制取或加有改善使用性能添加剂的车用柴油，也适用于农业机械、内燃机车、工程机械和发电机组等压燃式发动机用柴油。”第1号修改单在车用柴油（Ⅵ）技术要求表格中增加表内段，内容为“铁路内燃机车用柴油的十六烷值不小于45，十六烷指数不小于43，密度和多环芳香烃项目指标为报告”。

车用柴油按凝点划分为：5号、0号、-10号、-20号、-35号、-50号6个品种，其凝点分别不高于5℃、0℃、-10℃、-20℃、-35℃、-50℃，其产品规范见表13-9、表13-10。车用柴油主要用于柴油发动机汽车，但不包括三轮汽车和低速货车。

表13-9　车用柴油（Ⅴ）（GB 19147—2016）

项目		5号	0号	-10号	-20号	-35号	-50号	试验方法
氧化安定性（以总不溶物计）/（mg/100mL）	不大于	2.5						SH/T 0175
硫含量①/%	不大于	10						SH/T 0689
酸度/（mgKOH/100mL）	不大于	7						GB/T 258
10%蒸余物残炭②/%	不大于	0.3						GB/T 17144
灰分/%	不大于	0.01						GB/T 508
铜片腐蚀（50℃，3h）/级	不大于	1						GB/T 5096
水分③/%（体积）	不大于	痕迹						GB/T 260
机械杂质④		无						GB/T 511
润滑性 校正磨痕直径（60℃）/μm	不大于	460						SH/T 0765
多环芳香烃含量⑤/%	不大于	11						SH/T 0806
运动黏度（20℃）⑥/（mm^2/s）		3.0~8.0		2.5~8.0		1.8~7.0		GB/T 265
凝点/℃	不高于	5	0	-10	-20	-35	-50	GB/T 510
冷滤点/℃	不高于	8	4	-5	-14	-29	-44	SH/T 0248
闪点（闭口）/℃	不低于	60		50		45		GB/T 261
十六烷值	不小于	51		49		47		GB/T 386
十六烷指数⑦	不小于	46		46		43		SH/T 0694

续表

项 目		5号	0号	-10号	-20号	-35号	-50号	试验方法
馏程								GB/T 6536
50%回收温度/℃	不高于	300						
90%回收温度/℃	不高于	355						
95%回收温度/℃	不高于	365						
密度[⑧](20℃)/(kg/m^3)		810~850			790~840			GB/T 1884 GB/T 1885
脂肪酸甲酯[⑨]/%(体积)	不大于	1.0						NB/SH/T 0916

①也可采用 GB/T 11140 和 ASTM D7039 进行测定，结果有异议时，以 SH/T 0689 方法为准。

②也可采用 GB/T 268 进行测定，结果有异议时，以 GB/T 17144 方法为准。若车用柴油中含有硝酸酯型十六烷值改进剂，10%蒸余物残炭的测定使用不加硝酸酯的基础燃料进行。车用柴油中是否含有硝酸酯型十六烷值改进剂的检验方法见本标准附录 B。

③可用目测法，即将试样注入 100mL 玻璃量筒中，在室温(20±5)℃下观察，应当透明、没有悬浮和沉降的水分。也可采用 GB/T 11133 和 SH/T 0246 测定，结果有异议时，以 GB/T 260 方法为准。

④可用目测法，即将试样注入 100mL 玻璃量筒中，在室温(20±5)℃下观察，应当透明、没有悬浮和沉降的杂质。结果有异议时，以 GB/T 511 方法为准。

⑤也可采用 SH/T 0606 进行测定，结果有异议时，以 SH/T 0806 方法为准。

⑥也可采用 GB/T 30515 进行测定，结果有异议时，以 GB/T 265 方法为准。

⑦十六烷指数的计算也可采用 GB/T 11139。结果有异议时，以 SH/T 0694 方法为准。

⑧也可采用 SH/T 0604 进行测定，结果有异议时，以 GB/T 1884 和 GB/T 1885 方法为准。

⑨脂肪酸甲酯应满足 GB/T 20828 要求。也可采用 GB/T 23801 进行测定，结果有异议时，以 NB/SH/T 0916 方法为准。

表 13-10　车用柴油(Ⅵ)(GB 19147—2016)

项 目		5号	0号	-10号	-20号	-35号	-50号	试验方法
氧化安定性(以总不溶物)/(mg/100mL)	不大于	2.5						SH/T 0175
硫含量[①]/%	不大于	10						SH/T 0689
酸度/(mgKOH/100mL)	不大于	7						GB/T 258
10%蒸余物残炭[②]/%	不大于	0.3						GB/T 17144
灰分/%	不大于	0.01						GB/T 508
铜片腐蚀(50℃，3h)/级	不大于	1						GB/T 5096
水分[③]/%(体积)	不大于	痕迹						GB/T 260
润滑性								SH/T 0765
校正磨痕直径(60℃)/μm	不大于	460						
多环芳香烃含量[④]/%	不大于	7						SH/T 0806
总污染物含量/(mg/kg)	不大于	24						GB/T 33400
运动黏度(20℃)[⑤]/(mm^2/s)		3.0~8.0		2.5~8.0		1.8~7.0		GB/T 265
凝点/℃	不高于	5	0	-10	-20	-35	-50	GB/T 510
冷滤点/℃	不高于	8	4	-5	-14	-29	-44	SH/T 0248
闪点(闭口)/℃	不低于	60			50	45		GB/T 261

续表

项 目		5号	0号	-10号	-20号	-35号	-50号	试验方法
十六烷值	不小于	51			49	47		GB/T 386
十六烷指数⑥	不小于	46			46	43		SH/T 0694
馏程								GB/T 6536
50%回收温度/℃	不高于	300						
90%回收温度/℃	不高于	355						
95%回收温度/℃	不高于	365						
密度⑦(20℃)/(kg/m³)		810~845			790~840			GB/T 1884 GB/T 1885
脂肪酸甲酯⑧/%(体积)	不大于	1.0						NB/SH/T 0916
铁路内燃机车用柴油的十六烷值不小于45，十六烷指数不小于43，密度和多环芳香烃项目指标为报告								

①也可采用GB/T 11140和ASTM D7039进行测定，结果有异议时，以SH/T 0689方法为准。

②也可采用GB/T 268进行测定，结果有异议时，以GB/T 17144方法为准。若车用柴油中含有硝酸酯型十六烷值改进剂，10%蒸余物残炭的测定应使用不加硝酸酯的基础燃料进行。车用柴油中是否含有硝酸酯型十六烷值改进剂的检验方法见本标准附录B。

③可用目测法，即将试样注入100mL玻璃量筒中，在室温（20±5）℃下观察，应当透明、没有悬浮和沉降的水分。也可采用GB/T 11133和SH/T 0246测定，结果有异议时，以GB/T 260方法为准。

④也可采用SH/T 0606进行测定，结果有异议时，以SH/T 0806方法为准。

⑤也可采用GB/T 30515进行测定，结果有异议时，以GB/T 265方法为准。

⑥十六烷指数的计算也可采用GB/T 11139。结果有异议时，以SH/T 0694方法为准。

⑦也可采用SH/T 0604进行测定，结果有异议时，以GB/T 1884和GB/T 1885方法为准。

⑧脂肪酸甲酯应满足GB/T 20828要求。也可采用GB/T 23801进行测定，结果有异议时，以NB/SH/T 0916方法为准。

三、柴油的使用

选用柴油的原则是首先根据装备确定使用柴油的种类，然后根据使用地区最低气温确定牌号。

1. 根据装备类型选择柴油种类

舰艇和坦克装甲选择军用柴油；

柴油汽车、内燃机车、工程机械、船舶、发电机组等选择车用柴油。

2. 根据使用地区气温选择柴油牌号

柴油牌号的选择主要根据使用地区的气温情况确定，以在最低气温下柴油能正常流动，保证发动机正常供油为原则。以往选用柴油通常以浊点和凝点作依据，如规定柴油的浊点必须低于气温3~5℃，才可以避免析出结晶，造成堵塞油路的不良影响。对于在凝点前不发生浑浊的柴油，柴油的凝点必须比使用地区气温低5~7℃，方能保证发动机顺利工作。由于冷滤点与柴油的实际使用极限温度有成直线的对应关系，故柴油可在冷滤点以上的气温下使用。

柴油牌号的选用原则是：柴油的凝点应比使用地区的最低气温低5~7℃，冷滤点=使用气温。各牌号柴油的最低使用温度见表13-11。

表 13-11　各牌号柴油的最低使用温度　　℃

牌号	5 号	0 号	-10 号	-20 号	-35 号	-50 号
车用柴油	8	4	-5	-14	-29	-44
军用柴油	—	—	-5	—	-29	-44

如使用地区气温在-10℃，坦克应选用-35 号军用柴油，柴油车选用-20 号车用柴油。

按使用地区分，各牌号柴油使用地区范围大致如下：5 号、0 号柴油适于全国各地区 4~9 月份使用，长江以南地区冬季也可使用；-10 号柴油适于长城以南地区冬季和长江以南地区严冬使用；-20 号柴油适用于长城以北地区冬季和长城以南、黄河以北地区严冬使用；-35 号柴油适用于东北、华北、西北寒区严冬使用；-50 号适用于东北、华北、西北严寒区冬季使用。

-35 号、-50 号柴油因生产资源有限，成本高、价格贵，如在夏季或南方使用，不仅造成浪费，还因含有轻质成分，对防火安全不利。

我国推荐用风险率为 10%的最低气温来估计使用地区的最低温度，如某地某月风险率为 10%的最低气温为-14℃，表示最低温度低于-14℃的概率为 0.1，或者说最低温度低于-14℃的可能性不超过 10%，我国各地区风险率为 10%的最低气温值见表 13-12。

表 13-12　各地区风险率为 10%的最低气温　　℃

地区	一月	二月	三月	四月	五月	六月	七月	八月	九月	十月	十一月	十二月
河北	-14	-12	-5	1	8	14	19	17	9	1	-6	-12
山西	-17	-16	-8	-1	5	11	15	13	6	-2	-9	-16
内蒙古	-43	-42	-35	-21	-7	-1	4	1	-8	-19	-32	-41
黑龙江	-44	-42	-35	-20	-6	1	7	4	-6	-20	-35	-43
吉林	-29	-27	-17	-6	1	8	14	12	2	-6	-17	-26
辽宁	-23	-21	-12	-1	6	12	18	15	6	-2	-12	-20
山东	-12	-12	-5	2	8	14	19	18	11	4	-4	10
江苏	-10	-9	-3	3	11	15	20	20	12	5	-2	-8
安徽	-7	-7	-1	5	12	18	20	20	12	5	-2	-8
浙江	-4	-3	1	6	13	17	22	21	15	8	2	-3
江西	-2	-2	3	9	15	20	23	23	18	12	4	0
福建	-4	-2	3	18	14	18	21	20	15	8	1	-3
台湾①	3	0	2	8	10	16	19	19	13	10	1	2
广东	1	2	7	12	18	21	23	23	20	13	7	2
海南	9	10	15	19	22	24	24	23	23	19	15	12
广西	3	3	8	12	18	21	23	23	19	15	9	4
湖南	-2	-2	3	9	14	18	22	21	16	10	4	-1
河南	-10	-9	-2	4	10	15	20	18	11	4	-3	-8
四川	-21	-17	-11	-7	-2	1	2	1	0	-7	-14	-19
贵州	-6	-6	-1	3	7	9	12	11	8	4	-1	-4
云南	-9	-8	-6	-3	1	5	7	7	5	-1	-5	-8

续表

地区	一月	二月	三月	四月	五月	六月	七月	八月	九月	十月	十一月	十二月
西藏	−29	−25	−21	−15	−9	−3	−1	0	−6	−14	−22	−29
新疆	−40	−38	−28	−12	−5	−2	0	−2	−6	−14	−25	−34
青海	−33	−30	−25	−18	−10	−6	−3	−4	−6	−16	−28	−33
甘肃	−23	−23	−16	−9	−1	3	5	5	0	−8	16	−22
陕西	−17	−15	−6	−1	5	10	15	12	6	−1	−9	−15
宁夏	−21	−20	−10	−4	2	6	9	8	3	−4	−12	−19

①台湾所列的温度为绝对最低气温，即风险率为0的最低气温。

四、柴油的发展趋势

近年来，柴油发展的一个明显趋势是逐步采用清洁柴油。所谓清洁柴油是指在燃烧过程中不易生成污染物，能够减少发动机排放的柴油。与传统柴油相比，清洁柴油主要体现在以下几个方面。

① 降低硫含量。柴油硫含量高，不仅产生 SO_2、SO_3排放，还会促进颗粒物生成，并影响尾气后处理效果。因此各国柴油标准对硫含量的限制越来越严格。欧洲柴油硫含量已经降到0.001%以下，今后还要采用无硫燃料。

② 限制芳香烃含量。芳香烃不易燃烧完全，容易增加颗粒物和多环芳香烃排放，因此，采用先进的柴油标准对芳香烃含量进行限制。

③ 提高十六烷值。适当提高柴油十六烷值可以改善柴油机的冷起动性能，提高发动机功率，降低燃料消耗率。

④ 使用柴油清净剂。柴油清净剂可以防止喷嘴堵塞，减少燃烧室积炭，改善发动机燃烧条件，从而减少污染物排放。

此外，由于清洁柴油要求降低硫含量，通常需要进行加氢精制，结果会导致柴油润滑性下降。为了保证燃油泵可靠工作，清洁柴油一般都对润滑性提出了明确要求，必要时需要加入润滑性添加剂。

1998年6月3—5日在比利时布鲁塞尔举行的第三届世界燃料会议上，美国汽车制造商协会（AAMA）、欧洲汽车制造商协会（ACEA）和日本汽车制造商协会（JAMA）联合发表了《世界燃料规范》，提出世界范围的燃料标准，该标准将燃料分三个等级；2000年为了进一步减少汽车排放，增加了第四类，但属于推荐性标准；2002年12月，《世界燃油规范》进行了第三次修订，将柴油标准正式划分为四类；2013年9月《世界燃油规范》发布了第五版，相对前四版，第五版规范中柴油指标均未作调整；2019年10月《世界燃油规范》发布了第六版，确定了五类柴油质量，反映了不同级别的监管标准和性能要求。《世界燃油规范》第六版中指出，在第一版《世界燃油规范》通过后的20多年里，一些地区使用的柴油的硫含量仍然非常高，甚至在某些市场超过10000mg/kg。为了鼓励这些地区使其燃料质量符合更清洁、更现代的规范，保留了第Ⅰ类作为过渡性柴油燃料质量的指导，但打算在将来的版本中淘汰该类别柴油。

第Ⅰ类柴油燃料适用于对排放控制没有要求或没有一级排放控制要求的市场，主要基于对车辆/发动机的基本性能和排放控制系统的保护。此类别将在以后的版本中停用。

第Ⅱ类柴油燃料适用于有排放控制要求的市场，例如 US Tier 1、US 1998/2004 重型公路车排放法规、Euro Ⅱ、Euro Ⅲ或等效排放标准，或其他市场需求。

第Ⅲ类柴油燃料适用于对排放控制要求更严格的市场，例如 US LEV、加州 LEV 或 ULEV、US 1998/2004 重型公路车排放法规、Euro Ⅳ，JP 2005 或同等排放标准，或其他市场需求。

第Ⅳ类柴油燃料适用于对排放控制要求较高的市场，例如 US Tier 2、US Tier 3、加州 LEV Ⅱ、US 2007/2010 重型公路车排放法规，US 非公路车 Tier 4、Euro Ⅳ，Euro Ⅴ、Euro 6/6b、Euro Ⅵ、JP 2009 或同等排放标准，或其他市场要求。Ⅳ类柴油燃料可实现复杂的 NO_x 和颗粒物后处理技术。

第Ⅴ类柴油燃料适用于在排放控制(包括温室气体)和燃料效率方面有非常高级要求的市场，例如 US Tier 3 Bin 5、美国轻型汽车燃料经济性法规、美国重型燃油经济性和温室气体法规、加州 LEV Ⅲ和经修订的 US 2007/2010 重型公路车排放法规、US 非公路在 4 级、Euro Ⅵc、Euro Ⅵd TEMP、Euro Ⅵd、国Ⅵa、国Ⅵb 或同等的排放控制和燃油效率标准，或其他市场需求。此类别的目的是将实际驾驶排放量最小化到 Euro Ⅵd TEMP(自 2017 年起)、Euro Ⅵd(2020 年起)、Euro Ⅶ和国Ⅵb(2023 年起)所需的水平。Ⅴ类柴油燃料可实现复杂的 NO_x 和颗粒物后处理技术。

《世界燃油规范》柴油部分要求见表 13-13，不同类别柴油，其主要差异是对硫含量、芳香烃含量、多环芳香烃含量的限制越来越严格，在第Ⅱ~Ⅴ类柴油中还增加了柴油机使用性能(主要是清净性能)方面的检测。我国车用柴油各阶段主要指标变化情况见表 13-14。

表 13-13 《世界燃油规范》(第六版)对柴油部分要求

项 目		第一类	第二类	第三类	第四类	第五类
十六烷值	不小于	48	51	53	55	55
十六烷指数	不小于	45	48	50	52	52
密度(15℃)/(kg/m^3)		820~860	815~850	815~840	815~840	815~840
运动黏度(40℃)/(mm^2/s)		2.0~4.5	2.0~4.0	2.0~4.0	2.0~4.0	2.0~4.0
硫含量/(mg/kg)	不大于	2000	300	30	10	10
总芳香烃含量/%	不大于	—	25	20	15	15
多环芳香烃含量/%	不大于	—	5	3.0	2.0	2.0
90%馏出温度/℃	不大于	—	340	320	320	320
95%馏出温度/℃	不大于	370	355	340	340	340
终馏点/℃	不大于	—	365	350	350	350
闪点/℃	不小于	55	55	55	55	55
残炭/%	不大于	0.30	0.30	0.20	0.20	0.20
润滑性(磨痕直径)/μm	不大于	460	460	460	400	400

表 13-14 我国车用柴油主要指标的变化情况

项 目	GB 252—2000 国Ⅰ	GB/T 19147—2003 国Ⅱ	GB 19147—2009 国Ⅲ	GB 19147—2013 国Ⅳ	GB 19147—2013 国Ⅴ	GB 19147—2016 国Ⅵ
标准实施日期(全国)	2002.1.1	2003.10.1	2011.7.1	2015.1.1	2017.1.1	2019.1.1

续表

项 目		GB 252—2000 国Ⅰ	GB/T 19147—2003 国Ⅱ	GB 19147—2009 国Ⅲ	GB 19147—2013 国Ⅳ	GB 19147—2013 国Ⅴ	GB 19147—2016 国Ⅵ
十六烷值	不小于	45	49/46/45	49/46/45	49/46/45	51/49/47	51/49/47
硫含量/(μg/g)	不大于	2000	500	350	50	10	10
多环芳香烃含量/%(体积)	不大于	—	—	11	11	11	7
密度(20℃)/(g/cm^2)		—	0.820~0.860	0.810~0.850/0.790~0.840	0.810~0.850/0.790~0.840	0.810~0.850/0.790~0.840	0.810~0.845/0.790~0.840
闪点(闭口)/℃	不低于	55/45	55/50/45	55/50/45	55/50/45	55/50/45	60/50/45
机械杂质		无	无	无	无	—	—
总污染物含量/(mg/kg)	不大于	—	—	—	—	—	24

第五节　喷气燃料

一、对喷气燃料的质量要求

涡轮喷气发动机是我军战斗和运输飞机的主要动力装置。由于喷气飞机的飞行速度快、升限高，高空气温极低，而飞机燃料系统构造精密、要求工作可靠，因此，对涡轮喷气发动机使用燃料的质量提出以下要求。

1. 适当的蒸发性

燃料要含有适当的轻质馏分，保证燃料混合气在地面和高空易于点燃和迅速起动。但蒸发性又不可过高，以免在高空产生气阻，并增大燃料的损耗。换句话说，燃料应具有良好的高空性能。

2. 良好的燃烧性能

燃料应具有适当的化学成分，保证在发动机各种工作条件下能迅速、稳定、完全燃烧，且生成的积炭少。

3. 良好的安定性

燃料在贮存和使用过程中，应性质稳定，不易氧化变质，生成胶质或沉淀。特别是在超音速飞机中使用的燃料，应具有良好的热安定性，不易产生沉淀物，以免堵塞油滤。

4. 无腐蚀性

燃料及其燃烧产物应不腐蚀发动机燃料系统的各个部件，以保证发动机长期可靠地工作。

5. 良好的低温性

燃料应保证在地面和高空低温条件下能在发动机燃料系统中顺利流动和泵输，不析出大量的烃结晶或冰晶堵塞过滤器。

6. 良好的洁净性

燃料应不含机械杂质和水分。

7. 较高的热值

燃料应具有较高的热值，保证飞机有较大的活动半径。

8. 较小的起电性

燃料应不易产生和积聚静电荷，以保证运输和加注时的安全。

9. 适当的润滑性

燃料应具有一定的黏度和润滑性能，以保证发动机燃料系统的活动部件磨损最小、使用寿命增长。

二、喷气燃料的种类、牌号和使用

喷气燃料按生产方法分为直馏和二次加工喷气燃料，按馏分的宽窄、轻重分为宽馏分型、煤油型、重煤油型，国外又将民用和军用分开，分为民用喷气燃料和军用喷气燃料，我国是军民通用。我国喷气燃料牌号和用途见表 13-15。

表 13-15　我国各牌号喷气燃料及主要用途

牌 号	标准	类型	主要用途
1 号喷气燃料	GB 438—1977(1988)	煤油型	寒冷地区冬季民航机、军用飞机通用
2 号喷气燃料	GB 1788—1979(1988)	煤油型	一般地区全年民航机、军用飞机通用
3 号喷气燃料	GB 6537—2018	煤油型	一般地区全年民航机、军用飞机通用
宽馏分喷气燃料	GJB 2376—1995	宽馏分型	备用燃料，平时不生产
5 号喷气燃料	GJB 560A—1997	重煤油型(高闪点)	舰载飞机用
6 号喷气燃料	GJB 1063—1993	重煤油型(高密度)	军用特种喷气燃料

1 号喷气燃料是煤油型喷气燃料，结晶点不高于-60℃，低温性优异，通常在严寒区冬季使用。由于低温性要求过于苛刻，1 号喷气燃料产量受到限制，在我国喷气燃料产量中一直未占主导地位，产量最多时也从未超过我国喷气燃料总产量的 15%。现在已不再生产。

2 号喷气燃料也是煤油型喷气燃料，结晶点不高于-50℃，可以在国内一般地区常年使用。在很长时期内，2 号喷气燃料是满足民航和军用的主要喷气燃料，但现在已不再生产。

3 号喷气燃料是 20 世纪 70 年代末为适应国际通航和出口，在 2 号喷气燃料基础上研制的，也属于煤油型喷气燃料，20 世纪 80 年代初得到完善并大量生产。目前 3 号喷气燃料是我国唯一大量生产和使用的喷气燃料，广泛用于民航飞机和军用飞机。与 1 号和 2 号喷气燃料相比，3 号喷气燃料质量标准最主要的改变是闪点较高(不低于 38℃)，采用冰点代替结晶点作为低温性能指标，并规定冰点不高于-47℃，与 2 号喷气燃料的低温性大体相当。此外，3 号喷气燃料初馏点不控制，10%馏出温度不高于 205℃，终馏点不高于 300℃，给不同原油、按不同的方案生产喷气燃料比较多的灵活性。3 号喷气燃料技术要求见表 13-16。

表 13-16　3 号喷气燃料标准(GB 6537—2018)

项 目		质量指标	试验方法
外观		室温下清澈透明， 目视无不溶解水及固体物质	目测
色度/号	不小于	+25①	GB/T 3555

续表

项目		质量指标	试验方法
组成			
总酸值/(mgKOH/g)		0.015	GB/T 12574
芳香烃/%(体积)	不大于	20.0[2]	GB/T 11132
烯烃/%(体积)	不大于	5.0	GB/ T 11132
总硫/%	不大于	0.20[3]	SH/T 0689[3]
硫醇硫[4]/%	不大于	0.0020	GB/T 1792
或博士试验		通过	NB/SH/T 0174
直馏组分/%(体积)		报告	—
加氢精制组分/%(体积)		报告	—
加氢裂化组分/%(体积)		报告	—
合成烃组分/%(体积)		报告	—
馏程:			GB/T 6536[5]
初馏点/℃		报告	
10%回收温度/℃	不高于	205	
20%回收温度/℃		报告	
50%回收温度/℃	不高于	232	
90%回收温度/℃		报告	
终馏点/℃	不高于	300	
残留量/%(体积)	不大于	1.5	
损失量/%(体积)	不大于	1.5	
闪点(闭口)/℃	不低于	38	GB/T 21789[6]
密度(20℃)/(kg/m^3)		775~830	GB/T 1884，GB/T 1885[7]
流动性			
冰点/℃	不高于	-47	GB/T 2430[8]
黏度/(mm^2/s)			GB/T 265[9]
20℃	不小于	1.25[10]	
-20℃	不大于	8.0	
燃烧性			
净热值/(MJ/kg)	不小于	42.8	GB 384[11]
烟点/mm	不小于	25.0	GB/T 382
或烟点最小为 20mm 时			
萘烃含量/%(体积)	不大于	3.0	SH/T 0181
腐蚀性			
铜片腐蚀(100℃，2h)/级	不大于	1	GB/T 5096
银片腐蚀[12](50℃，4h)/级	不大于	1	SH/T 0023
安定性			
热安定性(260℃，2.5h)			GB/T 9169
压力降/kPa	不大于	3.3	
管壁评级/级		小于 3，且无孔雀蓝色或异常沉淀物	

续表

项 目		质量指标	试验方法
洁净性			
实际胶质/(mg/100mL)	不大于	7	GB/T 8019⑬
水反应⑭			GB/T 1793
界面情况/级	不大于	1b	
分离程度/级	不大于	2	
固体颗粒污染物含量/(mg/L)	不大于	1.0	SH/T 0093
导电性			
电导率⑮/(pS/m)		50~600	GB/T 6539
水分离指数			SH/T 0616
未加抗静电剂	不小于	85	
加入抗静电剂	不小于	70	
润滑性			
磨痕直径/mm	不大于	0.65⑯	SH/T 0687
经铜精制工艺的喷气燃料，油样应按 SH/T 0182 方法测定铜离子含量，不大于 150μg/kg			
含有合成烃的喷气燃料要求应符合 4.3 的要求			

①民用喷气燃料颜色为“报告”。从供应商输送到客户过程中，客户接收喷气燃料时，颜色若出现变化，执行以下要求：初始赛波特颜色大于+25，变化不大于 8；初始赛波特颜色在 25~15，变化不大于 5；初始赛波特颜色小于 15 时，变化不大于 3。

②对于民用航空燃料规定为不大于 25.0%(体积)。

③硫含量的测定也可采用 GB/T 380、GB/T 11140、GB/T 17040、SH/T 0253、NB/SH/T 0842，有争议时以 SH/T 0689 为准。

④硫醇硫和博士试验可任做一项，当硫醇硫和博士试验发生争议时，以硫醇硫为准。

⑤所有符合本标准的燃料在 GB/T 6536 方法中应分在第四组，冷凝管温度为 0~4℃。

⑥闪点的测定也可以采用 GB/T 21929 和 GB/T 261，如有争议时以 GB/T 21789 为准。

⑦密度的测定也可采用 SH/T 0604 方法，如有争议时以 GB/T 1884、GB/T 1885 为准。

⑧冰点的测定也可采用 SH/T 0770 方法，如有争议时以 GB/T 2430 为准。

⑨黏度的测定也可采用 GB/T 30515 方法，如有争议时以 GB/T 265 为准。

⑩对于民用航空燃料，20℃的黏度指标不作要求。

⑪ 净热值的测定也可采用 GB/T 2429、ASTM D3338 方法，如有争议时以 GB 384 为准。

⑫ 对于民用航空燃料，此项指标可不要求。

⑬ 胶质的测定也可采用 GB/T 509，如有争议时以 GB/T 8019 为准。

⑭ 对于民用航空燃料，对此项指标不作要求。

⑮ 燃料离厂时要求大于 150pS/m(20℃)。如燃料不要求加抗静电剂，对此项指标不作要求。

⑯ 民用航空燃料要求磨痕直径不大于 0.85mm。

宽馏分喷气燃料(GJB 2376—1995)属于宽馏分型，主要特点是馏分宽，密度较小，冰点和闪点较低，目的是最大限度地增加喷气燃料收率。宽馏分喷气燃料标准可以看作战备标准，便于特殊情况下增加喷气燃料产量，平时并不生产。

高闪点喷气燃料(JB 506A—1997)属于重煤油型(或称高闪点型)喷气燃料，与美国 JP-5类似，其最大的特点是闪点高(不低于 60℃)，主要用于海军舰载飞机。高闪点喷气燃料馏程的规定与 3 号喷气燃料类似，但是受闪点的限制，初馏点较高。其他指标如芳香烃、烟点、冰点等不如 3 号喷气燃料严格。表 13-17 列出了高闪点喷气燃料的技术要求。

表 13-17 高闪点喷气燃料(GJB 560A—1997)

项 目		质量指标		试验方法
		普通型	专用试验型	目测
颜色，赛氏		报告	报告	GB/T 3555
总酸值/(mgKOH/g)	不大于	0.015	0.015	GB/T 12574
芳香烃含量/%(体积)	不小于	—	23.0	GB/T 11132
	不大于	25.0	27.0	
烯烃含量/%(体积)	不大于	5.0	5.0	GB/T 11132
硫醇硫/%	不大于	0.002	0.002	GB/T 1792
或博士试验		阴性	阴性	NB/SH/T 0174
总硫含量/%	不大于	0.40	0.40	GB/T 380
馏程				GB/T 6536
初馏点/℃	不高于	报告	报告	
10%回收温度/℃	不高于	205	205	
20%回收温度/℃		报告	报告	
50%回收温度/℃		报告	报告	
90%回收温度/℃		报告	报告	
终馏点/℃	不高于	300	300	
残留量/%(体积)	不大于	1.5	1.5	
损失量/%(体积)	不大于	1.5	1.5	
闪点(闭口)/℃	不低于	60	60	GB/T 261
密度(20℃)/(kg/m³)		782~842	812~842	GB/T 1884，GB/T 1885
冰点/℃	不高于	-46	-46	GB/T 2430
黏度(-20℃)/(mm²/s)	不大于	8.5	8.5	GB/T 265
净热值/(MJ/kg)	不小于	42.6	42.6	GB 384，GB/T 2429①
十六烷指数计算值		报告	报告	GB/T 11139
氢含量	不小于	13.4	13.3	SH/T 0022
	不大于	—	13.5	
烟点/mm	不小于	19.0	18.0	GB/T 382
	不大于	—	21.0	
铜片腐蚀(100℃，2h)/级	不大于	1	1	GB/T 5096
银片腐蚀(50℃，4h)/级	不大于	1	1	SH/T 0023
热氧化安定性(260℃h)				GB/T 9169
压力降/kPa	不大于	3.3	3.3	
管壁评级	不小于	3	3	
实际胶质/(mg/100mL)	不大于	7.0	7.0	GB/T 8019，GB/T 509②
颗粒物含量/(mg/L)	不大于	1.0	1.0	SH/T 0093
过滤时间/min	不大于	15	15	SH/T 0093
水反应(界面情况)/级	不大于	1b	1b	GB/T 1793
水分离指数(MSEP) (不加剂或只加抗氧剂、钝化剂)	不小于	90	90	SH/T 0616
过氧化值/(mg/L)	不大于	8.0	8.0	SH/T 0176

①如有争议以 GB 384 为准。

②如有争议以 GB/T 8019 为准。

高密度喷气燃料(GJB 1603—1993)是为适应我国军用飞机特殊需要研制的，属于重煤油型，特点是密度高，不小于 835kg/m^3，可以增大飞机航程。

喷气燃料选用应根据当地冬季地面气温、飞机的用途和工作特点来确定。1 号喷气燃料结晶点不高于−60℃，可用于地面温度低于−35℃的严寒地区，2 号、3 号、宽馏分、高闪点和高密度喷气燃料可用于地面温度高于−35℃的地区。海军舰载飞机必须使用高闪点喷气燃料或高密度喷气燃料，这类喷气燃料闪点高，能保证安全。高速飞机（$M \geqslant 2$）使用的喷气燃料必须具有良好的热安定性，防止使用过程中氧化生成沉积物，影响飞机供油。

第六节　燃料油

一、舰（船）用锅炉对燃料的质量要求

1. 运动黏度

船用燃料油的黏度会直接影响输送性能和柴油机的喷油雾化效果。黏度过高会增大泵送阻力，造成雾化不良，不能保证良好的燃烧；黏度过低会导致油束角加大，不能喷射到设计的位置与空气良好混合，造成燃烧不完全，导致动力的降低。船舶上一般根据燃油系统各单元的要求进行加温，使之达到合适的黏度。

2. 密度

密度是计算装载量和进行贸易交换的指标。油品的密度大小与其化学组成有关，一般而言，密度过高的燃料油，其质量热值相对较低。

3. 碳芳香度指数（CCAI）

碳芳香度指数（CCAI）由残渣燃料油的密度和黏度决定，能表征残渣燃料的着火迟后期（滞燃期），是评价残渣燃料油着火性的重要指标。

4. 硫含量

硫的影响在于燃烧后生成的 SO_2 和 SO_3。这些燃烧产物在遇到水分后会生成酸性物质，如 H_2SO_4，当温度低于露点温度时，就会凝聚在金属表面产生低温腐蚀。而且 SO_3 燃气能吸附微粒灰分，附着在金属表面，形成沉积层，导致金属局部导热效率下降，沉积处的表面温度相应地迅速提高，产生高温腐蚀。国内外为控制船舶尾气污染，近年来对船用燃料油的硫含量要求越来越苛刻。

5. 闪点

闪点是油品的安全性指标，闪点越低，火灾危险性越大。我国船用燃料油要求各品种的闪点均不低于 60℃。

6. 倾点

倾点是衡量油品低温流动性的指标之一。如果燃料油的倾点过高，会导致油品的低温流动性变差，使用中影响泵送和过滤。

7. 残炭

残炭影响燃烧室的结焦结炭。对于气缸和活塞的磨损不仅取决于残炭的多少，还与炭质的硬度有关。硫含量高的积炭坚硬，磨损较大。

8. 灰分

灰分是指在规定的条件下，灼烧后剩余的不燃烧物质，一般为金属元素以及盐类。灰分会对油泵、喷嘴和阀门等部件产生磨损，同时也是气缸与活塞环磨损的重要原因。

9. 钒

燃料油中钒对柴油机的危害表现在两个方面。其一，钒一般是以低熔点（675℃）的 V_2O_5 形式存在，它易与熔化状态的 Na_2SO_4 结合形成低熔点的碱金属钒酸盐，会对热通道的金属产生严重的电化学腐蚀。其二，钒也会形成较高熔点的化合物，易在通道表面结垢，造成堵塞和影响传热。

10. 铝和硅

在原油加工过程中，经过催化裂化工艺，催化剂颗粒为硅和铝的化合物，经循环使用，约有 5%的颗粒残留在油浆中。这些颗粒细小，既硬又脆，进入燃油系统后会对高压油泵柱塞和套筒造成异常磨损，还会使喷油器异常磨损，造成喷油雾化不良，同时也会造成缸套活塞环、排气阀等非正常磨损。

11. 净热值

液体燃料的热值是指单位质量液体完全燃烧，燃烧产物冷却到燃烧前的温度（一般为环境温度）时所释放出来的热量。为规避劣质的调油组分，残渣燃料油规定了净热值指标。

12. 总沉积物

油品中的沉淀物会在存储、过滤、喷油过程中积累，加速设备的磨损，阻塞输油管路，特别是喷嘴。总沉积物可反映燃料油在存储和使用过程中生成沉淀物的趋势，预测该油品的稳定性。

13. 清洁度和相容性

残渣燃料油多为混调产品，调和组分复杂，在使用时沥青质易析出，即使总沉淀物指标合格，仍可能导致船上燃油系统沉渣和油泥堵塞。燃料油的稳定性及相容性在很大程度上与使用条件有关，标准中将残渣燃料油的清洁度和相容性列入资料性附录中。

14. 使用过的润滑油（ULO）

燃料油中掺杂使用过的润滑油会带来各种危害：润滑油在使用过程中缓慢变质，含有的酸性物质会腐蚀设备；带入的磨损颗粒会增加灰分，再次磨损燃油系统；含有的各种有害物质甚至是致癌物燃烧后排入大气污染环境，并直接损害船员健康。润滑油多为钙锌配方、钙磷配方或钙锌磷配方，可据此判断是否含有润滑油。

二、船用燃料油的品种、牌号和使用

1. 船用燃料油

自 20 世纪 70 年代以来，我国制造业发展迅速，引进了国外多种中、低速船用柴油机，这些柴油机具有不同程度燃用重质燃料油的能力。为此在 1998 年我国等效采用国际标准 ISO 8217：1996《石油产品-燃料（F 类）-船用燃料油》制定了我国的国家标准 GB/T 17411—1998《船用燃料油》，并同时废止了我国当时存在的重柴油国家标准。随着我国港口货物吞吐量的不断增长，船用燃料油市场的发展速度也有所加快。船用燃料油分为馏分型与残渣型两种，馏分型燃料油的主要成分为轻馏分油，常被应用在中、高速的船用柴油机中；残渣型燃料油的主要成分为直馏渣油，常被应用在大型船舶中低速柴油机中。

近年来，国内外对船舶污染物排放的控制日益严格，给石油和航运市场都带来深远的影响。国际海事组织制定的《国际防止船舶造成污染公约》(MARPOL73/78 公约)附则Ⅵ《防止船舶造成大气污染规则》要求在 2020 年 1 月 1 日以后，除排放控制区以外的全球其他海域船用燃油的最大硫含量不得超过 0.5%。2015 年，交通运输部印发《珠三角、长三角、环渤海(京津冀)水域船舶排放控制区实施方案》，通过设立船舶大气污染物排放控制区，控制我国船舶硫氧化物、氮氧化物和颗粒物排放，要求自 2019 年 1 月 1 日起，船舶进入排放控制区应使用硫含量不大于 0.5%的燃油。船用燃料低硫化是必然要求，各企业加快了低硫船用燃料油供给的步伐。

2015 年 GB 17411—2105《船用燃料油》由推荐性国家标准转为强制性国家标准，船用燃料油类型与 ISO 8216.1：2010《石油产品-燃料(F 类)-船用燃料类别》一致。根据国内船舶实际燃料使用现状、相关行业经济性、船机尾气减排措施以及现行和未来船舶污染排放控制要求，将馏分燃料油和 RMA、RMB 残渣燃料油分别按照硫含量分为 3 个等级，RMD、RME、RMG 和 RMK 残渣燃料油分为 2 个等级，并对硫含量项目加脚注，要求“买方应该按照船舶行驶区域的有关法规限制确定最大硫含量”。基于环保和船舶操作性的要求，考虑国内重油调和组分复杂，近年燃料油的相容性问题尤为突出，标准增加了残渣燃料油的清洁度和相容性资料性附录。我国现行的船用燃料油的技术要求见表 13-18 和表 13-19，其技术要求按馏分型和残渣型分别控制。

2018 年，交通运输部印发《船舶大气污染物排放控制区实施方案的通知》，将原只在环渤海(京津冀)、长三角、珠三角水域规定使用硫含量不大于 0.5%的船用燃料油的要求扩大至全国沿海；同时提高了海船进江要求，2020 年 1 月 1 日起进入内河排放控制区的海船应使用硫含量不大于 0.1%的船用燃料油。2018 年国务院印发的《打赢蓝天保卫战三年行动计划》要求“取消普通柴油标准”并“研究制定内河大型船舶用燃料油标准”。2019 年 1 月 1 日，GB 252—2015《普通柴油》国家标准被废止，GB 17411—2015《船用燃料油》国家标准第 1 号修改单实施。GB 17411—2015《船用燃料油》第 1 号修改单增加了内河船用燃料油技术要求，内河船用燃料油硫含量指标按照车用柴油规定为不大于 10mg/kg，硫含量要求远远比海洋船用馏分燃料油严格。内河船用燃料油按照运动黏度和十六烷指数等指标分为 DMA(S10)和 DMB(S10)两类，见表 13-20。DMA(S10)主要适用于内河中、高速柴油机，DMB(S10)主要适用于大型船舶中速柴油机和江海直达船进江用油。

表 13-18　船用馏分燃料油的要求(GB 17411—2015)

项 目		指标				试验方法
		DMX	DMA	DMZ	DMB	
运动黏度(40℃)/(mm^2/s)	不大于	5.500	6.000	6.000	11.00	GB/T 265
	不小于	1.400	2.000	3.000	2.000	
密度/(kg/m^3) (须满足下列要求之一)：						GB/T 1884 和 GB/T 1885①
15℃	不大于	—	890.0	890.0	900.0	
20℃	不大于	—	886.5	886.5	896.9	

续表

项目		指标				试验方法
		DMX	DMA	DMZ	DMB	
十六烷指数	不小于	45	40	40	35	SH/T 0694
硫含量②/%	不大于					GB/T 17040③
Ⅰ		1.00	1.00	1.00	1.50	
Ⅱ		0.50	0.50	0.50	0.50	
Ⅲ		0.10	0.10	0.10	0.10	
闭点(闭口)/℃	不低于	60.0	60.0	60.0	60.0	GB/T 261(步骤 A)
硫化氢④/(mg/kg)	不大于	2.00	2.00	2.00	2.00	IP 570(步骤 A)
酸值/(mgKOH/g)	不大于	0.5	0.5	0.5	0.5	GB/T 7304
总沉淀物(热过滤法)/%	不大于	—	—	—	0.10⑤	SH/T 0701
氧化安定性/(mg/100mL)	不大于	2.5	2.5	2.5	2.5⑥	SH/T 0175
10%蒸余物残炭/%	不大于	0.30	0.30	0.30	—	GB/T 17144
残炭/%	不大于	—	—	—	0.30	
浊点/℃	不高于	-16	—	—	—	GB/T 6986
倾点⑦/℃						GB/T 3535
冬季	不高于	—	-6	-6	0	
夏季	不高于	—	0	0	6	
外观		清晰透明⑧			⑤⑥⑨	目测
水分/%(体积)	不大于	—	—	—	0.3⑤	GB/T 260
灰分/%	不大于	0.01	0.01	0.01	0.01	GB/T 508
润滑性						SH/T 0765
校正磨痕直径(WS1.4)(60℃)/m	不大于	520	520	520	520⑩	

①测定方法也包括 SH/T 0604，结果有争议时，以 GB/T 1884 和 GB/T 1885 为仲裁方法。

②尽管给出了限值，买方应该按照船舶行驶区域的有关法规限制确定最大硫含量。

③测定方法也包括 GB/T 387、GB/T 11140、SH/T 0172、SH/T 0253、SH/T 0689、NB/SH/T 0842，结果有争议时，以 GB/T 17040 为仲裁方法，采用试验前各方认可的有证的硫标准物质。

④该项目由供需双方协商是否检测。

⑤如果样品不透明，要求做总沉淀物(热过滤法)和水分试验，如果样品透明，总沉淀物(热过滤法)和水分试验可以不做。

⑥如果样品不透明，氧化安定性试验可不做，氧化安定性限值不适用，此时应测定总沉淀物(热过滤法)。

⑦买方应确保倾点适合船上设备要求，尤其是船舶运行在寒冷气候环境下。

⑧样品注入 100mL 量筒中，在 20~25℃温度下，在光线好的地方(非强光和黑暗)观察，应无可见沉淀物和水。

⑨如果样品不透明，润滑性试验可不做，润滑性限值不适用。

⑩此要求适用于硫含量低于 0.050%(500mg/kg)清澈透明的燃料。

表 13-19　船用残渣燃料油的要求(GB/T 17411—2015)

特性		指标											试验方法
		RMA 10	RMB 30	RMD 80	RME 180	RMG 180	RMG 380	RMG 500	RMG 700	RMK 380	RMK 500	RMK 700	
运动黏度(50℃)/(mm²/s)	不大于	10.0	30.0	80.0	180.0	180.0	380.0	500.0	700.0	380.0	500.0	700.0	GB/T 11137
密度/(kg/m³)(需满足下列要求之一):													GB/T 1884 和 GB/T 1885①
15℃	不大于	920.0	960.0	975.0	991.0	991.0				1010.0			
20℃	不大于	916.5	956.6	971.6	987.6	987.6				1006.6			
碳芳香度指数(CCAI)	不大于	850	860	860	860	870				870			见标准附录
硫含量②/%	不大于												GB/T 17040③
Ⅰ		3.50				3.50							
Ⅱ		0.50				0.50							
Ⅲ		0.10											
闪点(闭口)/℃	不低于	60	60	60	60	60				60			GB/T 261(步骤 B)
硫化氢④/(mg/kg)	不大于	2	2	2	2	2				2			IP 570(步骤 A)
酸值⑤/(mgKOH/g)	不大于	2.5	2.5	2.5	2.5	2.5				2.5			GB/T 7304
总沉淀物(老化法)/%	不大于	0.10	0.10	0.10	0.10	0.10				0.10			SH/T 0702
残炭/%	不大于	2.5	10.0	14.0	15.0	18.0				20.0			GB/T 17144
倾点⑥/℃													GB/T 3535
冬季	不高于	0	0	30		30				30			
夏季	不高于	6	6	30		30				30			
水分⑦/%(体积)	不大于	0.30	0.50	0.50	0.50	0.50				0.50			GB/T 260
灰分/%	不大于	0.04	0.07	0.07	0.07	0.10				0.15			GB/T 508
钒/(mg/kg)	不大于	50	150	150	150	350				450			IP 501⑧
钠/(mg/kg)	不大于	50	100	100	50	100				100			IP 501
铝+硅/(mg/kg)	不大于	25	40	40	50	60				60			IP 501⑨
净热值/(MJ/kg)	不小于	39.8											GB 384⑩

续表

特性	指标											试验方法
	RMA 10	RMB 30	RMD 80	RME 180	RMG 180	RMG 380	RMG 500	RMG 700	RMK 380	RMK 500	RMK 700	
使用过的润滑油(ULO)/(mg/kg) 钙和锌 钙和磷	燃料油应不含 ULO，符合下述条件之一，认为燃料油含有 ULO： 钙>30 且锌>15 钙>30 且磷>15											IP 501

①测定方法也包括 SH/T 0604，结果有争议时，以 GB/T 1884 和 GB/T 1885 为仲裁方法。

②尽管给出了限值，买方应该按照船舶行驶区域的有关法规限值确定最大硫含量。

③测定方法也包括 GB/T 387、GB/T 11140、SH/T 0172，结果有争议时，以 GB/T 17040 为仲裁方法，采用试验前各方认可的有证的硫标准物质。

④本标准该项目由供需双方协商是否检测。

⑤参见本标准附录 H。

⑥买方应确保倾点适合船上设备要求。尤其是船舶运行在寒冷气候。

⑦水分超过 0.5%的应与需方协商并经用户认可，但最高不大于 1.0%。

⑧测定方法也包括 GB/T 12575、SH/T 0715、ISO 14597，结果有争议时，以 IP 501 为仲裁方法。

⑨测定方法也包括 SH/T 0706，结果有争议时，以 IP 501 为仲裁方法。

⑩也可以由本标准附录 E 计算获得，结果有争议时，以 GB 384 为仲裁方法。

表 13-20 内河船用燃料油的要求(GB/T 17411—2015)

项目		指标		试验方法
		DMA(S10)	DMB(S10)	
运动黏度(40℃)/(mm²/s)		2.0~6.0	2.0~11.0	GB/T 265
密度(20℃)/(kg/m³)	不大于	886.5	896.5	GB/T 1884 和 GB/T 1885
十六烷指数	不小于	42	40	SH/T 0694
硫含量/(mg/kg)	不大于	10		SH/T 0689
闪点(闭口)/℃	不低于	60.0		GB/T 261(步骤 A)
酸值/(mgKOH/g)	不大于	0.5		GB/T 7304
氧化安定性(以总不溶物计)/(mg/100mL)	不大于	2.5		SH/T 0175
10%蒸余物残炭/%	不大于	0.30	—	GB/T 17144
残炭/%	不大于	—	0.30	
冷滤点/℃		报告		SH/T 0248
倾点/℃	不高于			GB/T 3535
冬季		−6	0	
夏季		0	6	
外观		清澈透明		目测
灰分/%	不大于	0.010		GB/T 508
润滑性 校正磨痕直径(WS1.4)(60℃)/μm	不大于	20		SH/T 0765

2. 军舰用燃料油

自20世纪70年代至2004年，军舰用燃料油一直由上海高桥石化公司和大连石化公司采用低硫石蜡基原油生产，产品执行GJB 2913《军舰用燃料油规范》。为方便南海舰队军舰用燃料油的保障供应，军舰用燃料油的生产企业增加了中国石化股份有限公司茂名分公司，为此，GJB 2913A—2004《军舰用燃料油规范》中增加了2号军舰用燃料油，其技术指标是在GJB 2913的基础上，参考俄罗斯海军燃料油和英军锅炉用残渣燃料油的技术标准，并结合我国炼油工业的技术水平制定的。2号军舰用燃料油与1号军舰用燃料油的主要差异是硫含量不同，2号军舰用燃料油硫含量由1号燃料油的不大于0.8%提高到不大于1.5%，原因是生产2号军舰用燃料油的企业是中国石化股份有限公司茂名分公司，所加工的原油品种主要是中东高硫原油。

军舰用燃料油作为海军军舰的燃料，要求其低温泵送性能好、热值高、燃烧完全、不冒黑烟、不产生大量的焦炭、灰分少、对金属无明显腐蚀、贮存安定性和热安定性好，因而军舰用燃料油是由减压渣油、催化柴油和抽出油(通常为减二线抽出油)等组分调和而成，其产品规范见表13-21。

表13-21　军舰用燃料油标准(GJB 2913A—2004)

项目		质量指标		试验方法
		1号	2号	
黏度(需满足下列条件之一)①：				
运动黏度(50℃逆流法)/(mm^2/s)		12~45		GB/T 11137
恩氏黏度(50℃)/°E		2~6		GB/T 266
闪点(闭口)/℃	不低于	80		GB/T 261
灰分/%	不大于	0.1		GB/T 508
残炭/%		报告		SH/T 0160
水分/%	不大于	0.5		GB/T 260
密度(20℃)/(kg/m^3)	不大于	970		GB/T 1884和GB/T 1885
倾点/℃		报告		GB/T 3535
凝点/℃	不高于	0		GB/T 510
硫含量②/%	不大于	0.8	1.5	GB/T 387
机械杂质/%	不大于	0.10		GB/T 511
水溶性酸或碱		无		GB/T 259
净热值/(kJ/kg)		41324	报告	GB 384
低温泵送黏度(9℃)/(Pa·s)	不大于	1.2		SH/T 0249
爆炸性/%	不大于	50		SH/T 0183
热安定性	不次于	安定		SH/T 0250

①结果有争议时，以GB/T 11137—1989方法仲裁。

②结果有争议时，以GB/T 387—1990方法仲裁。

第十四章　替代燃料

第一节　替代燃料概述

替代燃料是指有别于传统的汽油、柴油等矿物燃料的所有发动机燃料，包括气体燃料、合成烃燃料及其他非石油基燃料，广义的替代燃料还包括品质低劣的石油燃料、混合燃料、乳化燃料等。

一、替代燃料研究的意义

内燃机替代燃料研究的主要意义，亦即研究的主要目的在于：应对石油危机，提高燃料供应的安全性；为石油资源枯竭后燃料品种的平稳过渡作准备；减少污染、保护环境；等等。

应对石油危机是替代燃料研究的重要动力。由于石油资源地区分布极为不均，世界主要石油储量集中在中东，这就存在石油供应的安全性问题。三次石油危机给世界经济特别是西方发达国家的经济造成严重影响，使西方国家进一步认识到石油供应安全的重要性，从而促进了替代燃料研究和应用的广泛兴起。

替代燃料研究的另一个目的是在石油资源枯竭时实现燃料的平稳过渡。石油是非可再生资源，石油枯竭的威胁一直存在，因此人们希望通过替代燃料的研究和使用，实现燃料的平稳过渡，避免在石油资源枯竭时措手不及。

近年来，世界石油市场相对充足，油价回落，石油危机的阴影逐渐淡化，加上石油可开采储量不断增加，石油资源枯竭的威胁不再是迫在眉睫的事情，但与此同时，环境污染问题却日益严重，减少汽车排放的呼声越来越高，排放控制日益严格。在这种情况下，减少汽车污染物排放成为替代燃料研究的主要目的，醇类、醚类、天然气、氢气等低污染替代燃料等作为洁净性燃料(或称为绿色燃料)再次受到重视。

缺油国家解决大量进口原油带来的支付问题也是替代燃料研究的一个推动因素。如巴西不产石油，大量石油进口给国家带来沉重负担，而同时巴西盛产的甘蔗却可以生产乙醇，因此该国大量使用乙醇作为发动机燃料。

在我国，替代燃料研究的另一个重要性是改善我国的能源结构。众所周知，我国能源结构的一大特点是煤多油少，地区分布不平衡。在这种情况下，以煤为原料生产甲醇，再以甲醇代替汽油是改善能源结构的重要措施。特别是在少油地区，大力发展醇类燃料有助于改变石油分布不平衡的局面。

除了上述目的，替代燃料的研究在军事上也有重要意义，替代燃料的研究成果可以为战时应急代用提供保障。

二、替代燃料的种类

从燃料的形态来看，传统的石油燃料（汽油、柴油）都是液体燃料。内燃机的替代燃料除了液体燃料，还包括气体和固体燃料。目前应用和研究的内燃机替代燃料的主要种类见表 14-1。

表 14-1　内燃机替代燃料

类型	种类
气体	氢气、沼气 液化石油气（LPG） 天然气（CNG，LNG） 发生炉煤气
液体	醇类：甲醇、乙醇 醚类：二甲醚、甲基叔丁基醚、聚甲氧基二甲醚 酯类：生物柴油 植物油：桐油、菜籽油等 动物油：经加工的牛油、猪油、鱼油等 其他化工副产品的可燃液体
固体	煤粉、水煤浆、煤-油混合燃料等

上述替代燃料中，沼气、乙醇（用植物生产的）、动植物油和氢气等属于可再生资源，其他替代燃料直接或间接来自化石矿物，一旦消耗将不能再生，属于不可再生资源。因沼气、乙醇（用植物生产的）、动植物油、生物柴油等来自生物原料，因此统称生物质燃料。

目前有些替代燃料在一些地区已经实现商品化使用，如天然气、液化石油气、醇类、醚类燃料等。从使用方式上看，既有完全使用替代燃料的，如天然气；也有使用混合燃料的，如甲醇汽油、乙醇汽油。这些混合燃料也属于广义的替代燃料范畴。当然由于目前替代燃料供应系统不完善，即便完全使用替代燃料的汽车，也能够使用汽油或柴油，称为双燃料汽车。

三、替代燃料的基本要求

可用作燃料的物质种类很多，但作为发动机燃料，必须具备一定的性能。优良的发动机替代燃料应该具备以下性能要求：

① 具有较高的热值，特别是混合气的热值应能满足发动机的动力性要求；

② 适当的蒸发性，能满足车辆起动、行驶、加速、怠速等工况的要求；

③ 良好的材料适应性，对金属、橡胶等材料无腐蚀，对发动机寿命和可靠性无不良影响；

④ 能量密度高，贮存、运输方便；

⑤ 发动机结构变动小，技术上可行；

⑥ 最好能够利用现有的燃料储运分配系统；

⑦ 对人类健康、环境保护和安全防火等无有害影响。

替代燃料种类很多，来源和加工方法各异，理化性质和使用性能差别很大，要求替代燃料完全满足上述所有要求是不现实的。事实上，只要能够满足主要性能要求，并能通过采取可行的技术措施，如发动机适当改造或在燃料中加添加剂，能满足其他方面的要求，就不失为优良的替代燃料。

除了上述性能方面的要求，作为发动机替代燃料还必须具备资源丰富、生产制造技术可行、价格便宜等前提条件，否则性能再好也不可能广泛使用。

第二节 醇类燃料的性质和使用

一、醇类燃料概述

用作发动机替代燃料的醇类主要是甲醇和乙醇。

甲醇和乙醇作发动机替代燃料的一大优点是制造原料丰富，生产工艺成熟。甲醇可以由煤、天然气、木材等原料制取，乙醇既可以由农作物(谷物、甘蔗等)的发酵生产，也可以用化工原料(乙烯、乙炔)制备。这就避免了像原油那样因分布过分集中而使其供应受到各种因素制约。醇类燃料最主要的优点还在于能够达到比烃类燃料低得多的排放量，对减少大气污染大有好处。另外醇类辛烷值高，作点燃式发动机燃料时可以用于压缩比较高的发动机，提高发动机的热效率。

当然醇类燃料也存在一些不足。首先，醇类燃料热值较低，燃料消耗量大。所幸的是它们的混合气的热值还比较高，并可通过提高发动机压缩比，从而保证发动机的动力性。其次，甲醇和乙醇的低温蒸发性差，蒸发潜热高，不利于低温冷起动。

二、醇类燃料的使用性能

(一) 醇类作为汽油机燃料的使用性能

甲醇、乙醇的许多性质都与汽油比较接近(见表 14-2)，因此它们作压燃式发动机替代燃料方面的研究较多，而且技术比较成熟。目前，无论是纯甲醇(或乙醇)燃料还是甲醇(或乙醇)与汽油的混合燃料在许多国家都得到一定程度的应用。

表 14-2 甲醇、乙醇与汽油的理化性质比较

性质	甲醇	乙醇	汽油(美国)
含氧量/%	50	34.8	0
沸点(沸程)/℃	65	78	35~210
雷德饱和蒸气压/kPa	32	16	55~103
低热值/(MJ/kg)	19.9	26.8	约 42.7
蒸发潜热/(MJ/kg)	1.17	0.93	约 0.18
理论空燃比	6.45 : 1	9.0 : 1	约 14.6 : 1
理论混合气热值/(MJ/kg)	3.08	3	约 2.92
RON	109	109	90~100
MON	89	90	80~90
着火浓度极限/%(体积)	1.4~7.6	6.7~36	4.3~19

甲醇（或乙醇）与汽油的混合燃料称为甲醇（或乙醇）汽油或汽醇。按照醇在燃料中所占的体积百分数，甲醇汽油习惯上称为 M*x*（*x* 为甲醇的体积百分数），如 M5（含甲醇 5%）、M10（含甲醇 10%）、M85（含甲醇 85%）等，乙醇汽油习惯上称为 E*x*（*x* 为乙醇的体积百分数），如 E10（含乙醇 10%）、E20（含乙醇 20%）等。按燃料中所含甲醇的比例高低，甲（乙）醇汽油可分为低比例甲（乙）醇汽油（醇含量≤10%）、中比例甲（乙）醇汽油（10%<醇含量≤50%）、高比例甲（乙）醇汽油（50%<醇含量≤80%）和纯甲（乙）醇燃料（醇含量>80%），为了改善冷起动性能，醇类燃料中一般加有一定量的汽油或轻烃组分。不同人划分的界限不尽相同。

1. 蒸发性

（1）蒸馏特性（馏程）与冷起动问题

从表 14-2 可以看出，甲醇和乙醇的沸点比汽油的初馏点分别高出 30℃和 43℃，但比汽油的终馏点要低得多。因此，在使用纯甲醇或乙醇燃料时，在发动机工作过程中，甲醇或乙醇都能完全蒸发，与空气形成比较均匀的混合气。但是在低温下醇类的蒸发性很差，加之蒸发潜热大，蒸发时进一步降低进气道温度，造成冷车起动困难或暖车时间长。另外甲醇有一定的导电性，液态甲醇一旦进入气缸，容易黏附着在火花塞间隙中导致点火失败。

资料表明，在不采取帮助点火措施的条件下，纯甲醇燃料发动机冷起动的最低环境温度在 0～16℃，纯乙醇燃料发动机冷起动的最低环境温度更高（有报道认为是 43℃，也有报道认为在 15～20℃）。

改善醇类燃料发动机低温起动性能的一个办法是对进气道加热，提高进气道的实际温度。另一个办法是采用起动燃料系统，在起动时向发动机供应挥发性大的起动燃料。然而更简便和有效的办法是在醇类燃料中加入少量汽油或轻质烃组分，便可以大大改善醇类燃料发动机的冷起动性能。正因如此，通常所谓的醇类燃料汽车一般使用的也是含有少量（15%以下）挥发性组分（如汽油、轻烃组分、二甲醚等）的甲醇或乙醇。

混合燃料的蒸馏特性随燃料中醇含量不同而有明显变化，醇含量越低越接近汽油，反之则越接近相应的醇。图 14-1 是几种混合燃料的蒸馏特性曲线。

尽管混合燃料的蒸发性和冷起动性能较纯的醇类燃料有较大改善，但使用高比例醇-汽油混合燃料时，仍然存在冷起动困难的问题。

（2）饱和蒸气压与气阻问题

甲醇和乙醇的饱和蒸气压比汽油低得多，但混合燃料的饱和蒸气压并不是随醇含量的增加而呈简单下降的关系。图 14-2 是甲醇汽油的饱和蒸气压与甲醇含量的关系。

从图 14-2 中可以看出，甲醇汽油的饱和蒸气压先是随甲醇含量的增加而增大，大致在甲醇含量为 15%时达到最大，之后随甲醇含量增加而减小。甲醇含量低于一定值时，甲醇汽油的饱和蒸气压比汽油的还要大。出现这种现象的原因是甲醇可以与汽油中的轻馏分形成低沸点共沸物。这种现象使低比例甲醇汽油在贮存中的蒸发损失增大，高温下使用时容易产生气阻。

乙醇汽油混合燃料的饱和蒸气压与乙醇含量之间有类似的关系。

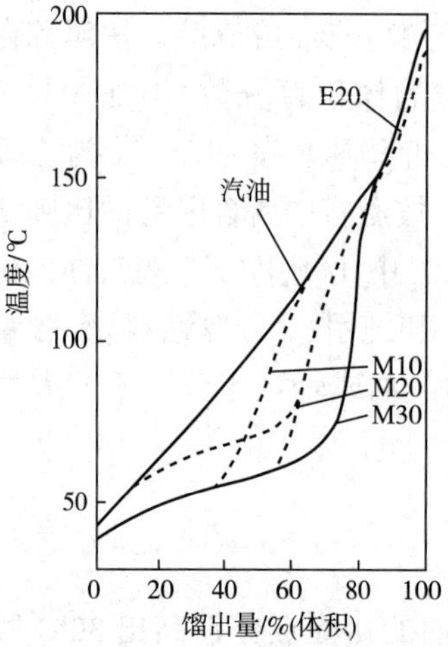

图 14-1　几种混合燃料的蒸馏特性曲线

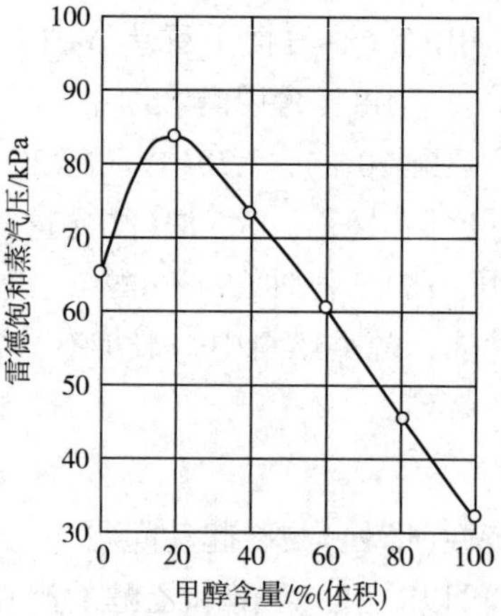

图 14-2　甲醇汽油的饱和蒸气压与甲醇含量的关系

2. 燃烧性

(1) 热值

甲醇和乙醇的热值均比汽油低得多，但其理论混合气的热值均达到甚至超过汽油的水平。如甲醇的热值仅有汽油的一半左右，但理论混合气热值达到 3.08MJ/kg，略高于一般汽油的理论混合气热值。

混合燃料的热值随醇含量的增加而降低，但无论何种比例的混合燃料，理论混合气的热值均不低于汽油。

因此，只要适当调整燃料供应量，控制合理的燃料空气比，无论纯的醇类燃料还是混合燃料都不会因热值问题而降低发动机的功率。

(2) 辛烷值

辛烷值是点燃式发动机燃料最重要的燃烧性指标。甲醇和乙醇的辛烷值均比汽油高，敏感度则比汽油小。因此醇类燃料可以用于较高压缩比的发动机而不致产生爆震，并能提高发动机的效率。特别是醇类燃料在浓混合气条件下工作时爆震倾向也很小。

混合燃料的辛烷值比相应的汽油要高，而且醇含量越高，燃料辛烷值提高幅度越大。因此，醇类有时也用于提高汽油辛烷值。

(3) 燃烧极限

醇类燃料的燃烧极限很宽，特别是燃烧浓度上限比汽油高得多。因此使用醇类燃料可以在很浓的混合气条件下燃烧，以获得更大的动力。正因为醇类燃烧浓度上限很高，并适应高压缩比的发动机，可以获得高效率和强大动力，因此常用作赛车燃料。

3. 材料适应性

(1) 对金属腐蚀性

甲醇和乙醇对发动机燃料系统的许多金属都有腐蚀性，它们可以腐蚀铜、铁、铝、铅、锌、镁及它们的许多合金。混合燃料即使含有 3%的醇也使燃料腐蚀性大大增强，醇含量越高，腐蚀性越大。表 14-3 列出了几种低比例甲醇汽油对不同金属的腐蚀性。

表 14-3 甲醇汽油对金属的腐蚀失重 g/m^2

油样	铜片	铸铁片	钢片	铝片
车用汽油	0.20	0.15	0.18	0.06
M3	0.45	0.38	0.36	0.55
M5	0.52	0.45	0.32	0.65
M10	0.50	0.45	0.40	0.80

防止醇类燃料腐蚀发动机金属的基本途径有两个：一是改变发动机金属材料，使用耐腐蚀的金属制造发动机；二是在燃料中加防腐蚀添加剂。相比之下，前者成本高，且只适用于新发动机的制造，后者则更简便，而且成本很低、效果更好。实践证明，在燃料中加入少量防腐剂就能有效防止金属腐蚀。表 14-4 是两个防腐剂配方在低比例甲醇汽油中的使用效果。

表 14-4 防腐剂在甲醇汽油中的防腐效果(腐蚀失重) g/m^2

油样	铜片	铸铁片	钢片	铝片
M3	0.45	0.38	0.36	0.55
M3+0.002% 1#	0.13	0.1	0	0
M3+0.002% 2#	0.1	0.16	0	0.06
M5	0.52	0.45	0.32	0.65
M5+0.002% 1#	0.15	0	0.1	0.06
M5+0.002% 2#	0.12	0.1	0.08	0
M10	0.5	0.45	0.4	0.8
M10+0.002% 1#	0.15	0.08	0.04	0.25
M10+0.002% 2#	0.14	0.06	0	0.1

（2）对其他材料的影响

醇类燃料不仅对发动机的金属材料有较大腐蚀性，而且对橡胶和塑料部件也有腐蚀作用。发动机的许多部件都是由橡胶、塑料等材料制成的。如化油器和油量计中的浮子一般是塑料制品，在醇类燃料中会溶胀、变黏或龟裂；燃油泵隔膜和燃油软管是橡胶制品，在醇类燃料中会发生溶胀、变硬、变脆或软化等现象；纤维垫片会逐渐软化而导致漏油。

当使用混合燃料，或用汽油作为改善醇类燃料冷起动性能的添加剂时，对橡胶和塑料部件的腐蚀性更强。这可能是混合燃料中的醇能增强燃料在橡胶和塑料表面的润湿作用，从而有利于汽油组分向其内部渗透的缘故。表 14-5 列出了几种橡胶在不同比例的甲醇汽油中室温浸泡 72h 后体积、质量和硬度的变化。

表 14-5 几种橡胶在不同比例的甲醇汽油中的变化

油样	丁腈橡胶(1#)			丁腈橡胶(2#)			氯磺化聚乙烯		
	ΔV/%	ΔW/%	硬度变化	ΔV/%	ΔW/%	硬度变化	ΔV/%	ΔW/%	硬度变化
M0	22.53	16.88	0	9.00	6.23	−7	21.86	9.07	+5
M5	41.83	27.78	−4	33.10	22.92	−7	46.68	24.00	+3
M10	46.63	30.02	−3	35.83	23.75	−9	57.73	30.11	+2
M20	48.36	31.91	−3	34.77	22.42	−8	48.68	25.01	+3

续表

油 样	丁腈橡胶(1#)			丁腈橡胶(2#)			氯磺化聚乙烯		
	ΔV/%	ΔW/%	硬度变化	ΔV/%	ΔW/%	硬度变化	ΔV/%	ΔW/%	硬度变化
M30	47.52	31.75	-2	34.13	22.42	-8	45.97	22.51	+5
M50	46.00	30.23	-2	32.60	21.33	-8	46.54	22.79	+2
M80	33.53	21.82	0	26.30	17.63	-6	39.45	18.78	+5
纯甲醇	14.00	8.39	+2	15.13	9.93	-3	6.15	2.71	+1

应该注意的是，不同橡胶或塑料在汽油、混合燃料和纯的甲醇或乙醇中的溶胀作用有明显的差异，因此在使用醇类燃料或混合燃料时，应选择合适的橡胶或塑料材料。据研究，氟橡胶、氟硅橡胶、聚硫橡胶、改性丁腈橡胶、氯丁橡胶、氯磺化聚乙烯和均聚氯醇橡胶等耐醇、汽油和混合燃料的能力较好。

另外，在燃料中加入某些添加剂也可以减轻含醇燃料对橡胶和塑料材料的腐蚀性。

4. 排放特性

关于醇类燃料和混合燃料排放方面的研究很多，但由于不同研究者所用发动机类型不同，试验条件各异，试验结果也千差万别。可以肯定的是，与使用汽油相比，使用醇类燃料或混合燃料时，CO 和 HC 排放明显减少，而 NO_x 的排放却有一定程度的增加，同时醇和醛的排放明显增加。对醇和醛的排放量至今尚没有相应的控制标准。

5. 发动机磨损

醇类燃料发动机在使用中，气缸和活塞环的磨损加重。这是由于甲醇或乙醇能够将这些部位的润滑油膜洗掉。另外醇燃烧时会生成有机酸(甲酸或乙酸)，能直接腐蚀金属，造成腐蚀磨损。进入润滑油中的甲酸或乙酸还能与润滑油中的抗氧防腐剂(如 ZDDP)发生反应而使其失效，从而增大各摩擦部位的腐蚀与磨损。

改变发动机材料(如活塞环镀铬)，或改善润滑油的性能(如提高碱度，增加防腐剂含量)是防止发动机磨损的有效途径。

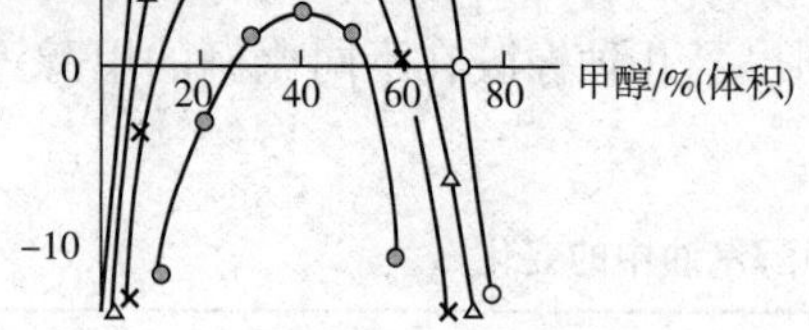

图 14-3 甲醇与汽油的临界互溶温度

6. 混合燃料的互溶性

甲醇和乙醇都是极性很强的物质，它们与汽油的相容性较差。在常温下，只有醇含量很低或很高时，才可能互溶。相比之下，乙醇与汽油的相容性好于甲醇。

醇与汽油的溶解性受温度的影响很大。温度越高，互溶性越好。一定比例的醇与汽油能够互溶的最低温度称为临界互溶温度。图 14-3 给出了不同比例的甲醇与汽油的临界互溶温度，曲线上方为互溶区，下方为分层区。

在混合燃料中加入助溶剂能大大改善醇与汽油的互溶性(见图 14-3)，降低临界互溶温度。因此使用助溶剂是解决醇与汽油互溶性问题的有效途径。常用的助溶剂有异丙醇、异丁醇、MTBE 等，其中异丁醇效果最好。

混合燃料中的含水量对体系的稳定性有很大影响。只要体系中含有少量水分，就会显著降低临界互溶温度(见图 14-4)。即使稳定的互溶体系，当混入水分时也会重新分层。

在同样温度下，当混合燃料中含有助溶剂时，可以容许含有较多的水分而不致分层。反过来，体系含水量越大，要保持醇与汽油的互溶所需的助溶剂的量也就越大。图 14-5 所示是甲醇汽油体系含水量对助溶剂用量的影响。

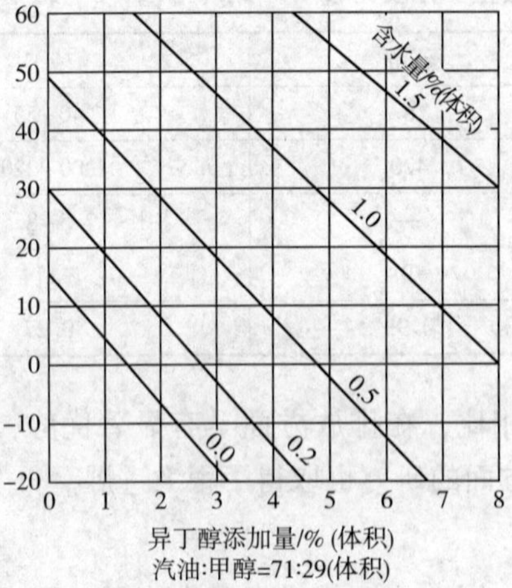

图 14-4　含水量对甲醇汽油临界互溶温度的影响

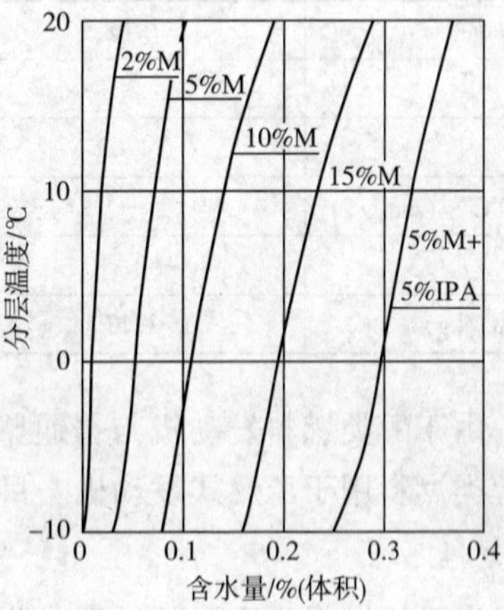

图 14-5　甲醇汽油体系含水量对助溶剂用量的影响

由于醇类很容易从空气中吸收水分，因此贮存和使用混合燃料时必须采取措施，不仅要防止水分的直接混入，还要防止燃料从空气中吸水。

影响醇与汽油互溶性的另一个因素是燃料本身的组成。各种烃中，芳香烃与醇的互溶性最好。汽油中芳香烃含量越大，越有利于汽油与醇的互溶。因此芳香烃有时也用作助溶剂。

7. 醇类燃料的使用方式

除了上述性质，醇类燃料使用中还必须考虑这几个方面的问题：①目前醇类燃料的供应量有限，普遍使用醇类燃料还不成熟；②醇类燃料的供应系统还不完善，醇类燃料汽车必须面对在没有醇类燃料供给的情况下使用其他燃料的问题；③在混合互溶困难、而助溶剂又相当昂贵的情况下，如何保证发动机稳定工作的问题。为了适应这种局面，通常采取以下方法。

(1) 发动机双燃料系统

即汽车同时具备汽油和醇两个燃料系统，可以按一定比例同时向发动机供应汽油和醇，当缺乏一种燃料时，由另一燃料系统供应单一燃料。这种方式可以避免混合使用助溶剂的问题和燃料分层造成发动机工作不稳定的问题，但因结构复杂，目前已很少采用。

(2) 双(多)燃料汽车

即发动机既可使用汽油，也可使用醇类燃料。

(3) 灵活燃料汽车

这种汽车安装了氧传感器，可以随时确定燃料中醇的含量，并根据醇含量调节供油量，保证发动机以任何比例的醇和汽油作燃料时都能稳定工作。因此这种汽车并不要求醇与汽油事先均匀混合。

(二) 醇类作为柴油机燃料的使用性能

从醇的性质来看，醇类并不适合作压燃式发动机燃料。这主要是因为醇类的着火性差，另外还存在发动机磨损等问题。醇与柴油主要性质比较见表 14-6。

表 14-6 醇与柴油主要性质比较

性 质	甲醇	乙醇	柴油
十六烷值	3	8	40~55
自燃点/℃	470	420	200~220
运动黏度(20℃)/(mm^2/s)	—	—	2.5~8.5
凝点/℃	-50~10	-98	-114
气化潜热/(MJ/kg)	1.17	0.93	0.27

但是，由于醇类燃料发动机与普通柴油机相比，在排放方面具有显著优势，因此人们仍希望将醇类燃料用于压燃式发动机。目前这方面的研究也取得了很大进展。

1. 发火性

压燃式发动机燃料最重要的性质是发火性，用十六烷值或自燃点表示。压燃式发动机燃料的十六烷值一般应在 40 以上才能保证发动机正常工作。从表 14-6 可以看出，甲醇和乙醇的十六烷值很低，而自燃点很高，发火性极差。同时，由于醇类的蒸发潜热比柴油大得多，燃烧室温度比使用柴油时低，使醇类燃料更难着火。当醇类用作压燃式发动机燃料时，容易造成发动机工作粗暴，甚至不能起动。

为了解决醇类燃料发火性差的问题，可以采取以下措施：

① 提高压缩比。通过提高发动机压缩比，从而提高压缩终了燃烧室的温度，有利于醇类燃料的自动点火。

② 采用火花塞辅助点火系统。即在压燃式发动机中安装一个类似汽油机的点火系统，在向气缸喷入燃料时，靠火花放电引燃。

③ 添加发火性改进剂。在燃料中加入过氧化物、二甲醚等发火剂可以提高十六烷值，缩短滞燃期。但要使滞燃期缩短到像柴油那样，所需发火剂的量也比较大。

④ 改质燃烧。国外曾研究在甲醇燃料发动机上安装一个裂解装置，使甲醇在一定温度和催化剂作用下裂解，而将裂解气体供发动机燃烧。裂解反应为：

$$CH_3OH \xrightarrow{\text{催化剂}} CO+2H_2$$

裂解所需的热量来自部分甲醇的燃烧。

⑤ 与柴油掺烧。醇与柴油掺烧时，相对于柴油来讲发火性有所降低，但与纯的醇类燃料相比，发火性将得到改善。

2. 发动机磨损

由于甲醇和乙醇的黏度很小，润滑性很差，加上醇对金属有较大腐蚀性，使用醇类燃料时，高压泵会产生严重磨损。因此，使用醇类燃料时，必须在燃料中加抗磨剂。

3. 混合燃料互溶性

醇与柴油的互溶性极差，甚至乳化也很困难。目前研究的掺烧方法大致有以下几种。

(1) 乳化法

采用机械方法或乳化剂可以将醇和柴油制成乳化液，供压燃式发动机使用。常用的乳化剂有司本 80、吐温 80、高级脂肪醇等，混合乳化剂比单一乳化剂效果要好一些。

根据乳化液的稳定性，可以将乳化液分为非稳定乳化液、准稳定乳化液和微乳化液。

非稳定乳化液一般不用乳化剂，而是用机械装置将醇与柴油混合，短时间内保持乳化状态，供发动机使用。由于非稳定乳化液极易分层，只能采取边乳化边燃烧的办法。可形成非稳定乳化液的方式，有锐孔或旋涡装置、叶片式机械搅拌器、胶体磨、超声乳化器、液力剪切器等。

准稳定乳化液是利用少量乳化剂将醇与柴油形成稳定期较长(一天到数天不等)的乳化液。这种方法掺烧甲醇的量一般不能超过 30%(体积)，掺烧乙醇的量可以略高一些。但由于乳化液稳定期短，汽车长时间停放时会因燃料分层影响下一次起动。

微乳化液是用较多的乳化剂将醇与柴油形成稳定的、透明的乳化液。这种乳化方式的好处是醇与柴油不会分层，但因乳化剂价格昂贵，成本很高。

(2) 双燃料喷射系统法

双燃料喷射系统法就是在发动机中设置两套独立的高压泵和喷油器系统，一套用来喷射柴油，一套用来喷射醇。这种掺烧方式无须将醇与柴油混合，因此不存在使用乳化剂或担心燃料分层问题，掺烧量可以高达 90%，喷入的柴油主要起点火作用。但发动机结构较复杂，造价高。

(3) 熏蒸法

熏蒸法就是采用各种方式将甲醇雾化，与空气混合后进入气缸，在压缩终了时由喷嘴向气缸喷入柴油点火。

常用的醇-空气混合气形成方法有化油器法、文特利管法、低压喷嘴法和冷却水加热气化法等。

4. 排放

与柴油相比，使用醇类作燃料能显著减少柴油机的硫化物、黑烟、颗粒物和 NO_x 等有害物质排放，这正是人们试图将醇类燃料用于压燃式发动机的主要原因。表 14-7 所列是德国 MAN 公司生产的甲醇燃料发动机(带火花塞助点火装置)与典型柴油机排放情况比较。

表 14-7　压燃式甲醇发动机与普通柴油机排放比较

排放物	MAN 压燃式甲醇燃料发动机	典型柴油机
HC/(g/km)	0.53	1.7~2.5
CO/(g/km)	0.48	10~18
NO_x/(g/km)	8.8	14~19
颗粒物/(g/km)	0.06	1.7~3.9
甲醛/(g/km)	0.1	—
甲醇/(g/km)	0.35	—

在使用混合燃料的其他试验中，CO 和 HC 的排放有时比使用柴油要高，而且无论使用纯的醇类燃料还是混合燃料，低分子醇和醛的排放都会增加。

5. 其他性能

压燃式发动机使用醇类燃料时，由于醇的沸点很低，因此高温条件下也存在气阻问题。另外，高压油路中的气泡还会引起气蚀现象。和汽油机使用醇类燃料一样，醇与材料的相容性问题在压燃式发动机上同样存在。

三、醇类燃料标准

由国家质量技术监督局负责制定的 GB 18350—2013《变性燃料乙醇》国家强制性标准已于 2014 年 5 月 1 日起开始实施。该标准要求燃料乙醇与变性剂的体积混合比为(100∶1)~(100∶5)，且变性剂的质量应符合 GB/T 22030—2017《车用乙醇汽油调合组分油》或 GB 18351—2017《车用乙醇汽油(E10)》的要求。

按 GB 18351—2017《车用乙醇汽油(E10)》规定，我国车用乙醇汽油目前有三个牌号，分别是 89 号、92 号和 95 号，与车用汽油一样，其牌号是按研究法辛烷值大小来划分的，数值越大，表示车用乙醇汽油的抗爆性越好。车用乙醇汽油的技术要求见表 14-8。

表 14-8　车用乙醇汽油(E10)技术要求(GB 18351—2017)

项目		质量指标			试验方法
		89 号	92 号	95 号	
抗爆性					
研究法辛烷值(RON)	不小于	89	92	95	GB/T 5487
抗爆指数(RON+MON)/2	不小于	84	87	报告	GB/T 503、GB/T 5487
铅含量①/(g/L)	不大于	0.005			GB/T 8020
馏程					GB/T 6536
10%馏出温度/℃	不高于	70			
50%馏出温度/℃	不高于	120			
90%馏出温度/℃	不高于	190			
终馏点/℃	不高于	205			
残留量/%(体积)	不大于	2			
蒸气压②/kPa					GB/T 8017
11 月 1 日~4 月 30 日	不大于	42~85			
5 月 1 日~10 月 31 日	不大于	40~65③			
胶质含量/(mg/100mL)					GB/T 8019
未洗胶质含量(加入清净剂前)	不大于	30			
溶剂洗胶质含量	不大于	5			
诱导期/min	不小于	480			GB/T 8018
硫含量④/(mg/kg)	不大于	50			SH/T 0689
硫醇(博士试验)		通过			SH/T 0174
铜片腐蚀(50℃，3h)/级	不大于	1			GB/T 5096
水溶性酸或碱		无			GB/T 259
机械杂质⑤		无			GB/T 511

续表

项 目		质量指标			试验方法
		89 号	92 号	95 号	
水分/%	不大于	0.20			SH/T 0246
乙醇含量/%(体积)		10.0±2.0			SH/T 0663
其他有机含氧化合物⑥/%	不大于	0.5			SH/T 0663
苯含量⑦/%(体积)	不大于	1.0			SH/T 0693
芳香烃含量⑧/%(体积)	不大于	40			GB/T 11132
烯烃含量⑧/%(体积)	不大于	28			GB/T 11132
锰含量①/%(体积)	不大于	0.008			SH/T 0711
铁含量①/%(体积)	不大于	0.010			SH/T 0712
密度⑨(20℃)/(kg/m^3)		720~775			GB/T 1884、GB/T 1885

①车用乙醇汽油(E10)中不得人为加入含铅、铁、锰的添加剂。

②也可采用SH/T 0794进行测定，在有异议时，以GB/T 8017测定结果为准。换季时，加油站允许有15天的置换期。

③广西全年执行此项要求。广东、海南两省使用车用乙醇汽油(E10)的地区全年执行此项要求。

④也可采用GB/T 11140、SH/T 0253、ASTM D7039进行测定，在有异议时，以SH/T 0689方法为准。

⑤也可采用目测法：将试样注入100mL玻璃量筒中观察，应当透明、没有悬浮和沉降的机械杂质及分层。在有异议时，以GB/T 511方法为准。

⑥不得人为加入，允许采用SH/T 0720方法测定。在有异议时，以SH/T 0663方法为准。

⑦也可采用NB/SH/T 0713、GB/T 28768、GB/T 30519进行测定。在有异议时，以SH/T 0693方法为准。

⑧对于95号车用乙醇汽油(E10)，在烯烃、芳香烃总含量控制不变的前提下，可允许芳香烃的最大值为42%(体积)。也可采用GB/T 28766、GB/T 30519、NB/SH/T 0741进行测定。在有异议时，以GB/T 11132方法为准。

⑨也可采用SH/T 0604进行测定，在有异议时，以GB/T 1884、GB/T 1885方法为准。

车用甲醇汽油方面我国制定了GB/T 23510—2009《车用燃料甲醇》和GB/T 23799—2009《车用甲醇汽油(M85)》两项国家推荐性标准，因甲醇生产原料属于不可再生的煤和天然气，因而未大量推广使用。

第三节　天然气和液化石油气

天然气和液化石油气是应用较多的两种气体发动机燃料。这两种气体燃料在一定范围的使用已有50多年的历史。最初使用气体燃料主要是因为它们比汽油便宜。近年来，气体燃料再度受到重视则是出于环境方面的考虑，因为气体燃料发动机的污染物排放远比汽油或柴油发动机低。正因如此，这类燃料被称为洁净燃料。

天然气汽车的发展大致上分为三个阶段：常压天然气汽车、压缩天然气(CNG)汽车和液化天然气(LNG)汽车。天然气液化非常困难，因此过去一直采用常压供气方式，汽车携带燃料的数量很少，行程很短，限制了天然气汽车的应用范围。近年来，压缩天然气技术基本成熟，用复合材料制成的压缩气瓶强度很高，耐压可达20MPa以上，且重量比压缩钢瓶轻得多，汽车携带数个气瓶就可行驶数百公里。这为天然气汽车的推广提供了技术基础。在开发压缩天然气的同时，人们在液化天然气方面也进行了大量研究，目前也取得了较大进展。

无论是压缩天然气，还是液化天然气或液化石油气，在进入气缸之前均需通过减压阀转化成常压(或略高于大气压)的气体。

一、气体燃料的组成

天然气的主要成分是甲烷，此外还含有不同数量的其他烃类(主要是C_2~C_4的烷烃以及少量更高级的烃类)、H_2S、CO_2、水蒸气、CO、氮气、氦气、氩气和其他微量气体。从地下开采出的天然气首先要经过处理才能通过管道输送和使用。处理的目的是除去H_2S、高沸点烃和水气，同时过量的CO_2、氮气、氦气、氩气也被除去。经处理后的天然气甲烷含量在80%~99%，其次是乙烷和惰性气体，另有少量丙烷、丁烷和更高级的烃类。

液化石油气来源不同，组成也各不相同，尤其是不同国家的产品组成相差很大，有些国家以丙烷和丙烯为主，有些国家则以丁烷和丁烯为主。

二、气体燃料的性能优点

与常规液体燃料相比，气体燃料有以下优点：

① 燃料本身为气体，不需要精密的喷油设备或雾化装置，发动机构造相对简单；

② 能与空气充分混合，各缸燃料分配均匀，发动机工作平稳；

③ 不存在润滑油稀释问题，可以使用黏度较低的润滑油，减少因摩擦消耗的能量；

④ 有利于阻止稀混合气燃烧，提高燃料经济性；

⑤ 辛烷值高，天然气的MON在120以上，液化石油气的MON在90以上，当用于汽油机时有利于通过提高压缩比而提高热效率；

⑥ 燃料系统密封，燃料的蒸发散失少，燃烧完全度高，排放污染物少。与传统液体燃料相比，发动机使用天然气或液化石油气作燃料时，CO、NMHC(非甲烷烃类)、颗粒物、CO_2和NO_x排放明显减少，重型汽车比同类汽油车或柴油车减少更多。表14-9列举了使用汽油和液化石油气两种发动机的主要排放污染物。

表14-9　使用液化石油气和汽油的汽车排放污染物比较　g/km

使用不同燃料的汽车	CO	HC	NO_x
使用汽油的汽车	19.5	1.2	2.4
使用液化石油气的汽车	6.8	0.6	2.0

三、气体燃料使用中的问题与对策

1. 发动机功率下降问题

气体燃料在混合气中所占体积较大，因而减少了新鲜空气进入缸的量，降低充气系数，发动机功率和动力性有一定下降。例如汽油机改用天然气作燃料，在发动机不作相应调整的情况下，发动机功率将下降10%以上。

提高发动机压缩比可以在很大程度上弥补气体燃料发动机的功率下降。汽油机上使用气体燃料时，提高压缩比能够充分利用气体燃料辛烷值高的优势，提高发动机的热效率，从而弥补发动机功率下降。但在柴油机上使用气体燃料时，容易产生爆燃，一般应降低压缩比。

另外，因为气体燃料不会造成润滑油稀释，可以适当降低润滑油黏度，减少摩擦造成的能量损失，在一定程度上弥补发动机功率下降。

2. 天然气的腐蚀性

天然气中含有微量的 H_2S，经过处理的天然气 H_2S 含量不高于 0.002%（体积）。H_2S 的腐蚀性很强，即便是微量的 H_2S 也会对发动机造成腐蚀。当燃料中含有 H_2S 时，不仅会导致气门、气缸壁、活塞环的腐蚀与磨损，部分 H_2S 还会进入油底壳和润滑油中，导致主轴、连杆等传动部件的腐蚀和相关轴承的磨损。因此，使用含 H_2S 的天然气将导致发动机寿命缩短。

为了防止天然气中的 H_2S 引起的腐蚀与磨损，首先，要强化对天然气的脱硫处理，尽量减少硫化物含量；其次，提高润滑油的碱度，增强中和能力，也能有效防止 H_2S 引起的腐蚀与磨损。

四、气体燃料发动机的使用

无论是汽油机还是柴油机，都可以改造成使用气体燃料的发动机。但考虑到燃料供应的可靠性和气体燃料的特点，一般应对发动机的构造进行必要的调整。

1. 双燃料系统

由于气体燃料供应量有限，供应体系不完善，现在的气体燃料发动机多采用双燃料系统，即在保留原有汽油或柴油燃料系统的基础上，增加气体燃料系统。采用双燃料系统的好处是增强气体燃料汽车的机动性和灵活性。通过双燃料系统，还可实现气体燃料与液体燃料的掺和使用。柴油机使用气体燃料时，通过原有燃料系统向气缸中喷入一定量的柴油还可起到点火作用。

2. 气体燃料的供应和混合气形成

气体燃料的供应有两种方式：预混式和高压喷射式。

无论是柴油机还是汽油机，在使用气体燃料时都可采用预混进气方式，即燃料在进入气缸之前，预先与空气混合，进入气缸的是可燃混合气。

采用预混进气方式时，应当在进气道上安装气体燃料-空气混合器，其结构如图 14-6 所示。

预混进气方式供气系统构造简单，容易实现，但也容易产生爆震和早燃等非正常燃烧，特别是在柴油机上使用气体燃料时。另外，预混进气也会因充气系数降低引起功率下降。

近年来，气体燃料高压喷射系统的研究获得了重大进展，在大缸径柴油机上使用取得良好效果。气体燃料高压喷射系统由高压气泵和气体燃料喷射阀组成，其喷射阀与柴油喷油器类似，采用多孔喷射装置，安装在气缸盖上。

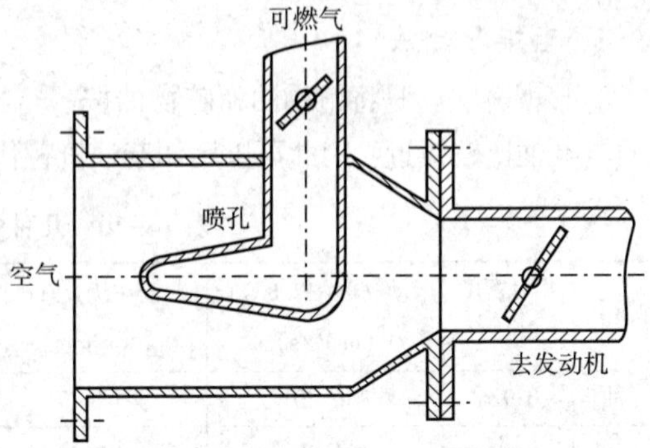

图 14-6　气体燃料-空气混合器

和普通柴油机类似，采用气体燃料高压喷射系统时进气行程进入气缸的是新鲜空气，在压缩行程接近上止点时，喷射系统直接将燃料喷入气缸，边与空气混合边燃烧。

3. 气体燃料发动机的点火方式

汽油机使用气体燃料时，混合气靠原有的点火系统点燃。但柴油机使用气体燃料时，由于天然气和液化石油气等的自燃点很高，很难单纯靠压缩点火，必须采用其他措施帮助点火。

通常，柴油机使用气体燃料时的点火方式有两种：一是像汽油机一样安装火花塞点火系统；二是向气缸中喷入柴油引燃。

第四节　生物柴油

一、生物柴油的概念和意义

广义的生物柴油是指直接或间接来源于生物产品，可以作为柴油机燃料的物质，包括植物油(如菜籽油、花生油、大豆油、棉籽油等)、动植物油的裂化产物或动植物油与短链醇经酯交换反应得到的脂肪酸酯等。狭义的生物柴油仅指用动植物油或其衍生物脂肪酸与短链醇(主要是甲醇)经酯交换反应或酯化反应得到的脂肪酸酯。现在所讲的生物柴油通常指后者。

目前，生物柴油在世界范围内受到广泛关注，其原因是生物柴油的性能与柴油基本相似，还具有可再生性和优良的环保特性。一方面，生物柴油来源于生物产品，其资源取之不尽、用之不竭。在当前石油资源日渐枯竭、供应日益紧张的形势下，生物柴油的可再生性显得尤为重要。另一方面，与矿物柴油相比，生物柴油的环保性非常突出，主要表现在几个方面：生物柴油不含硫，燃烧过程中没有硫的氧化物产生，既不会导致酸雨，也避免了硫的氧化物对尾气处理装置的影响；生物柴油中含有氧，有助于燃料燃烧完全，燃用经改性的植物油能有效降低尾气中油烟、一氧化碳和碳氢化合物的排放；生物柴油中的碳来源于空气中的 CO_2，其燃烧产生的 CO_2 并不增加空气中的 CO_2 总量，因此不会加剧温室效应；生物柴油不含苯及其他芳香族化合物，不易挥发，很容易生物降解，从而避免了对土壤和水体的污染，并对人体无害。

二、生物柴油的利用方式

生物柴油发展至今通常有四种生产方法：直接混合法、微乳化法、高温裂解法以及酯交换法(或酯化法)。前两种属于物理方法，后两种属于化学方法。

1. 直接混合法

直接混合法就是将植物油和矿物油按一定比例混合后直接作为发动机燃料。植物油的许多性质与柴油比较接近，因此可以用作柴油机替代燃料。表 14-10 列出了几种植物油的主要性质。

表 14-10　几种植物油的主要性质

植物油	相对密度 d_4^{15}	运动黏度(37.8℃)/(mm²/s)	表面张力(20℃)/(mN/m)	凝点/℃	残炭/%	热值/(MJ/kg)	自燃点/℃	十六烷值
豆油	0.926	40.20	41.37	-7.5	0.58	38.9	363	27
芝麻油	0.922	36.89	40.32	-3.0	0.56	37.2	320	—
玉米油	0.922	34.74	41.48	-12.5	0.42	37.2	357	—

续表

植物油	相对密度 d_4^{15}	运动黏度(37.8℃)/(mm^2/s)	表面张力(20℃)/(mN/m)	凝点/℃	残炭/%	热值/(MJ/kg)	自燃点/℃	十六烷值
菜籽油	0.921	34.71	40.85	-12.5	0.52	38.9	350	32
米糠油	0.922	39.53	41.45	-10.0	0.35	37.2	340	—
花生油	0.919	39.30	41.00	3.0	0.36	37.6	360	—
向日葵油	0.924	31.0	—	-6.7	0.34	36.2	360	33
柴油	0.84	5.03	32.32	-22.5	0.003	42.5	220	50

与柴油相比，植物油热值略低，但因密度大，体积热值较接近。有关研究表明，内燃机直接使用植物油时其动力性能和超负荷性能好，热效率高，但除了少数植物油外(如桉树油)，植物油直接用作柴油机燃料有许多缺陷。植物油黏度比普通柴油高几倍至几十倍，从而导致雾化困难，燃烧不完全；蒸发性差，初馏点、50%、90%馏出温度均高于普通柴油，十六烷值低于普通柴油，闪点比普通柴油高得多，因此着火延迟期长，起动困难，燃烧室积炭严重，容易出现活塞环黏结、输油管或滤清器堵塞等现象；燃烧不完全和未燃烧的植物油沿气缸壁进入润滑油，使润滑油受污染而变质，引起零部件磨损加剧。将天然油脂与柴油混合可以降低其黏度，改善其挥发性和燃烧性，但难以从根本上解决燃烧室积炭、活塞环黏结、润滑油变质等问题。目前动植物油直接作冬季燃料的方法已很少采用。

2. 微乳化法

微乳化法是将植物油与甲醇、乙醇和1-丁醇等低碳醇溶剂形成微乳化液，作为柴油机的燃料使用。植物油经微乳化处理后，黏度有所降低，雾化性能得以改善，有助于充分燃烧。但由于加进了热值和十六烷值更低的甲醇或乙醇，乳化液的热值和十六烷值进一步降低，并且发动机若长期使用微乳化的植物油，同样存在积炭、结焦及润滑油变质等问题，因此这种方法现在也很少采用。

3. 高温裂解法

裂解法是在热或热和催化剂作用下，将一种物质转变成另一种物质的过程。它是在空气或氮气流中由热能引起化学键断裂而产生小分子的过程。该方法虽然过程简单、无污染产生，但裂解设备投资较高，裂解程度也很难控制。

4. 酯交换法

酯交换法是目前国内外应用最广泛的生物柴油生产方法。

(1) 反应原理

该种方法是以动植物油以及废餐饮油为原料和醇在催化剂作用下进行转酯反应，生成脂肪酸单酯和甘油，从而达到降低相对分子质量改善其性能的目的。用反应式可以表示为：

$$\begin{array}{l} CH_2-OOCR_1 \\ | \\ CH-OOCR_2 \\ | \\ CH_2-OOCR_3 \end{array} + 3ROH \rightleftharpoons \begin{array}{l} CH_2-OH \\ | \\ CH-OH \\ | \\ CH_2-OH \end{array} + \begin{array}{l} R_1COOR \\ \\ R_2COOR \\ \\ R_3COOR \end{array}$$

也有人认为其反应过程是通过以下三个连续的可逆反应完成的，即认为每一步反应都会生成一种酯：

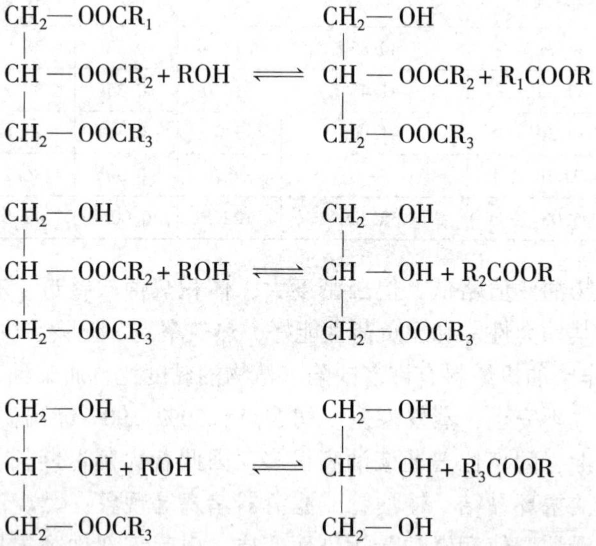

由于该反应是可逆反应，所以醇的量越大越有利于反应的进行，产率越高。但醇量越大分离越困难。醇一般用低碳醇，如甲醇，乙醇、丙醇、丁醇和戊醇。其中最为常用的是甲醇，这是由于甲醇的价格较低，同时其碳链短、极性强，能够很快地与脂肪酸甘油酯发生反应，且碱性催化剂易溶于甲醇。该反应可用酸、碱或酶作催化剂，也可以在无催化剂的条件下进行。

(2) 碱催化转酯反应

用作催化剂的碱有 NaOH、KOH、碳酸盐和烷基氧化物(例如甲醇钠、乙醇钠、异丙醇钠和正丁醇钠)。在无水情况下，碱性催化剂酯交换活性通常比酸催化剂高。传统的生产过程采用在甲醇中溶解度较大的碱金属氢氧化物作为均相催化剂。一般，CH_3ONa 的催化效率比 NaOH 高，但 Ma 等人分别用 NaOH 和 CH_3ONa 催化牛油脂的转酯反应时，发现达到最大活性所需的催化剂的量分别是 0.3%和 0.5%。Freedman 等人也发现，醇油比为 6∶1、反应 1h，用 1% NaoH 和 0.5% CH_3ONa 得到的结果几乎是一致的。NaOH 因为价格便宜更适宜成为转酯反应首选的催化剂，在大规模工业生产中具有广泛的应用前景。

碱催化剂不能用于游离脂肪酸含量较高的情况。由于游离脂肪酸容易与碱反应生成皂，其结果使反应体系变得更加复杂，皂在反应体系中起到乳化剂的作用，副产品甘油可能与脂肪酸甲酯发生乳化而无法分离。水也是影响碱催化效果的重要因素，水的存在会促使油脂水解而与碱生成皂。因此，以碱作催化剂时，常常要求原料油酸值小于 1mgKOH/100mL，水分低于 0.06%。对含水或含游离脂肪酸的油脂，可以进行两次酯化。

(3) 酸催化转酯反应

酯交换反应采用的酸催化剂包括硫酸、磷酸、盐酸和有机磺酸。尽管酸催化比碱催化的转酯反应慢，但当甘油酯中游离脂肪酸和含水量较高时，酸催化更合适。

对于酸化油(油脂厂下脚料)生产生物柴油，由于有机酸含量很高，通常用酸催化剂。

(4) 酶催化剂

酶催化剂是近年来研究的热点，它作为一种生物催化剂具有很高的催化效率和经济性。

酶法合成生物柴油条件温和、醇用量小、无污染排放，能解决目前化学方法生产生物柴油存在的难分离以及所需能量太大等问题。酶的催化功能是专一性的，对于组成复杂的天然油脂来说，酶的适应性需要特别注意。酶的催化寿命是限制酶作为生物柴油生产催化剂的不利条件，很多酶对水的依赖性很强，生物柴油酯交换过程的醇体系对酶的活性也有一定的影响，因此，研究无水体系的活性酶也是近年来研究的热点。

由于酶本身较贵，所以酶催化工业化的主要障碍是生产成本。为了解决酶的流失，降低酶催化的成本，固载化酶越来越引起关注。另外，因酶在高浓度甲醇中易失活，人们开发了一种新的操作方法，即分步加入酶。这不仅可避免酶失活，还可得到较高的甲酯转化率。

（5）固体催化剂

采用均相酸碱作催化剂时，油的转化率高，可以达到99%以上，后续分离成本低，但均相催化剂的缺点是催化剂不容易与产品分离，合成物中存在的酸碱催化剂必须在反应后进行中和水洗，从而产生大量的污水。均相酸碱催化剂不能重复使用，带来较高的催化剂成本。同时，均相酸碱催化剂对设备腐蚀问题也是值得关注的问题。因此，固体催化剂也是近年来研究的重要方向，用于生物柴油生产的固体催化剂主要有树脂、黏土、分子筛、复合氧化物、固定化酶、硫酸盐、碳酸盐等。

（6）无催化剂条件下生产生物柴油

酶催化剂与普通均相酸碱催化剂相比成本高、不易回收，而且反应时间长。为了解决这些问题，开发了不用催化剂的新工艺。超临界法生产生物柴油就是其中一种较好的方法。研究发现，超临界条件下甲醇能够在无催化剂情况下与菜籽油发生酯交换反应，其产率高于普通的催化过程，且反应温度较低，同时还避免了使用催化剂所必需的分离纯化过程，使酯交换过程更加简单、安全和高效。

三、生物柴油的使用性能

1. 生物柴油的理化性能

植物油经酯化工艺转变为脂肪酸甲酯后，其理化性质与燃烧特性较植物油本身大有改善，黏度降低，蒸发性变高，与普通柴油更为接近。表 14-11 是德国凯姆瑞亚·斯凯特公司用该公司设计制造的酯化装置生产的生物柴油与常规柴油的主要性能比较。

表 14-11　生物柴油和常规柴油的性能比较

特 性		生物柴油	常规柴油
冷滤点/℃	夏季产品	−10	0
	冬季产品	−20	−20
20℃的密度/(g/mL)		0.88	0.83
40℃运动黏度/(mm^2/s)		4~6	2~4
闭口闪点/℃		>100	60
十六烷值		>56	>49
热值/(MJ/L)		32	35
燃烧效率(柴油=100%)/%		104	100

续表

特 性	生物柴油	常规柴油
硫含量/%	<0.001	<0.2
氧含量/%	10	0
水危害等级	1	2
理论空气量/(kg空气/kg)	12.5	14.5

从表14-11中可以看出，生物柴油在冷滤点、闪点、燃烧效率、硫含量、氧含量、对水源的危害方面优于普通柴油，而其他指标与常规柴油相当。事实上，生物柴油和矿物柴油相比有以下特点：

① 密度较大，热值较低，燃烧效率较高。生物柴油相对分子质量较大，且比较平均，因此密度较高。又因为含有一定的氧，质量热值较矿物柴油低，但更容易燃烧完全，燃烧效率更高。

② 蒸发性稍差。生物柴油相对分子质量较大，50%馏出温度稍高一些，蒸发性不及矿物柴油，在温度较高的情况下，对使用影响不大，但低温下对起动有一定影响。

③ 十六烷值较高。虽然植物油本身的十六烷值一般较低，但转化为脂肪酸酯后，十六烷值均比较高，一般在50以上，这对柴油机工作比较有利。

④ 黏度较高。生物柴油的黏度一般比矿物柴油大一倍以上，在使用中对柴油的雾化有一定影响，加之蒸发性稍差，导致低温起动性稍差一些。

⑤ 安定性和清净性较差。生物柴油中含有大量双键结构，特别是含有共轭双键结构，导致生物柴油安定性较差，贮存中容易发生氧化、聚合等反应，导致黏度和酸值增大，实际胶质增加，容易在燃料系统中形成沉积物。在高温条件下生物柴油的氧化和聚合速度更快，容易在喷嘴和燃烧室形成积炭，严重时会堵塞喷嘴。生物柴油进入润滑油中，一开始可能造成润滑油稀释，但时间长了会因聚合导致润滑油变稠，并在活塞环等部位形成沉积物。

⑥ 低温性有利有弊。生物柴油组成单一，低温性受原料影响大，大部分植物油生产的生物柴油低温性与0号柴油差不多，甚至更好一些，但要生产低温性非常好的生物柴油则比较困难。

⑦ 闪点高。生物柴油蒸发性差，闪点比矿物柴油高得多，这对贮存的安全有利，但对发动机低温起动并不利。

2. 生物柴油的动力性和经济性

由于生物柴油组成和理化性能与矿物柴油不同，发动机在使用生物柴油中时，其动力性和经济性也会发生一定变化。

图14-7给出了柴油机燃用菜籽油甲酯与燃用柴油的外特性功率比较。从图14-7可以看出，在相同转速下，燃用菜籽油甲酯时的功率 P_e 明显高于燃用柴油。菜籽油甲酯是含氧燃料，可以通过增加每循环供油量来达到增加功率和扭矩的目的。

图14-8给出了柴油机燃用菜籽油甲酯与柴油能量消耗率的比较，可以看出，菜籽油甲酯的能耗率略高于柴油。

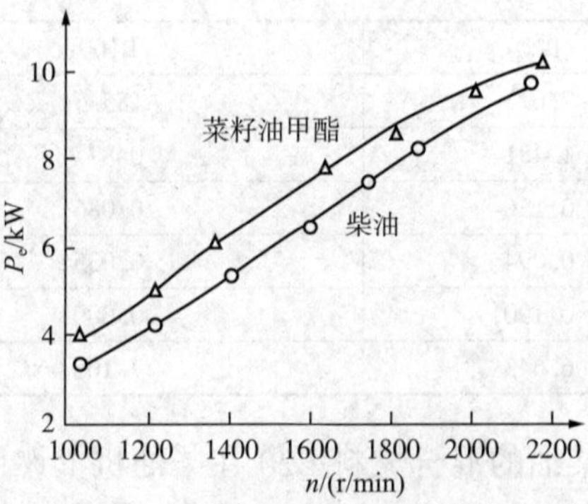

图 14-7 菜籽油甲酯与柴油外特性功率的比较

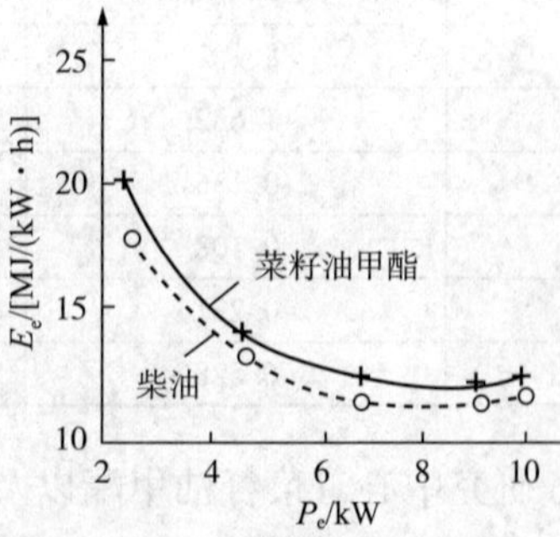

图 14-8 柴油机燃用菜籽油甲酯和柴油能耗率的比较

欧洲 Esso 研究中心用两台排量为 1.9L 的 IDI 柴油车，对柴油和 B20 的生物柴油按照欧洲 ECE 和 EUDC 测试循环进行重复性试验，结果见表 14-12。可以看出，燃用生物柴油 B20 油耗增加了 2.1%~2.4%。可以预测，使用 100%的生物柴油油耗可增加 8.4%。

表 14-12 柴油和生物柴油(B20)的油耗测试 L/100km

项目	ECE	EUDC	ECE+EUDC
柴油	8.29	5.67	6.64
B20	8.49	5.80	6.78
增加量/%	2.4	2.3	2.1

以上资料说明，使用生物柴油时，发动机动力性有所提高，但油耗增大。

3. 生物燃料的排放特性

石油基燃料燃烧过程产生的主要污染物是：烟尘颗粒、SO_x、CO、HC 以及 NO_x。与矿物燃料相比，生物柴油的燃烧尾气中除了 NO_x 的浓度稍有升高外，烟尘颗粒、SO_x、CO、HC 的排放量均有明显的下降。此外，生物柴油中不含芳香烃，燃烧后不会产生芳香烃。

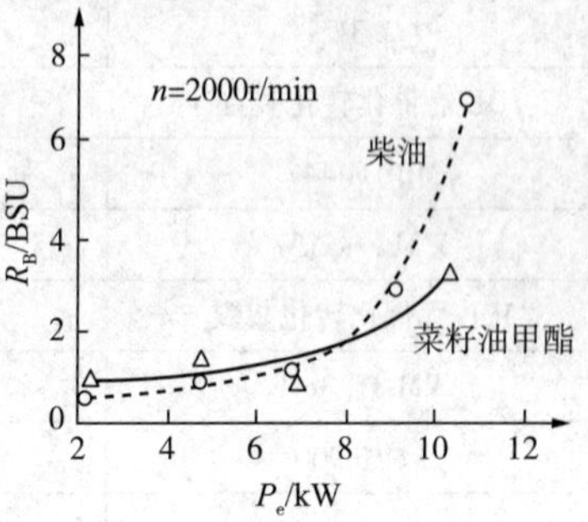

图 14-9 柴油机燃用柴油和菜籽油甲酯烟度 R_B 的比较

图 14-9 是柴油机燃用菜籽油甲酯与柴油时的烟度比较。可以看出，菜籽油甲酯的烟度在中小负荷时略高于柴油。在高负荷区，柴油的烟度急剧升高，而菜籽油甲酯升高较缓，此时，柴油的烟度明显高于菜籽油甲酯。这就是说，由于生物柴油是含氧燃料，其冒烟极限功率远大于柴油。

NREL 曾采用各种原料制成的生物柴油在 11 种高速直喷式压燃机上进行了大量试验，结果表明 CO_2、CO、HC、SO_2及颗粒物随燃料中的生物柴油含量增加而趋向减少，只有 NO_x有所增加(见表 14-13)。

表 14-13 生物柴油与柴油尾气排放物对比 g/(kW · h)

排放物	2 号柴油	B20	B100
CO_2	861. 2	726. 3	185. 5
CO	1. 632	1. 481	0. 877
HC	0. 136	0. 136	0. 086
颗粒物	0. 108	0. 094	0. 035
SO_2	0. 231	0. 190	0. 000
NO_2	6. 528	6. 643	7. 108

欧洲 Esso 研究中心对菜籽油甲酯以及其与柴油的混合燃料 B20 在柴油机上燃用的排放特性进行了检测，使用两种燃料时发动机输出功率相同。其中轻型车采用欧洲的 ECE、EUDC 以及美国的 FTP 测试法；重型车采用欧洲的 13 工况(R49)以及美国的 EPA 测试法。试验结果见表 14-14。

表 14-14 生物柴油在柴油机上的排放检测结果

柴油机	检测方法	改变率/%			
		HC	CO	NO_x	PM
DI-无催化转化装置					
Same 3cyl	R49	-43	-18	+4	—
Rugg 2vyl	R49	-43	-51	-3	—
3. 1L，42kW	13 mode	-22	-3	+17	—
2. 3L	13 mode	-5	-21	+33	-5
2. 3L T/C，EGR	Cold FTP	-18	-12	+19	-16
	Hot FTP	—	—	—	-21
DD 6V92TA	Hot transient	-80	-46	+16	-28
2. 3L	Cold ECE15	-23	-3	+15	+64
DI-有催化转化装置					
MB OM447	R49	—	—	—	-90
3. 1L，42kW	13 mode	-20	+7	+15	—
IDI-无催化转化装置					
VM TC 3cyl	R49	-30	-9	0	-61
Volvo 900	FTP	0	0	+15	-10
P309(1)	Cold ECE	-15	+2	+1	+3
	EUDC	-4	-1	+2	-6
	ECE/ EUDC	-1	0	+1	-4
R21/EGR(1)	Cold ECE	-38	-11	-18	+52
	Hot ECE	-39	-18	+3	-6
	Hot EUDC	-51	-27	—	-24

注：(1)为 B20 生物柴油，其余均为 100%生物柴油。

从表 14-14 可以看出，柴油机燃用生物柴油与柴油相比，HC 和 CO 的排放量降低，NO_x 排放量增加，颗粒物 PM 排放量普遍降低。

四、生物柴油标准

2010 年 10 月，由中国石化石油化工科学研究院及中粮集团有限公司负责起草并完成的 GB/T 25199—2010《生物柴油调合燃料(B5)》颁布。随着我国柴油的发展，该标准先后经过两次修订，分别为 GB/T 25199—2015《生物柴油调合燃料(B5)》和 GB/T 25199—2017《B5 柴油》。目前我国执行的是 2017 年 9 月发布的 GB/T 25199—2017《B5 柴油》，B5 车用柴油是体积分数为 1%~5%的 BD100 生物柴油与体积分数为 95%~99%的除润滑性外其余指标满足 GB 19147 的车用柴油的调和燃料，适用于压燃式发动机汽车使用的以生物柴油为调和组分的车用柴油。B5 车用柴油又分为 B5 车用柴油(Ⅴ)和 B5 车用柴油(Ⅵ)，B5 车用柴油(Ⅵ)技术要求和试验方法见表 14-15。

B5 柴油按凝点分为 3 个牌号，分别为 5 号、0 号、-10 号。

表 14-15　B5 车用柴油(Ⅵ)技术要求和试验方法(GB/T 25199—2017)

项目		质量指标			试验方法
		5 号	0 号	-10 号	
氧化安定性(总不溶物含量)/(mg/100mL)	不大于	2.5			SH/T 0175
硫含量/(mg/kg)	不大于	10			SH/T 0689①
酸值(mgKOH/g)	不大于	0.09			GB/T 7304②
10%蒸余物残炭③/%	不大于	0.3			GB/T 17144
灰分/%	不大于	0.01			GB/T 508
铜片腐蚀(50℃，3h)/级	不大于	1			GB/T 5096
水含量/%	不大于	0.030			SH/T 0246
总污染物含量/(mg/kg)		24			GB/T 33400
运动黏度(20℃)/(mm^2/s)		2.5~8.0			GB/T 265
闪点(闭口)/℃	不低于	60			GB/T 261
冷滤点④/℃	不高于	8	4	-5	SH/T 0248
凝点/℃	不高于	5	0	-10	GB/T 510
十六烷值	不小于	51			GB/T 386
密度(20℃)/(kg/m^3)		810~845			GB/T 1884 GB/T 1885⑤
馏程：					GB/T 6536
50%回收温度/℃	不高于	300			
90%回收温度/℃	不高于	355			
95%回收温度/℃	不高于	365			
润滑性： 校正磨斑直径(60℃)/μm	不大于	460			SH/T 0765

续表

项 目		质量指标			试验方法
		5号	0号	-10号	
脂肪酸甲酯(FAME)含量/%(体积)	大于 不大于	1.0 5.0			GB/T 23801⑥
多环芳香烃含量/%	不大于	7			GB/T 25963⑦

①可用 GB/T 11140、SH/T 0253 和 ASTM D7039 方法测定，结果有争议时，以 SH/T 0689 方法为准。

②可用 GB/T 264 方法测定，结果有争议时，以 GB/T 7304 方法为准。

③若柴油中含有硝酸酯型十六烷值改进剂，10%蒸余物残炭的测定，应用不加硝酸酯的基础燃料进行。柴油中是否含有硝酸酯型十六烷值改进剂的检验方法见本标准附录 B。也可用 GB/T 268 方法测定，结果有争议时，以 GB/T 17144 方法仲裁。

④对于调配当年 11 月 15 日至次年 3 月 15 日使用的 B5 柴油时，BD100 生物柴油冷滤点不得大于 8℃。

⑤也可采用 SH/T 0604、GB/T 13377 方法测定，结果有争议时，以 GB/T 1884 和 GB/T 1885 方法仲裁。

⑥可用 NB/SH/T 0916 方法测定，结果有争议时，以 GB/T 23801 方法仲裁。

⑦可用 SH/T 0606 方法测定，结果有争议时，以 GB/T 25963 方法仲裁。

目前，我国生物柴油产品规范为 GB/T 25199—2017《B5 柴油》，其附录 C 中规定了 BD100 生物柴油的分类、技术要求和试验方法。BD100 生物柴油按硫含量分为 S50 和 S10 两个类别，分别是指硫含量不超过 50mg/kg 和 10mg/kg，其技术要求和试验方法见表 14-16。

表 14-16　BD100 生物柴油技术要求和试验方法(GB/T 25199—2017)

项 目		指标		试验方法
		S50	S10	
密度(20℃)/(kg/m³)		820~900		GB/T 13377①
运动黏度(40℃)/(mm²/s)		1.9~6.0		GB/T 265
闪点(闭口)/℃	不低于	130		GB/T 261
冷滤点/℃		报告		SH/T 0248
硫含量/(mg/kg)	不大于	50	10	SH/T 0689②
残炭/%	不大于	0.050		GB/T 17144③
硫酸盐灰分/%	不大于	0.020		GB/T 2433
水含量/(mg/kg)	不大于	500		SH/T 0246
机械杂质		无		GB/T 511④
铜片腐蚀(50℃，3h)/级	不大于	1		GB/T 5096
十六烷值	不小于	49	51	GB/T 386
氧化安定性(110℃)/h	不小于	6.0⑤		NB/SH/T 0825⑥
酸值/(mgKOH/g)	不大于	0.50		GB/T 7304⑦
游离甘油含量/%	不大于	0.020		SH/T 796
单甘酯含量/%	不大于	0.80		SH/T 796
总甘油含量/%	不大于	0.240		SH/T 796

续表

项 目		指标		试验方法
		S50	S10	
一价金属(Na+K)含量/(mg/kg)	不大于	5		EN 14538⑧
二价金属(Ca+Mg)含量/(mg/kg)	不大于	5		EN 14538⑧
脂肪酸甲酯含量/%	不小于	96.5		NB/SH/T 0831
磷含量/(mg/kg)	不大于	10.0		EN 14107⑨

①也可用 GB/T 5526、SH/T 0604、GB/T 1884、GB/T 1885 方法测定，以 GB/T 13377 仲裁。

②可用 GB/T 11140、GB/T 12700 和 NB/SH/T 0842 方法测定，结果有争议时，以 SH/T 0689 方法为准。

③可用 GB/T 268 方法测定，结果有争议时，以 GB/T 17144 仲裁。

④可用目测法，即将试样注入 100mL 玻璃量筒中，在室温[(20±5)℃]下观察，应当透明、没有悬浮和沉淀的机械杂质。结果有争议时，以 GB/T 511 测定。

⑤可加抗氧剂。

⑥可用 NB/SH/T 0873 方法测定，结果有争议时，以 NB/SH/T 0825 仲裁。

⑦可用 GB/T 5530、GB/T 264 方法测定，结果有争议时，以 GB/T 7304 仲裁。

⑧可用 GB/T 17476、ASTM D7111 方法测定，结果有争议时，以 EN 14538 仲裁。

⑨可用 ASTM D4951、GB/T 17476、SH/T 0749 方法测定，结果有争议时，以 EN 14107 仲裁。

B5 柴油国家标准的颁布、实施将为生物柴油的推广应用及行业发展奠定重要的基础。BD100 生物柴油生产及 B5 柴油的生产、调和、销售企业应严格执行相关国家标准，保证产品质量。这对加速开发生物质能产业化发展步伐、建立可持续发展的能源系统、改善我国能源结构、促进我国社会经济发展和生态环境改善都具有重大的现实意义。

第五节　其他替代燃料

一、二甲醚燃料

1. 二甲醚作柴油机燃料的特性

二甲醚是近年发展起来的一种柴油机清洁替代燃料，其主要性质与柴油的对比见表 14-17。

表 14-17　二甲醚与柴油理化性质比较

项 目	二甲醚	0 号柴油
C/H	3	2~2.3
含氧量/%	34.8	0
密度(液相)/(kg/m³)	661(-24.8℃)	780~860(20℃)
沸点(常压)/℃	-24.8	200~330
蒸发潜热/(kJ/kg)	467(-24.8℃)	270
气液容积比(15℃)	624	150
理论空燃比	8.98	14.3
低热值/(MJ/kg)	27.6	42.5

续表

项 目	二甲醚	0 号柴油
理论混合气热值/(MJ/m^3)	3.71	3.79
十六烷值	55~60	40~60
着火极限/%	3.4~19	1.5~8.2
着火温度(常压)/℃	235	250

从表 14-17 中可以看出，二甲醚十六烷值高，适合作柴油机燃料，但其常温下为气体，因此又会给其在现有柴油机上使用带来一定困难。

二甲醚用作汽车燃料，其优越性主要体现在以下几个方面：

① 优良的发火性。二甲醚十六烷值为 55~60，发火延迟期短，发动机工作平稳，不易产生工作粗暴现象，工作噪声小。

② 排放特性好。二甲醚是含氧燃料，燃烧完全，CO 和 HC 排放量比柴油低。二甲醚燃烧时颗粒物排放量比柴油低得多，几乎可以实现无烟燃烧。特别是由于二甲醚蒸发潜热大，可以降低燃烧室最高温度，因而能有效减少 NO_x 排放。

③ 动力性好。虽然二甲醚的热值比柴油低，但其理论混合气的热值与柴油接近，加之二甲醚燃烧速度快、热效率高、燃烧完全，因此动力性并不比柴油差。事实上，二甲醚含氧，燃烧所需的空燃比小，在空气进气量相同的情况下，可以供给较多的燃料，因此，燃用二甲醚时动力性比燃用柴油时还要高。

同时，二甲醚作汽车燃料也存在如下不足：

① 二甲醚常温下为气态，必须加压才能液化，因此，贮存加注设备以及汽车的供油系统必须进行改造。

② 液态二甲醚黏度比柴油小，润滑性差，存在燃油泵和喷嘴磨损问题，必须采取相应措施加以解决。

③ 二甲醚不仅含氧，而且密度较低，因此体积热值低，同样体积的二甲醚热值不到柴油的 1/2，汽车要达到和使用柴油时相同的行驶里程，使用二甲醚时油箱容积需达到原来的 2.4 倍。

2. 二甲醚在柴油机上的应用方式

目前，汽车使用二甲醚燃料通常采用以下方式。

(1) 纯二甲醚燃料发动机

纯二甲醚燃料发动机既可以专门设计新的发动机，也可以用现有柴油机改造而成。在现有柴油机上加装一套储气装置和加压设备，即可改造成二甲醚燃料发动机。通过柴油机原系统的高压泵和喷油器，将二甲醚喷入气缸工作。为了保证燃料容器中的二甲醚不发生气化，需要配备一定压力的储气瓶(通常用氮气)作为加压设备，维持燃料容器中的压力不随二甲醚的减少而下降，使二甲醚始终处于液体状态。

在涡轮增压柴油机上试验表明，在不改变原发动机供油系统的情况下，燃用二甲醚不仅可以获得低 NO_x 排放量和无烟运行，按热能计算的燃料消耗也与燃用柴油相当。改进喷油器和安装中冷装置后运行效果会更好。

（2）二甲醚与柴油（或甲醇等）的混合燃料

二甲醚作柴油机燃料的另一种使用方式是将二甲醚与柴油或甲醇等混合使用。液态二甲醚与柴油、甲醇等互溶性很好，因此，在加压条件下将二甲醚与柴油混合，由喷油器喷入气缸燃烧。这种方法与使用纯二甲醚燃料在技术要求上没有太大差别，同样需要加压设备。其中，使用二甲醚与甲醇混合燃料时，由于二甲醚具有良好的发火性，起到引火作用，可以弥补甲醇发火性差的不足。

（3）二甲醚预混、柴油（甲醇）喷射式

这种方式采用双燃料系统，二甲醚在进气行程以预混方式进入气缸，在压缩行程时燃烧，提高气缸的温度，柴油或甲醇通过原有的供油系统喷入气缸。在这种方式下，二甲醚主要起点火促进剂的作用，掺烧比例不可能太高。

二、合成烃燃料

合成烃燃料是通过费-托反应，利用CO和氢气合成烃类作为汽车燃料，其反应过程为：

$$nCO + 2nH_2 \longrightarrow C_nH_{2n} + nH_2O$$

$$nCO + (2n+1)H_2 \longrightarrow C_nH_{2n+2} + nH_2O$$

通过控制反应的条件和采用选择性催化剂，可以合成以中间馏分为主的烃混合物，用于生产汽油、煤油等燃料。这种方法生产的燃料在性能上与石油燃料没有太大差异。

费-托反应生产合成烃燃料的另一个途径是用甲醇作原料。

$$nCH_3OH \longrightarrow C_nH_{2n} + nH_2O$$

目前，合成烃燃料生产原料通常有煤和天然气两种，以煤为原料生产液体燃料称为煤制油（Coal to Liquid，CTL），以天然气为原料生产液体燃料称为天然气制油（Gas to Liquid，GTL），其中对煤制油的研究较多，目前已经有企业投入生产。

煤制油包括直接液化和间接液化两种工艺技术路线。煤炭直接液化技术是将合适的煤磨成细粉，然后在高温高压条件下，通过催化加氢反应使煤液化直接转化成液体燃料，在精制后可制得优质的汽油、柴油和航空燃料，工艺过程包括煤液化、煤制氢、溶剂加氢、加氢改质等。煤炭直接液化在国外还无工业化生产装置，我国神华煤液化项目是世界上第一套煤直接液化的工业化装置。

煤炭间接液化技术是由煤炭气化转化为合成气（一氧化碳和氢气），再经过费-托合成可制得优质燃料（汽油、柴油和航空燃料）和化工原料，主要工艺过程包括煤气化、净化、变换、费-托合成和油品精制等。煤炭间接液化是比较成熟的工艺，南非萨索尔（Sasol）公司1955年起就采用煤炭间接液化技术，生产汽油、煤油、柴油和一系列化工产品。目前南非60%的运输燃料由煤炭提供。

应该指出的是，尽管由于石油价格不断上涨和我国煤炭价格相对较低，煤制油在经济性方面与石油燃料具有一定竞争性，但从资源和环境方面来看，煤制油存在着很大不足：现有技术每生产1t油，消耗煤炭4t以上，消耗水8t以上，而且产生大量CO_2排放。

三、氢燃料

用氢气作发动机燃料一直是人们梦寐以求的事情。氢气作发动机燃料有许多优点：资源丰富、热值高、排放污染少。

氢发动机排放的唯一污染物是 NO_x，但因氢的燃烧极限很宽，可以用很稀的混合气工作，而在稀混合气工作时，NO_x 的排放量也可以降到很低的水平。

氢可以通过电解水制得，也可以用煤或天然气与水反应制得。但现有技术条件下制氢的成本很高，制约了氢燃料的应用。理想的途径是用太阳能分解水获得氢气。

氢的贮存技术是制约氢燃料应用的另一个难题。采用压缩氢气或液化氢气都很难实现氢燃料的大量应用。压缩氢气需要高强度容器，这不仅因为采用高压才能提高有限容积的储氢量，还因为氢分子体积很小，高压下容易渗透到金属材料内部，产生氢脆现象，导致材料强度下降。而笨重的容器给氢燃料在汽车上的应用带来极大不便。氢的液化更困难，氢的临界压力为 1.3MPa，临界温度为 33K。这样的超低温不仅实现困难，单是能量消耗就达到氢气热能的 30%，成本很高。

近年来，储氢金属的研究成果为解决氢气贮存问题展现了良好前景。储氢金属是一类能与氢结合的金属或合金材料，如铁钛合金、镁及其合金、稀土金属与铁、钴、镍的合金等。这类金属或合金在一定条件下能与氢形成金属氢化物，而在受热或其他条件下又能将氢气释放出来，从而起到储氢作用。用于储氢的金属或合金必须具备以下条件：

① 氢化物生成热小，释放氢气所需的能量少；

② 吸氢和放氢速度快；

③ 单位质量或体积吸氢量大；

④ 导热性好，吸氢时热量容易扩散，放氢时容易被加热；

⑤ 性能稳定，反复吸放氢气不影响性能；

⑥ 价格便宜。

氢燃料可以用在汽油机上，也可用在柴油机上。在汽油机上使用时，通过氢气-空气混合器将氢气与空气混合在进气行程送进气缸即可。但汽油机使用氢气时存在功率下降和回火问题。

柴油机使用氢燃料时，由于氢的着火温度高，难以自行燃烧，一般采用火花塞或炽热表面点火。

第六节　通用燃料与战时应急代用燃料

一、通用燃料

通用燃料是适应战时需要，向战区供应的各种动力装置都能使用的燃料。使用通用燃料的目的是减少燃料品种，降低燃料供应的难度，提高战时燃料补给效率。

通常情况下，人们总是希望不同动力装置都使用最适合这种装置的燃料，以充分发挥动力装置的效能，合理充分地利用能源。正因如此，飞机一般用喷气燃料，汽油车用汽油，柴油汽车和装甲车辆用柴油，小型舰船用柴油，大型舰船用锅炉燃料油。这种用油方式固然有其合理性，但同时也增大了燃料贮存、分配和使用的难度，特别是给战时油料供应带来极大不便。

在各种燃料中，喷气燃料虽然主要用于喷气发动机上，但从其本身性质来讲具有广泛的适应性，可以用在柴油机上(因其十六烷值较高)，还可用在燃油锅炉上。尽管汽油机使用喷气燃料时会出现冷起动困难和爆震问题，但汽油机在各种军事动力装备中所占比例较小，特别在西方国家军队中，地面装备基本实现了柴油机化，这就使喷气燃料用作战时通用燃料成为可能。因此喷气燃料是通用燃料的首选品种。

通用燃料首次成功应用的实例是海湾战争期间以美国为首的多国部队在飞机、舰船和地面装备(汽车、装甲车辆、工程车辆等)上统一使用JP-8喷气燃料，不仅确保了各种动力装备的正常工作，而且对提高战时油料补给能力确实发挥了重要作用。

二、应急代用燃料

在战时或其他特殊情况下，当缺乏所需的燃料时用其他燃料代替的措施称为燃料应急代用。用来代替正常燃料的燃料称为应急代用燃料。

现代战争要求部队有高度的机动能力，燃料等物资的消耗极大，这给战时油料保障带来很大难度。同时，油料和其他物资的后方补给往往又是敌方攻击和破坏的重点。在这种情况下，油料不能及时保障的情况随时可能发生。因此采取应急措施，用其他燃料代替缺乏的燃料，是增强部队战斗力、确保战争胜利的重要手段。

为了保证战时燃料供应，美军将燃料按满足装备使用要求的程度分为基本燃料、替换代用燃料和应急代用燃料三种。基本燃料是指装备正常情况下使用的燃料，它是根据装备的性能和工作条件确定的，既能最大限度地发挥装备的性能，又具有良好的经济性。替换代用燃料是性能与基本燃料相当或高于基本燃料的燃料，在没有基本燃料时，可以使用替换代用燃料而不会对装备造成不良影响，如用95号车用汽油代替92号车用汽油。应急代用燃料是性能比基本燃料差，但基本能够满足装备使用要求的燃料，使用应急代用燃料可能对装备性能或寿命造成一定不良影响。

燃料应急代用通常有三种情况。

1. 缺乏一种牌号的油而有其他牌号的同种油

在这种情况下，汽油可以用较低牌号的汽油代替；只要当时气温下流动性合适，各种牌号的柴油可以互相代用；各种牌号的喷气燃料都可相互代用。

2. 缺乏一种燃料而有其他性能相近的燃料

缺乏柴油而有喷气燃料时，可以用喷气燃料代替柴油；舰用燃料油可以用柴油或喷气燃料替代，也可部分掺入柴油中用于船用柴油机。喷气燃料一般不能用其他燃料代用。

3. 缺乏所有燃料或虽有其他燃料但性能相差太大不能代用

在这种情况下，必须考虑用植物油或醇类或其他化工产品代用。如植物油可以直接用于柴油机；动力苯、醇类可以用于汽油机。在某种燃料数量不足时，可以掺入少量其他燃料，如汽油中掺入不超过30%的柴油或喷气燃料，或柴油中掺入不超过30%的汽油。

燃料应急代用一般是在紧急情况下采取的不得已的措施，从这个意义上来讲，只要能使发动机工作，确保完成战术任务的可燃物质都可以使用，而对燃料的各种性能及对发动机的不良影响不必顾忌太多。但应急代用燃料毕竟与发动机要求使用的燃料在性能上有一定差异，并可能对发动机造成不良影响，因此选择应急代用燃料时还必须遵循以下原则：

① 只能在确有必要时才能采取应急代用措施；

② 尽量选用与发动机要求的燃料性能接近的代用品；

③ 在所需燃料得到保障后，应及时更换成所需燃料，在可能的情况下还应对发动机燃料系统和润滑系统进行必要的清洗；

④ 使用替代燃料时应根据燃料性质对发动机工作参数，如喷油提前角、点火提前角、供油量等进行必要的调整。

第十五章　液体燃料的质量与安全管理

油库是储备和供应油料的基地。由于油库中拥有液体燃料的数量最多，加之液体燃料又具有易蒸发、易渗漏、易氧化变质、易着火，且有一定毒性的特点，为此必须加强油料的技术管理工作，做到保质、保量、保安全，以确保油料的正常供应。

第一节　液体燃料在贮存中的质量变化

引起液体燃料变质的原因有蒸发、氧化、机械杂质与水分的混入以及混油等。其中蒸发和氧化变质是燃料本身的变化。

一、蒸发损失

蒸发损失指液体燃料自行挥发变为气体所造成的损失。液体燃料蒸发损失的大小，就燃料本身而言，主要取决于饱和蒸气压的大小。汽油的平均相对分子质量小，成分较轻，饱和蒸气压高，易蒸发为气体，蒸发损失大。喷气燃料、柴油由于平均相对分子质量较大，成分较重，饱和蒸气压较低，蒸发损失也较少。所以，防蒸发损失主要是指汽油。

蒸发损耗造成燃料损失是很大的。例如我国南方地区一个容积为 $10000m^3$ 的地面钢油罐，夏季贮存的汽油每天损耗 0.5~1t。又如在温度变化为 7~48℃，用有透气阀的露天罐贮存 7132kg 92 号车用汽油，11 个月就损耗 259.7kg。在高原地区，由于空气稀薄、温差大、风沙多等特点，燃料蒸发损失增大。如一批航空活塞式发动机燃料，在高原地区贮存 5 年后，其自然损耗达 9.7%~13.88%。

燃料的蒸发损失，不仅使数量减少，而且使质量变坏。如汽油中的轻质成分蒸发后，将使 10%馏出温度升高，饱和蒸气压降低，辛烷值下降。例如航空活塞式发动机燃料当其蒸发损耗量达到 1.2%时，初馏点升高 3℃，蒸气压下降 20%，辛烷值下降 0.5 单位。

在油库中，燃料的蒸发损失主要是由于“大呼吸”和“小呼吸”造成的。“小呼吸”，即贮油容器内的蒸气由于昼夜温差而引起周期性的膨胀和收缩，膨胀时含油蒸气逸出，收缩时进入新鲜空气，昼夜温差越大，小呼吸损失也越大。“大呼吸”，即注油时燃料蒸气的大量逸出和卸油时新鲜空气的大量进入。

二、氧化变质

氧化变质是指燃料在空气中氧的作用下而引起的质量变化。氧化结果使燃料酸度及胶质含量增大，颜色变深，有时还产生沉淀。

关于氧化对液体燃料质量的影响已经在第二章中详细探讨，这里不作赘述。

三、水分和机械杂质的混入

混入水分和机械杂质，会使液体燃料的洁净性变差。

1. 水分和机械杂质的来源

从炼油厂出厂的油料，本来都不含有水分、杂质，油料中的水分、杂质都是由外界混入的。具体说来有如下几个来源：①贮运油料的容器盖关闭不严，使灰、沙、雨、雪等落入油内。②贮运容器和抽注工具不洁，装油前未把容器清洗干净，使容器中残存的水分、泥沙、铁锈等污物混入油内。③在风沙、雨、雪天接收或罐装油时，由于防护不好，使灰尘、沙粒、水分等从罐口落入油内。④对容器的清洗、维修不当，如容器和设备长期不清洗而生锈，或清洗质量不好未把铁锈等杂质除净。另外，容器涂漆镀锌质量不好，也易使漆皮、锌皮脱落而产生杂质。⑤油料本身的吸水性和容器内空气中的水蒸气在温度降低时凝结成水而落入油内，也是水分的来源之一。

2. 水分、杂质的危害

(1) 影响机械正常工作

因为油料中含有杂质在使用中就会堵塞油路，减少供油量，轻则降低机械动力，重则使供油中断，发动机熄火。油料中如含有水分，在低温下会结成冰粒，堵塞滤清器。特别是喷气式飞机要经常在-60~-50℃的气温下工作，例如飞机在10000m的高空飞行时，气温就会降到-50℃。在这样的低温下，油料中即使只有少量水分也易结冰析出，并堵塞滤清器，加之喷气式飞机燃料消耗量大，滤清器稍有堵塞，就会影响燃料的供应，甚至造成严重的飞行事故。车辆虽不像飞机那样严格，但在冬季低温下使用含有水分的油料时，也会使油路堵塞。

(2) 损害机械设备和贮油容器，不利战备

燃料中有杂质，在使用时会磨损油泵和喷嘴。现代发动机构造都非常精密，例如喷气发动机燃料泵柱塞与柱塞筒的间隙为0.015~0.022mm，仅为一根头发丝的1/5；而柴油机高压泵的间隙更小，仅在0.0025mm以下。这样高度精密的机件，对杂质非常敏感，哪怕是很微小的杂质也会使油泵和喷嘴遭受磨损。油泵磨损后会使供油量减少；喷嘴磨损后会使喷油压力降低，喷油状况恶化，破坏正常燃烧。所以喷气燃料和柴油对杂质的限制都很严格。

水分在一般情况下虽不会磨损机械，但它能使贮油容器和用油机械受到腐蚀。水分的腐蚀作用，一方面，是它和金属作用而生锈；另一方面，它还能和油料作用而产生酸性物质。水分还能破坏燃油在燃油泵摩擦部位的油膜(水与金属的亲和能力比油强)，降低燃料润滑性，造成油泵等磨损。

无论磨损或腐蚀，都会缩短机械和容器的使用寿命，或使动力机械装备不能保持良好的技术状态，这对战备是极为不利的。

(3) 降低油料质量，不利油料贮存

首先，水和杂质能加速油料氧化，促使胶状物质增加。因为一方面，杂质中的铁锈本身就是一种氧化催化剂，水和杂质能使油料氧化加速，生胶加快。另一方面，水能溶解油料中的抗氧化剂。抗氧化剂是为防止油料氧化而加入的一种物质，如T501抗氧防胶剂等，它们被水溶解后就会失去效用，从而加速油料的氧化。据试验，润滑油中混入0.5%的水

分，就会使添加剂从油中分离出来，沉淀于容器底部。所以当贮油容器中存在铁锈、水分或有水垫时，油料就容易氧化而产生胶质。

四、混油

液体燃料种类牌号繁多，性质各异且用途各不相同。为了保证供应、保证质量，必须严禁混油事故发生。一旦发生混油，将会降低液体燃料的质量，造成较大的经济损失。

汽油中混入其他燃料后，会使馏出温度升高、辛烷值降低，从而使汽油燃烧不良。不同牌号的汽油相混合，会使高牌号汽油的辛烷值下降。

柴油中混入汽油后，会使发火性变差、馏出温度和闪点降低、黏度变小。不同牌号的柴油相混合，就会使高号数柴油的凝点升高、低温性变坏。若在军用柴油中混入车用柴油，将使军用柴油的抗氧化安定性大大降低。

喷气燃料中混入汽油，会造成馏出温度降低、黏度和密度减小，从而使飞机高空性能变差、航程缩短，使发动机燃烧不良。当煤油中混入柴油时，则会使馏出温度升高、黏度增大，从而使发动机起动困难、燃烧不良，并可能烧坏发动机的涡轮叶片。所以应绝对禁止其他燃料混入喷气燃料中。

但有时由于技术上的原因(如输油管线进行顺序输送时)，不可避免地会发生一些混油现象。如果混入油的数量极少，一般来讲，其混合油的理化指标也不会超出规格要求。

第二节　液体燃料质量管理的措施

防止燃料变质的途径是根据影响燃料变质的各种因素而提出针对性措施。在实际工作中应根据具体条件，不断总结经验，采取一切可能的办法来保证油品的质量。

一、减少蒸发和延缓氧化的措施

蒸发和氧化是油料在贮运中的两种主要变化。首先，蒸发是物理变化，氧化则是化学变化，它们都与温度的变化有密切关系。温度高，蒸发和氧化的速度快。其次，蒸发和氧化与油料和空气的接触情况有关。一种油料在某一温度下，它在大气中的分压是一定的。蒸发空间越大(如油罐装油不满)，蒸发越多；空气流通越快，越易蒸发。至于氧化，是油料与空气中的氧气进行作用。不接触空气，氧化也就不会发生。最后，日光的照射、接触金属等，都会促进氧化作用。但主要的还是温度和接触空气中的氧气。

1. 降低温度，减少温差

温度升高，蒸发和氧化加剧，温度促使蒸发加剧是通过加速液体本身的分子运动而起作用的，温度促使氧化加剧是通过加速油料中烃分子和氧分子的化学反应而起作用的，其本质都是供给油料一定的能量以加速其物理、化学变化。降低温度既可减少蒸发，也可延缓氧化。蒸发损失最大的是汽油，汽油蒸发损失后，既减少数量造成浪费，又降低质量，甚至不能满足使用要求。所以降低油料贮存温度(特别是汽油、喷气燃料的贮存温度)，是保证质量的有效措施之一，具体办法如下。

(1) 选择存放地点，减少阳光暴晒

对易蒸发、易氧化的油料应尽量放在地库、半地下库和库房内，这样，存放温度较低，温差也小。

小容器应放在背光隐蔽的地方或放在地下坑道内，大油罐涂浅色漆油温较低。根据试验，在相同条件下黑色的油罐由于易吸热，油温达 30℃，而银白色油罐的油温只有 11.5℃。

(2) 尽量利用罐装，减少桶装

贮油容器容积大、贮油多，油温受气温影响小，同时单位容积的油料与金属表面接触较小，受金属的催化作用减小，有利于延缓油料变质。

(3) 炎热季节洒水降温

对于易蒸发、易氧化和质量要求严格的油料，如在炎热地区地上贮存时，应尽量贮存在有降温设备的罐中，在气温高的情况下进行洒水降温。桶装油料则用篷布盖上后，向篷布洒水降温。油罐洒水要尽可能连续进行，以免因温度变化频繁，增加“小呼吸”。

(4) 利用气候特点，通风降温

库房存放的油料，可利用昼夜气温变化特点，选好时机，通风降温。气温低时，打开门窗通风；当气温开始升高时，及时关闭门窗。

2. 尽量装至安全容量，减小气体空间

贮油容器内蒸发空间大，蒸气达到饱和时需要的油料多，而且昼夜温度变化引起的呼吸量大，蒸发损失多。同时，容器内空气多，油料也容易氧化变质。贮油容器除留出必要的膨胀空间外，应尽可能装至安全容量，对贮存时间较长而装油不断的容器，要适时进行合理的并装，零星发油时要发完一个容器再发另一个容器，以减少容器内气体空间。

3. 减少与空气接触，尽量密封贮存

密封贮存油料，既能降低油料的蒸发损失，保证油料洁净，延缓油料变质的速度，又能减轻油罐的锈蚀程度。油料质量变化慢，贮存期可延长，可以加大油料贮备量，有利于战备。

此外，采用密封贮油还有利于改善劳动条件、减轻劳动强度，便于防空、防火，适应安全要求。

4. 容器壁涂防护材料，减少燃料与金属的接触

在燃料容器内壁涂上防护层，可以防止金属对燃料的催化作用，同时也可防止燃料氧化产物对金属的腐蚀作用，也减少了金属腐蚀产物对燃料的污染和催化作用。

5. 定期清洗油罐，排除水分、杂质

贮油容器的清洗和防锈，对保证燃料质量也有很大作用。容器(主要是金属容器)长期不清洗，空气中的水分、灰尘和容器中的铁锈等便会落入油中，水分还能降低燃料中添加剂的含量，促进燃料氧化变质。因此，必须按照油罐的维护要求，定期清洗油罐、清除脏油、擦去铁锈。聚集在容器底部的水分、杂质应经常放出，无底部放水设备的容器，应使用抽底排水的方法排出。

二、防止水分、杂质混入的措施

根据水分、杂质混入油料内的原因，一般可采取下列措施。

1. 保持油罐和其他贮油容器及抽注工具的清洁

在装油前要仔细检查容器和工具是否清洁完好，不把油料装入脏的容器内。油罐在贮油

过程中，除有计划地进行腾空清洗，不使罐内沉积过多的水分和杂质，也应把握住下列时机：装油时间超过半年而且腾空时；换装不同油料而不能保证油料质量时；新建油罐初次装油时；或有其他必要时。清洗方法随清洗目的和设备条件不同而异。一般方法是：

① 清除底油。罐底油料含水分、杂质较多。清洗时，可从下部放水阀放出，或打开人孔用手摇泵抽出。清出的底油必须经沉淀、过滤处理后，方可发出使用。

② 通风。可用机械通风或自然通风，若需彻底清除油气或黏稠油料时，可用蒸汽蒸洗。开始应把油罐的所有孔口密闭，待罐壁温度升至60~70℃时，再将孔口打开，继续通入蒸汽，达目的为止。

③ 冲洗。即用高压水冲掉罐壁、罐顶的污物、浮锈。

④ 擦拭。用钢丝刷、草根刷、铜刮刀等工具擦掉锈污和胶状物质，再用破布擦净。

⑤ 防锈。清洗后，油罐内壁应涂防腐涂料，以防油罐生锈后铁锈混入油内。常用的涂料有生漆、环氧树脂和聚氨基甲酸酯涂料等。

2. 容器要密封，风雨天装卸时要注意防护

油罐及容器的口盖，应严加密封，不得随意开启。因工作需要必须打开时，应先将口盖周围擦净，然后开启。地下罐的罐颈处和滑油罐的通风孔，应加防护罩，以防杂质混入。为避免水分、杂质的混入，应尽量避免在雨雪天和刮大风时装卸油料；必须装卸时，应加强防护工作，如用雨布或雨伞遮盖油罐口等。

3. 严禁油罐用水垫或用水顶冲管线中的油料

在正常贮存条件下，严禁油罐用水垫或用水顶冲管线中的油料。在特殊情况下必须用这种办法时，应请示上级业务部门。

在油料收发和贮存中要加强检查，有水分、杂质要及时排除。特别是对于发出的油料，应当保证做到质量合格，不含水分、杂质。

三、防混油措施

① 应尽可能做到专油专用容器、管线及抽灌器材。

② 收发时坚持简要化验，弄清油料品种和质量，这是防止混油的前提。

③ 严格执行阀门操纵挂牌制度，防止错开或忘关阀门。

所谓阀门操纵挂牌制度，就是把油库所有的油罐、管线、油泵、鹤管及阀门，均按次序编号和挂牌，并按编号绘制作业流程图表。图表设在现场值班室和有关的作业间内，作业时，值班员根据流程图发牌，作业人员根据牌子对号开阀；作业后，关闭阀门交回牌子，并进行复查，确保开关无误。

④ 执行放空制度。即在不能做到油罐、管线专油专用而抽注不同油料时，应将油罐、管线、放空罐及抽空装置内的剩油放净，必要时还应用同种类(牌号)的油料进行清洗，然后进行抽注。

⑤ 正确使用和维护阀门，确保严密性。

阀门在使用中，由于油料内杂质、水分的作用，以及使用过久或因操作不当等，会使阀门关闭不严，引起混油事故。为确保阀门严密，必须注意下列事项：

1）要定期清除阀门下部的杂质，并在阀门上作全开、全闭的标识。

2）输送不同油料的管线变换阀门和贮油罐的总阀门，可安装盲板。

3）正确开关阀门，开关时不能用力过猛，以免损坏闸板和密封圈。

4）对于关闭不严的阀门，应及时进行检修。

第三节　防火

油料着火是对油库安全威胁最大、经济损失最大的灾害。这是因为油料着火比其他物质着火具有更大的破坏性。为此，必须千方百计预防油料着火。

引起油料着火的原因主要有以下几种：

① 外界火源引燃，如在库区吸烟、烧荒、使用明火作业、汽车或发动机排气火星等；

② 雷电起火；

③ 电器引燃，如使用非防爆电器或电器短路放电；

④ 静电着火；

⑤ 器械等碰撞、摩擦产生火花；

⑥ 特殊情况下可能产生自燃，如镜片等反光物品长时间照射在油面或棉纱上。

通过加强管理和采取必要的技术措施，可以有效防止油料火灾的发生。前面有关章节中已经就油料着火条件、着火方式和静电着火的问题作了详细介绍，这里着重介绍静电着火以外的油库火灾的预防措施。

一、正确处理可燃物质

1. 防止油气聚集

油料蒸气比空气重，容易在低洼的地方聚集，形成可爆炸燃烧的混合气。为此应注意把油气排到室外通风的地方，使其迅速消散；消除渗漏，防止洒油；地面的油迹应及时排除；加强通风，除机械通风外，作业时应打开门窗或地下罐井盖，加强自然通风。

2. 及时处理可燃物质

库房、泵房、油罐周围和作业场所的枯草、落叶应及时清除；作业用过的破布、棉纱、工作服等，应随时收集清洗，禁止堆在上述区域。

3. 采取可靠的隔离措施

为防止一罐发生事故影响其他罐或其他设备，地上油罐应修筑(或加固)防火堤、防火墙；地下油罐的管线过墙处的缝隙，应作可靠的密封；这些地方排水沟的阀门应常闭。

二、严格控制火源

1. 严格入库手续

不准携带火柴、打火机等火种进入库区，禁止穿钉子鞋的人员参加轻质油料作业，如进入轻质油料泵房、油罐间、灌桶间、桶装库房等处，以防钉子和地面、设备摩擦发生火花。

2. 严防入库车辆引起火灾

机车入库，烟囱上要戴好防火罩，关闭灰门，禁止开放送风器和放下灰箱挡板，禁止清炉、加煤，不准用明火调车信号灯；领发油料的车辆，排气管应戴防火罩，在装卸过程中不准发动。

3. 按要求使用发动机泵

使用发动机泵抽轻质油料时，泵与油罐车应有一定的安全距离，并尽量放置在风的侧向；排气管应装防火罩，并不得对着敞口容器；不准用跳火的方法检查电路故障，高压线和火花塞连接要牢固，并加防护胶套；发动机运转中，不准往油箱内加油或拆卸管线。

4. 严防金属撞击发生火花

尤其在掏底油、腾空清洗油罐等作业中更应注意，因为在这种情况下，罐内混合气往往是在爆炸燃烧范围以内，极易爆炸燃烧。这样的教训有过多起。因此，掏取底油，清除残渣，应绝对禁止使用能产生火花的工具；必须使用防爆照明工具，同时禁止在罐内开闭；软管要小心地放入(或取出)油罐，严禁钢丝和罐壁摩擦，非软金属的吸收管件，要用钢丝包扎住；通风扇应当是防爆的，其叶片用软金属(或塑料)制成。此外，一般外部作业使用易发火的工具时，应缓慢接触机件，禁止碰撞、敲击或甩、扔工具，开关罐口和测量口动作要轻；测量取样工具应顺导向槽下放，避免和测量口直接摩擦发生火花。

5. 严格控制明火作业

凡收发、贮存油料的管线、油罐等设备，需进行焊修时，必须在彻底通风、确认无爆炸危险时进行，并做好消防准备，指定专人监督。

6. 防止雷电起火

应定期检查避雷针的接地情况。为导走静电而设的接地线，同时具有防雷作用，故一般油罐可不另装避雷针。但打雷时，应避免轻质油料的作业(收发、输转、测量取样)，密闭罐口。因为这些作业可使设备带电，雷云的静电感应也使这些设备带电，因而作业增加了雷击的可能性；又因这些作业会在油罐、泵站、罐车等处产生大量的油蒸气或罐口处于敞开状态，一旦雷击，会增加危害。

三、加强对消防器材的维护，保持良好的技术状态

防火器材应按规定定期检验，确保处于良好状态；消耗的防火器材应及时补充。

四、加强消防人员的训练

油库应加强对消防人员的培训，提高消防人员素质，做到一旦有火警，能立即赶赴现场。

第四节　防毒

一、液体燃料的毒性

1. 一般液体燃料的毒性

油品及其蒸气具有毒性，特别是含硫油品和加铅汽油的毒性更大。油品蒸气若经口、鼻进入呼吸系统，能使人体器官受害而产生急性或慢性中毒。

轻质油品的毒性比重质油品小一些，但是轻质油品蒸发性高，容易使空气中的油蒸气

达到较高浓度，因此危害性更大。如空气中油蒸气含量为 0.28%时，经过 12~14min，人便会感到头昏；如含量达到 1.13%~2.22%时，便会发生急性中毒，使人难以支撑；当油蒸气含量更高时，会使人立即昏倒、丧失知觉甚至死亡。

油蒸气慢性中毒会使人患慢性病，产生头昏、疲倦、嗜睡等症状。若皮肤经常与油品接触，会产生脱脂、干燥、裂口、皮炎和局部神经麻木，油品落入口腔、眼睛时，使黏膜萎缩、有时会出血。

2. 含铅汽油的毒性

虽然车用汽油实现了无铅化，但航空活塞式发动机燃料中加有四乙基铅。四乙基铅能溶解于脂肪及类脂肪内，所以其毒性作用主要是使人体含类脂肪最丰富的中枢神经系统的机能发生障碍，另外，还能引起溶血，使红血球和白血球减少，引起贫血。

二、防毒措施

① 采取措施，控制工作场所油蒸气含量不超过允许浓度(见表 15-1)。

表 15-1 油蒸气最大允许浓度

油 品	浓度/(mg/m^3)
煤油	300(以碳计算)
航空活塞式发动机燃料和车用汽油	300(以碳计算)
溶剂油	300(以碳计算)
苯	50
四乙基铅	0.0005
硫化氢	10

② 清洗油罐时，待油蒸气含量低于最大允许浓度时人才能入罐。清洗人员应穿戴防护用品；罐外要有专人守候，以便及时联系救护；在罐内工作时间不宜过长，要及时轮流休息。

③ 工作完毕后，脱下的衣服应在专门的地点保管，不准穿工作服回家、吃饭等。在吃东西、吸烟前必须用热水和肥皂仔细洗手。